高等学校动画与数字媒体专业"全媒体"创意创新系列教材

数字媒体技术与应用

徐立萍　孙红　程海燕　编著

电子工业出版社

Publishing House of Electronics Industry

北京·BEIJING

内 容 简 介

本书内容分为 4 篇共 14 章，全面、深入地讲解了数字媒体技术与应用相关内容。第 1 篇为基础理论篇（第 1～3 章），包括数字媒体概述、计算机技术与数字媒体、数字媒体设计基础；第 2 篇为技术原理及项目实践篇（第 4～8 章），包括数字图像处理技术、计算机图形处理技术、数字动画处理技术、数字音频处理技术、数字视频处理技术；第 3 篇为新技术篇（第 9～11 章），包括数字游戏技术、沉浸式媒体技术、智能媒体新发展；第 4 篇为数字媒体管理技术篇（第 12～14 章），包括数字媒体存储技术、数字媒体传输技术、数字版权管理技术。本书尽量避免传统技术讲解的枯燥和生涩，将理论与实践相结合，以提高学生学习兴趣，帮助学生更好地掌握专业技能。

本书提供配套电子课件，登录华信教育资源网（www.hxedu.com.cn）注册后免费下载。

本书内容涵盖了数字媒体技术逐层递进的 4 层逻辑，适合相关专业本科生和硕士研究生使用。

图书在版编目（CIP）数据

数字媒体技术与应用 / 徐立萍，孙红，程海燕编著. —北京：电子工业出版社，2023.5
ISBN 978-7-121-45525-4

Ⅰ. ①数…　Ⅱ. ①徐…　②孙…　③程…　Ⅲ. ①数字技术－多媒体技术－高等学校－教材　Ⅳ. ①TP37

中国国家版本馆 CIP 数据核字（2023）第 077581 号

责任编辑：冉　哲　文字编辑：底　波
印　　刷：大厂回族自治县聚鑫印刷有限责任公司
装　　订：大厂回族自治县聚鑫印刷有限责任公司
出版发行：电子工业出版社
　　　　　北京市海淀区万寿路 173 信箱　邮编　100036
开　　本：787×1 092　1/16　印张：17.25　字数：487 千字
版　　次：2023 年 5 月第 1 版
印　　次：2024 年 8 月第 4 次印刷
定　　价：59.80 元

凡所购买电子工业出版社图书有缺损问题，请向购买书店调换。若书店售缺，请与本社发行部联系，联系及邮购电话：（010）88254888，88258888。

质量投诉请发邮件至 zlts@phei.com.cn，盗版侵权举报请发邮件至 dbqq@phei.com.cn。

本书咨询联系方式：ran@phei.com.cn。

前　　言

数字媒体产业的迅猛发展得益于数字媒体相关技术的不断突破。数字媒体技术融合了信息处理、数字通信和网络等多种技术，可以综合处理文字、图像、音频、视频等多种形式的信息。数字媒体已成为人们表达信息的重要方式，与现代社会的生产、生活密切相关，因此数字媒体技术成为很多相关专业的学生及工作人员必须掌握的一门技术。本书旨在让读者了解数字媒体的发展历程，掌握数字媒体技术的基本原理和相关知识，进而能够熟练运用相关软件处理图像、音频、视频、动画等数字化信息，并了解数字媒体技术的研究前沿和发展方向，领略数字媒体技术的魅力。

现有的数字媒体技术相关教材大多是工科技术类教材，偏重技术理论的讲解，其中涉及计算机及通信原理等专业技术，一些概念和词汇生涩难懂，给文科大类学生的学习造成了一定的困扰。另外，在应用案例讲解中，软件实践操作较少，不利于学生提升实践能力。目前，数字媒体技术、新媒体技术、传播学、广告学、编辑出版学等专业的课程教学可能需要混合使用多本教材，同时需要教师自行设计教学案例。基于此，我们产生了创作适合此类学生教材的愿望并确定了本书的编写目标：理论教学与实践教学相结合，提高学生服务产业/行业的能力；经典理论与新技术、研究前沿相结合，在培养学生专业能力的同时还可以拓宽其视野；导入应用案例，嵌入数字资源，让学生学习起来更加直观，提高其对课程的学习热情。

本书内容分为 4 篇共 14 章，全面、深入地讲解了数字媒体技术与应用相关内容。第 1 篇为基础理论篇（第 1～3 章），包括数字媒体概述、计算机技术与数字媒体、数字媒体设计基础；第 2 篇为技术原理及项目实践篇（第 4～8 章），包括数字图像处理技术、计算机图形处理技术、数字动画处理技术、数字音频处理技术、数字视频处理技术，本篇将技术原理讲解和软件实践操作相结合，将应用案例导入教学，图文并茂，便于学生在掌握相关理论知识的基础上提升实践能力；第 3 篇为新技术篇（第 9～11 章），包括数字游戏技术、沉浸式媒体技术、智能媒体新发展，本篇旨在帮助学生了解数字媒体技术的研究前沿和发展方向；第 4 篇为数字媒体管理技术篇（第 12～14 章），包括数字媒体存储技术、数字媒体传输技术、数字版权管理技术。

本书提供了配套电子课件，登录华信教育资源网（www.hxedu.com.cn）注册后免费下载。

本书由长期从事一线教学的教师编写，内容充实，涵盖了数字媒体技术逐层递进的 4 层逻辑，由浅入深，适合本科学生和硕士研究生贯通学习。在使用过程中，教师可以根据课时安排和选课学生的学习基础，选择部分内容进行讲解。

本书的编写得到了上海理工大学高水平大学建设和研究生教材建设项目的大力支持，上海理工大学出版专业硕士研究生余丹阳、郭梦、刘风琳、冯淼华、周诠和汪芷伊等参与了本书的资料整理，计算机科学专业硕士研究生黄雪阳参与了第 4 篇的校对工作。感谢上海理工大学武彬和许秦蓉老师为本书编写提供的宝贵意见和付出的心血，感谢所有在本书编写过程中给予过帮助的老师和学生。

由于作者水平有限，书中难免存在不足之处，敬请读者批评和指正。

作者

目　　录

第 3 篇　新 技 术 篇

第1篇 基础理论篇

数字媒体已成为信息社会最新也最广泛的信息载体，几乎渗透到人们生活与工作的方方面面。数字媒体是以信息科学和数字技术为主导，以大众传播理论为依据，融合文化与艺术，将信息传播技术应用到文化、艺术、商业、教育和管理领域的科学与艺术高度融合的综合交叉学科。数字媒体包括文字、图像以及音频、视频等各种形式，并且传播形式和传播内容数字化，作为一种新兴技术和新兴产业，数字媒体广受重视，并逐渐影响着各个领域的发展。数字电视、移动视频、手机媒体、数字家庭等统统可以归为数字媒体领域。

第1章 数字媒体概述

1.1 媒体

媒体是承载信息的实体，也就是信息的表现形式。它通常有三种含义：① 传播媒体，如蜜蜂是传播花粉的媒体，苍蝇是传播病菌的媒体；② 用以存储信息的实体，如磁盘、磁带、纸；③ 用以表述信息的逻辑载体，如文字、声音、图形、图像、动画、视频等。在数字媒体技术中，通常是指最后一种含义。

（1）媒体的形态

根据媒体的含义，其存在三种形态。

① 物质材料或物质实体。一切物质材料均可充当信息载体，通过某种物理手段把信源发送的信息刻印或固定在载体上（有时把这类载体称为信息存储介质）。固态物质可以作为信息载体，如刻石、刻本、刻金、刻骨等。液态和气态的物质也可充当载体，如生物的分泌液、气味等。

② 物质和能量的波动信号。一切物质和能量的波动信号都可以充当载体，最基本的是声波、光波、电磁波。与第一种形态相比，物质和能量的波动信号是更有效的载体，一切非直接接触的通信都需要利用这种载体。

③ 符号载体。其包括语言、文字、图形、动作以及各种人工语言，也包括动物语言。与前两种形态不同，符号被创造出来仅仅是为了携带信息，除此之外不再具有其他功能或价值。但符号仍然是某种物质形式，具有一定的直观形态，必须借助前两种形态才能显示其存在和作用。

（2）媒体的分类

在计算机技术领域，媒体是指信息传递和存储的最基本的技术与手段。

在技术层面上，国际电信联盟（International Telecommunication Union，ITU）对媒体做了更加细致的定义，分为以下5层。

① 感觉媒体（Perception Medium），是指直接作用于人的感觉器官，使人产生直接感觉（视、听、嗅、味、触）的媒体，如声音、文字、图像、物体的表面、硬度等。

② 表示媒体（Representation Medium），是指为了传送感觉媒体而人为构造出来的一种媒体，借助这一媒体能够更有效地存储感觉媒体或将感觉媒体从一个地方传送到另一个地方，如声音编码、图像编码、条码等。

③ 表现媒体（Presentation Medium），是指显示感觉媒体的设备，主要是进行信息输入和输

出的媒体，如键盘、屏幕、鼠标、打印机等。

④ 存储媒体（Storage Medium），是指用于存储表示媒体的物理介质，如硬盘、U盘、光盘等。

⑤ 传输媒体（Transmission Medium），是指传输表示媒体的物理介质，如电缆、光纤等。

1.2　数字媒体的概念及其分类

1. 数字媒体的概念

数字媒体的一般定义：基于计算机信息网络技术，采用二进制数的形式记录、处理、传播、获取过程的信息载体，这些载体包括数字化的文字、图形、图像、声音、视频影像和动画等逻辑媒体，以及存储、传输、显示逻辑媒体的实物媒体。简言之，通过计算机存储、计算和传播的信息媒体统称为数字媒体。

我国于2005年12月26日发布的《2005中国数字媒体技术发展白皮书》具体定义了"数字媒体"的概念：数字媒体是数字化的内容作品，以现代网络为主要传播载体，通过完善的服务体系，分发到终端和用户进行消费的全过程。这一定义强调了网络为数字媒体的传播方式，也是将来的必然趋势。

2. 数字媒体的特性

（1）数字化

数字化强调在数字媒体的生成、存储、传播和表现的整个过程中采用数字化技术，它是数字媒体的根本特性，贯穿数字媒体的全过程。

（2）集成性

数字媒体技术是建立在数字化处理基础上，将文字、图像、图形、影像、声音、动画等各种媒体形式有机地集成在一起的一种应用，既是对信息实体的集成，也是对信息载体的集成。

（3）交互性

交互性是数字媒体技术的关键特性，它向用户提供更加有效的控制和使用信息，实现用户和设备之间的双向沟通。在数字媒体传播中，传播者和用户之间能实时进行通信和交换，可方便地实现互动，而不像传统的电视机和广播系统那样，仅仅是被动地接收信息。

（4）艺术性

数字媒体是技术与艺术融合的产物，具有图、文、声、像并茂的立体表现的特点，需要设计人员负责视觉传达的可视化设计，使之有针对性地、最有效地传达信息。

（5）趣味性

数字媒体的趣味性主要体现在为人们提供了更宽广的娱乐空间，通过人机界面的改善，人们的各种感官被有机地组合，可以参与互动节目、分享图片、浏览高质量内容等。

（6）实时性

声音、视频、动画等媒体是强实时的，数字媒体则提供了实时处理能力，信息可以实时传递，具有同步性和协调性。

（7）主动性

数字媒体的多样化表现使得广大受众对于媒体信息变被动接受为主动参与，媒体资源可以定制，也可以自行编辑修改，还可以自行发布（自媒体）。

（8）交叉性

数字媒体技术涉及诸多学科领域的交叉融合，如计算机软件、硬件和体系结构，编码学与数值处理方法，图形、图像处理，视频分析，计算机视觉，光存储技术，数字通信与计算机网络，仿生学与人工智能等。

3．数字媒体的分类

按照不同的分类方法，数字媒体有以下几种分类。

按时间属性分，数字媒体可分成静止媒体（Still Media）和连续媒体（Continuous Media）。静止媒体是指内容不会随着时间而变化的数字媒体，例如，文本和图片。连续媒体是指内容随着时间而变化的数字媒体，例如，音频和视频。

按来源属性分，数字媒体可分成自然媒体（Natural Media）和合成媒体（Synthetic Media）。其中，自然媒体是指客观世界存在的景物、声音等，经过专门的设备进行数字化和编码处理后得到的数字媒体，例如，数码相机拍的照片。合成媒体则指的是以计算机为工具，采用特定符号、语言或算法表示的，由计算机生成（合成）的文本、音乐、语音、图像和动画等，例如，用 3D 制作软件制作的动画角色。

按组成元素分，数字媒体可以分成单一媒体（Single Media）和多媒体（Multi Media）。顾名思义，单一媒体就是指单一信息载体组成的媒体，如文本。而多媒体则指的是多种信息载体的表现形式和传递方式，如视频、动画等。

另外，相关专家也从产业的角度，基于媒体的内容特征对数字媒体进行了分类，将数字媒体划分为数字动漫、数字影音、网络游戏、数字学习、数字出版和数字展示 6 个内容领域。其中，数字动漫包括计算机 2D 和 3D 卡通动画。数字影音是指运用计算机图形学等制作技术，进行数字影音作品的拍摄、编辑和后期制作。网络游戏的主要形态包括大型在线网络游戏、桌面游戏、网页游戏和手机游戏等。数字学习主要指通过网络平台，向学员提供更为灵活的数字化学习、培训服务和动态反馈等。数字出版包括电子书的网络阅读、电子期刊的网络发行和按需印刷的网络出版等。数字展示是以虚拟现实或增强现实技术为基础，为消费者提供更具有沉浸效果的媒体展现，大型会展、数字博物馆等是其主要的应用场所。

1.3 数字媒体的发展历程及发展特征

1．数字媒体的发展历程

计算机技术的发展促进了数字媒体技术的发展，数字媒体产业的发展在某种程度上体现了国家在信息服务、传统产业升级换代及前沿信息技术研究和集成创新方面的实力和产业水平，因此数字媒体技术在世界各地得到了高度重视，各主要国家和地区纷纷制定了支持数字媒体技术和产业发展的相关政策和发展规划。美、日等国都把大力推进数字媒体技术和产业作为经济持续发展的重要战略。

从技术进步和媒体形态的角度来看，数字媒体的发展经历了多媒体、融媒体、全媒体等几个阶段。

多媒体是将文本、图形、图像、视频和音频组合起来，内容更丰富、更便于交流的媒体形式。20 世纪 80 年代声卡的出现，不仅标志着计算机具备了音频处理能力，也标志着计算机的发展终于开始进入了一个崭新的阶段——多媒体技术发展阶段。

融媒体是充分利用载体，把广播、电视、报纸等既有共同点又存在互补性的不同媒体，在人力、内容、宣传等方面进行全面整合，实现"资源通融、内容兼融、宣传互融、利益共融"的新型媒体。

全媒体是指依托文字、声音、视频画面、网页等多种表现手段，利用广播、电视、报纸、网站等不同媒体，通过广播网络、电视网络以及互联网进行传播，最终实现用户以多终端（电视、计算机、手机等）接收信息，实现任何人在任何时间及任何地点可通过任意终端获得任何需求信息。

从行业发展实践来看，为顺应数字媒体技术发展趋势，我国在人才培养、基地建设、技术开发等多个方面持续发力。如今，文化科技融合业态发展势头强劲，基于数字媒体技术的产业化发展势头迅猛，虚拟现实（VR）、增强现实（AR）、混合现实（MR）技术已经融入很多领域。

总而言之，得益于数字媒体技术的不断突破，数字媒体、网络技术与文化产业相融合而产生的数字媒体产业正在高速发展。

2. 数字媒体的发展特征

伴随着互联网技术的飞速进步，数字媒体呈现出新的发展特征。

（1）呈现形式集成性

数字媒体系统集传统的报纸、广播和电视三种媒体的优点于一身，以超文本、超媒体的方式把文字、图像、动画、声音和视频有机地集成在一起，使内容的表现形式更加丰富多彩，从而达到"整体大于各孤立部分之和"的效果，充分调动受众的视听感官，非常符合人类交换信息的媒体多样化特性。

（2）传播渠道多样性

数字媒体的传播渠道正在向多元化方向发展，媒体内容与分发渠道日趋独立。数字媒体的主要传播渠道包括光盘、互联网、数字电视广播网、数字卫星等。由于数字方式不像模拟方式那样需要占用相当大的电磁频谱空间，传统模拟方式因频道"稀缺"导致的垄断将会被打破。

（3）交流方式趋于个性化的双向性

在数字媒体传播中，区别于传统的电视或广播系统中受众只能被动接收信息，传播者和受众之间能进行实时的通信和交换，并进行即时互动。网络上的每台计算机都可以是一个小电视台，信源和信宿的角色可以随时改变。数字化传播中点对点和点对面传播模式的共存，一方面可以使大众传播的覆盖面越来越广，受众可以完全不受时空的限制选择网上的任何信息；另一方面可以使大众传播的受众群体越分越细，直至个性化传播。而且，借助类似于POS（销售数据系统）的计算机系统，数字媒体能够对观众的收视行为及收视效果进行更为精确的跟踪和分析。

（4）技术与人文艺术的融合性

随着计算机的发展和普及，单纯的技术功能已经不能满足数字媒体的传播需要，数字媒体还需要信息技术与人文艺术的融合。数字媒体具有图、文、声、像并茂的立体表现的特点，如何将这些不同形式的媒体进行有效融合，从而有针对性地、高效地传达信息，成为有待进一步深入探究的课题。

1.4 数字媒体技术概要

计算机技术、网络技术与文化产业相融合而产生的数字媒体产业，即文化创意产业，正在世界范围内快速成长。而数字媒体技术的快速迭代在其迅猛发展过程中起到了引领和支撑作用。数字媒体技术是融合了数字信息处理技术、计算机技术，数字通信和网络技术等多种技术，通过现代计算和通信手段，综合处理文字、图像、图形、音频和视频等信息，使这些抽象的信息可感知、可管理和可交互的一种综合应用技术。它主要研究数字媒体信息的获取、处理、存储、传播、管理、安全输出等理论、方法、技术与系统，其所涉及的技术主要包括数字媒体信息获取与输出技术、数字媒体存储技术、数字媒体处理技术、数字媒体传播技术、数字媒体信息检索技术、数字媒体信息安全与版权保护技术等。除此之外，还包括在这些关键技术基础上形成的综合技术，例如，基于数字媒体传输技术和数字媒体压缩技术形成的流媒体技术、基于计算机图形技术形成的计算机动画技术，以及基于人机交互、计算机图形和显示等技术形成的虚拟现实技术等。

1. 数字媒体信息获取与输出技术

数字媒体信息获取与输出技术主要包括声音、图像的获取与输出、数字化处理以及人机交互技术，其主要设备包括键盘、鼠标、光笔、跟踪球、触摸屏、语音输入和手写输入等交互设备，以及适用于数字媒体不同内容与应用的其他设备，如适用于图形绘制与输入的数字化仪，用于图像信息获取的数字相机、数字摄像机、扫描仪、视频采集系统等，用于语音和音频输入与合成的声音系统，以及用于运动数据采集与交互的数据手套、运动捕捉衣等。

数字媒体信息输出技术将数字信息转换为人们可感知的信息，其主要目的是为人们提供更丰富、人性化和可交互的数字媒体内容界面，主要包括显示技术、硬拷贝技术、声音系统，以及用于虚拟现实技术的三维显示技术等；各种数字存储介质也是数字媒体内容输出的载体，如光盘和各类数字出版物等。显示技术是发展最快的领域之一，平板高清显示器已经成为一种趋势和主流。三维显示技术也得到长足的进步，取得了突破性进展，目前最新的显示技术已经能够实现真三维的立体显示。

由于数字媒体最显著的特点是交互性，很多技术与设备都融合了信息的输入与输出技术，例如，数据手套、数据衣和显示头盔，既是运动数据与指令的输入设备，又是感知反馈的输出设备。

2. 数字媒体存储技术

数字媒体存储技术对应计算机的存储原理和存储设备。由于数字媒体包含的信息的数据量一般都非常大，并且具有并发性和实时性，对计算速度、性能以及数据存储的要求非常高，因此，数字媒体存储技术要考虑存储介质和存储策略等问题。数字媒体存储技术对存储容量、传输速度等性能指标的高标准和高要求，促使数字媒体存储介质以及相关控制技术、接口标准、机械结构等方面的技术飞速发展，高存储容量和高速的存储新产品不断涌现，并且得到了广泛的应用，进一步促进了数字媒体存储技术及其应用的发展。

目前，在数字媒体领域中占主流地位的存储技术主要是磁存储技术、光存储技术和半导体存储技术。

磁存储技术应用历史较久，由于其记录性能优异、应用灵活、价格低廉，具有相当大的发展潜力。加之随着技术的进步，其存储容量越来越大、存取速度也越来越快，未来仍将是数字媒体存储技术中不可替代的存储介质。目前，应用于数字媒体的磁存储技术主要有硬盘和硬盘阵列等。移动硬盘是数字媒体的理想存储介质，它的出现，解决了磁盘的存储量、可靠性、读写速度、携带方便等因素的矛盾。

光存储技术以其标准化、容量大、寿命长、工作稳定可靠、体积小、单位价格低及应用多样化等特点成为数字媒体信息的重要载体。蓝光存储技术的出现，使得光存储的容量成倍提高，在用作高清晰数字音像记录设备和计算机外存储器等方面具有广阔的应用前景。

半导体存储技术种类繁多，应用领域非常广泛。目前，在数字媒体（特别是移动数字媒体）中，普遍使用的半导体存储技术是闪存技术，其发展趋势是存储器体积越来越小，而存储容量越来越大。

3. 数字媒体处理技术

数字媒体处理技术包括数字媒体信息转换及压缩解压技术。数字媒体信息处理技术是数字媒体应用的关键，主要包括模拟信息的数字化、高效的压缩编码技术，以及数字信息的特征提取、分类与识别等技术。在数字媒体中，最具代表性和复杂性的是声音与图像信息，相关的数字媒体信息处理技术的研发也是以数字音频处理技术和数字图像处理技术为主体的。

数字音频处理技术首先是对模拟声音信号的数字化，通过采样、量化和编码将模拟信号转换为数字信号。由于数字化后未经压缩的音频信号数据量非常大，因此需要根据音频信号的特性，主要是利用声音的时域冗余、频域冗余和听觉冗余对其数据进行压缩。数字音频压缩编码技术主要包括基于音频数据的统计特性的编码技术、基于音频的声学参数的编码技术和基于人的听觉特性的编码技术。典型的基于音频数据的统计特性的编码技术有波形编码技术等。典型的基于人的听觉特性的编码技术有感知编码技术等，例如，以 MPEG 和 Dolby AC-3 为代表的标准商用系统中广为应用的 MP3 文件是用 MPEG 标准对声音数据的三层压缩。

对于视觉信息，则需要采用数字图像处理技术。与数字音频处理技术一样，自然界模拟的视觉信息也是通过采样、量化和编码转换成数字信号的。这些原始图像数据也需要进行高效的压缩，主要是利用其空间冗余、时间冗余、结构冗余、知识冗余和视觉冗余实现数据的压缩。目前，图像压缩编码方法大致可分为三类：① 基于图像数据统计特征的压缩方法，主要有统计编码、预测编码、变换编码、矢量量化编码、小波（Wavelet）编码和神经网络编码等；② 基于人眼视觉特性的压缩方法，主要有基于方向滤波的图像编码、基于图像轮廓和纹理的编码等；③ 基于图像内容特征的压缩方法，主要有分形（Fractal）编码和模型编码等，这是新一代高效图像压缩方法的发展趋势。

数字媒体编码技术发展的另一个重要方向就是综合现有的编码技术，制定统一的国家标准，使数字媒体信息系统具有普遍的可操作性和兼容性。数字语音处理技术是数字音频处理技术的一个重要的研究与应用领域，其主要包括语音合成、语音增加和语音识别。同样，图像识别技术也是数字媒体系统中广泛应用的技术，特别是汉字识别技术和人类生理特征识别技术等。

4. 数字媒体传播技术

数字媒体传播技术为数字媒体传播与信息交流提供了高速、高效的网络平台。数字媒体传播技术全面应用和综合了现代通信技术和计算机网络技术，"无所不在"的网络环境是其最终目标，人们将不会意识到网络的存在，却能随时随地通过任何终端设备上网，并享受到各项数字媒体内容服务。

数字媒体传播技术主要包括两个方面：一是数字传输技术，主要包括各类调制技术、差错控制技术、数字复用技术和多址技术；二是网络技术，主要是公共通信网技术、计算机网络技术以及接入网技术等。具有代表性的现有通信网包括公众电话交换网（PSTN）、分组交换远程网（Packet Switch）、以太网（Ethernet）、光纤分布式数据接口（FDDI）、综合业务数字网（ISDN）、宽带综合业务数字网（BISDN）、异步传输模式（ATM）、同步数字体系（SDH）、无线和移动通信网等。另两大类网络是广播电视网和计算机网络。众多的信息传递方式和网络在数字媒体传播网络内将合为一体。

IP技术的广泛应用是数字媒体传播技术的发展趋势。IP技术是综合业务的最佳方案，能把计算机网络、广播电视网和电信网融合为统一的宽带数据网或互联网。

NGN（Next Generation Network）是下一代网络技术的代表，其基于分组的网络，利用多种宽带能力和QoS（Quality of Service，服务质量）保证的传送技术，支持通用移动性。其业务相关功能与传送技术相互独立。NGN是以软交换为核心，能够提供语音、视频、数据等数字媒体综合业务，采用开放、标准体系结构，能够提供丰富业务的网络。

互联网丰富的资源吸引着每个人，要想利用这些资源，首先要让计算机接入互联网。根据用户拥有的环境、要求来选择接入互联网的方式，即拨号接入、综合服务数字网（ISDN）、有线电视电缆、非对称数字用户环路（ADSL）和专线入网（团体）等。

5. 数字媒体信息检索技术

数字媒体数据库是新型的数据库，是数字媒体和数据库技术结合的产物。数字媒体数据库技术、信息检索技术与信息安全技术是对数字媒体信息进行高效管理、存取查询，以及确保信息安全性的关键技术。

目前研究的主要途径：① 在现在数据库管理系统的基础上增加接口，以满足数字媒体应用的需求；② 建立基于一种或多种应用的专用数字媒体数据库；③ 研究数据模型，建立通用的数字媒体数据库管理系统，这种途径是研究和发展的主流与趋势，但难度很大。

数字媒体信息检索技术的趋势是基于内容的检索技术。基于内容的检索技术突破了传统的基于文本检索技术的局限，直接对图像、音频、视频内容进行分析，抽取特征和语义，利用这些内容特征建立索引并进行检索。其基础技术包括图像处理、模式识别、计算机视觉和图像理解技术，是多种技术的合成。目前，基于内容的检索技术主要有基于内容的图像检索技术、基于内容的视频检索技术以及基于内容的音频检索技术等。

基于高层语义信息的图像检索是最具利用价值的图像语义检索方式之一，开始成为众多研究者关注的热点。计算机视觉、数字图像处理和模式识别技术，包括心理学、生物视觉模型等科学技术的新发展和综合运用，将推动图像检索和图像理解获得突破性进展。

6. 数字媒体信息安全与版权保护技术

数字媒体信息安全主要应用的技术是数字版权管理技术和数字信息保护技术，涉及传输信息安全、知识产权保护和认证等。数字水印技术是目前信息安全技术领域的一个新方向，是一种有效的数字产品版权保护和认证来源及完整性的新型技术。作为一个新兴的研究领域，数字水印技术还有许多未触及的研究课题，现有技术也有待改进和提高。

7. 计算机图形与动画技术

图形是一种重要的信息表达与传递方式。因此，计算机图形技术几乎在所有的数字媒体内容及系统中都得到了广泛的应用。计算机图形技术是利用计算机生成和处理图形的技术，主要包括图形输入技术、图形建模技术、图形处理与输出技术。

图形输入技术主要是将表示对象的图形输入到计算机中，并实现用户对物体及其图像内容、结构、呈现形式的控制，其关键技术是人机接口。图形用户界面是目前最普遍的用户图形输入方式之一，手绘/笔迹输入、多通道用户界面和基于图像的绘制正成为图形输入的新方式。

图形建模技术是用计算机表示和存储图形的对象建模技术。线条、曲面、实体和特征等造型是目前最常用的技术，主要用于欧氏几何方法描述的形状建模。对于不规则对象的造型，则需要非流形造型、分形造型、纹理映射、粒子系统和基于物理造型等技术。

图形处理与输出技术是在显示设备上显示图形，主要包括图元扫描和填充等生成处理、图形变换、投影和裁剪等操作处理及线面消隐、光照等效果处理，以及改善图形显示质量的反走样处理等。

计算机能够生成非常复杂的图形，即进行图形绘制。根据计算机绘制图形的特点，计算机图形技术可以分为真实感图形绘制技术和非真实感（风格化）图形绘制技术。真实感图形绘制的目的是使绘制出来的物体形象尽可能地接近真实，看上去与真实感照片几乎没有任何区别。非真实感图形绘制是指利用计算机来生成不具有照片般真实而具有手绘风格的图形。

计算机动画技术以计算机图形技术为基础，综合运用艺术、数学、物理、生命科学及人工智能等学科和领域的知识来研究客观存在或高度抽象的物体的运动表现形式。计算机动画经历了从二维到三维，从线框图到真实感图像，从逐帧动画到实时动画的过程。计算机动画技术主要包括关键帧动画、变形物体动画、过程动画、关节动画与人体动画、基于物理模型的动画等技术。目前，计算机动画的主要研究方向包括复杂物体造型技术、隐式曲面造型与动画，以及表演动画、三维变形和人工智能动画等。

8. 人机交互技术

信息技术的高速发展给人类生产、生活带来了广泛而深刻的影响。作为信息技术的重要组成部分，人机交互技术已经引起了许多国家的高度重视，成为 21 世纪信息领域亟待解决的重大课题。人机交互技术的研究内容十分广泛，涵盖了建模、设计、评估等理论和方法，以及在 Web 界面设计、移动界面设计等方面的应用研究与开发。

人机交互（Human Computer Interation，HCI）是指关于设计、评价和实现供人们使用的交互式计算机系统，并且围绕这些方面的主要现象进行研究的科学。人机交互技术与认知心理学、人机工程学、多媒体技术和虚拟现实技术密切相关，主要研究人与计算机之间的信息交换。它主要包括人到计算机和计算机到人的信息交换两部分。对于前者，人们可以借助键盘、鼠标、操纵杆、数据服装、眼动跟踪器、位置跟踪器、数据手套、压力笔和传声器等设备，用手、脚、声音、姿势或身体的动作、眼睛甚至脑电波等向计算机传递信息。对于后者，计算机通过打印机、绘图仪、显示器、头盔式显示器（HMD）、音箱等输出或显示设备给人们提供信息。

9. 虚拟现实技术

虚拟现实技术是当今多媒体技术研究中的热点技术之一，是集计算机图形学、图像处理与模式识别、智能接口技术、人工智能、传感与测量技术、语音处理与音响技术及网络技术等为一体的综合集成技术，用于生成一个具有逼真的三维视觉、听觉、触觉及嗅觉的模拟现实环境，即虚拟环境，用户投入这种环境中，就可与之进行交互。例如，美国在训练航天飞行员时，总是让他们进入到一个特定的环境中，在那里完全模拟太空的情况，让飞行员接触太空环境的各种声音、景象，以便能够在遇到实际情况时做出正确的判断。沉浸（Immersion）、交互（Interaction）和构想（Imagination）是虚拟现实的基本特征。虚拟现实在娱乐、医疗、工程和建筑、教育和培训、军事模拟、科学和金融可视化等方面获得了应用，有很大的发展空间。

虚拟现实技术主要的研究内容与关键技术包括动态虚拟环境建模技术、实时三维图形生成技术、立体显示和传感器技术、应用系统开发工具和系统集成技术等。

动态虚拟环境的建立是虚拟现实技术的核心，其目的是获取实际环境的三维数据，并根据应用的需要建立相应的虚拟环境模型。目前的建模方法主要有几何方法、分形方法、基于物理的造型技术、基于图像的绘制和混合建模技术，而基于图像的绘制技术是未来的发展方向。

三维图形生成技术已经较为成熟，关键是实现实时生成，应在不降低图形质量和复杂程度的前提下，尽可能提高刷新频率。虚拟现实技术的交互能力依赖于立体显示和传感器技术的发展，如大视场双眼体视显示技术、头部六自由度运动跟踪技术、手势识别技术、立体声输入输出技术、语音的合成与识别技术，以及触摸反馈和力量反馈技术等。

虚拟现实技术应用的关键是寻找合适的场合和对象，必须研究虚拟现实的应用系统开发工具，例如，虚拟现实系统开发平台、分布式虚拟现实技术等。系统集成技术包括信息的同步技术、模型的标定技术、数据转换技术、数据管理技术、识别与合成技术等。

作为一种新技术，虚拟现实将在很大程度上改变人们的思维方式，甚至改变人们对世界、自身、空间和时间的看法。提高虚拟现实系统的交互性、逼真感和沉浸感是其关键所在。在新型传感和感知机理、几何与物理建模新方法、高性能计算，特别是图形图像处理以及人工智能、心理学、社会学等方面都有许多挑战性的问题有待解决。同时，解决因虚实结合而引起的生理和心理问题是建立和谐的人机环境的最后难点。例如，在以往的飞行模拟器中就存在一个长期未解决的问题，即模拟器晕眩症。

1.5 数字媒体的发展趋势及应用领域

1. 数字媒体的发展趋势

21世纪，数字媒体内容生成技术、网络服务技术与文化内容相融合而产生的数字媒体产业在世界各地高速成长，在全球范围内已经得到了国家、地方政府和企业的高度重视和重点投入，成为经济发展的有力增长点和社会发展的重要推动力量。在我国，数字媒体产业正在成为市场投资和开发的热点方向之一。

（1）数字影视

数字影视的发展趋势是高清晰度电视和数字电影。由于二者涉及的视频分辨率是普通标准清晰度电视的6～12倍，因此对节目编辑与制作设备要求极高，相应的设备成本也非常昂贵，其关键技术和系统也只有少数几家国外公司拥有，这是我国发展数字影视内容产业的瓶颈。

影视是最重要的大众媒体，影视领域的数字化已是大势所趋，从影视创作、制作到传播各环节都已经打上了数字化的烙印，人们越来越多地感受到数字化所带来的技术上的便利性、内容上的丰富性和形式上的融合性。数字影视为影视领域与产业的发展提供了各种新机遇。数字影视制作技术不仅进一步拓展了影视艺术创作空间和表现力，同时也大大降低了影视制作成本，提高了制作效率。数字影视防盗版技术提供了更完善的保护技术。数字影视的软硬件技术的飞速进步改变了传统影视的发展面貌。数字影视让影视这一大众媒体的特性发生了根本性的改变，给受众提供了更多、更广的参与性和交互性。

数字影视打破了电影、电视、互联网以及电子游戏之间的物质界限，在数字技术平台上各种娱乐形式将逐渐走向融合。数字影视是各种数字媒体技术应用的集合体，充分反映了当今数字媒体技术发展的现状与趋势。

（2）数字游戏

数字游戏在数字媒体中占据着极其重要的地位。从街机到计算机游戏，从视频游戏到网络游戏，电子游戏产业经历了 40 多年的发展历史，随着软件和硬件的不断升级换代，游戏模式无论是竞技性和观赏性，都达到了炉火纯青的地步，21 世纪，网络游戏将是数字娱乐领域最具潜力的增长点。

数字游戏是数字媒体技术的综合应用，其涉及的相关技术主要包括数字音视频技术、计算机动画技术、虚拟现实技术、网络技术和人工智能等。

数字游戏以可视、可听、可感的虚拟互动体验传达着丰富的文化信息。在数字游戏的消费过程中，不仅有创作者与消费者之间的交流，也有消费者对游戏操作的反馈等。数字游戏用不断变化的意义和各种不同的表达来填充这个世界，其过程既不是完全线性的，也不是可预测的，其间必然存在着文化的熏陶和不同文化间的碰撞。正是由于数字游戏的艺术复合体特征，才使得它以一种崭新的形式，依托现代科技巨大的工业复制能力、商业运作能力和媒体推介能力等，为相关文化的普及和传播做出贡献。

我国已经涌现出一大批游戏创作、开发公司，它们已经开始从早期的对外加工、代理经营转为自主开发。对于网络游戏的开发与研究，国内外集中在 3D 游戏引擎、游戏角色与场景的实时绘制、网络游戏的动态负载平衡、人工智能、网络协同与接口等方面，并已经开发出很多较为成熟的网络游戏引擎，如 EPIC 公司出品的"虚幻"引擎、ID 公司的 QuakeⅢ引擎和 Monolith 公司的 LithTech 引擎等。目前，网络游戏技术除继续追求真实的效果外，还主要朝着两个不同的方向发展：一是通过融入更多的叙事成分、角色扮演成分以及加强游戏的人工智能来提高游戏的可玩性；二是朝着大规模网络模式发展，进一步拓展到移动网和无线宽带网。

目前，我国游戏的开发工具及引擎严重依赖进口软件，而进口软件昂贵且缺乏灵活性，制约了自主游戏软件的创作和开发。在游戏引擎技术方面，我国高校在 3D 建模、真实感绘制、角色动画、虚拟现实等方面已积累了丰富的研究经验，部分高校还开发完成了原型系统。国内一些公司也利用开放源码组织或者采用引擎改造的方法开发了一些原型系统，但目前这些原型系统尚停留在实验室阶段，市场上还未出现自主知识产权的国产网络游戏集成开发环境。

（3）数字出版

数字出版是指利用数字技术进行数字内容生产，并通过网络传播数字内容产品的活动，其主要特征是内容生产数字化、载体多样化、产品形态多元化和传播形式网络化。首先是内容生产数字化，它借助数字媒体技术进行制作，除文本和图像外，还包括动画、音乐、影视等多种媒体的综合运用，实现内容的无缝连接与整合。其次是载体多样化，数字出版物的载体已由单一的纸载体发展为纸、磁、光、电多种载体，并且具有交互性强、信息量大、检索快捷、携带方便的特点。再次是产品形态多元化，它以大量、动态、多元和立体的传播方式突破传统出版物平面、静态的信息传播，如光盘、电子图书、数字期刊、数字报纸等。最后是传播形式网络化，网络技术在数字出版中占据着重要的地位，如网络出版、手机出版等都必须借助网络技术。

数字出版的体系化发展阶段是以语义分析、云计算、大数据、移动互联网等高新技术为支撑的阶段。语义分析是数字出版体系化发展阶段的标志性技术；云计算是开展知识服务的关键性技术；大数据是知识服务外化的最佳表现形式；移动互联网的应用最容易产生弯道超车的跨越式发展效果。

数字出版的体系化发展阶段，极有可能催生出数据出版的新业态。数据出版是指以数据作为生产要素，把文字、图片、音视频、游戏、动漫都当作数据的一种表现形式，围绕着数据的挖掘、采集、标引、存储、计算开展出版工作，通过数据模型的构建，最终上升到数据应用和数据服务的层面。在数据采集和挖掘层面，可能需要用到特定的挖掘采集功能。在数据标引层面，需要用到知识标引技术。在数据计算层面，需要用到离线计算、分布式计算等多种计算方法。在数据模型构建层面，需要结合特定专业的知识解决方案，将专业与大数据技术相结合，构建数据模型。在数据服务层面，针对个人用户、机构用户的不同需求，提供在线和离线的多种形式数据知识服务。

（4）数字广告

有媒体存在的地方就会有广告的存在。随着数字媒体技术的发展，广告制作技术得到了提高，发布形式得到了拓展。数字广告充分利用了各种最新的数字媒体传播技术，不仅在广告的形式上不断创新，而且赋予了广告更多的交互性、实时性和针对性。常见的数字广告有网络广告、虚拟广告、数字游戏广告等。

与数字影视、数字游戏一样，数字广告制作也充分采用了数字音视频制作技术、数字特效技术和虚拟现实技术。现代展示技术也为数字广告提供了更丰富的表现手段，如 Web3D 技术可以在网络上实现产品的实时交互的三维展示。

（5）数字广播

数字广播是指将数字化后的音频信号及各种数据信号，在数字状态下进行各种编码、调制、传播。随着数字技术迅速介入广播业务领域，广播已经进入了数字媒体的时代，受众可以通过手机、嵌入式终端、计算机等多种接收装置收听丰富多彩的数字广播节目。数字广播和传统的模拟广播相比，具备以下优势：信号质量更加优越、频道负载量大、传输内容多样化、接收终端多样化、输出方式多样化、互动性好。目前数字广播的应用主要有 DAB（数字音频广播）、 DSB（数字卫星广播）和 DMB（数字多媒体广播）等。它们除传送传统意义的音频信号外，还可以传送包括音频、视频、数据、文本和图像等的多媒体信号。

总之，随着数字媒体技术的应用领域越来越广泛，其发展势必会朝着更加多元化、更加精细化的方向迈进。此外，随着人们的需求更加多元化、个性化，数字媒体技术的发展也会越来越开放，媒体信息会以更多的类别、形式传播，而不是局限于单一的传播途径上。传播内容是数据媒体技术的核心，通过对传播内容的分析和再加工，可以改变传播内容的分配、传送方式，进而对整个媒体产业产生深远的影响，将现代化数字信息媒体重新独立出来，改变传统媒体的竖向链条结构模式。根据当前数字媒体技术的发展现状，可以总结出数字媒体三个大的发展领域，即商务领域、新闻传媒领域、影视制作领域。

2．数字媒体的应用领域

数字媒体的应用领域较为广泛，包括教育培训、电子商务、游戏娱乐等。

在教育培训方面，可以开发远程教育系统、网络多媒体资源、数字电视节目等。数字媒体因其能够实现图文并茂、人机交互、实时反馈，从而能有效地激发受众的学习兴趣。用户可以根据自己的特点和需要来有针对性地选择学习内容，主动参与。以互联网为基础的远程教学，极大地冲击着传统的教育模式，把集中式教育发展成为使用计算机的分布式教学。学生可以不受地域限制，接受教师的远程多媒体交互指导，并及时交流信息，共享资源。

在电子商务方面，可以开发网上电子商城，实现网上交易。网络为商家提供了推销自己的机会。通过网络电子广告、电子商务网站，商家能将商品信息迅速传递给顾客，顾客可以订购自己喜爱的商品。目前，国际上比较流行的电子商务网站有电子湾（eBay）、亚马逊（Amazon），国内的电子商务网站有京东、淘宝网等。在发布信息时，组织机构或个人都可以成为信息发布的主体。各公司、企业、学校及政府部门都可以建立自己的信息网站，通过媒体资料展示自我和提供信息。电子商务领域是信息时代经济发展的新主力，也是人们接触数字媒体技术最直接的方式，因此要高度重视数字媒体技术在电子商务领域的发展前景，大力开发数字媒体技术在该领域中的应用途径。

在游戏娱乐方面，融合 AR 等技术，为游戏增添了二维、三维的空间感受，这不仅提升了游戏体验感，也为 AR 技术提供了新的应用场景和新的传播途径，打破了传统的"沉浸式体验"概念，为人们带来了全新的视觉奇观。

目前数字媒体行业正处于快速发展阶段，行业技术水平总体较高，在应用层面上与国外保持同步。在项目实施与服务水平方面，国内厂商能够更好地理解客户的需求，深入结合行业特点和业务流程提出切实可行的解决方案，随着其技术的成熟，在定制开发、方案实施及后续的技术服务方面具有明显的优势。

数字媒体行业技术的不断发展，尤其是先进的数字化媒体平台与技术的开发，通过可用的沉浸式与交互式媒体技术为用户提供更成熟的媒体与更丰富的经验，允许用户根据自身的使用和情景需求检索相关的媒体信息。就发展趋势来看，增强现实技术已经发展到媒体融合阶段，基于动态视频合成与交互的增强现实研究（沉浸式媒体技术）已经成为计算机视觉和计算机图形学等相关领域迫切需要进行的研究课题，也是数字媒体技术未来发展的趋势所在。

数字媒体作为最经济的交流方式，其发展不再局限于互联网和 IT 行业，而将成为全产业未来发展的驱动力和不可或缺的能量。数字媒体的发展通过影响消费者行为进而深刻地影响着各个领域的发展，消费业、制造业等都受到来自数字媒体的强烈冲击。数字媒体被广泛应用于广电、电信、邮政、电力、消防、交通、金融（银行）、科研、旅游、广告展示等与民生息息相关的行业。这些行业对数字媒体的需求巨大，主要将其应用于交流信息文化、推广品牌形象、提供公共信息、反映民生需求、应对突发事件等。数字媒体技术可以帮助企业建立可视化的信息平台，提供即时声像信息，利于快速响应，为人们提供更广泛、更便捷、更具针对性的信息及服务。

思考与练习

1. 我国对于数字媒体的定义是什么？其基本特性有哪些？
2. 数字媒体的分类有哪些？
3. 数字媒体的关键技术有哪些？
4. 简述数字媒体技术的发展历程。
5. 列举你所知道的运用了磁存储技术、光存储技术和半导体存储技术的存储方式和存储设备。
6. 目前数字媒体技术的主要应用领域有哪些？

第 2 章　计算机技术与数字媒体

2.1　计算机基础知识

计算机是一种能够存储程序，并且按照程序自动、高速、精确地进行大量计算和信息处理的电子机器。科技的进步促使计算机产生和发展，反过来，计算机的产生和发展也促进了科学技术和生产水平的提高。计算机的发展和应用水平已经成为衡量一个国家科学、技术水平和经济实力的重要标志。

2.1.1　计算机的诞生

（1）第一台计算机的诞生

1946 年 2 月，世界上第一台电子计算机在美国宾夕法尼亚大学研制成功，取名为 ENIAC（Electronic Numerical Integrator And Calculator，电子数字积分器与计算器），主要用于飞行中弹道轨迹的计算等问题。ENIAC 的诞生标志着人类真正意义上电子计算机的产生。ENIAC 的设计共使用了 18 000 多个真空管、1500 多个继电器以及大量的其他元器件，重达 30 吨，占地达 170 余平方米，体积庞大。

（2）冯·诺依曼结构计算机

1944 年，约翰·冯·诺依曼（John von Neumann）加入了 EDVAC（Electronic Discrete Variable Automatic Computer，离散变量自动电子计算机）的研制小组。1945 年，冯·诺依曼起草了《关于 EDVAC 的报告草案》，该报告广泛而具体地介绍了制造电子计算机和程序设计的新思想。这份报告是计算机发展史上一个划时代的文献，明确了如下核心内容。

① 计算机由 5 部分组成：运算器、控制器、存储器、输入设备和输出设备，如图 2.1 所示。

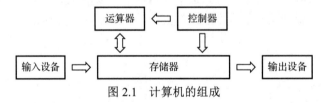

图 2.1　计算机的组成

② 计算机采用二进制数，程序和数据均用二进制数 0 和 1 直接模拟开关电路的通、断两种状态。

③ 计算机程序顺序执行，将程序预先存入存储器中，然后取出进行译码、计算，执行存储程序，实现计算机工作的自动化。

这个设计思想后来被概括为"存储程序控制"，是计算机发展史上的里程碑，是计算机时代的真正开始。根据这个思想制造的计算机被称为冯·诺依曼结构计算机，这个结构一直沿用至今，因此，冯·诺依曼被尊称为"计算机之父"。EDVAC 是世界上第一台冯·诺依曼结构计算机，也是第一台现代意义的通用计算机。

1946 年 6 月，冯·诺依曼结构确定了现代计算机的基本结构和原理，以此为基础，计算机进入了飞速发展的阶段。计算机硬件的发展，尤其是主要元器件的发展，促使计算机的计算速度提升，呈现出体积小、价格低的发展趋势。计算机软件的发展，特别是多媒体技术和操作系统的发展，推动计算机的应用领域不断扩展，逐渐涵盖更多行业，操纵计算机趋于容易。

2.1.2 计算机的发展

（1）计算机发展的 4 个阶段

按照基本物理器件，计算机的发展从诞生至今可分为 4 个阶段，也称为 4 个时代，即电子管时代、晶体管时代、中小规模集成电路时代及大规模和超大规模集成电路时代。

① 第 1 阶段：电子管时代（1946—1958 年）

电子管计算机的特征是采用电子管作为计算机的基本逻辑元器件，由于受当时电子技术的限制，计算机的运算速度只有每秒几千次到几万次基本运算，且内存容量小，仅为几千字节，只能用机器语言和汇编语言进行程序设计。受当时电子技术的限制，第一代计算机体积大、耗电多、速度慢、造价高、使用不便，仅限于一些军事和科研部门进行科学计算，其代表机型有 IBM650（小型机）、IBM709（大型机）等。

第一代计算机的特点：操作指令是为特定任务而编制的，每种机器有各自不同的机器语言，功能受限，速度也慢。使用真空电子管和磁鼓存储数据。

② 第 2 阶段：晶体管时代（1959—1964 年）

晶体管计算机的特征是用晶体管代替了第一代计算机中的电子管，运算速度提高到每秒数万次到数十万次基本运算，内存容量扩大到几十万字节。同时计算机软件技术也有了较大的发展，出现了 FORTRAN、COBOL、ALGOL 等高级语言，大大方便了计算机的使用。这一阶段，除科学计算外，计算机还用于数据处理和工业生产功能控制等，与第一代电子管计算机相比，晶体管计算机体积小、耗电少、成本低、逻辑功能强、使用方便、可靠性高。其代表机型有 IBM7094、CDC7600 等。

③ 第 3 阶段：中小规模集成电路时代（1965—1970 年）

集成电路计算机是用集成电路（Integrated Circuit，IC）代替分立元器件的计算机。集成电路是在几平方毫米的基片上集成了几十个、上百个电子元器件的逻辑电路。第三代计算机使用小规模集成电路和中规模集成电路作为其基本电子元器件，并开始采用性能更好的半导体存储器，其运算速度提高到每秒几十万次到几百万次基本运算。计算机的体积更小、寿命更长、可靠性大大提高，且计算机功耗和价格进一步下降。同时，计算机软件技术得到进一步发展，出现了结构化、模块化程序设计方法，操作系统功能逐步趋向成熟。其代表机型是 IBM 公司研制的 IBM360 计算机系列。

④ 第 4 阶段：大规模和超大规模集成电路时代（1971 年至今）

大规模和超大规模集成电路计算机用每个芯片上集成了几千个、上万个、上百万个电子元器件的大规模集成（Large Scale Integrated，LSI）电路或超大规模集成（Very Large Scale Integrated，VLSI）电路作为计算机的主要逻辑元器件，使用集成度很高的半导体存储器，运算速度可达每秒几千万次甚至上亿次基本运算。在软件方面，出现了数据库管理系统、分布式操作系统等。在第四代计算机中，对人类社会影响最大的是微型计算机的产生和计算机网络的应用。

计算机的快速发展主要得益于计算机元器件的升级更新。英特尔（Intel）名誉董事长戈登·摩尔（Gordon Moore）经过长期观察发现了被称为计算机第一定律的摩尔定律。摩尔定律是指 IC 上可容纳的晶体管数目大约每隔 18 个月便会增加一倍，性能也将提升一倍。

1965 年，戈登·摩尔要准备一个关于计算机存储器发展趋势的报告，他整理了一份观察资料。开始绘制数据时，他发现了一个惊人的趋势：每个新的芯片大体为其前任两倍的容量，每个芯片产生的时间都是在前一个芯片产生后的 18~24 个月内，如果这个趋势继续，计算能力相对于时间周期将呈指数式上升。摩尔的观察资料，即摩尔定律，所阐述的趋势一直延续至今，且仍不同寻常的准确。人们还发现这不仅适用于对存储器芯片的描述，也精确地说明了处理机能力和磁盘驱动器存储容量的发展。该定律成为许多行业对于性能预测的基础。这也告诉我们在购买计算机产品时，应以"适用、够用"为原则，不能盲目地追求其先进性。目前人们普遍认为，处于快速发展中的计算机行业，将以超大规模集成电路为基础，向微型化、网络化、智能化与多媒体化的方向发展。

（2）未来计算机的发展趋势

虽然计算机自问世以来速度和性能有了可观的提升，但迄今仍有不少课题的要求超出了当前计算机的能力所及，找到一个解决方法的速度远赶不上问题规模的扩展速度。目前，计算机虽然应用广泛，但还存在着两个最大的不足，无法完全满足人类的需求：一是计算速度依然无法满足核聚变模拟、地震预测等需求。二是计算机"智力"不足，"智能"幼稚，无法理解人类的信息，人机通话必须通过程序完成，也无法像人脑那样学习、联想和推理。受到物理极限的约束，硅芯片的高速发展越来越接近其物理极限，这约束了计算机计算能力的继续提高，世界各国开始研究开发使用新型元器件的计算机。目前可能性最大的新型计算机有 4 种：生物计算机、光子计算机、量子计算机、纳米计算机。在人工智能领域则发展出了模糊计算机，这是一种以模糊数学为基础，除具有一般计算机的功能外，还具有学习、思考、判断和对话能力的计算机。

① 生物计算机

生物计算机是以生物工程技术产生的蛋白质分子为主要原材料，并以此作为生物芯片来替代半导体硅片，利用有机化合物存储数据的计算机，也称仿生计算机。生物计算机的信息以波的形式传播，当波沿着蛋白质分子链传播时，会引起蛋白质分子链中单键、双键结构顺序的变化。运算速度要比当今最新一代计算机快 10 万倍，它具有很强的抗电磁干扰能力，并能彻底消除电路间的干扰。其能量消耗仅相当于普通计算机的十亿分之一，且具有强大的存储能力。同时，它具有生物体的一些特点，如能发挥生物本身的调节机能，自动修复芯片上发生的故障，还能模仿人脑的机制等。

目前的研究方向主要有两个：一是研制分子计算机，即制造有机分子元器件去代替目前的半导体逻辑元器件和存储元器件；二是突破冯·诺依曼结构限制，按照人脑的结构思维规律，重新组织计算机结构。

② 光子计算机

光子计算机是一种由光信号进行算术运算、逻辑运算、信息存储和处理的新型计算机，利用光作为信息的传输媒体，速度永远如光速。它由激光器、光学反射镜、透镜、滤波器等光学元器件和设备构成，依靠激光束进入反射镜和透镜组成的阵列进行信息处理，以光子代替电子，光运算代替电运算。光的并行、高速，天然地决定了光子计算机的并行处理能力很强，具有超高运算速度。光子计算机还具有与人脑相似的容错性，系统中某一元器件损坏或出错时，并不影响最终的计算结果。光子在光介质中传输所造成的信息畸变和失真极小，光传输、转换时能量消耗和散发热量极低，对环境条件的要求比电子计算机低得多。随着现代光学与计算机技术、微电子技术的结合，在不久的将来，光子计算机将成为人类普遍的工具。

③ 量子计算机

量子计算机是遵循量子力学规律进行高速算术运算和逻辑运算、信息存储及处理量子信息的物理装置，它利用处于多现实态下的原子进行运算。当某个装置处理和计算的是量子信息，运行的是量子算法时，它就是量子计算机。

④ 纳米计算机

纳米计算机是指运用纳米技术的一种新型计算机。"纳米"本身是一个计量单位，将计算机基本元器件缩小到纳米级别，这样的计算机就可以称为纳米计算机，实现技术包括机械技术、量子技术、生物技术等。2013 年 9 月 26 日，在斯坦福大学，人类首台基于碳纳米晶体管技术的计算机已成功测试运行，该计算机实际只包括了 178 个碳纳米晶体管，并运行只支持计数和排列等简单功能的操作系统，却已是人类多年的研究成果了。

2.1.3 计算机的分类

（1）按应用范围分类

① 专用机

专用机是为解决一个或一类特定问题而设计的计算机。其硬件和软件的配置依据特定问题的需要而定，并不求全。专用计算机功能单一，配有解决特定问题的固定程序，能高速、可靠地解决特定问题。它一般在过程控制中使用。

② 通用机

通用机是为解决各种问题而设计，具有较强通用性的计算机。它具有一定的运算速度和存储容量，带有通用的外部设备，配备各种系统软件、应用软件。一般的数字式电子计算机多属此类。

（2）按规模和处理能力分类

计算机按规模（即存储容量）、处理能力可分为 6 类：巨型机、大型机、小型机、个人计算机、工作站和服务器。

① 巨型机

巨型机即超级计算机，是计算机中功能最强、运算速度最快、存储容量最大的一类计算机。巨型机一般用在国防和尖端科学领域，如战略武器（核武器和反导弹武器）的设计、空间技术、石油勘探、长期天气预报以及社会模拟领域。世界上只有少数几个国家能生产巨型机，著名的巨型机有美国的克雷系列以及我国自行研制的银河-Ⅰ（每秒运算 1 亿次以上）、银河-Ⅱ（每秒运算 10 亿次以上）和银河-Ⅲ（每秒运算 100 亿次以上）。当今世界上运行速度最快的巨型机已达到每秒万亿次浮点运算。

② 大型机

大型机包括通常所说的大、中型计算机。它是在微型机（个人计算机）出现之前最主要的计算机模式，即把大型主机放在计算中心的机房中，用户要上机就必须去计算中心的终端上工作。大型机经历了批处理阶段、分时处理阶段，进入了分散处理与集中管理的阶段。

③ 小型机

由于大型机价格昂贵、操作复杂，所以只适用于大型企业和单位。在集成电路的推动下，20世纪 60 年代，美国 DEC 公司推出了一系列小型机，如 PDP-11 系列、VAX-11 系列、HP-1000/3000系列。

DEC 公司生产的 VAX 系列机、美国 IBM 公司生产的 AS/400 系列机，以及我国生产的太极系列机都是小型机的代表。小型机一般为中小型企事业单位或某一部门所用，例如，高等院校的计算机中心都以一台小型机为主机，配以几十台甚至上百台终端机，以满足大量学生学习的需要。当然其运算速度和存储容量都比不上大型机。

④ 个人计算机

个人计算机（Personal Computer，PC）的特点是轻、小、价廉、易用。PC 使用的 CPU 芯片平均每两年集成度增加一倍，处理速度提高一倍，价格却降低一半。随着芯片性能的提高，PC的功能越来越强大。今天，PC 的应用已普及到各个领域，从工厂的生产控制到政府的办公自动化，从商店的数据处理到个人的学习娱乐，几乎无处不在、无所不用。目前，PC 占整个计算机装机量的 95%以上。

⑤ 工作站

工作站是介于 PC 和小型机之间的一种高档微型机。通常配有高档 CPU、高分辨率的大屏幕显示器和大容量的内/外存储器，具有较强的数据处理能力和高性能的图形功能。它主要用于图像处理、计算机辅助设计（CAD）等领域。

⑥ 服务器

随着计算机网络的日益推广和普及，一种可供网络用户共享的、高性能的计算机应运而生，这就是服务器。服务器一般具有大容量的存储设备和丰富的外部设备，运行网络操作系统，要求较高的运行速度，对此很多服务器都配置双 CPU。服务器上的资源可供网络用户共享。

2.2 计算机中的信息表示及存储原理

计算机存储的信息包括数值数据和非数值数据两种，各种信息最终都以二进制编码的形式存在，即都以 0 和 1 组成的二进制代码表示。

2.2.1 计算机中的信息表示

（1）信息的表示形式

在计算机中，信息以数据的形式来表示。从表面上看，信息一般可以使用符号、数字、文字、图形、图像、声音等形式来表示，但在计算机中最终都要使用二进制数来表示。计算机使用二进制数来存储、处理各种形式和各种媒体的信息。

通常将计算机中的信息分为两大类：一类是计算机处理的对象，泛称数据。另一类是计算机执行的指令，即程序。计算机内部的电子部件通常只有"导通"和"截止"两种状态，所以计算机中信息的表示只要有 0 和 1 两种状态即可。由于二进制数有 0 和 1 两个数码，所以人们在计算机中使用二进制数。

（2）常用数制

在计算机科学中，常用的数制是十进制、二进制、八进制、十六进制 4 种，见表 2.1。

表 2.1 常用数制

数制	基数	数 码	数制符号	下标表示	字母表示
十进制	10	0,1,2,3,4,5,6,7,8,9	D 或 d	$(2015)_{10}$ 或 $(2015)_D$	2015D 或 2015
二进制	2	0,1	B 或 b	$(1011)_2$ 或 $(1011)_B$	1011B
八进制	8	0,1,2,3,4,5,6,7	O 或 o	$(2015)_8$ 或 $(2015)_O$	2015O
十六进制	16	0,1,2,3,4,5,6,7,8,9,A,B,C,D,E,F	H 或 h	$(20A5)_{16}$ 或 $(20A5)_H$	20A5H

① 十进制数及其特点

十进制数（Decimal notation）的基本特点是基数为 10，用 10 个数码 0,1,2,3,4,5,6,7,8,9 来表示，且逢十进一。因此，对于一个十进制数而言，各位的位权是以 10 为底的幂。例如，十进制数$(3826.59)_{10}$可以表示为

$$(3826.59)_{10}=3×10^3+8×10^2+2×10^1+6×10^0+5×10^{-1}+9×10^{-2}$$

它称为十进制数 3826.59 的按位权展开式。

② 二进制数及其特点

二进制数（Binary notation）的基本特点是基数为 2，用两个数码 0 和 1 来表示，且逢二进一。因此，对于一个二进制数而言，各位的位权是以 2 为底的幂。例如，二进制数$(101.011)_2$可以表示为

$$(101.011)_2=1×2^2+0×2^1+1×2^0+0×2^{-1}+1×2^{-2}+1×2^{-3}$$

③ 八进制数及其特点

八进制数（Octal notation）的基本特点是基数为 8，用 8 个数码 0,1,2,3,4,5,6,7 来表示，且逢

八进一。因此，对于一个八进制数而言，各位的位权是以 8 为底的幂。例如，八进制数$(53.17)_8$ 可以表示为

$$(53.17)_8 = 5 \times 8^1 + 3 \times 8^0 + 1 \times 8^{-1} + 7 \times 8^{-2}$$

④ 十六进制数及其特点

十六进制数（Hexadecimal notation）的基本特点是基数为 16，用 16 个数码 0,1,2,3,4,5,6,7,8,9, A,B,C,D,E,F 来表示，且逢十六进一。因此，对于一个十六进制数而言，各位的位权是以 16 为底的幂。例如，十六进制数$(6D.B3)_{16}$ 可以表示为

$$(6D.B3)_{16} = 6 \times 16^1 + 13 \times 16^0 + 11 \times 16^{-1} + 3 \times 16^{-2}$$

⑤ R 进制数及其特点

扩展到一般形式，一个 R 进制数，基数为 R，用 $0,1,\cdots,R\text{-}1$ 共 R 个数字符号来表示，且逢 R 进一，因此，对于一个 R 进制数而言，各位的位权是以 R 为底的幂。一个 R 进制数的按位权展开式为

$$(N)_R = k_n \times R^n + k_{n-1} \times R^{n-1} + \cdots + k_0 \times R^0 + k_{-1} \times R^{-1} + k_{-2} \times R^{-2} + \cdots + k_{-m} \times R^{-m}$$

当各种计数制同时出现时，用下标加以区别。也有人根据其英文的缩写，将$(3826.59)_{10}$ 表示为 3826.59D，将$(101.011)_2$、$(53.17)_8$ 和$(6D.B3)_{16}$ 分别表示为 101.011B、53.17O 和 6D.B3H。

（3）数制转换

日常生活中人们习惯于采用十进位计数制。但是由于技术上的原因，计算机内部一律采用二进制数表示数据，而在编程中又经常使用十进制数，有时为了表述上的方便还会使用八进制数或十六进制数。因此，了解不同计数制及其相互转换是非常必要的。

① R 进制数转换为十进制数

根据 R 进制数的按位权展开式可以较方便地将其转换为十进制数。

例：将$(110.101)_2$、$(16.24)_8$ 和$(5E.A7)_{16}$ 转换为十进制数。

$(110.101)_2 = 1 \times 2^2 + 1 \times 2^1 + 0 \times 2^0 + 1 \times 2^{-1} + 0 \times 2^{-2} + 1 \times 2^{-3} = 6.625$

$(16.24)_8 = 1 \times 8^1 + 6 \times 8^0 + 2 \times 8^{-1} + 4 \times 8^{-2} = 14.3125$

$(5E.A7)_{16} = 5 \times 16^1 + 14 \times 16^0 + 10 \times 16^{-1} + 7 \times 16^{-2} = 94.6523$（近似数）

② 十进制数转换为 R 进制数

将十进制数转换为 R 进制数，只要对其整数部分采用除以 R 取余法，而对其小数部分采用乘以 R 取整法即可。

例：将$(179.48)_{10}$ 转换为二进制数。

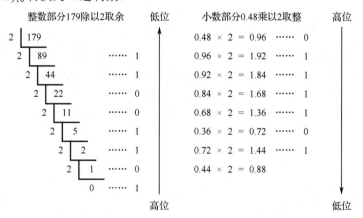

其中，$(179)_{10} = (10110011)_2$，$(0.48)_{10} = (0.0111101)_2$（保留 7 位小数），因此，$(179.48)_{10} = (10110011.0111101)_2$。

一个十进制整数可以精确地转换为一个二进制整数，但是一个十进制小数并不一定能够精确

地转换为一个二进制小数。

例：将$(179.48)_{10}$转换为八进制数。

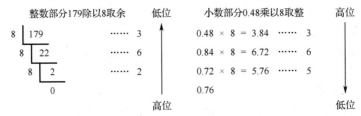

其中，$(179)_{10}=(263)_8$，$(0.48)_{10}=(0.365)_8$（保留3位小数），因此，$(179.48)_{10}=(263.365)_8$。

例：将$(179.48)_{10}$转换为十六进制数。

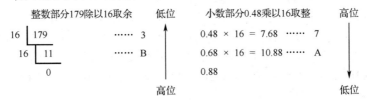

其中，$(179)_{10}=(B3)_{16}$，$(0.48)_{10}=(0.7A)_{16}$（保留2位小数），因此，$(179.48)_{10}=(B3.7A)_{16}$。

与十进制数转换为二进制数类似，将十进制小数转换为八进制小数或十六进制小数时，同样会遇到不能精确转化的问题。那么，到底什么样的十进制小数才能精确地转换为另一个进制的小数呢？事实上，一个十进制纯小数 p 能精确表示成 R 进制小数的充分必要条件是，此小数可表示成 k/R^m 的形式（其中，k、m、R 均为整数，k/R^m 为不可约分数）。

③ 二进制数、八进制数、十六进制数之间的转换

二进制数转换成八进制数时，以小数点为中心向左右两边延伸，每3位一组，小数点前不足3位时，前面添0补足3位。小数点后不足3位时，后面添0补足3位。然后，将各组的3位二进制数转换成八进制数。二进制数与八进制数的转换见表2.2。

表2.2　二进制数与八进制数的转换

二 进 制 数	八 进 制 数	二 进 制 数	八 进 制 数
000	0	100	4
001	1	101	5
010	2	110	6
011	3	111	7

类似于二进制数转换成八进制数，二进制数转换成十六进制数时也是以小数点为中心向左右两边延伸，每4位一组，小数点前不足4位时，前面添0补足4位；小数点后不足4位时，后面添0补足4位。然后，将各组的4位二进制数转换成十六进制数。二进制数与十六进制数的转换见表2.3。

表2.3　二进制数与十六进制数的转换

二 进 制 数	十六进制数	二 进 制 数	十六进制数	二 进 制 数	十六进制数	二 进 制 数	十六进制数
0000	0	0100	4	1000	8	1100	C
0001	1	0101	5	1001	9	1101	D
0010	2	0110	6	1010	A	1110	E
0011	3	0111	7	1011	B	1111	F

例：将二进制数 1011111.01 转换为十六进制数。

对二进制数分组补 0。

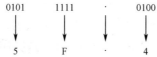

因此，$(1011111.01)_2 = (5F.4)_{16} = 5F.4H$。

例：将十六进制数 19A.A94 转换为二进制数。

1 个十六进制数对应 4 个二进制数，转换后消去多余的 0，过程如下：

因此，$19A.A94H = (19A.A94)_{16} = (110011010.1010100101)_2$。

八进制数与十六进制数之间的转换，通常先转换为二进制数作为过渡，再用上面所讲的方法进行转换。

（4）计算机中为什么要用二进制数

在日常生活中，人们并不经常使用二进制数，因为它不符合人们的固有习惯。但在计算机内部的数则是用二进制数来表示的，这主要有以下几个方面的原因。

① 电路简单，易于表示

计算机是由逻辑电路组成的，逻辑电路通常只有两种状态。例如，开关的接通和断开，晶体管的饱和与截止，电压的高与低等。这两种状态正好用二进制数的两个数码 0 和 1 来表示。若是采用十进制数，则需要有 10 种状态来表示 10 个数码，实现起来比较困难。

② 可靠性高

用二进制数的两种状态表示两个数码，数码在传输和处理中不易出错，因而电路更加可靠。

③ 运算规则简单

二进制数的运算规则简单，无论是算术运算还是逻辑运算都容易进行。十进制数的运算规则相对烦琐，现在已经证明，R 进制数的算术求和、求积规则各有 $(R+1)R/2$ 个。如果采用二进制数，则求和与求积运算法只有 3 种，因而简化了运算器等物理器件的设计。

④ 逻辑性强

计算机不仅能进行数值运算，而且能进行逻辑运算。逻辑运算的基础是逻辑代数，而逻辑代数的二值逻辑，即二进制数的两个数码 1 和 0，恰好代表逻辑代数中的真（True）和假（False）。

2.2.2 存储原理

我们要处理的信息在计算机中常被称为数据。所谓数据，就是可以由人工或自动化手段加以处理的那些事实、概念、场景和指示的表示形式，包括字符、符号、表格、声音和图形等。数据可在物理介质上记录或传输，并通过外围设备被计算机接收经过处理而得到结果，计算机对数据进行解释并赋予一定的意义后，便成为人们所能接收的信息。

（1）数据的表示单位

计算机中数据的常用单位有位、字节和字。

① 位

计算机中最小的数据单位是二进制数的一个数位，简称位（bit，比特，缩写为 b）。一个二进制位可以表示两种状态（0 或 1），两个二进制位可以表示 4 种状态（00、01、10、11）。显然，位越多，所表示的状态就越多。

② 字节

计算机中用来表示存储空间大小的最基本单位，称为字节（Byte，缩写为 B）。一个字节由 8 个二进制位组成。例如，计算机内存的存储容量、磁盘的存储容量等都是以字节为单位进行表示的。

此外，还有千字节（KB）、兆字节（MB）、吉字节（GB）、太字节（TB）、拍字节（PB）、艾字节（EB）、泽字节（ZB）、尧字节（YB）等表示存储容量的单位。它们之间存在下列换算关系：

$1B=8b$　　　　　　$1KB=2^{10}B=1024B$　　$1MB=2^{10}KB=2^{20}B$

$1GB=2^{10}MB=2^{30}B$　$1TB=2^{10}GB=2^{40}B$　　$1PB=2^{10}TB=2^{50}B$

$1EB=2^{10}PB=2^{60}B$　$1ZB=2^{10}EB=2^{70}B$　　$1YB=2^{10}ZB=2^{80}B$

③ 字（Word）与字长

字与计算机中字长的概念有关。字长是指计算机在进行处理时一次作为一个整体进行处理的二进制数的位数，具有这一长度的二进制数则被称为该计算机中的一个字。计算机按照字长进行分类，可以分为 8 位机、16 位机、32 位机和 64 位机等。字长越大，那么计算机所表示数的范围就越大，处理能力也就越强，运算精度也就越高。在不同字长的计算机中，字的长度也不相同。字通常取字节的整数倍，是计算机进行数据存储和处理的运算单位。

（2）非数值信息

在计算机中，对非数值的文字和其他符号进行处理时，要对文字和符号进行数字化，即用二进制编码来表示文字和符号。其中西文字符常用到的编码方案有 ASCII 编码和 EBCDIC 编码等。对于汉字，使用国家标准汉字编码。

① ASCII 编码

微型计算机和小型计算机中普遍采用 ASCII（American Standard Code for Information Interchange，美国信息交换标准代码）编码表示字符数据，该编码被 ISO（国际标准化组织）采纳，作为国际上通用的信息交换代码。

ASCII 编码由 7 位二进制数组成，由于 $2^7=128$，因此能够表示 128 个字符数据。ASCII 编码为 7 位，为了便于统一处理，在 ASCII 编码的最高位前增加 1 位 0，凑成 8 位，即 1 字节，因此，1 字节可存储一个 ASCII 编码，也就是说，1 字节可以存储一个字符。ASCII 编码是使用最广的字符编码数据，使用 ASCII 编码的文件称为 ASCII 文件。

② EBCDIC 编码

在 IBM System/360 计算机中，IBM 研制了自己的 8 位字符编码——EBCDIC（Extended Binary Coded Decimal Interchange Code，扩展的二-十进制交换码）。该编码是对早期的 BCDIC 6 位编码的扩展，其中一个字符的 EBCDIC 编码占用 1 字节，用 8 位二进制码表示信息，一共可以表示出 256 种字符。

③ Unicode 编码

在假定会有一个特定的字符编码系统适用于世界上所有语言的前提下，1988 年，几个主要的计算机公司一起开始研究一种替换 ASCII 编码的编码，称为 Unicode 编码。鉴于 ASCII 编码是 7 位编码，Unicode 采用 16 位编码，一个字符需要 2 字节。这意味着 Unicode 的字符编码范围为 0000H～FFFFH，可以表示 65536 个不同字符。

Unicode 编码不是从零开始构造的，开始的 128 个字符编码 0000H～007FH 与 ASCII 编码的字符一致，这样就能够兼顾已存在的编码方案，并有足够的扩展空间。目前，Unicode 编码在互联网中有着较为广泛的使用，微软（Microsoft）和苹果（Apple）公司的操作系统均支持 Unicode 编码。

④ 国家标准汉字编码（GB 2312—1980）

为了用 0、1 代码串表示汉字，在汉字系统或通信系统之间交换信息，必须给每个输入的汉字规定一个统一的代码，这就是汉字的编码。由于汉字属于基于形状的方块字，字数较多，汉字的编码经历了一系列的发展。常见的关于汉字的编码有字形码、区位码、机内码和国标码。为了方便对汉字的管理，人们对汉字进行了分区管理，分成 94 个区，每个区中有 94 个汉字字符，每个汉字对应唯一一个区码和位码，也就是所谓的区位码。但是区位码只是一种输入码，为了跳过 ASCII 编码中前 32 个控制字符，所以改进为国标码。不过国标码还不能在计算机上使用，它和 ASCII 编码有冲突，所以将其改进为机内码存储。

在机内的存储和表示汉字的编码称为内码，供汉字输入（主要是通过键盘进行输入）的编码称为外码，供计算机输出（主要是指显示和打印）的编码称为汉字字模。

汉字字形码又称汉字字模，用于汉字在显示屏或打印机上输出。汉字字形码通常有两种表示方式：点阵式和矢量式。用点阵表示字形时，汉字字形码指的是这个汉字字形点阵的代码。根据输出汉字的要求不同，点阵的多少也不同。简易型汉字为 16×16 点阵，提高型汉字为 24×24 点阵、32×32 点阵、48×48 点阵等。点阵规模越大，字形越清晰美观，所占存储空间也越大。

国家标准汉字编码简称国标码。该编码集的全称是"信息交换用汉字编码字符——基本集"，国家标准号是 GB 2312—1980。该编码的主要用途是作为汉字信息交换码。

GB 2312—1980 标准含有 6763 个汉字，其中一级汉字（最常用）3755 个，按汉语拼音顺序排列，二级汉字 3008 个，按部首和笔画排列。另外，还包括 682 个西文字符、图符。GB 2312—1980 标准将汉字分成 94 个区，每个区又包含 94 位，每位存放一个汉字，这样一来，每个汉字就有一个区号和一个位号，因此国标码也称为区位码。例如，汉字"重"在 54 区 56 位，其区位码是 5456；汉字"庆"在 39 区 76 位，其区位码是 3976。

国标码规定：一个汉字用 2 字节来表示，每字节只用前 7 位，最高位均未定义。但需要注意的是，国标码不同于 ASCII 编码，并非汉字在计算机内的真正表示代码，它仅仅是一种编码方案，计算机内部汉字的代码称为汉字机内码，简称汉字内码。

在计算机中，汉字内码一般采用 2 字节表示，前一字节由区号与十六进制数 A0 相加得到，后一字节由位号与十六进制数 A0 相加得到，而且汉字编码两字节的最高位都置为 1，这种形式避免了国标码与标准 ASCII 编码的二义性（用最高位来区别）。在计算机系统中，由于内码的存在，所以输入汉字时就允许用户根据自己的习惯使用不同的输入码，进入计算机系统后再统一转换成内码存储。

2.3 计算机的系统结构

一个完整的计算机系统由硬件系统和软件系统两部分组成。硬件系统是软件系统的物质基础，软件系统是硬件系统发挥功能的必要保证。只有两部分相互作用、相互联系才能完成一项任务。

2.3.1 计算机系统的组成

计算机是指一台能存储程序和数据，并能自动执行程序的机器，是一种能对各种数字化信息进行处理的工具。程序是为完成预定任务用各种计算机语言编写的一组指令序列，计算机按照程序规定的流程依次执行指令，最终完成程序所描述的任务。计算机硬件能够识别和执行的指令序列称为"机器指令"。用机器指令编写的程序称为"机器语言程序"。

（1）冯·诺依曼计算机模型

以美国著名的数学家冯·诺依曼为代表的研究组提出的计算机设计方案，为现代计算机的基本结构奠定了基础。迄今为止，绝大多数实际应用的计算机都属于冯·诺依曼计算机模型。它的基本要点包括：采用二进制数形式表示数据和指令；采用"存储程序"工作方式；计算机硬件部分由运算器、控制器、存储器、输入设备及输出设备五大部件组成。

（2）三总线

为了节省计算机硬件连接的信号线，简化电路结构，计算机各部件之间采用公共通道进行信息传送和控制。计算机部件之间分时占用着这些公共通道进行数据的控制和传送，这样的通道简称为总线。根据传输数据的不同，总线可分为以下三类。

数据总线：用来传输数据，是双向传输的总线，CPU 既可通过数据总线从内存或输入设备读入数据，又可通过数据总线将内部数据送至内存或输出设备。

地址总线：用于传送 CPU 发出的地址信号，是一条单向传输线，其目的是指明与 CPU 交换信息的内存单元或 I/O 设备的地址。

控制总线：用来传送控制信号、时序信号和状态信息等。其中有的是 CPU 向内存和外设发出的控制信号，有的则是内存或外设向 CPU 传递的状态信息。

2.3.2　计算机硬件系统

硬件是软件工作的基础，只有硬件的计算机被称为"裸机"，必须配置相应的软件才能成为一个完整的计算机系统。

人们主要通过键盘和鼠标对计算机进行操控，计算机将处理结果通过显示器、耳机或者音箱传递给用户。从这个角度看，计算机硬件各个部件的主要作用：① CPU 是计算机的大脑，负责整个平台的数据处理，显卡为用户提供图形处理与图形化界面；② 硬盘是所有数据的存储器；③ 电源是为 CPU、显卡、主板、硬盘等配件提供能源的心脏，机箱内所有配件都要通过一根线缆连接电源获取能源，这样才能正常使用，如果供电出现问题，某个配件出现异常，则计算机很容易蓝屏死机，或者无法发挥全部性能；④ 显示器和其他外设主要负责输入/输出。

从冯·诺依曼结构看，计算机硬件系统主要由五部分构成，即运算器、控制器、存储器、输入设备和输出设备，其功能如下。

（1）运算器：在控制器的控制下完成各种算术运算（如加、减、乘、除）、逻辑运算（如逻辑与、逻辑或、逻辑非等），以及其他操作（如取数、存数、移位等）。运算器主要由两部分组成，即算术逻辑运算单元（Arithmetic and Logic Unit，ALU）和寄存器组。

（2）控制器：是控制计算机各个部件协调一致、有条不紊工作的电子装置，也是计算机硬件系统的指挥中心。

运算器和控制器集成在一起被称为中央处理器（Central Processing Unit，CPU），在微型计算机中又称为微处理器，它是计算机硬件的核心部件。CPU 类型（字长）与主频是计算机最主要的性能指标（决定计算机的基本性能）。字长是指 CPU 在一次操作中能处理的最大数据单位，体现了一条指令所能处理数据的能力。CPU 的主频是指 CPU 能够适应的时钟频率，它等于 CPU 一秒内能够完成的工作周期数，单位为兆赫兹（MHz），即每秒 100 万个时钟周期。主频越高表明 CPU 运算速度越快。但 CPU 本身不构成独立的微型计算机系统，因而也不能独立地执行程序。CPU 不但需要负责处理传送来的信息，还要将处理后的资料送到指定的设备上，所以 CPU 执行的速度和计算机执行的效率有密切的关系。CPU 类似人类的心脏，必须通过"时钟"才能运作，就像下指令一样，通过时钟信号指示其他硬件执行动作，CPU 的速度越快，处理资料的速度就越快，计算机的效率也就越高。

CPU 与内部存储器、主板等构成计算机的主机。

（3）存储器：是用来存储数据和程序指令的部件，可分为内部存储器（简称内存）和外部存储器（简称外存）两大类。

内存是具有"记忆"功能的物理部件，由一组高集成度的半导体集成电路组成，用来存放数据和程序。CPU 工作时需要与外部存储器（如硬盘、软盘、光盘）进行数据交换，但因为外部存储器的速度远远低于 CPU 的速度，所以就需要一种工作速度较快的设备在其中完成数据暂时存储的工作，这就是内存的作用。

内存通常分为只读存储器（Read Only Memory，ROM）、随机存储器（Random Access Memory，RAM）和高速缓冲存储器（Cache）。

ROM 用于存储由计算机厂家为计算机编写好的一些基本的检测、控制、引导程序和系统配置信息等。在计算机开机时，CPU 首先执行 ROM 中的程序来搜索磁盘上的操作系统文件，将这些文件调入 RAM 中，以便进行后面的工作。ROM 的特点是存储的信息只能读出，断电后信息不会丢失，其中保存的程序和信息通常是厂家制造时用专门的设备写入的。ROM 一般由主板制造厂家提供。

RAM 主要用于临时保存 CPU 当前或经常要执行的程序和经常要使用的数据。RAM 的特点是既可以读出，也可以写入，因此 RAM 又称为可读写存储器。RAM 只能在加电后保存数据和程序，一旦断电则其所保存的所有信息将自动消失。RAM 安装在主机箱内主板的内存插槽上，是一块绿色长条形的电路板，一般称为内存条。

Cache 是指为了提高计算机的性能，在 CPU 与内存之间增加一层存储速度很快的存储器，CPU 执行频率高的一些程序被临时存放在 Cache 中。与外部存储器相比，内存的存储容量较小，但存储速度快。

外存又叫辅助存储器，具有相当大的存储容量，是永久存储信息的地方。不管计算机接通或切断电源，在外存中所存放的信息是不会丢失的。但外存的速度较慢，而且不能直接和 CPU 交换信息，必须通过内存过渡才能和 CPU 交换信息。常见的外存有 U 盘、硬盘和光盘等。

无论内存还是外存，其存储量都是由字节来度量的，存储器中所能存储的字节数即为存储容量。存储器容量的度量单位除字节（Byte）外，还有千字节（KB，1KB=1024B）、兆字节（MB，1MB=1024KB）、吉字节（GB，1GB=1024MB）、太字节（TB，1TB=1024GB）。

（4）输入设备：把计算机程序和数据输入计算机。常见的输入设备有键盘、鼠标、图像输入设备（摄像机、数码相机、扫描仪和传真机等）及声音输入设备等。

（5）输出设备：把计算机程序和数据从计算机中输出。常见的输出设备有显示器、打印机、绘图仪和声音输出设备等。

2.3.3　计算机软件系统

计算机软件分为系统软件和应用软件两类。系统软件是计算机系统的重要基础部分，用来支持应用软件的运行，为用户开发应用系统提供一个平台，用户可以使用它，一般不会随意修改它。应用软件是指计算机用户利用计算机的软件、硬件资源为某一专门应用目的而开发的软件。

（1）系统软件

系统软件分为操作系统软件与计算机语言翻译系统软件两部分，包括以下 5 种程序。

① 操作系统（Operating System，OS）

为了使计算机系统的所有资源协调一致、有条不紊地工作，就必须有一个软件来进行统一管理和调度，这个软件称为操作系统。它的功能就是管理计算机系统的全部硬件资源、软件资源及数据资源，使计算机系统的所有资源最大限度地发挥作用，为用户提供方便、有效、友善的服务界面。

操作系统是一个庞大的管理控制程序，它大致包括以下管理功能：进程与处理机调度管理、作业管理、存储管理、设备管理、文件管理。实际的操作系统是多种多样的，如 DOS、Windows、Linux、UNIX，侧重面和设计思想不同，操作系统的结构和内容存在很大差别。对于功能比较完善的操作系统，应具备上述五大功能。

② 语言处理程序

编写计算机程序所用的语言是人与计算机之间交换的工具，按语言对机器的依赖程度分为机器语言、汇编语言和高级语言。

机器语言（Machine Language）：是面向机器的语言，每一个由机器语言所编写的程序都只适用于某种特定类型的计算机，即指令代码通常随 CPU 型号的不同而不同。它可以被计算机硬件直接识别，不需要翻译。一句机器语言实际上就是一条机器指令，它由操作码和地址码组成。机器指令是用 0、1 组成的二进制代码串。

汇编语言（Assemble Language）：是一种面向机器的程序设计语言，是为特定的计算机或计算机系列设计的。采用一定的助记符号表示机器语言中的指令和数据，即用助记符号代替了二进制数形式的机器指令。这种替代使得机器语言"符号化"，因此汇编语言也是符号语言。计算机硬件只能识别机器指令，执行机器指令，对于用助记符表示的汇编指令是不能执行的。汇编语言编写的程序要执行的话，必须用一个程序将汇编语言翻译成机器语言，用于翻译的程序称为汇编程序（汇编系统）。用汇编语言编写的程序称为源程序，变换后得到的机器语言程序称为目标程序。

高级语言：从 20 世纪 50 年代中期开始到 20 世纪 70 年代陆续产生了许多高级算法语言。这些算法语言中的数据用十进制数来表示，语句用较为接近自然语言的英文字符来表示。它们比较接近于人们习惯的自然语言和数学表达式，因此称为高级语言。高级语言具有较强的通用性，尤其是有些标准版本的高级算法语言，在国际上都是通用的。用高级语言编写的程序能在不同的计算机系统上使用。

但是，对于高级语言编写的程序，计算机是不能识别和执行的。要执行高级语言编写的程序，首先要将高级语言编写的程序翻译成计算机能识别和执行的二进制机器指令，然后供计算机执行。一般将用高级语言编写的程序称为源程序，而把由源程序翻译成的机器语言程序或汇编语言程序称为目标程序。用来编写源程序的高级语言称为源语言，把和目标程序相对应的语言（汇编语言或机器语言）称为目标语言。

计算机将源程序翻译成机器指令时，通常有两种翻译方式：一种为"编译"方式；另一种为"解释"方式。所谓编译方式，就是把源程序翻译成等价的目标程序，然后再执行此目标程序。而解释方式是把源程序逐句翻译，翻译一句执行一句，边翻译边执行。解释程序不产生将被执行的目标程序，而是借助于解释程序直接执行源程序本身。一般将高级语言程序翻译成汇编语言或机器语言的程序称为编译程序。

③ 链接程序

链接程序是指把目标程序变为可执行的程序。几个被编译的目标程序，通过链接程序可以组成一个可执行的程序。

④ 诊断程序

诊断程序主要用于对计算机系统硬件进行检测，并能进行故障定位，大大方便了对计算机的维护。它能对 CPU、内存、软/硬盘驱动器、显示器、键盘及 I/O 接口的性能和故障进行检测。

⑤ 数据库系统

数据库系统（DataBase System，DBS）包括数据库、数据库管理系统、计算机软/硬件系统和数据库管理员。

数据库（DataBase，DB）：是存储数据的仓库，是长期存放在计算机内、有组织、可共享的大量数据的集合。一个数据库系统可包含多个数据库。

数据库管理系统（DataBase Management System，DBMS）：是一种操纵和管理数据库的软件，用于建立、使用和维护数据库。它对数据库进行统一的管理和控制，以保证数据库的安全性和完整性。用户通过数据库管理系统访问数据库中的数据，数据库管理员也通过数据库管理系统进行数据库的维护工作。典型的数据库管理系统有 SQL Server、Access、Visual FoxPro、Oracle、Sybase、MySQL 等。

（2）应用软件

为解决各类实际问题而设计的软件称为应用软件，包括行业管理软件、文字处理软件、表格处理软件、辅助设计软件、媒体播放软件、系统优化软件、社交软件等，下面主要介绍三种软件。

① 文字处理软件

文字处理软件主要用于将文字输入计算机，存储在外存中，用户能对输入的文字进行修改、编辑，并能将输入的文字以多种字体、多种字形及各种格式打印出来。目前常用的文字处理软件有 Word 等。

② 表格处理软件

表格处理软件可根据用户的要求自动生成各式各样的表格，表格中的数据可以输入也可以从数据库中取出。可根据用户给出的计算公式，完成复杂的表格计算，并将计算结果自动填入对应的栏里。如果修改了相关的原始数据，则计算结果栏中的结果数据也会自动更新，无须用户重新计算。目前常用的表格处理软件有微软公司的 Excel 等。

③ 辅助设计软件

辅助设计软件能高效地绘制、修改、输出工程图纸。设计中的常规计算帮助设计人员寻找较好的方案，设计周期大幅度缩短，而设计质量却大为提高。应用该技术使设计人员从繁重的绘图设计中解脱出来，使设计工作计算机化。目前常用的软件有 AutoCAD、印制电路板设计系统等。

2.4 数字技术与媒体形式的多样化

随着信息技术的不断发展，人们获取信息的方式也变得多种多样。传统的信息获取渠道已经不能满足当下人们快捷获取信息的要求。数字技术的兴起，打破了各媒体之间的壁垒，"新媒体""数字媒体""媒体融合"等概念的出现，进一步推动了媒体的多元化发展。

2.4.1 新媒体

传统媒体是相对于近几年兴起的网络媒体而言的，即通过某种机械装置定期向社会公众发布信息或提供教育娱乐平台的媒体，主要包括报刊、广播、电视等传统意义上的媒体。

广义的新媒体包括两大类：一类是基于技术进步引起的媒体形态的变革，尤其是基于无线通信技术和网络技术出现的媒体形态，如数字电视、IPTV（交互式网络电视）、手机终端等；另一类是随着人们生活方式的转变，以前已经存在而现在才被应用于信息传播的载体，如楼宇电视、车载电视等。狭义的新媒体仅指第一类，即基于技术进步而产生的媒体形态。实际上，新媒体可以被视为新技术的产物，数字化、多媒体、网络等新技术均是新媒体出现的必备条件。新媒体诞生以后，媒体的传播形态发生了翻天覆地的变化，诸如地铁阅读、写字楼大屏幕等，都是将传统媒体的传播内容移植到了全新的传播空间。

（1）新媒体的分类

"新媒体"概念是伴随着互联网技术的进步而逐渐形成的，对于广大新媒体的研究者和使用者而言，其本质特征是数字技术、交互能力等层面的技术革新。目前对新媒体的分类仍主要依托新媒体技术载体进行，将新媒体分为网络媒体（门户网站、搜索引擎、网络广播、网络视频、网络报刊等）、手机媒体（微信、手机游戏、手机电视、移动搜索及各类手机 App 等）、电视新媒体（数字电视、IPTV 等）及其他新媒体群（指难以囊括进前三类范畴的新媒体，如户外新媒体、可穿戴设备等）。

（2）新媒体的特征

① 数字化与互动性

尼葛洛庞帝指出："信息技术的发展将变革人类的学习方式、工作方式、娱乐方式，一句话，人们的生存方式。"数字信息时代，新媒体具备了较以往任何时代之媒体更加强大的交互传播功能。它提供了高速传播和双向交流的可能，提供了更高效便利的平台。当下新媒体实现了两个层面的超越：多渠道和低成本。人们前所未有地享有多种交流媒体的选择，而其中的任何一种都高效且成本低廉。一方面，人与人之间实现了媒体主导的互动交流，这意味着交流空间的扩大和交流时间的延长。另一方面，人与各种文本之间的互动也在增强。类似于"可选择剧情走向"的微电影作品和以互动参与为基础的网络游戏便是突出的例证。

② 异化时空

异化时空有两方面的表现：超越时空和由此而来的"异化时空状态"。前者指人类运用新媒体而实现的对时间和空间的超越，体现为信息传播与交往的便利性。今天，新媒体传播已经突破了地域和国家的界限，使众多的事件和人物成为全球化的"景观"。人们借助各种新媒体设备，得以跨越空间交流并获得随时接收信息的自由。后者"异化时空状态"则指新媒体的使用改变了以往人们的自然时空交流方式。一方面，碎片化时间前所未有地被重视和利用起来，人们浏览信息的速度加快，浏览次数增加，与以往相比，新媒体的使用在减少同等体量信息阅读时间的同时，填补了人们的细碎时间，使大众的信息交流更加频繁。另一方面，日益增多的新媒体占用了人们更多的时间。

③ 微传播

微博、微信等社交媒体迅速发展，成为当下较为活跃的新媒体应用。微博、微信契合现代社会大众人群的交流特点，操作简单，可充分发掘碎片化时间，彰显了新媒体在互动性与跨时空等方面的优异表现，尤为擅长以事件传播及信息分享交流来产生话题，实现媒体社交化和生活网络化。

④ 融合化

新媒体的产生不是简单的"以新代旧"，媒体融合是新媒体的一个显著特点。传统媒体与新媒体的融合体现在媒体生产、传播及内容销售的各个阶段。近年来，国家相关部门颁布了多项文件及规章，力图促进网络、电视、移动终端之间的媒体融合。

⑤ 可控化

可控化体现在以下4个方面：① 新媒体用户对信息及媒体的选择空间扩大；② 媒体给予使用者较为方便的平台及软件使用入口，从而使用户能够实现对媒体的掌控及使用；③ 大数据应用为政策制定、商业模式拓展和寻找并锁定用户提供支持，大数据应用是新媒体时代的重要突破，它使各种社会行为及事件均能被数据化，并进行分析，从而得以在相对精确和科学可预测的基础上展开行动；④ 伴随着新媒体发展的日益深入，世界上各个国家、地区的相关管理规范水准相应提高，制定出了有针对性的监管政策及措施。

⑥ 视觉呈现

世界正以图像和影像的方式被呈现。大众借助新媒体实现了与他人的视觉信息交往，视觉经验在构建观念以及影响生活方面发挥了重要作用。凭借对"注意力经济"的重视，视觉产品裹挟着多样化信息和大众狂欢式的参与，既成就了当下社会的重要文化样貌，也实现了诸多运营主体的经济诉求。

2.4.2　数字媒体

数字媒体是当代信息社会媒体存在和传播的主要形式。从狭义上看，数字媒体是信息的表示形式，或者说是计算机对感觉媒体的编码。从广义上看，数字媒体与信息的传输、呈现（显示）

和存储（记忆）方式密切相关，而数字媒体艺术丰富的表现形式则是表示媒体、表现媒体、存储媒体和传输媒体共同作用的结果。我们把依赖于计算机存储、处理和传播的信息媒体称为数字媒体，它是当今数字信息化社会中的社交媒体、服务媒体、互动媒体、智能推送媒体和数字流行媒体的总称。

就目前来看，数字媒体至少应该包含如下含义：新型的文本体验（由超文本、电子游戏和电影特效而产生的"惊诧的体验"），对现实与世界新的呈现方式（虚拟现实中的沉浸感和交互性），主体（在线用户、"新媒体"的受众）与新技术之间的新型关系，传统媒体与新媒体之间新的传承与互动以及人类对自身和世界的新感受、所获得的新启示等。这些新的媒体体验方式为我们概括了这种新媒体的新特点，即数字化、交互性、超链接（Hyperlink，多层次的文本链接）、可检索与推送、分布式结构、虚拟现实（Virtual Reality，VR）与网络化的生存模式。同时，数字媒体也代表了信息社会中的一种高黏性的流行媒体，交互性和社会性是数字媒体特征最集中的体现。因此，数字媒体也往往被称为交互媒体（Interactive Media）。根据维基百科的解释，交互媒体被定义为一种协同媒体，是指用户能够主动、积极参与的媒体形式。一般信息理论将交互媒体描述为能够建立用户双向沟通的媒体。特别是随着互联网和移动互联网的出现，距离很远的人们之间的交互性大大增强，交互媒体一词也被越来越多的人所熟悉。

2.4.3 媒体融合

媒体融合是指在互联网等新技术的推动下，传统媒体与新兴媒体在内容、渠道、平台、经营、管理等方面发生了全方位、系统性的深度融合，从而实现打造形态多样、手段先进、具有竞争力的新型主流媒体的方式及过程。

在媒体融合的过程中相继出现了"跨媒体"（Cross-Media）、"全媒体"（Omni-Media）、"融媒体"（Melted Media）等概念，其后一个是在前一个基础上的完善与矫正，但都是媒体融合进程中的一部分。三个概念的变迁，其实质是传统媒体在面对市场化与全球化、数字化与网络化、移动化与智能化的冲击挑战时所开展的媒体融合实践形态，代表着媒体融合的不同发展阶段。

（1）跨媒体

"跨媒体"一词最早出现在1997年的一篇论文《办看得见的电台——珠江经济台的户外活动及跨媒体合作》中，作者用"跨媒体"这个词来描述珠江台与报纸、电视台等联合办节目的模式。改革开放加快了传媒市场化进程，加剧了媒体间的生存竞争。外国传媒巨头进驻中国，给我国传媒业的发展带来了严峻的挑战。而且，当时外国媒体集团正在进行兼并、联合、重组、集团化，与网络媒体结盟，向数字化、网络化方向发展。在这样的环境下，我国有学者提出了"跨媒体"的概念。

跨媒体是指依赖不同传播介质、拥有不同结构属性的媒体（包括平面媒体、立体媒体和网络媒体），为了实现优势互补、资源整合、协同发展，扩大规模效应，提升市场覆盖率，所采用的一种合作传播模式。跨媒体的核心在于不同媒体之间通过"横跨"组合来实现"合作"传播。一方面，报纸、电视等传统媒体想利用网络新媒体的多媒体呈现、快速传播、海量存储等优势。另一方面，网络新媒体又需要借助传统媒体的内容资源、人才资源、政策资源以及品牌影响力等。两方面的诉求一结合，就催生了媒体间的各种互动与合作，形成了跨媒体。

（2）全媒体

2006年起，"全媒体"这一概念在我国逐渐作为国家的文化发展策略被提出。2006年9月出台的《国家"十一五"时期文化发展规划纲要》和2007年11月发布的《新闻出版业"十一五"发展规划》都指出，需要建立国家数字复合出版系统工程，这项工程包括全媒体资源服务平台、全媒体经营管理技术支撑平台、全媒体应用整合平台等项目。

全媒体的概念来自传媒界的应用层面，是媒体走向融合后跨媒体的产物。具体来说，全媒体是指综合运用各种表现形式（如文、图、声、像等）全方位、立体地展示传播内容，同时通过网络、通信等传播手段进行传输，这是一种新的传播形态。此外，从运营管理上来说，全媒体是指一种业务运作的整体模式与策略，即运用所有媒体手段和平台来构建大的报道体系，全媒体不是单落点、单形态、单平台的，而是在多平台上进行多落点、多形态的传播，报纸、广播、电视、网络等，都是这个报道体系的组成部分。无论是传播形态的创新，还是管理运营的变革，融合是全媒体发展的主要特征，传播形态的融合、运营模式的融合、受众与生产者的融合是全媒体发展融合的三种表现形式。

（3）融媒体

2009年，融媒体的概念被首次提出。业界的融媒体实践，在一定程度上受益于中央关于传统媒体与新兴媒体融合发展的顶层设计。2014年8月，中央全面深化改革领导小组第四次会议强调，推动传统媒体和新兴媒体融合发展，要遵循新闻传播规律和新兴媒体发展规律，强化互联网思维，坚持传统媒体和新兴媒体的优势互补、一体发展，坚持先进技术为支撑、内容建设为根本，推动传统媒体和新兴媒体在内容、渠道、平台、经营、管理等方面的深度融合，着力打造一批形态多样、手段先进、具有竞争力的新型主流媒体。

融媒体是充分利用互联网这个载体，把广播、电视、报纸这些既有共同点，又存在互补性的不同媒体在人力、内容、宣传等方面进行全面整合，实现"资源通融、内容兼融、宣传互融、利益共融"的新型媒体。

在传统媒体与新媒体融合发展时，全媒体常被解读为"介质品种完全、记者装备齐全"的媒体发展模式，因而媒体常会追求介质品种的"全媒体"而不去关注各个介质之间是否能够融合，会追求记者的"全装备"而较少关注记者是否具备了"全方位作战"的能力。融媒体除包含全媒体之"全"外，还注重各个介质之间的"融"，即打通介质、平台，再造新闻生产与消费各个环节的流程，熟悉各类采编技能等，能以最小的运营成本达到最大的传播效果。

但无论哪一种，都是以传统媒体思维为主导的媒体融合，都在传统媒体发展的逻辑基础上植入互联网因素，其内容生产都以传统媒体的精英化生产方式为主。因此，也许未来的媒体融合会如喻国明教授所说的那样，互联网是一种"高维"媒体，传统媒体的"低维"方式无法有效地管理和运作"高维"媒体的事务，精英化的生产方式已不能满足人们日益增长的多样化需求……未来真正成为媒体转型融合发展主流模式的应该是与互联网逻辑相吻合的"平台型媒体"。

思考与练习

1. 电子计算机技术发展至今，仍采用_____提出的存储程序方式进行工作。

A. 牛顿   B. 爱因斯坦   C. 爱迪生   D. 冯·诺依曼

2. 计算机从诞生至今已经经历了四个时代，这种划分计算机时代的依据是_____。

A. 计算机所采用的电子元器件   B. 计算机的运算速度

C. 计算机的操作系统   D. 计算机的内存容量

3. 第一台电子计算机是在美国研制的，该机的英文缩写名是_____。

A. EDVAC   B. EDSAC   C. ENIAC   D. MARK-II

4. 个人计算机属于_____。

A. 小型机   B. 巨型机   C. 微型计算机   D. 中型机

5. 十进制数153转换成二进制数是_____。

A. 0110110   B. 10100001   C. 10000110   D. 10011001

6．计算机软件可以分为两大类：_____。

A．应用软件和数据库软件   B．管理软件和应用软件

C．系统软件和编译软件   D．系统软件和应用软件

7．如果要使一台计算机能运行，除硬件外，必须安装的软件是_____。

A．数据库系统   B．应用软件   C．语言处理程序   D．操作系统

8．计算机系统的内部总线，主要可分为_____、数据总线和地址总线。

A．DMA 总线   B．控制总线   C．PCI 总线   D．RS-232

9．网络协议是计算机网络通信中的_____。

A．硬件   B．软件

C．既可算硬件，也可算软件   D．一种事先约定好的规则

10．在互联网上，为每个网络和上网的主机都分配一个唯一的地址，这个地址称为_____。

A．WWW 地址   B．DNS 地址   C．IP 地址   D．TCP 地址

11．将本地计算机的文件传送到远程计算机上的过程称为_____。

A．下载   B．上传   C．登录   D．浏览

第 3 章　数字媒体设计基础

3.1　版式编排设计

版式编排设计是指在形、色、空间和动势等视觉要素与构成要素的基础上，对它们的组合规律、各种表现可能性及其与内容的关系进行探讨，是现代设计的重要组成部分，是视觉传达的重要手段。版式编排设计广泛应用于书刊、报纸、杂志、招贴、广告等领域。

1．版式编排设计的概念和意义

版式可解释为版面的格式，编排是将特定的视觉信息要素，如文字、图形、图片、色彩、符号等在版面中进行编辑和安排，是制作和建立有序版面的理想方式。版式编排设计是指根据主题表达的要求，在有限的版面空间里将诸多视觉要素有组织、有秩序地编排组合，从而使画面产生新的形象和风貌。版式编排设计对于出版物版面意义重大，出色的版式编排设计能够通过对版面内容的合理组织及各要素的合理编排，使版面的视觉表达更有效，易读性更强，信息传达效果更好。

2．版式编排设计的原则

（1）突出设计主题

设计主题一般位于版面的重点视觉区域，是版面的精髓所在。为了更好地进行信息传达，需要做到主题鲜明突出，一目了然，从而最大限度地提升版面吸引力，达到版面构成的最终目标。主题鲜明突出是设计思想的最佳体现。

（2）提升版面美感

将文字、图形、图片、色彩、符号等元素通过点、线、面组合与排列，辅之以夸张、比喻、象征的手法来体现视觉效果，可使版面内容的传递更具艺术性，做到意新、形美，具有美感情趣，读者可从中获得美的享受。

（3）趣味性与独创性

版面构成中的趣味性主要是指一种活泼性的版面视觉语言，可通过寓言、幽默和抒情等表现手法来提升趣味性。独创性指的是版式编排设计需突出个性化特征，在版面构成中增加独创性和去一般化，以赢得读者青睐。

（4）统一性与协调感

形式与内容的统一要求版面最终效果必须符合设计的主题思想，这是版面构成的根基。只有把形式与内容合理地统一，强化整体布局，才能提升版面的悦目度和阅读的愉悦性。一个优秀的版式设计会在不露痕迹的情况下将所有的编排要素融合到一个整体中，以整体的形式和张力传递出视觉信息。

协调感是指各种编排要素在版面中的结构以及色彩上的关联性，是使版面具有秩序美、条理美，从而获得良好的视觉效果的关键。

3．版式编排设计的构成要素

任何设计形式，在视觉空间上都是由点、线、面这三种基本元素构成的。点、线、面是版式编排设计的主要语言，无论多么复杂的版面，归根结底，都可以简化归纳为点、线、面的构成。在版面中，点一般是指较小的形象，例如，一个字母、一个小色块、一个很小的图形等。而线往往是指一行文字、一条空白或一条色带等。许多文字的集合或数行字的组合可以看成面，一张图片也可以看成面。

（1）版式编排设计中的点构成

点是指版面中较小的形象，是版面中最基本的要素。在版面中，点的表现具有多样性，可以是单个字母、小幅图像或其他任何具有相似特征的版面元素。点有各种形状，起着平衡、丰富、活跃版面的作用。根据大小、方向及位置的不同，点在版面上形成的视觉效果具有差异性，由此带给读者不同的心理体验和感受。

点可以表现为焦点，成为版面的视觉中心，也可以配合其他视觉元素，起到均衡版面的辅助作用。组合起来的点，随着排列秩序和数量上的变化可以转换为线或者面，成为版面的肌理或者视觉的重要组成部分。当多个点按照某个路径排列时就会形成线的感觉，这便是点的线化。将点按照平面或者曲面进行排列，可以有不同大小、深浅的变化，即形成点的面化。点的线化能平衡版面构成，使版面更有动感。点的面化能增强版面层次感，使版面更形象，更具立体感。

版式编排设计中点的变化是非常灵活的，其编排方式主要有密集和分散两种类型。密集型编排就是数量众多的点以聚集的方式进行编排，使版面具有较强的视觉注目度。分散型编排是运用剪切或分解的基本手法破坏整体形态，实现点的分散型排列。

（2）版式编排设计中的线构成

线介于点和面之间，在版面上有位置、长度、宽度、方向、形状和情感上的属性，起着连接、分割、平衡的作用。形态上，线分为直线和曲线，二者直接决定版面的视觉基本趋势。性质上，线包括实线和虚线，实线为版面中的显性线，虚线是版面中各元素彼此呼应形成的潜在的视觉联系，在版面中呈隐性状态，例如，版面中潜在的网格线，这种隐性的线通过相似性被人们感知，是一种微妙的视觉布置。

除参与视觉元素的造型外，线还可以主导或辅助版面的结构，起到界定、连接、分割版面的视觉作用。线的分割使版面保持良好的视觉秩序，同时也能产生空间层次感。分割版面时应充分考虑元素间的主次关系，保证版面良好的秩序感，以获得协调的版面效果。

① 等量分割。等量分割是指分割出来的每个部分的分量相同。这种分割方式在形状上没有严格的限制，而形式上富于变化。等量分割又可分为等形等量分割和不等形等量分割。等形等量分割后的版面在形状和面积上大致相等，这种版式结构较为严谨，给人一种和谐、统一的视觉效果。不等形等量版面分割由于没有形的限制，表现出更强的结构灵活性和编排自由性，给人一种秩序上的平衡美感。

② 图文分割。图文混排是版式编排设计中常见的组合方式。图文混排首先要保证二者不能互相干扰，以免影响版面统一性和阅读流畅性，这就需要对图文进行一定的分割，以使版面获得流畅、清晰的秩序，更富有条理性。

③ 引导作用。线还可以引导人们的视线按照一定的方向进行移动，使版面元素联系更紧密，阅读更流畅。线的引导性有利于制造版面的新鲜感。需要注意的是，线的指示位置一定要明确，避免让人难以理解。同时还要统一线的角度和长度，尽量使其保持一致，以使版面显得更加整齐、统一。

（3）版式编排设计中的面构成

面在版面中是指具有明显长度和宽度的形象，如一张图片或一块文字的集合，由于它占有的面积最大，所以在视觉上比点、线要强烈。同时，面也是各种基本形态中最富有变化的。从形状上看，面包括几何形态和自由形态两类。几何形态呈现出秩序与韵律的视觉感受，而自由形态更为活泼和主动。同时，面也具有大小、色彩、肌理等变化，是版面风格的决定性因素。在版面中，面可以表现为大幅图像、夸张的视觉符号或者文字，也可以表现为背景或空白的虚面。

① 面的分割构成。将一张或多张图片整齐有序地排列在版面上，形成分割编排的版面，极

具整体感和秩序感，给人稳定、锐利、严肃的视觉效果。

②　面的情感构成。面可以用来塑造多重情感，展现不同的性格和丰富的内涵，带给人稳重、强势、开阔、立体、饱满等视觉感受。

（4）版式编排设计中的空间表现

我们生活在三维立体的空间中，而版式编排是在二维空间里创作的。因此，对于版式编排而言，立体与空间是一种虚拟的视觉表达，是版面元素通过一定规律和光影变化手段营造出的体积关系与空间层次，而这源于我们生活中的视觉经验，将其运用到版式编排设计中，使版面具有远、中、近的层次感，形成了趣味性表达。

而对于书籍、包装等形态的版式编排设计而言，立体与空间是真实存在的设计环境，编排必须符合这种设计环境的特性，将处于立体和空间内的视觉元素有机结合，从而形成有序合理的体积与空间表达。

版面是由不同元素合理搭配形成的。除基本的点、线、面构成元素外，版面空间也是其重要的编排构成。

①　比例关系的空间层次。构成元素的面积大小形成比例关系的空间层次。版式编排时应放大主体形象，缩小次要形象，从而在版面上形成良好的主次、强弱的空间层次关系，使版面主体突出，节奏明快，富有韵律感。

②　位置关系的空间层次。位置关系的空间层次是在文字与图形的前后、上下排列中产生的。版式编排时应将重要的信息安排在注目度高的位置，其他信息安排在注目度相对较低的位置，从而形成版面的空间层次感。此外，通过对版面元素的叠压编排，也能形成很强的层次感，但信息的注目度却相对较低。

③　色调明暗关系的空间层次。色调明暗关系的空间层次是指由色调的黑、白、灰所形成的远、中、近的空间层次。无论有色版面，还是无色版面，都可以归纳为黑、白、灰的空间构成。一般来说，版面中感觉最强烈的是白色，其次为黑色，而灰色的感觉最迟钝，所以可以认为白色是版面的近景，灰色为中景，黑色为远景。

④　肌理的空间层次。肌理的空间层次主要表现为肌理的粗细、质感与色彩的变化，它能使平面拉大层次，使版面富有立体感。

3.2　字体设计

3.2.1　字体

字体是指文字的风格样式，是文字的外在表现。不同的字体代表不同的风格。例如，中文宋体给人以大方、典范的感觉；黑体则给人以简洁、明了之感；而手写字体富有更强的自由性，带有强烈的感情色彩。不同字体的不同造型，同一文字的不同编排，都会传递出不同的情感意味。因此，要根据版面的具体风格和设计主题来选择合适的字体，使版面的文字与内容达到协调统一，情感表达更为顺畅。

（1）字体设计的原则

总体来说，不同的字体设计，无论是手写体、印刷体还是其他变体字，都应该遵循字体设计的以下三个原则。

①　语义性。文字是语言的物化形式，目的在于传递信息，因此，字体设计无论怎么变化，都应该准确体现出文字内容的语义信息，好的字体设计常常以富有感染力的方式引导受众关注文字指向的内容。

②　可识别。要准确地传达语义信息，字体设计就必须符合文字的字形特点。无论如何调整

笔画曲直，如何界定结构空间，设计完成后，字形上都应该做到清晰正确，不会误导信息。

③ 视觉性。设计字体不仅要表现出笔画的结构特点，而且要传导出独特的精神气质，以引起视觉上的关注。

（2）字体类型

一般来说，表意文字的造型主要基于字的骨架结构，构造骨架的线条是字体变化的关键，如中、日、韩等东方语系的文字。表音文字主要是字母结构，其造型大多数以水平线为基准，字体设计主要围绕平行线的位置进行改变，如欧美等西方语系的文字。

① 东方语系的字体类型。东方语系的文字以汉字为主。汉字经历了甲骨文、大篆、小篆、隶书、楷书、行书、草书等诸多变化，已形成了较为稳定的文字系统。在一般的计算机字体库中，有宋体、黑体、圆体、书体等几大类。其中宋体类又分为粗宋、细宋、中宋、宋体、仿宋体。黑体类也分为粗黑、细黑、中黑、黑体、雅黑等。圆体类分为粗圆、细圆、中圆、特圆等。书体类分为隶书、楷书、行楷、行书等。

② 西方语系的字体类型。西方语系的文字以字母文字为主，字体大致可分为衬线体或无衬线体、哥特体、手写体、装饰体等几种类型。其中，衬线体又分为支架衬线体、发丝衬线体和板状衬线体。无衬线体是受板状衬线体的影响发展出来的一种新字体。

③ 字体的搭配组合。字体的搭配组合，一方面要避免字体风格的抵触，形成视觉上的混乱；另一方面又要区分出层次，避免版式上的单调。一般而言，字体搭配应遵循以下原则：在一组风格统一的设计作品中，字体种类不宜过多，最好不要超过三种，以免视觉上难以协调；同类字体可通过线条粗细、大小和色彩变化获得丰富多样的效果；标题文字可以宽粗多变，正文字体则应单一简洁，以便于阅读；有效安排文字编辑的外部空间；字体的选择与图形的选择应存在某种程度的契合。

特定字的设计多种多样，主要是根据字的意象品格，辅之丰富的联想，别出心裁地展现文字以及主题的内涵，既可以在印刷体的基础上局部调整以创造新的式样，如加强、减弱或者弯曲局部线条，调整结构空间的外形以及疏密布局，也可以从美化的角度出发，将文字与自然物象形态相结合，例如，添加一些具象性图形来形成半文半图的效果，使文字的外形与具体物象相结合，形成一种新的视觉印象。

3.2.2 字号、字距及行距

（1）字号。字号指字的大小，具体是指从文字的最高端到最低端的距离。计量字体大小的制度有号数制、级数制和点数制，其中号数制是最常用的，简称为字号。一般来说，文字大小比率越大，版面就越显动感和变化；文字大小比率越小，版面就越显得平稳和安静。当标题字号是正文字号的两倍左右时，视觉上就会比较舒服。

（2）字距。字距指字与字之间的距离，是一种十分微妙的关系，也是文字编排的重要组成部分。因为它不仅关系到阅读的方便性，还能体现出版面风格。出于设计的需要，版面中的字距经常被有意拉大或缩小。字距越大，单个字的独立性就越强，一行文字的字数就越少，视感就越轻松，容易产生典雅精致的视觉效果，缺点是阅读的速度会减慢；字距越小，视感就越紧密，整合的效果就越强，缺点是容易造成视觉混乱。

（3）行距。行距是指两行文字之间的距离。按照一般的要求，行距应略大于字距，以获得良好的阅读和视觉效果。行距大小得当，有助于清晰流畅的阅读，若行距过宽，则视觉的连续性会受到影响；若行距过窄，则上下的文字会互相干扰，影响阅读。行距的设置并不是固定不变的，应根据具体的情况来把握，只要在整体节奏上保持一致并使视觉上感到舒适即可。

3.2.3　文字的编排形式

文字的编排，一要遵循视觉均衡的原则，字符应在视觉上对齐，字与字之间、行与行之间应以视觉习惯进行间隔；二要使文字编排与文本内容保持恰当的联系；三要注意文字编排的节奏感，使之易读且富有韵味。目录的编排设计，应重点突出，导航清晰。

（1）左右对齐

左右对齐是指文字从右端到左端的长度统一。这种文字组合使字体整齐、严谨而美观，是最常见的排版格式。对文字进行左右对齐的编排中应注意对两端连字符号的处理。左右对齐的版式又可分为横向排列与纵向排列两种。

（2）左对齐与右对齐

左对齐与右对齐的编排方式追求的是文字一端的对齐，采用这种文字编排方式能使结构松紧有度、虚实结合，参差不齐的文字组合使版面充满节奏感。同时，这种对齐方式使文字在行首或行尾产生一条自然的垂直线，使版面在变化中给人一种规整的视觉效果。

左对齐的文字编排方式更加符合人们的阅读习惯，给人以亲切自然之感，使阅读更加通畅、轻松。右对齐的编排方式与人们的视觉习惯相反，造成阅读体验大打折扣，但这种对齐方式会使版面显得新颖、有格调，具有强烈的现代感。

（3）行首对齐与行尾对齐

行首对齐：横排一般左对齐，竖排一般齐头，行尾不必对齐，可以随意一些。读者一般是从左至右、从上到下进行阅读的，行首对齐，不会影响眼睛浏览的顺畅，并且由于行尾的不拘，可以形成错落有致的节奏，不至于过分呆板。

行尾对齐：横排一般右对齐，竖排一般齐尾，行首不必对齐。这种对齐方式一般会结合图形，适用于少量文字的设计。

（4）居中对齐

居中对齐是指文字的排列以版面的中心线为准，左右两端的文字字距大致相等。这种文字排列方式使视线更加集中，中心更为突出，并且加强版面的整体感，具有简洁、庄重而优雅的视觉效果。

3.3　色彩的选择

相对于文字与图形来说，色彩与视觉发生的关系更直接、更迅速。当眼睛遇到新物体时，首先获得的就是色彩印象，色彩搭配合理，视觉上就比较舒服。色彩过于刺眼，心理上就会产生抵制。色彩对比过弱，视觉上就比较消极。

（1）色彩在版式编排设计中的作用

在版式编排设计中，色彩既可以传递情感，也可以制造不同的视觉效果；既可以用于文字，以加强区分度，也可以用于图形，以增强表现力。色彩在版式编排设计中的作用有以下三点。

① 情感作用。不同的色彩或同一种色彩处于不同的环境，会带给人们带来不同的心理感受，或者华丽、质朴，或者明朗、深邃。在版式编排设计中，只有充分理解和运用色彩的特点和属性，才能更好地体现设计意图，突出设计主题。

② 象征意义。色彩的象征意义主要受社会环境或生活经验的影响，例如，红色使人产生喜庆与积极的感觉，而黑色则给人庄重、肃穆之感。在版式编排设计中，通过运用色彩的象征意义可以更好地体现设计主题。

③ 强调重点。选用不同的色彩，利用色彩在色相、明度、纯度上的差异对版面内容进行有效区分，可使重要信息从版面众多元素中脱颖而出，达到引人注目的目的。

（2）色彩三要素

正常人的眼睛可以分辨出几十万种不同的色彩，这种分辨主要是根据色彩的色相、明度和纯度之间的关系进行的，因此，色相、明度和纯度被称为色彩的三要素。

① 色相。色相是色彩的首要特征，是色彩呈现出来的质的面貌，是一种色彩区别于另一种色彩的基本立足点。自然界中的色相无限丰富，如胭脂红、浅铬黄、紫罗兰、宝石绿、普蓝、银灰等。一般来说，为了便于归纳色彩，需要将具有共性因素的色彩归类，如把朱红、镉红、胭脂红、玫瑰红和土红等归为红色系等。色相秩序根据太阳光谱的波长顺序排列，即红、橙、黄、绿、蓝、紫，在色环中所取的颜色一般是各色系中最突出的、纯度最高的典型色相。

② 明度。明度是指色彩的明暗程度。明度由光的振幅决定。振幅宽则亮度高，振幅窄则亮度低。就色相而言，以各系的标准色为准，黄色的明度最高，紫色的明度最低。在同类色中，越接近白则明度越高，越接近黑则明度越低。明度高的色彩会给人以明快、优雅、活泼之感，明度低的色彩会给人以深沉、厚重、忧郁之感。

③ 纯度。纯度是指色彩所含的单色相饱和程度，即鲜艳度，也称彩度。从光的角度讲，光波波长越单一，色彩纯度越高。光波波长越混杂，色彩纯度越低。就色相而言，以标准色为准，红色的鲜艳度最高，绿色的鲜艳度最低，因此，在公共场合中，红色的标识常常具有警示意义，而绿色的标识，因其色彩柔和，常常与和平、顺利的寓意相关。

色彩三要素是色彩最基本的性质，它们相互依存、相互制约，其中任何一个要素发生改变，都会引起色彩个性的变化。

（3）版面与色彩

色彩具有鲜明的性格特征，包含一定的象征意义。例如，红色给人以热情、力量之感，常用来表现喜庆和革命；蓝色给人以深沉、安静之感，常用来表现理性和纯净；绿色给人以生机勃勃之感，常用来表现和平与生命的题材。而且，除共通的感受外，由于生活经验、年龄性别、风俗习惯和宗教信仰的不同，不同人对色彩还会有不同的情感。在版式设计中，恰到好处地构建色彩关系，利用色彩的性格特点，不仅可以增强版面的美感，而且可以以直观的形式传递主题信息。

① 版式设计中的色相对比。在牛顿色环中，相距越远的色相对比度越高，视觉上越炫目，其中呈 180° 相对的两个色相一般是补色关系，对比最为强烈，识别度也最高。在色环中相邻的色彩色差比较小，对比也比较弱，可以获得很强的整体感。以色相对比为主要特点的版式设计，应综合考虑版面的主题、面积，接受者的文化背景和视觉品味进行创作，如版面中的导读目录，一般会考虑到色相上的对比。

② 版式设计中的明度对比。在版式设计中，明度对比的强弱取决于明暗层次的跨度，跨度越大，明暗对比越强，层次就越分明。跨度越小，明暗对比越弱，层次就越微妙细腻。以明度为主的色调可以分为高长调、高短调、中短调、中长调、低长调和低短调等，一般而言，高调明朗清晰，低调沉着厚重。

③ 版式设计中的纯度对比。版式设计中的纯度对比其实就是色彩鲜艳程度的对比，取决于纯度级别的差异。纯度对比越强，给人的感觉越醒目，如给儿童看的版面。纯度对比越弱，给人的感觉越含蓄。

④ 版式设计中的冷暖对比。冷暖对比又称色性对比。色彩的冷暖与人们的日常经验有关，一般而言，红、橙、黄容易让人产生温暖的感觉，被称为暖色系。青、蓝、紫容易让人产生凉爽的感觉，被称为冷色系。冷暖只是相对而言的，同为暖色系或同为冷色系的不同颜色，在比较之后也能区分出冷暖关系。

一个版面就像一个乐章一样，虽然由高低不同的音符组成，但统一为一个主要基调，版面的主要基调可以是冷色调，也可以是暖色调，可以是亮色调，也可以是暗色调，设计师需要协调配置各种色彩，使之既有节奏跳跃之美，又有和谐统一之韵。

思考与练习

1. 阐述版式编排设计的概念及意义。
2. 简述版式编排设计的原则。
3. 列举一幅版式编排设计作品，从字体特点、色彩运用等角度展开说明。
4. 阐述色彩在版式编排设计中的作用，并找一幅封面设计作品，对其用色进行分析。
5. 简要说明版式编排设计中的色彩三要素。

第2篇　技术原理及项目实践篇

数字媒体技术主要包含数字图像处理技术、计算机图形处理技术、数字动画处理技术、数字音频处理技术、数字视频处理技术及交互媒体处理技术等。本篇就各种数字媒体技术涉及的概念、基础知识进行详细讲解，让学生在掌握数字媒体技术相关理论的同时，了解其应用场景及研究前沿，并通过实践案例的导入引导学生进行实战操作，帮助其进一步加强对相关理论的理解，为后续课程的学习打下坚实的基础。

第4章　数字图像处理技术

4.1　数字图像的概念及生成原理

4.1.1　数字图像的概念

据统计，一个人获取的信息大约有 75%来自视觉。在计算机获取的视觉媒体中，图像占很大比例。图像是人类视觉的基础，是自然景物的客观体现，是人类认识世界和自身的重要源泉。图像是客观对象的一种相似性、生动性的描述或写真，是人类社会活动中常用的信息载体。也可以说图像是客观对象的一种表示，它包含了被描述对象的有关信息，是人们最主要的信息源之一。从广义上讲，图像就是所有具有视觉效果的画面，包括纸介质上的，胶片上的，电视、投影仪或计算机屏幕上的。"图"是物体反射或透射光的分布，"像"是人的视觉系统所接收的图在人脑中形成的印象或认识。照片、绘画、剪贴画、地图、书法作品、传真、卫星云图、影视画面、X 光片、脑电图、心电图等都是图像。

根据记录方式的不同，图像可分为两大类：模拟图像和数字图像。模拟图像可以通过某种物理量（如光、电等）的强弱变化来记录图像亮度信息，如模拟电视图像。数字图像则是用计算机存储的数据来记录图像上各点的亮度信息的。

模拟图像又称连续图像，是指在二维坐标系中连续变化的图像，即图像的像点是无限稠密的，同时具有灰度值（图像从暗到亮的变化值）。连续图像的典型代表是由光学透镜系统获取的图像。

数字图像又称数码图像或数位图像，是由模拟图像通过数字化后得到的，以像素为基本元素。数字图像可以由许多不同的输入设备（如数码相机、扫描仪、坐标测量机等）和技术生成，也可以由非图像数据合成得到，如数学函数、几何模型等。数字图像处理领域就是研究它们的变换算法。

4.1.2　数字图像生成原理

人们所处的空间里存在一个较大的交变电磁场，即电磁波，它在真空中的传播速度约为每秒 30 万千米。电磁波包括的范围很广，无线电波、红外线、可见光、紫外线、X 射线、γ 射线等都属于电磁波。光波的频率比无线电波高很多，波长却比无线电波短很多。X 射线和 γ 射线的频率更高，波长更短。为了对各种电磁波有一个全面的了解，人们按照波长或频率、电磁波数量、能量把这些电磁波排列起来，这就是电磁波谱。

光是原子或分子内的电子运动状态改变时所发出的电磁波。在电磁波谱中，可见光是人们所能感知的极狭窄的一个波段，波长为 380～780mm。从可见光向两边扩展，波长比它长的称为红外线，波长比它短的称为紫外线。

正常视力的人眼对波长约 555nm 的电磁波最为敏感，这种电磁波处于光学频谱的绿光区域。照射到物体上的可见光通过数码相机等成像设备聚到 CCD 或 CMOS 感光部件上，将光信号转换为电信号，再经过采样、量化和编码等过程形成数字化图像文件，然后存储到存储设备（如存储卡等）上。

数字图像处理是指借助计算机强大的运算能力，运用去噪、特征提取、增强等技术对以数字形式存储的图像进行加工、处理。数字图像处理的目的如下。

① 提升图像的视觉感知质量。通过亮度、彩色等变换操作，抑制或提升图像中某些或特定成分的表现力，以改善图像的视觉感知效果。

② 提取图像中的感兴趣区域或特征。按照表示方式的不同，提取的特征可分为空间域和频域两大类。按照所表达的图像信息的不同，提取的特征可以分为颜色、边界、区域、纹理、形状及图像结构等特征，便于计算机分析。

③ 方便图像的存储和传输。为了减少图像的存储空间，减少图像在网络传输中的耗时，可首先使用各类编码方法对图像进行编码，然后使用如 JPEG、BMP 等压缩标准对图像进行压缩。

4.2 数字图像处理的特点及数字图像的分类

4.2.1 数字图像处理的特点

与模拟图像处理相比，数字图像处理具有以下特点。

① 可再现能力强。数字图像存储的基本单元是由离散数值构成的像素，其一旦形成则不容易受图像存储、传输、复制过程的干扰，即不会因为这些操作而退化。与模拟图像相比，数字图像具有较好的可再现能力。只要图像在数字化过程中对原景进行了准确的表现，所形成的数字图像在被处理过程中就能保持图像的可再现能力。

② 处理精度高。在模拟图像转换为数字图像的过程中，不免会损失一些细节信息。但利用目前的技术，我们几乎可以将一幅模拟图像转换为任意尺寸的数字图像，数字图像可以在空间细节上任意逼近真实图像。现代数字图像获取技术可以将每个像素基元的灰度级量化到 32 位甚至更多位，这样可以保证数字图像在颜色细节上满足真实图像颜色分辨率的要求。

③ 适用范围广。利用数字图像处理技术可以处理不同来源的图像，也可以对不同尺度的客观实体进行展示，如既可以展示显微图像等小尺度图像，也可以展示天文图像、航空图像、遥感影像等大尺度图像。这些图像无论尺度和来源如何，在进行数字图像处理时，均会被转换为由二维数组编码的图像形式，因而均可以由计算机进行处理。

④ 灵活性高。数字图像处理算法不仅包括线性运算，也包括各类可用的非线性运算。现代数字图像处理可以进行点运算，也可以进行局部区域运算，还可以进行图像整体运算。通过空间域与频域的转换，我们还可以在频域进行数字图像的处理。上述运算和操作都为数字图像处理提供了高度的灵活性。

4.2.2 数字图像的分类

在计算机中，为方便对数字图像进行处理，可以将静态数字图像根据其特性分为矢量（Vector）图和位图（Bitmap），位图也称为栅格图像。

（1）矢量图

矢量图是采用一系列绘图指令来表示一幅图的，这种方法的本质是以数学和几何学中的公式描述一幅图像，图像中的每一个形状都是一个完整的公式，称为一个对象。对象是一个封闭的整体，所以定义图像上对象的变化以及与其他对象的关系对于计算机来说是简单的，所有这些变化都不会影响图像中的其他对象。数学形式的矢量图文件具有两个显著的优点：数据量很小和放大后图像不会失真。图像质量与分辨率无关。无论将图像放大或缩小多少次，它总是以显示设备允许的最大清晰度显示，当计算机计算与显示一幅图像时，也往往能看到画图的过程。但矢量图也具有明显的缺点：不易制作色调丰富或色彩变化太多的图像；逼真度差；不易在不同的软件间交换。矢量图适用于图形设计、文字设计和一些标志设计、版式设计等。常用软件有 CorelDraw、Illustrator、Freehand、Xara、CAD 等。

（2）位图

位图是计算机表示数字图像常用的一种类型。根据颜色和灰度级数量，可以将位图分为二值图像、灰度图像、索引图像和 RGB 彩色图像 4 种基本类型。常用的位图处理软件是 Photoshop 和 Windows 系统自带的画图软件。目前，大多数图像处理软件都支持这 4 种类型的图像。

① 二值图像

二值图像又称为线画稿，即只有黑、白两种颜色，这种形式通常也称为黑白艺术、位图艺术、一位元艺术。二值图像的灰度值只有 0 和 1，其中灰度值 0 代表黑色，1 代表白色，故二值图像所对应的二维矩阵元素也由 0 和 1 构成。由于一个像素（矩阵中的一个元素）的取值只有 0 和 1 两种，所以计算机中二值图像的数据类型采用一个二进制位表示。采用扫描仪扫描图像时，若设置为 LineArt 格式，则扫描仪以 1 位颜色模式来看待图像。若采样点颜色为黑，则扫描仪将相应的像素置为 0，反之置为 1。二值图像通常用于文字、线条图的扫描识别（OCR）和掩模图像的存储。

② 灰度图像

灰度图像一般是指具有 256 级灰度值的数字图像，只有灰度值而没有彩色。因此，每个像素的灰度值都是介于黑色和白色之间的 256 级灰度值之一。256 级灰度值图像的数据类型为 8 位无符号整数，灰度值 0 表示纯黑色，255 表示纯白色，0～255 之间的数字由小到大表示从纯黑到纯白之间的过渡色。二值图像可以看成是灰度图像的一个特例。在一些软件中，灰度图像也可采用双精度浮点型（double）表示，对应的像素值域为[0,1)，其中 0 代表纯黑色，1 代表纯白色，0～1 之间的小数表示不同的灰度等级。

③ 索引图像

索引图像的文件结构与灰度图像和 RGB 彩色图像不同，它既包括存放图像数据的二维矩阵，也包括一个颜色索引矩阵（称为 MAP 矩阵），因此称为索引图像，又称为映射图像。MAP 矩阵也可由二维数组表示，MAP 矩阵的大小由存放图像的矩阵元素的值域（灰度值范围）决定。例如，若矩阵元素值域为 0～255，则 MAP 矩阵的大小为 256×3，矩阵的三列分别为 R（红）、G（绿）、B（蓝）值。图像矩阵的每一个灰度值对应于 MAP 矩阵中的一行，如某一像素的灰度值为 64，则表示该像素与 MAP 矩阵的第 64 行建立了映射关系，该像素在屏幕上的显示颜色由 MAP 矩阵第 64 行的 R、G、B 值叠加而成。也就是说，计算机打开图像文件时，也同时读入其索引矩阵，图像每一像素的颜色以灰度值作为索引，通过检索 MAP 矩阵得到实际颜色。在计算机中，索引图像的数据类型一般为 8 位无符号整型，即 MAP 矩阵的大小为 256×3。因此，一般索引图像只能同时显示 256 种颜色。

与灰度图像一样，索引图像的数据类型也可采用双精度浮点型。索引图像一般用于存放色彩要求比较简单的图像，如 Windows 中色彩构成比较简单的壁纸多采用索引图像存放，如果图像的色彩比较复杂，就要用到 RGB 彩色图像。

④ RGB 彩色图像

RGB 彩色图像又称为真彩色图像，RGB 彩色图像与索引图像都是计算机可以处理的彩色图像。RGB 彩色图像也同样以 R、G、B 三原色的叠加来表示每个像素的颜色。与索引图像不同的是，RGB 彩色图像每个像素的颜色值（由 R、G、B 三原色表示）直接存放在图像矩阵中，不需要进行索引。由于数字图像以二维矩阵表示，而每像素的颜色需由 R、G、B 这 3 个分量来表示，因此 RGB 彩色图像矩阵需要采用三维矩阵表示，即 $M×N×3$ 矩阵，M、N 分别表示图像的行数、列数，3 个 $M×N$ 二维矩阵分别表示各个像素的 R、G、B 颜色分量。RGB 彩色图像的数据类型一般为 8 位无符号整型，通常用于表示和存放真彩色图像，当然也可以存放灰度图像。

虽然索引图像和 RGB 彩色图像都可以存放彩色图像，但两者数据结构不同，因此存在明显差别。由于索引图像所表示的颜色数量是由 MAP 矩阵的大小决定的，而矩阵的大小又由像素灰度值的值域决定，所以在 8 位无符号整型数据的情况下，索引图像只能表示 256 种颜色。而 RGB 彩色图像则将每个像素的 R、G、B 这 3 个颜色分量直接存放在三维图像矩阵中，因此理论上其所表示的颜色可多达 2^{24}（$2^8×2^8×2^8$）种，远远多于索引图像的 256（2^8）种，而且像素的颜色直接存放在图像矩阵中，在读取数据时无须索引，所以 RGB 彩色图像的显示速度很快。但索引图像也有自己的优点：所占用的存储空间远远小于 RGB 彩色图像，因此在对图像颜色要求不高的情况下，一般可采用索引图像存放彩色图像。由于索引图像的颜色值存放在 MAP 矩阵中，在修改图像的颜色时直接修改 MAP 矩阵即可，而不需要修改图像矩阵，因此在比较选择不同的图像处理方案时，索引图像显得非常方便。

综上所述，可以看出在图像的 4 种基本类型中，随着图像所表示的颜色的增加，图像所需的存储空间逐渐增加。二值图像仅能表示黑、白两种颜色，所需的存储空间最少。灰度图像可以表示由黑到白渐变的 256 级灰度值，1 个像素需要 1 字节存储空间。索引图像可以表示 256 种颜色，与灰度图像一样，1 个像素需要 1 字节存储空间，而为了表示 256 种颜色，还需要一个 256×3 颜色索引矩阵。RGB 彩色图像可表示 2^{24} 种颜色，相应地，1 个像素需要 3 字节存储空间，是灰度和索引图像的 3 倍。

4.3 数字图像的颜色模型

颜色是通过眼、脑和人们的生活经验所产生的对光的视觉感受。人们肉眼所见到的光线，是由波长范围很窄的电磁波产生的，不同波长的电磁波表现为不同的颜色，对色彩的辨认是肉眼受到电磁波辐射能刺激后所引起的视觉神经感觉。颜色具有以下 3 个特性。

① 亮度，是指人眼对明亮程度的感觉，与发光强度有关。

② 色调，是指人眼看一种或多种波长的光时所产生的色彩感觉，反映颜色的种类，决定颜色的基本特性。

③ 饱和度，是指颜色的纯度，即掺入白光的程度，或者颜色的深浅程度，通常与色调合称为色度。

颜色模型也称彩色空间或彩色系统，是用来精确标定和生成各种颜色的一套规则和定义，它的用途是在某些标准下用通常可接受的方式简化彩色规范。颜色模型通常可以采用坐标系统来描述，而位于系统中的每种颜色都由坐标空间中的单个点来表示。如今使用的大部分颜色模型都是面向应用或硬件的，例如，众所周知的针对彩色监视器的 RGB（红、绿、蓝）颜色模型，以及面向彩色打印机的 CMY（青、品红、黄）颜色模型和 CMYK（青、品红、黄、黑）颜色模型。而 HSI（色调、饱和度、亮度）颜色模型非常符合人眼描述和解释颜色的方式。此外，目前广泛使用的颜色模型还有 HSV 颜色模型、Lab 颜色模型、YIQ 颜色模型、YUV 颜色模型等。下面分别介绍这些颜色模型并给出它们与最为常用的 RGB 模型之间的转换方式。

1. RGB 颜色模型

RGB 颜色模型是一种混合的三原色模型。三原色中的任意一个都不能由其他两个混合表示。红、绿、蓝是三原色很好的选择,因为人眼对这 3 种颜色很敏感。而其他颜色 C 可由红、绿、蓝三色不同颜色分量相加混合而成,即 $C=rR+gG+bB$。其中,r、g、b 分别表示红、绿、蓝的相对数量,R、G、B 是基于波长的常量。r、g、b 的值分别称为红、绿、蓝颜色分量的值,或者颜色通道。图像上每个像素点的颜色由红、绿、蓝 3 个颜色分量表示。

RGB 颜色模型适用于有源物体(能发出光波的物体,颜色由其发出的光波决定)。RGB 颜色模型常见的用途为显示器系统。彩色阴极射线管、彩色光栅图形的显示器都使用 r、g、b 数值来驱动电子枪发射电子,并分别激发荧光屏上的 3 种颜色的荧光粉发出不同亮度的光线,通过相加混合产生各种颜色。扫描仪也是通过吸收原稿经反射或透射而发送来的光线中的红、绿、蓝成分,并用它来表示原稿颜色的。RGB 颜色模型称为与设备相关的颜色模型,因为不同的扫描仪扫描同一幅图像会得到不同色彩的图像数据。不同型号的显示器显示同一幅图像,也会有不同的色彩显示结果。

2. CMY 颜色模型

CMY 颜色模型是指采用青色(Cyan)、品红色(Magenta)、黄色(Yellow)3 种基本颜色按一定比例合成颜色的方法,是一种依靠反光显色的颜色模型。在 CMY 颜色模型中,显示的色彩不是有源物体所发出的光线产生的,而是光线被物体吸收一部分之后反射回来的剩余光线所产生的。因此,光线完全被吸收时显示为黑色,光线完全被反射时显示为白色。

3. HSV 颜色模型

HSV 是由 Smith 在 1978 年创建的反映颜色的直观特性的一种颜色模型,也称六角锥模型。在这种颜色模型下,每一种颜色都是由色调(Hue)、饱和度(Saturation)和明度(Value)表示的。HSV 颜色模型对应于圆柱坐标系中的一个圆锥形子集,圆锥的顶面对应于 $V=1$。它包含 RGB 颜色模型中的 $R=1$、$G=1$、$B=1$ 这 3 个面,所代表的颜色较亮。从圆锥的顶面中心到原点代表明度渐暗的灰色。在圆锥的顶点(原点),$V=0$,代表黑色。H 由绕 V 轴的旋转角确定。H 表示色彩信息,即所处的光谱颜色的位置。该参数用角度来表示,取值范围为 0°~360°。若从红色开始按逆时针方向计算,则红色为 0°,绿色为 120°,蓝色为 240°。它们的补色是:黄色为 60°,青色为 180°,品红色为 300°。饱和度 S 的取值范围为 0.0~1.0。明度 V 的取值范围为 0.0(黑色)~1.0(白色)。

可以说,HSV 颜色模型中的 V 轴对应于 RGB 颜色模型中的主对角线。HSV 颜色模型对应于绘画的配色方法,即用改变颜色浓度和色深的方法从某种纯色中获得不同色调的颜色,在一种纯色中加入白色以改变颜色浓度,加入黑色以改变色深,加入不同比例的白色、黑色即可获得各种不同的色调。

4. HSI 颜色模型

HSI 颜色模型是从人的视觉系统出发,用色调、饱和度和亮度来描述色彩的。HSI 颜色模型可以用一个圆锥空间模型来描述。这种描述 HSI 颜色模型的圆锥模型相当复杂,但能够把色调、饱和度、亮度的变化情形表现得非常清楚。通常把色调和饱和度统称为色度,用来表示颜色的类别与深浅程度。由于人的视觉对亮度的敏感程度远强于对颜色浓淡的敏感程度,为了便于色彩处理和识别,经常采用 HSI 颜色模型,它比 RGB 颜色模型更符合人的视觉特性。图像处理和计算机视觉中的大量算法都可在 HSI 颜色模型中方便地使用,它们可以分开处理而且是相互独立的。因此,使用 HSI 颜色模型可以大大降低图像分析和处理的工作量。HSI 颜色模型和 RGB 颜色模型是同一物理量的不同表示法,因而它们之间存在转换关系。

5. Lab 颜色模型

Lab 颜色模型是根据国际照明委员会 1931 年制定的一种测定颜色的国际标准建立的，于 1976 年被改进并命名的一种颜色模型。Lab 颜色模型弥补了 RGB 和 CMYK 这两种颜色模型必须依赖设备色彩特性的不足。它是一种与设备无关的颜色模型，也是一种基于生理特征的颜色模型。Lab 颜色模型由 3 个要素组成，一个要素是亮度 L，L 分量用于表示像素的亮度，取值范围是[0,100]，表示从纯黑到纯白。a 和 b 是两个颜色通道。a 包括的颜色从深绿色（低亮度值）到灰色（中亮度值）再到亮粉红色（高亮度值），取值范围是[127,-128]。b 包括的颜色从亮蓝色（低亮度值）到灰色（中亮度值）再到黄色（高亮度值），取值范围是[127,-128]。

Lab 颜色模型比计算机显示器甚至人类视觉的色域都要大，表现为 Lab 的位图获得与 RGB 或 CMYK 位图同样的精度时需要更多的像素数据。Lab 颜色模型所定义的色彩最多，并且与光线及设备无关，处理速度与 RGB 颜色模型相同，比 CMYK 颜色模型快很多。因此，可以在图像编辑中使用 Lab 颜色模型。Lab 颜色模型在转换成 CMYK 颜色模型时色彩不会丢失或被替换。因此，避免色彩损失的方法是应用 Lab 颜色模型编辑图像，再转换为 CMYK 颜色模型打印输出。

6. YUV 颜色模型

在现代彩色电视机系统中，通常采用三管彩色摄像机或彩色电荷耦合器件摄像机，它们把拍摄得到的彩色图像信号经分色、分别放大校正得到 R、G、B 信号，再经过矩阵变换电路得到亮度信号 Y 和两个色差信号 $R\text{-}Y$、$B\text{-}Y$，最后发送端将亮度和色差信号分别进行编码，用同一信道发送出去，这就是常用的 YUV 颜色模型。采用 YUV 颜色模型的重要性是它的亮度信号 Y 和色度信号 U、V 是分离的。如果只有 Y 信号分量而没有 U、V 分量，那么表示的图就是黑白灰度图。彩色电视机采用 YUV 颜色模型正是为了用亮度信号 Y 解决彩色电视机与黑白电视机的兼容问题，使黑白电视机也能接收彩色信号。根据美国国家电视制式委员会（NTSC）制定的标准，当白光的亮度用 Y 表示时，它和红、绿、蓝三色光的关系可用常用的亮度公式描述。

4.4 数字图像文件格式及应用领域

4.4.1 数字图像文件格式

图像文件格式是记录和存储影像信息的格式。对数字图像进行存储、传输、处理，必须采用一定的图像文件格式，也就是把图像的像素按照一定的方式进行组织和存储，将图像数据存储为文件就成为图像文件。图像文件格式决定了图像文件的数据结构信息，以及文件如何与其他文件交换数据等。常见的图像文件格式包括 BMP、JPEG、PNG、TIFF、GIF、RAW 等。由于数字设备获取的图像文件一般都很大，而存储容量却有限，因此图像通常都会经过压缩再存储。

（1）BMP

BMP 是英文 Bitmap（位图）的简写，即位图文件，是一种与硬件设备无关（device-independent）的图像文件格式。BMP 格式是 Windows 系统中的标准图像文件格式，被很多 Windows 应用程序支持。随着 Windows 系统的流行及应用程序的不断丰富，BMP 格式得到了越来越广泛的应用。BMP 文件采用位映射存储格式，其特点是包含的图像信息较丰富，除位图深度可选之外，不进行任何其他压缩，但由此也导致了占用磁盘空间过大。BMP 文件的深度可以选择 1 位、4 位、8 位、24 位。采用该格式存储图像时，BMP 图像的扫描按照从左到右、从下到上的顺序进行。

BMP 格式一般由文件头信息块、图像描述信息块、颜色表（真彩色图像无颜色表）和图像数据区 4 部分组成，并以.bmp 为扩展名。由于 BMP 格式是 Windows 环境中交换与图有关的数据的一种标准，因此在 Windows 环境中运行的图形图像软件都支持 BMP 格式。

（2）JPEG

JPEG 格式是一种常用的图像文件格式，其文件扩展名为.jpeg 或.jpg，它是 Joint Photographic Experts Group（联合图像专家组）的英文缩写。JPEG 格式是一个比较成熟的图像有损压缩格式，能将图像数据压缩到很小的存储空间并保持较好的图像质量。也就是说，虽然图像存储为 JPEG 格式会有一些信息损失，但人眼很难分辨出压缩前后图像质量的差别。JPEG 格式既满足了视觉系统对色彩和分辨率的要求，又在图像的清晰度和文件大小上找到了一个很好的平衡点。

JPEG 格式较为灵活，具有调节图像质量的功能，它允许采用不同的压缩比对图像进行压缩。根据对图像质量的要求，JPEG 格式的压缩比通常为 10：1～40：1。压缩比越小，图像质量越高。反之，压缩比越高，图像质量越差。JPEG 文件被压缩的数据主要是高频信息，能较好地保护低频信息，同时也能较好地保护彩色信息，适应于连续色调的图像保存。

随着多媒体技术的应用越来越广泛，传统的 JPEG 压缩算法的缺点越来越明显地表现出来。例如，若被压缩的图像中具有大片近似的色彩信息时，用 JPEG 压缩算法就容易产生马赛克效应，因此，当对图像的质量要求较高时，传统的 JPEG 压缩算法可能达不到要求。为了满足新的应用需求，专家组对 JPEG 格式进行了改进，推出了 JPEG 2000 标准，新的压缩算法最大的特点是将传统 JPEG 压缩算法中的首选 DCT 算法改为了首选小波变换压缩算法。JPEG 2000 具有以下 4 个特点。

① 压缩比高。与传统的 JPEG 压缩算法相比，其压缩比提高了 20%～30%。

② 同时支持有损压缩和无损压缩，误差稳定性好，图像的质量更好。

③ 渐进传输。网络下载图像时，JPEG 2000 按块传输，有助于快速浏览网络信息，提高网络下载的速度。

④ 支持感兴趣的 ROI，能制定 ROI，可单独对 ROI 进行压缩和解压操作。

（3）PNG

PNG（Portable Network Graphic）格式即可移植网络图形格式，是一种位图文件（Bitmap File）存储格式。PNG 用于存储灰度图像时，灰度图像的深度可达 16 位。存储彩色图像时，彩色图像的深度可达 48 位，并且还可存储多达 16 位的 Alpha 通道数据。PNG 采用从 LZ77 派生的 Zlib 无损数据压缩算法，压缩比高，生成文件容量小，一般应用于 Java 程序或网页。PNG 文件具有以下特点。

① 体积小。网络通信中因带宽制约，在保证图片清晰、逼真的前提下，网页上不可能大范围地使用文件较大的 BMP 格式文件。

② 无损压缩。PNG 文件采用 LZ77 算法的派生算法进行压缩，可获得高的压缩比。其编码方法可标记重复出现的数据，因而对图像的颜色没有影响，也不会产生颜色的损失，因此可以重复保存而不降低图像质量。

③ 索引彩色模式。PNG-8 格式与 GIF 图像类似，采用 8 位调色板将 RGB 彩色图像转换为索引彩色图像。图像中保存的不再是各个像素的彩色信息，而是从图像中挑选出来的具有代表性的颜色编号，每一个编号对应一种颜色，图像的数据量也因此减少，这对彩色图像的传输非常有利。

④ 优化的网络传输性。PNG 图像在浏览器上采用流式浏览，图像即使经过交错处理，在完成下载之前，可提供一个基本的图像内容，然后再逐渐显示出清晰图像。它允许连续读出和写入图像数据，这个特性很适合在通信过程中显示和生成图像。

⑤ 支持透明效果。PNG 可为原图像定义 256 个透明层次，使得彩色图像的边缘能与任何背景平滑地融合，从而彻底地消除锯齿边缘，该功能是 GIF 和 JPEG 所没有的。

⑥ PNG 同时还支持真彩和灰度级图像的 Alpha 通道透明度。

（4）TIFF

TIFF（Tagged Image File Format）即标签图像文件格式，以.tif 为扩展名，是一种主要用于存储包括照片和艺术图片在内的图像文件格式。它最初由 Aldus 和微软公司一起为 PostScript 打印而开发。TIFF 支持 256 色、24 位真彩色、32 位、48 位等多种色彩位，同时支持 RGB、CMYK 及 YCbCr 等多种彩色模式，并支持多平台。TIFF 文件可以不压缩（文件较大）也可以压缩，支持 RAW、RLE、LZW、JPEG、CCITT 3 组和 4 组等多种压缩方式，用 Photoshop 编辑的 TIFF 文件可以保存路径和图层，绝大多数图像系统都支持这种格式。

TIFF 最初的目的是为 20 世纪 80 年代中期桌面扫描仪厂商避免商家使用各自的格式而达成的一个公用统一的扫描图像文件格式。当时的桌面扫描仪只能处理二值图像，因此初期 TIFF 也只是二值图像格式，随着扫描仪的功能越来越强大，TIFF 逐渐支持灰度图像和彩色图像。

TIFF 在业界得到了广泛的支持，如 Adobe 公司的 Photoshop、Jasc 的 GIMP、Ulead PhotoImpact 和 Paint Shop Pro 等图像处理应用、QuarkXPress 和 Adobe InDesign 桌面印刷和页面排版应用，以及扫描、传真、文字处理、光学字符识别和一些其他应用等都支持该格式。TIFF 与 JPEG 和 PNG 一起成为流行的高位彩色图像格式，TIFF 是最复杂的一种位图文件格式，它广泛应用于对图像质量要求较高的图像存储与转换。由于 TIFF 结构灵活、包容性大，因此已成为图像文件格式的一种标准。

（5）GIF

GIF（Graphics Interchange Format）即图像互换格式，是 CompuServe 公司于 1987 年开发出来的图像文件格式，在网络上非常流行，目前几乎所有相关软件都支持 GIF。GIF 文件的数据采用了一种基于 LZW 算法的连续色调的无损压缩格式，允许用户为图像设置背景的透明属性，其压缩率一般为 50% 左右，它不属于任何应用程序。GIF 的一个特点是数据是经过压缩的，其采用的是可变长度压缩算法。GIF 的另一个特点是其在一个 GIF 文件中可以存储多幅彩色图像，若将存储在一个文件中的多幅图像数据逐幅读出并显示到屏幕上，就可构成一种最简单的动画。

GIF 由 CompuServe 公司引入应用后，由于其体积小和成像相对清晰，在早期的互联网上大受欢迎。GIF 文件采用无损压缩技术，对于 256 色以内的图像，可既减小文件的大小，又保持图像的质量。GIF 图像是基于颜色列表的（存储的数据是该点颜色对应于颜色表的索引值），最多支持 8 位（256 色）。GIF 文件内部分成许多存储块，用于存储多幅图像或者是决定图像表现行为的控制块，用以实现动画和交互式应用。

4.4.2 数字图像应用领域

数字图像处理最早的应用领域之一是在报纸业，当时，图像第一次通过海底电缆从伦敦传往纽约。近年来，数字图像处理的应用领域无论是深度还是广度都发生了巨大的变化。数字图像处理技术的应用领域已非常广泛，它在社会经济发展、国计民生、国防与国家安全以及日常生活中发挥着越来越重要的作用。

（1）航空航天领域

数字图像处理技术在航空航天领域的应用非常广泛，除 JPL 对月球、火星照片的处理外，还包括很多方面，如自 20 世纪 60 年代末以来，美国及一些国际组织发射了数量可观的资源遥感卫星（如 LANDSAT 系列）和天空实验室（如 SKYLAB），由于成像条件受飞行器位置、姿态、环境条件等影响，图像质量不是很高，且必须采用数字图像处理技术。如 LANDSAT 系列陆地卫星，采用多波段扫描器（MSS），在 900km 高空对地球每一区域以 18 天为一周期进行扫描成像，其图像地面分辨率相当于十几米数量级（1983 年 LANDSAT-4 分辨率为 30m）。这些图像在空中先处理（数字化，编码）成数字信号存入存储系统中，在卫星经过地面站上空时，再高速传送至地面中心，然后由处理中心判读分析。这些图像无论在成像、存储、传输过程中，还是在判读分析中，都必须应用数字图像处理技术。在我国，无论是"神舟"系列（1~10 号）、"天宫"系列、"天舟"系列、绕月飞船系列的发射，还是"空间站"的建立，以及各型号的运载火箭和飞船的历次发射、状态监控、故障修复及回收，这其中数字图像处理技术也都发挥了不可替代的重要作用。

此外，包括航空遥感、卫星遥感、空间探测、军事侦察等诸多领域都离不开数字图像处理技术。很多国家每天派出一定数量的侦察机对地球上其感兴趣的地区进行大量的观察和信息传输，获取军事和经济等方面的有用信息。现在，世界各国在进行的资源调查（如森林调查、海洋泥沙和渔业调查、水资源调查等）、灾害勘测（如病虫害检测、水火检测、环境污染检测等）、资源勘察（如石油勘探、矿产量探测、大型工程地理位置勘探分析等）、城市规划（如地质结构、水源及环境分析等）、农业规划（如土壤营养、水分和农作物生长、产量的估算等）都大量采用了数字图像处理技术。十几年来，我国也陆续开展了上述多方面的实际应用，并获得了很好的效果，在航空航天和太空星际研究方面，数字图像处理技术也发挥了相当大的作用。

（2）工业领域

工业领域是数字图像处理技术的重要应用领域之一。从 20 世纪 60 年代开始，在美国、日本及欧洲的一些工业化国家就已经开始采用数字图像处理技术对工业生产质量进行把控了。例如，在现代化的流水生产线上，可以利用数字图像处理技术对产品和部件进行无损检测；在浮法玻璃生产线上，可以对玻璃质量进行监控和筛选等；在自动装配线上检测零件的质量及对零件进行分类；印制电路板疵病检查；弹性力学照片的应力分析；流体力学图片的阻力和升力分析；邮政信件的自动分拣；在一些有毒、放射性环境内识别工件及物体的形状和排列状态；先进的设计和制造技术中采用工业视觉等。其中值得一提的是，研制具备视觉、听觉和触觉功能的智能机器人将会给工农业生产带来新的激励，目前已在工业生产中的喷漆、焊接、装配中得到有效利用。

（3）生物医学领域

在生物医学领域，数字图像处理技术在生命科学研究、医学诊断、临床治疗等方面起着重要的作用。由于数字图像处理技术具有直观、无创伤、经济和安全方便等诸多优点，因此该技术在医学领域的应用非常广泛。从近 30 年来国内外医学领域的发展情况看，数字图像处理技术已在临床诊断、病理研究等医学领域发挥了重要作用，不仅应用领域日益广泛，而且很有成效。如基于数字图像处理技术推出的获诺贝尔奖的 CT（Computed Tomography，电子计算机断层扫描）、医用显微图像的处理分析（红/白细胞分类与计数、染色体分析、癌细胞识别等），以及广泛应用于临床诊断和治疗的各种成像技术，如 X 光肺部图像增强、超声波图像处理、心电图分析、立体定向放射治疗等。

在 CT 推出后，类似的设备发展出多种，如 NMRI（Nuclear Magnetic Resonance Imaging，核磁共振）、EIT（Electrical Impedance Tomography，电阻抗断层图像技术），这些都是利用人体组织的电特性（阻抗、导纳、介电常数）形成人体内部图像的技术。由于不同组织和器官具有不同的电特性，因此这些电特性包含了解剖学信息。更重要的是人体组织的电特性随器官功能的状态而变化，因此 EIT 可绘出反映与人体病理和生理状态相应功能的图像。目前，EIT 的一些算法正在呼吸系统、消化系统、心血管系统等方面进行临床应用的探索。

（4）通信领域

当前通信的主要发展方向是声音、文字、图像和数据结合的多媒体通信。具体地讲就是将电话、电视和计算机以三网合一的方式在数字通信网上传输。其中以图像通信最为复杂和困难，因图像的数据量巨大，如传送彩色电视信号的速率达 100Mb/s 以上。要将这样高速率的数据实时传送出去，必须采用编码技术来压缩信息的比特量。从一定意义上讲，编码压缩是这些技术成败的关键。除已应用较广泛的熵编码、DPCM 编码、变换编码外，国内外正在大力开发研究新的编码方法，如分行编码、自适应网络编码、小波变换图像压缩编码等。

20世纪70年代，由于微电子技术的突破和大规模集成电路的发展，解决了图像通信中的关键技术，有效推动了图像通信的应用与发展，从此图像通信逐渐进入人们的生活。1980年，CCITT（Consultative Committee on International Telegraph and Telephone，国际电报电话咨询委员会）为三类传真机和公共电话交换网上工作的数字传真建立了国际标准，1984年，CCITT提出了ISDN（Integrated Services Digital Network，综合业务数字网）标准，以及当今基于IP的多媒体通信都意味着非语音通信业务在通信中所占据的重要位置。图像通信主要包括如下几种方式。

① 传真是指将文字、图表、照片等记录在纸面上的静止图像，通过光电扫描的方式变成电信号，经各类信道传送到目的地，在接收端通过一系列逆变换过程，获得与发送原稿相似记录副本的通信方式。

② 电视广播。1925年英国实现了单色电视广播，1936年英国BBC正式开始推出电视广播。目前彩色电视机主要有3种制式：美国、日本等国所用的NTSC制式；中国和西欧、非洲等地区所用的PAL制式；法国、俄罗斯等国所用的SECAM制式。

③ 图文电视和可视图文。图文电视（Teletext）和可视图文（Videotext）是提供可视图形文字信息的通信方式。图文电视是单向传送信息的，在电视信号消隐期发送图文信息，用户可用电视机和专用终端收看该信息。可视图文是基于双向工作方式的，用户可用电话向信息中心提出服务内容或从数据库中选择信息。

④ 有线电视。有线电视（Community Antenna Television，CATV）是采用电缆或光缆传送电视节目的电视技术。1949年，美国安装了全球第一个有线电视系统，1977年采用光缆实现了有线电视。随后，有线电视系统由于其信号稳定、信号质量高和频道数量多等方面的特点在全球得到迅速普及。

⑤ 可视电话。可视电话业务是一种点到点的视频通信业务。它能利用电话网双向实时传输通话双方的图像和语音信号。可视电话能达到面对面交流的效果，实现人们通话时既闻其声又见其人的梦想。

⑥ 卫星通信。卫星通信系统由卫星和地球站两部分组成。卫星在空中起中继站的作用，即把地球站发上来的电磁波放大后再送回地球站。地球站是卫星与地面公众网的接口，地面用户通过地球站出入卫星形成链路。

⑦ 数字电视。数字电视指从演播室到发射、传输、接收的所有环节都是使用数字电视信号或对该系统所有的信号都是通过由0、1数字串所构成的数字流来传播的电视类型。数字电视信号损失小、接收效果好。

（5）遥感领域

遥感技术可广泛用于农林等资源的调查，主要应用于航空航天监测，农作物长势监视，自然灾害监视、预报，地势、地貌以及地质构造解译、找矿，环境污染检测等。

航空航天遥感又称机载遥感，是指在地球大气层以外的宇宙空间，以人造卫星、宇宙飞船、航天飞机、火箭等航天飞行器为平台的遥感，是由航空摄影侦察发展而来的一种多功能综合性探测技术。卫星遥感为航空航天遥感的组成部分，以人造地球卫星作为遥感平台，主要利用卫星对地球和低层大气进行光学和电子观测。

航空拍摄（航拍）是人们借用航空设备在高空对地面的物体进行拍摄，可以分为航空摄影和航空摄像。而对于航空器材，人们现在可以选用载人的航空器材和不载人的航空器材来进行拍摄。相对来说，载人的航空器材风险更大，但拍摄更为灵活，摄影师更能掌控摄影器材，创造更为精美的画面。不载人的航空器材给予摄影师的创作空间较小，拍摄周期较长。地震等自然灾害的发生十分突然，借助航拍，能够通过高空作业对当地灾情进行连续实时拍摄，及时了解受灾情况并实施救援。

（6）安全与交通领域

目前，在安全与交通领域已开始采用数字图像处理技术与模式识别等方法实现重要场所、特定现场和敏感地点的监控，可以采用足迹、指纹识别、人脸识别、虹膜识别、通行安检等技术。下面介绍其中的几种技术。

① 指纹识别。指纹识别是指通过比较不同指纹的细节特征点来进行鉴别。每个人的指纹不同，即使是同一个人，其十指指纹也有明显区别，因此指纹可用于身份鉴定。指纹识别系统是典型的模式识别系统，包括指纹图像获取、处理、特征提取和比对等模块。

② 人脸识别。人脸识别特指通过分析、比较人脸视觉特征信息进行身份鉴别的计算机技术。人脸识别系统包括图像摄取、人脸定位、图像预处理以及人脸识别。该技术可应用于公安刑侦破案、门禁系统、摄像监视系统、网络应用等。利用人脸识别还可辅助信用卡网络支付、身份辨识（如电子护照及身份证）、信息安全（如计算机登录）、电子政务和电子商务等。

③ 通行安检。通行安检是火车站、地铁、机场等必不可少的环节。它利用 X 光对人体进行扫描，能够发现被检查者的衣服底下所藏的违规物品。

（7）军事领域

在军事领域方面图像处理和识别主要用于：导弹的精确末制导；各种侦察照片的判读；具有图像传输、存储和显示的军事自动化指挥系统，飞机、坦克和军舰模拟训练系统等。

① 侦察卫星。侦察卫星一般是指照相侦察卫星，它又分为可见光（红外）照相侦察卫星和雷达照相侦察卫星。

② 雷达。雷达利用电磁波探测目标。发射电磁波对目标进行照射并接收其回波，由此获得目标至电磁波发射点的距离、距离变化率（径向速度）、方位、高度等信息，其优点是无论白天黑夜均能探测远距离目标，不受雾、云和雨的阻挡，有一定的穿透能力。

③ 声呐。声呐是利用水中声波进行探测定位和通信的电子设备。声呐是各国海军进行水下监视使用的主要技术，用于对水下目标进行探测、分类、定位和跟踪，进行水下通信和导航，保障舰艇、反潜飞机和反潜直升机的战术机动和水中武器的使用。

此外，声呐技术还广泛用于鱼雷制导、水雷引信、鱼群探测、海洋石油勘探、船舶导航、水下作业、水文测量和海底地质地貌的勘测等。

（8）金融与支付领域

基于互联网、电子商务、在线购物的应用日益普及，金融与电子支付已广泛使用指纹密码、在线身份认证、产品防伪、数字证书、人脸识别甚至虹膜识别等技术，这些无不与图像处理技术密切相关。

（9）视频和多媒体领域

目前，视频和多媒体系统已广泛应用于电影与电视制作中，许多电视制作人员都能熟练使用图像处理、变形、合成等技术制作各种特技动作。多媒体系统离不开静止图像和动态图像的采集、压缩、处理、存储和传输。

4.5 数字图像处理的关键技术

4.5.1 图像增强

图像增强的目的是采用一系列技术改善图像的视觉效果，如将原来不清晰的图像变得清晰或强调某些感兴趣的特征，抑制不感兴趣的特征，从而改善图像质量，或者将图像转换成一种更适合人或机器进行分析处理的形式，加强图像判读和识别效果。如图 4.1 所示为 4 种图像增强效果。

图 4.1　4 种图像增强效果

图像增强的方法可分成两大类：空间域法和频率域法。

空间域法在处理图像时直接对图像灰度级做运算。基于空间域的算法分为点运算算法和邻域去噪算法。点运算算法即灰度级校正、灰度变换和直方图修正等，其目的是使图像成像均匀或扩大图像动态范围、扩展对比度。邻域去噪算法分为平滑和锐化两种。平滑一般用于消除图像噪声，但也容易引起边缘模糊，其常用算法有均值滤波、中值滤波。锐化的目的在于突出物体的边缘轮廓，便于目标识别，其常用算法有梯度法、算子、高通滤波、掩模匹配法、统计差值法等。

频率域法把图像看成一种二维信号，对其进行基于二维傅里叶变换的信号增强，通过一定手段对原图像附加一些信息或变换数据，有选择地突出图像中感兴趣的特征或者抑制（掩盖）图像中某些不需要的特征，使图像与视觉响应特性相匹配。采用低通滤波（即只让低频信号通过）法，可去掉图像中的噪声。采用高通滤波法，则可增强边缘等高频信号，使模糊的图像变得清晰。基于频率域法是在图像的某种变换域内对图像的变换系数值进行某种修正，是一种间接增强的算法。

4.5.2　图像变换

除能够在空间域表达图像，并实施相应的处理外，还可以运用数学变换，将在空间域表示的图像变换到其他完备的域中（相对于空间域，称其他完备的域为变换域），在变换域表示图像或完成对图像所需的处理，这就是图像变换。为减小信号相关性，减少计算量，获得更好的处理效果，图像变换通常采用二维正交变换，一般要求如下。

● 正交变换必须是可逆的，保证图像数据在变换域进行必要的处理后还能变换回空间域，因为图像的显示是以空间域数据为基础的。

● 正变换和逆变换的算法不能太复杂。

● 在变换域中，图像能量将集中分布在低频率成分上，边缘、噪声等信息反映在高频率成分上，有利于图像处理。

变换后的图像，大部分能量都分布在低频谱段，这对图像的压缩和传输都比较有利，使运算次数和时间减少。因此，正交变换广泛应用于图像增强、图像恢复、特征提取、图像压缩编码和形状分析等方面。

实现图像变换常用的 3 种方法如下。

① 傅里叶变换（Fourier Transform）：它是应用最广泛和最重要的变换方式之一。其变换核是

复指数函数，转换域图像是原空间域图像的二维频谱，其"直流"项与原图像亮度的平均值成比例，高频项表征图像中边缘变化的强度和方向。为了提高运算速度，计算机中多采用傅里叶快速算法。

② 沃尔什-阿达玛变换（Walsh-Hadamard Transform，W-H 变换）：它是一种便于运算的变换方法。其变换核是值+1 或-1 的有序序列。这种变换只需要做加法或减法运算，不需要像傅里叶变换那样做复数乘法运算，所以能提高计算机的运算速度，减少存储容量。这种变换已有快速算法，能进一步提高运算速度。

③ 离散卡夫纳-勒维变换（Karhunen-Loève Transform，K-L 变换）：它是以图像的统计特性为基础的变换，又称霍特林（Hotelling）变换或本征向量变换。其变换核是样本图像的协方差矩阵的特征向量。这种变换用于图像压缩、滤波和特征抽取时在均方误差意义下是最优的。但在实际应用中往往不能获得真正的协方差矩阵，所以不一定有最优效果。其运算较复杂且无统一的快速算法。

除此之外，余弦变换、正弦变换、哈尔变换和斜变换也在图像处理中得到应用。如图 4.2 所示为图像变换示例。

图 4.2　图像变换示例

4.5.3　图像压缩与编码

数据压缩最初是信息论研究中的一个重要课题，在信息论中数据压缩被称为信源编码。Kunt 提出第一代、第二代编码概念。第一代编码是以去除冗余为基础的编码方法，如 PCM、DPCM、DCT、DFT、W-H 变换编码以及以此为基础的混合编码。第二代编码多为 20 世纪 80 年代以后提出的，如 Fractal 编码、金字塔编码、小波变换编码、模型基编码、基于神经网络的编码等。数据压缩主要研究数据表示、传输、变换和编码的方法，目的是减少存储数据所需要的空间和传输所用的时间。近年来，数据压缩已不仅限于编码方法的研究与探讨，还逐步形成较为独立的体系。

由于图像数据之间存在着一定的冗余，所以使得数据的压缩成为可能。信息论的创始人香农（Shannon）提出把数据看作信息和冗余度的组合。所谓冗余度，是指由于一幅图像的各像素之间存在很大的相关性，可利用一些编码的方法删除它们，从而达到减少冗余压缩数据的目的。为了去掉数据中的冗余，常常要考虑信号源的统计特性，或者建立信号源的统计模型。

在数字图像压缩中，有 3 种基本的数据冗余：像素相关冗余、编码冗余和心理视觉冗余。如果能减少或消除其中的一种或多种冗余，就能取得数据压缩的效果。

（1）像素相关冗余

场景中只要有一些物体，图像中就有一些目标。同一目标的像素之间一般均有相关性。根据相关性，由某一个像素的性质往往可获得其邻域像素的性质。换句话说，各像素的值可以比较方便地由其邻近像素的值预测出来，每个独立的像素所携带的信息相对较少。这样，图像中一般存在与像素间相关性直接联系的数据冗余——像素相关冗余，即各个像素对图像的视觉贡献有很多是冗余的。这种冗余也常称为空间冗余或几何冗余（存在于图像坐标空间）。另外，在连续序列图像中，各个连续的帧图像之间的相似性本质上也是一种像素相关冗余。

（2）编码冗余

为表达图像数据需要使用一系列符号（如字母、数字等），用这些符号根据一定的规则来表达图像就是对图像编码。这里对每个信息或事件所赋的符号序列称为码字，而每个码字里的符号个数称为码字的长度。当使用不同的编码方法时，得到的码字类别及其序列长度都可以不同。

（3）心理视觉冗余

人观察图像的目的是获得有用的信息，但眼睛并非对所有视觉信息有相同的敏感度。另外，在具体应用中人也不是对所有视觉信息有相同的关心程度。通常，当有些信息（在特定的场合或时间）与另一些信息相比来说不那么重要时，这些信息可认为是心理视觉冗余的信息，去除这些信息并不会明显地降低所感受到的图像质量或所期望的图像作用。根据心理视觉冗余的特点，可以采取一些有效的措施来压缩图像的数据量。电视广播中的隔行扫描就是一个常见的例子。心理视觉冗余从本质上说与前面两种冗余不同，它是与实实在在的视觉信息联系着的。只有在这些信息对正常的视觉过程来说并不是必不可少时才可能被去除。因为去除心理视觉冗余数据能导致定量信息的损失，所以这个过程也常称为量化。考虑到这里视觉信息有损失，所以量化过程是一个不可逆转的操作过程，它用于数据压缩会导致数据有损的压缩。

根据解压后数据能否完全复原，图像压缩可以分为有损压缩和无损压缩。

对于如绘制的技术图、图表或者漫画，优先使用无损压缩，再如医疗图像或者用于存档的扫描图像等，这些有价值的内容的压缩也尽量选择无损压缩。常用的无损压缩方法有游程编码、熵编码等。常见的无损压缩图像文件格式有.gif和.tiff。有损压缩方法非常适合自然的图像，如JPEG图像文件就是有损压缩的，通过离散余弦变换后选择性丢掉人眼不敏感的信号分量，实现高压缩比率。

4.5.4　图像的复原与重建

（1）图像复原

图像复原是图像处理中的一大类技术。图像复原与图像增强有密切的联系，二者的相同之处在于，它们都要得到在某种意义上改进的输出图像（相比于原始输入图像），或者说都希望改进输入图像的视觉质量；不同之处在于，图像增强一般要借助人的视觉系统的特性以取得看起来较好的视觉效果，而图像复原则认为图像质量原本是高的，但在某种情况/条件下退化或模糊了（图像品质下降了、失真了）。图像模糊前后对比如图4.3所示。

（原图）　　　　　　　　　　　　　　　　　（模糊）

图4.3　图像模糊前后对比

图像复原是图像处理中一个重要的课题。图像复原的目的是从退化图像中重建原始图像，改善退化图像的视觉质量。图像复原过程需要根据图像退化的过程或现象建立一定的图像退化模型来完成，可能的退化现象有光学系统中的衍射、传感器的非线性失真、光学系统的像差、图像运动造成的模糊以及镜头畸变等，实现起来要比图像增强方法更困难一些。在实际应用中应该注意以下问题。

① 充分研究图像退化的原因。图像复原是利用退化现象的某种先验知识（即退化模型），对已经退化了的图像加以复原，使复原的图像尽量接近原图像。在实现图像复原时，要认真研究退化的原因，建立相应的数学模型，选择不同的复原方法，并沿着图像质量降低的逆过程对图像进行复原，要考虑在不同情况下应选用不同的复原方法，"对症下药"才能达到预期效果。

② 巧妙利用频域的处理方法。对于图像复原的方法要注意采用频域处理的方法，从空域转换到频域往往会使问题变得更易于处理，应在处理完成之后，转回空域再显示图像的效果。

（2）图像重建

图像重建要通过物体外部测量的数据，经数字处理获得三维物体的形状信息的技术。图像重建开始应用在放射医疗设备中，显示人体各部分的图像，即计算机断层扫描技术，后来逐渐在许多领域中获得应用。目前应用较多的图像重建技术主要有投影重建、明暗恢复形状、立体视觉重建和激光测距重建。

① 投影重建。投影重建是利用 X 射线、超声波透过被遮挡物体（如人体内脏、地下矿体）的透视投影图，计算恢复物体的断层图，利用断层图或直接从物体的二维透视投影图重建物体的形状。这种重建技术是通过某种射线的照射，射线在穿过组织时吸收不同，引起在成像面上投射强度的不同，反演求得组织内部分布的图像。如 X 射线、CT 技术就是应用了这种重建为医学诊断提供了手段。投影重建还用于地矿探测。在探测井中，用超声波源发射超声波，用相关的仪器接收不同地层和矿体反射的超声波。按照超声波在媒质的透射率和反射规律，用有关技术对得到的透射投影图进行分析计算，即可恢复重建埋在地下的矿体形状。

② 明暗恢复形状。单张照片不含图像中的深度信息，利用物体表面对光照的反射模型可以对图像灰度数据进行分析计算，从而恢复物体的形状。物体的成像是由光源的分布、物体表面的形状、反射特性，以及观察者（照相机、摄像机）相对于物体的几何位置等因素确定的。用计算机图形学方法可以生成不同观察角度的图像。它在计算机辅助设计中得到应用，可以演示设计物体从不同角度观察的外形，如房屋建筑、机械零件、服装造型等。反之，则可以通过图像中各个像素的明暗程度，根据经验假设光源的分布、物体表面的反射性质以及摄像时的几何位置，计算物体的三维形状。这种重建方法计算复杂，计算量也相当大，目前主要用于遥感图像的地形重建中。

③ 立体视觉重建。立体视觉重建用两个照相机（或摄像机）在左右两边对同一景物拍摄两张照片（或摄像图像），利用双目成像的立体视觉模型恢复物体的形状，提取物体的三维信息，也称三维图像重建。这种方法是对人类视觉的模仿。先从两幅图像提取出物体的边缘线条、角点等特征。物体的同一边缘和角点由于立体视差在两幅图像中的位置略有不同，经匹配处理找出两幅图像中的对应线和对应点，经几何坐标换算得到物体的形状。它主要应用于工业自动化和机器人领域，也用于地图测绘。

④ 激光测距重建。激光测距重建应用激光扫描对物体测距，获得物体的三维数据，经过坐标换算，恢复物体的三维形状数据。激光测距的特点是准确，有两种方法可以实现重建：一种方法是固定激光源，让物体转动，并做升降，就可以获得物体在各个剖面的三维数据，重建物体在各个方向上的图像；另一种方法是激光源在一个锥形区域进行前视扫描，获得前方物体的三维数据。后一种方法在行走机器人中得到应用，可以发现前方障碍物，计算出障碍物的区域，从而绕道走。图像重建技术在通信领域也得到了重要的应用。例如，利用图像重建技术获得非常直观的无线电场强的三维空间分布图像。通过极高压缩比的人脸图像传输，用图像重建技术可在接收端恢复原始人脸图像。

4.5.5 图像分析

图像分析的目的是从图像中提取出有用信息，例如，针对一幅城市街区图像，经分析可给出场景中有街道、楼房、树木、车辆、行人等信息，甚至给出几辆车、几个人等数据，再进一步还可能分别给出大小客车、大小货车的分类统计数据或是男人、女人等信息，甚至可直接分析出车的属性（车型、车标、颜色、车牌照号码、车内饰物、碰撞痕迹等）、识别出人是谁。因此，图像分析也称景物分析或图像理解。

根据图像分析的结果即可实现对图像内容的识别，例如，指纹/掌纹识别、虹膜识别、人脸识别、表情识别、光学字符识别、手写体识别、花木识别等，也可以实现基于内容的图像检索。另外，通过医学图像分析还可以实现病理辅助诊断。图像分析涉及复杂的智能化技术，在医学、安全、遥感等应用领域还不能完全取代人工分析，相对地，对于一维条码、二维码之类的识别已属于最简单的图像分析。

图像分析过程主要包括如下几个步骤。

① 图像采集。通过不同形式的传感器（如图像传感器、电子显微镜、各类医学扫描传感器等），把实际景物转换为适合计算机处理的表现形式（二维平面数字图像）。

② 目标分割。从二维平面图像中分割出各个独立的物体（目标），有时需要进一步分割出由图像基元构成的物体的各个组成部分。

③ 目标识别。对从图像中分割出来的物体（目标）给予相应的名称，如自然场景中的道路、桥梁、建筑物或工业自动化装配线上的各种机器零件等。

④ 图像内容解释。用启发式方法或人机交互技术结合识别方法建立场景的分级构造，说明场景中有些什么物体，物体之间存在什么关系。

⑤ 三维建模（可选）。利用二维平面图像的各种已知信息及场景中各个对象相互间的制约关系（如二维图像中的灰度阴影、纹理变化、表面轮廓线形状等），可以进一步推断出三维景物的表面走向，也可以根据测距资料，或者基于几幅不同角度的二维图像进行景物的景深计算，得出三维景物的描述数据，并依此建立景物三维模型。

4.5.6 图像分割

图像分割就是把图像分成若干个特定的、具有独特性质的区域并提取出感兴趣目标的技术和过程。这些区域通常是互不交叉的，每个区域都满足特定区域的一致性。区域的特性可以是灰度、颜色、纹理、形状等。目标可以对应单个区域，也可以对应多个区域。图像分割后提取出的目标可用于图像语义识别、图像搜索等领域，可找出图像中的感兴趣目标。

图像分割是图像分析、图像识别的前提，也是必经的关键步骤，例如，汽车的车牌照识别，必须先从车辆的图像中找到车牌照，再将车牌照的各个字符分割出来，才能对其识别。从某种意义上来说，只有彻底理解图像内容，才能产生完美的分割，但光照的不均匀性、物体的遮挡与阴影，特别是物体的镜面反射成像等因素都可能导致分割错误。

图像分割的基本策略是基于图像灰度的不连续性和相似性，即区域之间图像的灰度有陡峭的变化（不连续，如图像的边缘）；区域内部的灰度无变化或缓慢变化（灰度值相似）。因此，利用这两个性质，即可实现基本的图像分割。

常用的图像分割方法包括基于阈值分割、基于区域分割及基于边缘分割，还可以基于特定理论进行分割。

（1）基于阈值分割

如果目标对象的灰度与背景的灰度有较大差别，例如，目标对象较亮而背景较暗，则当设定某合适的阈值后，灰度值大于阈值的像素属于目标对象，而灰度值小于阈值的像素属于背景区域，反之亦然。

阈值分割的优点是计算简单、运算效率高、速度快，多用于重视运算效率的应用场合。其缺点是只适合于目标对象与背景有明显对比的图像，而且对噪声很敏感。在实际应用中，由于光照的均匀程度特别是遮挡及阴影等的存在，使得目标对象和背景的对比度在图像中的各处并不完全一样，很难用某个固定的阈值将所有的目标对象与背景分开，因此更实用的方法是根据图像的局部特征分别采用不同的阈值进行分割，也即根据实际情况，将图像分成若干子区域并分别选择阈值，或者动态地根据一定的邻域范围选择每点处的阈值进行图像分割，这种分割称为自适应阈值分割。

（2）基于区域分割

图像中的特定区域有着区别于其他区域的特殊性，因而根据其内部像素的共性即可圈定区域，实现图像分割。常见的区域分割方法有区域生长和区域分裂合并两类。

区域生长的基本思想是将具有相似性质的像素集合起来构成区域。其实现方法是先对每个需要分割的区域找一个种子像素作为生长的起点，然后将种子像素周围邻域中与种子像素有相同或相似性质（如灰度级或颜色相似）的像素合并到种子像素所在的区域中。具体方法是先对每个需要分割的区域选取一个种子像素作为生长的起点，然后将种子像素邻域中与种子像素有相同或相似性质的像素（根据某种事先定义的生长或相似准则来判断）合并到种子像素所在的区域中，接着将这些新像素当作新的种子像素继续进行上述过程，直到再没有满足条件的像素可被包括进来为止。实际应用区域生长法时要解决 3 个主要问题。

① 选择或确定一个能正确代表所需区域的种子像素。

② 确定在生长过程中能将相邻像素包括进来的准则。

③ 指定生长停止的条件或准则。

种子像素的选取通常可借助具体问题。如果对具体问题没有先验知识，就可借助生长所用准则对每个像素进行相应计算。如果计算结果呈现聚类的情况，则接近聚类中心的像素可取为种子像素。生长准则的选取不仅依赖于具体问题本身，也和所用图像数据的种类有关。另外，还需要考虑像素间的连通性和邻近性，否则有时会出现无意义的分割结果。这种方法不但考虑了像素的相似性，还考虑了空间上的邻接性，因此可以有效消除孤立噪声的干扰，具有很强的鲁棒性。无论是合并还是分裂，都能够将分割深入到像素级，因此可以保证较高的分割精度。

区域分裂合并与区域生长相对，区域分裂合并是从整个图像出发的，不断分裂图像得到各个子区域，然后再把属于前景的区域合并起来，实现目标提取。区域分裂与合并的假设是对于一幅图像，前景区域由一些相互连通的像素组成的，因此，如果把一幅图像分裂到像素级，那么可以判定该像素是否为前景像素。当所有像素点或者子区域完成判断后，把前景区域或者像素合并起来就可得到前景目标。

（3）基于边缘分割

图像中在像素的灰度级或者区域结构上产生突变的地方表现为明显的不连续性，这意味着一个区域在此处终结，另一个区域从此处开始。这种灰度或结构不连续的地方称为边缘，闭合的边缘构成边界，因此利用边缘/边界特征即可分割图像。

4.5.7　图像拼接

图像拼接是指将多幅在不同时刻、从不同视角或者由不同传感器获得的图像经过特征点的坐标匹配以及相应的几何运算、灰度拉伸、颜色校正等图像增强处理后，无缝地拼合为一幅高分辨率的大视场（全景）图像的处理过程。

图像拼接的过程通常分为 3 步：图像预处理、图像配准和图像融合。图像拼接前、后的对比如图 4.4 所示。

（a）拼接前 （b）拼接后

图 4.4　图像拼接前、后的对比

（1）图像预处理

图像预处理主要是指对图像进行几何失真校正和噪声点的拟制（去噪）等，其目的是降低图像配准的难度，提高图像配准的精度。

（2）图像配准

图像配准是指对参考图像和待拼接图像中的匹配信息（如两幅图像中同一建筑物的同一角点等）进行提取，并在提取出的信息中寻找最佳的匹配，完成图像间的对齐。由于待拼接的图像之间可能存在平移、旋转、缩放等多种变换或者大面积的同色区域等很难匹配的情况，因此，能否在各种情况下准确找到图像间的匹配信息并使两幅图像对齐是衡量图像配准算法优劣的准则。常用的图像配准算法包括如下 4 类。

① 基于区域的算法。利用两幅图像间灰度的关系来确定图像间坐标变化的参数，其中包括基于空间的像素配准算法（如块匹配、网格匹配、比值匹配）和基于频域的算法（如基于快速傅里叶变换的相位相关拼接）等。

② 基于特征拼接的算法。利用图像中的明显特征（如点、线、边缘、轮廓、角点）来计算图像之间的变换，而不是利用图像中全部的信息，常用的包括 Harris 角点检测算法、尺度不变特征变换算法（Scale-Invariant Feature Transform，SIFT）以及在 SIFT 基础上改进的快速鲁棒特征法（Speed Up Robust Feature，SURF）。

③ 基于最大互信息的算法。基于最大互信息的图像配准是把互信息作为配准模型的，其原理是当两幅基于共同解剖结构的图像达到最佳配准时，它们对应的像素特征的灰度互信息达到最大，因为这时两幅图像的不确定性已经很小，此时的配准使得图像联合像素信息分布有所确定。因此，该算法把整幅图像的灰度作为配准的依据，互信息作为相似性测度，通过最大化该相似性测度来得到一个最优变换，配准精度高。

④ 基于小波的算法。这种算法是将拼接工作由空间域转向小域，即先对要拼接的图像进行二进小波变换，得到图像的低频、水平、垂直 3 个分量，然后对这 3 个分量进行基于区域的拼接，分别得到 3 个分量的拼接结果，最后进行小波重构即可获得完整的图像。

（3）图像融合

图像融合是指在完成图像匹配后，对图像进行融合，并对融合的边界进行平滑处理，让融合自然过渡。由于任何两幅相邻图像在采集条件上都不可能做到理论上的完全相同，因此，对于一些本应该相同的图像特性，如图像的光照特性等，在两幅图像中就可能会有细微的差异。图像拼接缝隙就是从一幅图像过渡到另一幅图像时，由于图像中的某些相关特性发生了跃变而产生的。图像融合则可以使图像间的拼接缝隙不明显，拼接更自然。

4.5.8　图像识别

图像识别是指利用计算机对图像进行处理、分析和理解,目标是识别各种不同模式。每个图像都有它的特征,通过对图像识别时眼睛运动的研究表明,视线总是集中在图像的主要特征上,也就是集中在图像轮廓曲度最大或轮廓方向突然改变的地方,这些地方的信息量最大,而且眼睛的扫描路线也总是依次从一个特征转到另一个特征上。由此可知,在图像识别过程中,知觉机制必须排除输入的多余信息,抽出关键信息。同时,在大脑里必定有一个负责整合信息的机制,它能把分阶段获得的信息整理成完整的知觉映像。

在人类图像识别系统中,对复杂图像的识别往往要通过不同层次的信息加工才能实现。对于熟悉的图形,由于掌握了它的主要特征,就会把它当作一个单元来识别,而不再注意它的细节。这种由孤立的单元材料组成的整体单位叫作组块,每个组块是同时被感知的。在文字材料的识别中,人们不仅可以把一个汉字的笔画或偏旁等单元组成一个组块,而且能把经常在一起出现的字或词组成组块单位来加以识别。

在计算机视觉识别系统中,图像内容通常用图像特征进行描述。基于计算机视觉的图像检索也可分为类似文本搜索引擎的 3 个步骤:提取特征、创建索引和查询。

图像识别的发展经历了 3 个阶段:文字识别、数字图像处理与识别、物体识别。

① 文字识别的研究是从 1950 年开始的,一般是识别字母、数字和符号,研究内容涵盖印刷文字识别和手写文字识别,应用非常广泛。

② 数字图像处理与识别的研究开始于 1965 年。数字图像与模拟图像相比具有存储及传输方便、可压缩、传输过程中不易失真、处理方便等巨大优势,这些都为图像识别技术的发展提供了强大的动力。

③ 物体识别主要是指对三维世界的客体及环境的感知和认识,属于高级的计算机视觉范畴。它是以数字图像处理与识别为基础的结合人工智能、系统学等学科的研究方向,其研究成果被广泛应用在各种工业及探测机器人上。现代图像识别技术的一个不足就是自适应性能差,一旦目标图像被较强的噪声污染或是目标图像有较大残缺,往往就得不出理想的结果。

图像识别问题的数学本质属于模式空间到类别空间的映射问题。目前,在图像识别的发展中,主要有 3 种识别方法:统计模式识别、结构模式识别、模糊模式识别。图像识别是人工智能的一个重要领域。

伴随着人工智能技术的蓬勃发展,数字图像处理技术几乎可以应用到需要人工参与的任何领域,以代替通过人类眼睛感知世界和认知世界的功能。但数字图像处理领域尚有许多问题需要进一步研究。

- 提高精度的同时要解决处理速度的问题,庞大的数据量和处理速度不匹配。
- 加强软件研究,创造新的处理方法,特别要注意移植和借鉴其他学科的技术和研究成果。
- 加强边缘学科的研究,促进图像处理技术的发展。例如,人的视觉特性、心理学特性等的研究如果有所突破,则将对图像处理技术的发展有极大的促进作用。
- 加强理论研究,逐步形成图像处理科学自身的理论体系。
- 建立图像信息库和标准子程序,统一存放格式和检索,方便不同领域的图像交流和使用,实现资源共享。

4.5.9　数字图像处理技术的未来发展方向

数字图像处理技术已经得到了非常迅速的发展,其应用领域也日趋广泛,未来的主要发展方向如下。

① 围绕高清晰度电视（HDTV）的研制。

② 开展实时图像处理的理论及技术研究，向着高速化、高分辨率、立体化、多媒体化、智能化和标准化方向发展。

③ 图像与图形相结合，朝着三维成像或多维成像的方向发展。

④ 硬件芯片研究，把图像处理的众多功能固化在芯片上，更便于应用，例如，Thomson 公司的 ST13220 采用 Systolic 结构设计运动预测器等。

⑤ 新理论和新算法研究。例如，深度学习（Deep Learning，DL）、人工神经网络（Artificial Neural Networks，ANN）、小波分析、分形、形态学（Morphology）、遗传算法（Genetic Algorithms，GA）等。其中，分析几何广泛应用图像处理、图形处理、纹理分析，同时还用于物理、数学、生物、神经和音乐等方面。

4.6 图像处理实战——Photoshop

Photoshop 是优秀的图像编辑和处理软件，广泛应用于平面设计、桌面出版、照片图片修饰、彩色印刷品、辅助视频编辑、网页图像和动画贴图等领域。

4.6.1 Photoshop 主界面

默认的 Photoshop 主界面分为以下几个区域：菜单栏、工具栏、工作区和标题栏、选项栏、面板，如图 4.5 所示。

图 4.5 主界面

（1）菜单栏。菜单栏为整个环境下所有窗口提供菜单控制，包括文件、编辑、图像、图层、文字、选择、滤镜、3D（D）、视图、窗口和帮助。Photoshop 通过两种方式执行命令，一是菜单，二是快捷键。

（2）工具栏。工具栏中的工具可用来选择、绘画、编辑以及查看图像。拖动工具栏的标题栏，可移动其位置。单击可选中工具，或者移动光标到该工具上，属性栏会显示该工具的属性。有些工具的右下角有一个小三角形符号，这表示在工具位置上存在一个工具组，其中包括若干个相关工具。

（3）工作区和文档标签。中间窗口是图像窗口，它是 Photoshop 的主要工作区，用于显示图像文件。图像窗口带有自己的标题栏，提供了打开文件的基本信息，如文件名、缩放比例、颜色模式等。例如，同时打开两个图像文件，可通过单击图像窗口进行切换。图像窗口切换可使用 Ctrl+Tab 组合键。

（4）选项栏。选项栏是调节工具参数的面板，例如，选择画笔工具后，可以在选项栏中调节画笔的大小、模式等。选项栏可以移动，也可以关闭。可以通过"窗口"菜单勾选或取消勾选"选项"复选框，从而开启或关闭对选项栏的显示。

（5）面板。除默认主界面上显示的面板外，还有很多其他面板，单击菜单栏中的"窗口"选项，可以激活显示里面所有的面板，这里的面板种类非常丰富。面板并不是固定不变的，可以通过拖动或双击，将它们随意地移动、展开、收起、整合、拆分、放大、缩小等。另外，它们都具有边缘吸附功能，如果拖动面板至 Photoshop 文档区域或者其他面板的边缘处，面板会随之自动吸附。这样面板整合工作就变得很简单了。

4.6.2 图层

图层是创建各种合成效果的主要途径，可以在不同的图层上进行独立的操作而对其他图层没有任何影响。常用的功能包括新建图层、删除图层、创建图层样式等。图层面板如图 4.6 所示。

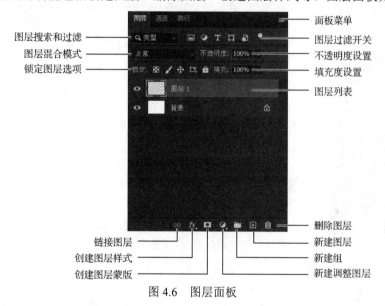

图 4.6　图层面板

案例：合成蓝天白云和飞机。

案例说明：使用魔棒工具复制飞机图案，将图 4.7、图 4.8 合成。

图 4.7　蓝天白云

图 4.8　飞机

知识要点：认识图层的概念，掌握魔棒的使用方法，掌握图层的应用。

效果图：合成后的效果如图 4.9 所示。

图 4.9　合成后的效果

操作步骤：

① 选择命令"文件"|"打开"，选择素材文件夹中的 plane.jpg 和 cloud.jpg，单击 plane.jpg 文件窗口的标题栏，使之成为活动窗口。

② 在工具栏中选择魔棒工具，单击白色背景，选择命令"选择"|"反选"，选择飞机（单击即可），选择命令"编辑"|"复制"。

③ 单击 cloud.jpg 文件窗口的标题栏，使之成为活动窗口，选择命令"编辑"|"粘贴"（或用"移动工具"把飞机拖到"云"中，则自动新建一个图层，即图层 1），如图 4.10 所示。选择移动工具，将飞机拖到适当的位置。

④ 在图层面板中，单击"不透明度"后面的下拉按钮，选择 70%（如果效果不理想，可以进行调整）。

⑤ 在图层面板中，选中图层 1 和背景层，右击，在弹出的快捷菜单中选择命令"合并图层"。（或选择命令"图层"|"合并可见图层"）。

图 4.10　新建图层 1

⑥ 保存文件：选择命令"文件"|"存储为"，输入文件名 plane，文件类型*.jpg（选择适当精度）。

4.6.3　图层样式

图层样式是 Photoshop 中一个用于制作各种效果的强大功能，利用图层样式功能，可以简单快捷地制作出各种立体投影、各种质感以及光影效果的图像特效。可以通过选择命令"图层"|"图层样式"|"混合选项"来进行操作，也可以通过单击图层面板中的创建图层样式按钮进行图层样式的设置，图层样式面板如图 4.11 所示。

主要的图层样式说明如下。

① 投影：为图层上的对象、文本或形状后面添加阴影效果。投影参数由混合模式、不透明度、角度、距离、扩展和大小等各种选项组成，通过对这些选项的设置可以得到需要的效果。

② 内阴影：在对象、文本或形状的内边缘添加阴影，让图层产生一种凹陷外观，内阴影效果对文本对象效果更佳。

③ 外发光：从图层对象、文本或形状的边缘向外添加发光效果。设置参数可以让对象、文本或形状更精美。

④ 内发光：从图层对象、文本或形状的边缘向内添加发光效果。

图 4.11　图层样式面板

⑤　斜面和浮雕:"样式"下拉列表为图层添加高亮显示和阴影的各种组合效果。

⑥　光泽:对图层对象内部应用阴影,与对象的形状互相作用,通常创建规则波浪形状,产生光滑的磨光及金属效果。

⑦　颜色叠加:将在图层对象上叠加一种颜色,即用一层纯色填充到应用样式的对象上。在"设置叠加颜色"选项中可以通过"选取叠加颜色"对话框选择任意颜色。

⑧　渐变叠加:在图层对象上叠加一种渐变色,即用一层渐变色填充到应用样式的对象上。通过"渐变编辑器"还可以选择使用其他渐变色。

⑨　图案叠加:在图层对象上叠加图案,即用相同的重复图案填充对象。通过"图案拾色器"还可以选择其他图案。

⑩　描边:使用颜色、渐变色或图案描绘当前图层上的对象、文本或形状的轮廓,对于边缘清晰的形状(如文本),这种效果尤为有用。

案例:熊猫照片添加相框。

案例说明:利用如图 4.12 所示的素材 Panda.jpg,使用图层样式制作相框效果。

知识要点:掌握基本图形的绘制、渐变工具和画笔工具的使用方法。

效果图:熊猫照片添加相框效果图如图 4.13 所示。

图 4.12　素材 Panda.jpg　　　　　图 4.13　熊猫照片添加相框效果图

操作步骤：

① 选择命令"文件"|"打开"，打开素材文件 Panda.jpg，用椭圆选框工具在图片上绘制一个椭圆形选区，如图 4.14 所示。

② 选择命令"选择"|"反选"（或按 Ctrl+Shift+I 组合键）反选选区，单击图层面板新建图层按钮 ⊞，创建新的图层 1（图层 1 位于背景层之上）。选中图层 1，用油漆桶工具为选区填色（R=200，G=180，B=240），选择命令"选择"|"取消选择"（或按 Ctrl+D 组合键），取消选区，选区填色效果如图 4.15 所示。

图 4.14　绘制椭圆形选区

图 4.15　选区填色效果

③ 选择命令"滤镜"|"杂色"|"添加杂色"，效果如图 4.16 所示。

④ 选择命令"图层"|"图层样式"|"斜面和浮雕"（或单击图层面板中创建图层样式按钮 fx），选择命令"斜面和浮雕"），效果如图 4.17 所示。

图 4.16　杂色效果

图 4.17　浮雕效果

⑤ 图片制作完毕。选择命令"文件"|"存储为"，将文件保存为 NewPanda.jpg。

4.6.4　滤镜

滤镜主要用来实现图像的各种特殊效果，它在Photoshop中具有非常神奇的作用。所有的滤镜在 Photoshop 中都按分类放置在菜单中，使用时只要从该菜单中执行该命令即可。滤镜的操作是非常简单的，但是真正用起来却很难恰到好处。滤镜通常需要与通道、图层等联合使用，才能取得最佳艺术效果。如果想在最适当的时候应用滤镜到最适当的位置，除平常的美术功底外，还需要用户对滤镜有很好的操控能力，甚至需要其具有很丰富的想象力。这样才能有的放矢地应用滤镜，发挥出艺术才华。

滤镜是 Photoshop 中最重要的功能之一，是完成图像处理工作的核心工具，通过参数设计及不同的滤镜组合可以制作出千差万别的图像效果，这都需要长期练习，积累经验，这样才能准确表达设计思想，达到最佳设计效果。

Photoshop 滤镜分为两类：一类是内部滤镜，即安装 Photoshop 时自带的滤镜；另一类是外挂滤镜，需要进行安装后才能使用。说起外挂滤镜，大家经常想到的就是 KPT、PhotoTools、Eye Candy、Xenofex、Ulead Effect 等，Photoshop 第三方滤镜大概有 800 种以上，正是这些种类繁多、功能齐全的滤镜使 Photoshop 爱好者更痴迷。

案例：发光字。

案例说明：通过滤镜制作文字特效。

知识要点：了解文字工具的简单使用及通过滤镜制作特效的过程。

效果图：发光字效果图如图 4.18 所示。

操作步骤：

① 选择命令"文件"|"新建"，在"新建"对话框中设置文件名称为"发光字"。宽

图 4.18　发光字效果图

度为 600 像素，高度为 250 像素，分辨率为 72 像素/英寸，颜色模式为 RGB 颜色，如图 4.19 所示，单击"确认"按钮。

② 单击 工具，设置前景色为黑色，选择油漆桶工具（或按 Alt+Delete 组合键），填充背景色，效果如图 4.20 所示。

图 4.19　新建面板

图 4.20　填充背景色效果

③ 选择文字工具 ，输入 zhongguo，设置属性：大小为 60 磅，颜色为红色，字体为 Arial black。为文字添加"波浪"样式 ，弯曲为+35%，文字工具选项栏如图 4.21 所示，效果如图 4.22 所示。

图 4.21　文字工具选项栏

图 4.22　"波浪"效果

④ 在图层面板中选择文字图层，如图 4.23 所示，右击，在弹出的快捷菜单中选择命令"栅格化文字"。

⑤ 选择命令"编辑"|"描边"，如图 4.24 所示，设置描边宽度为 3 像素，描边颜色为白色，位置居外。

图 4.23 栅格化文字

图 4.24 描边设置

⑥ 选择命令"滤镜"|"模糊"|"高斯模糊"，设置模糊半径为 1 像素。

⑦ 选择命令"滤镜"|"扭曲"|"极坐标"，设置为极坐标到平面坐标，效果如图 4.25 所示。

⑧ 选择命令"图像"|"图像旋转"|"逆时针 90 度"，旋转画布。

⑨ 选择命令"滤镜"|"风格化"|"风"，设置方法为风，方向为从左，可操作 2 次，效果如图 4.26 所示。

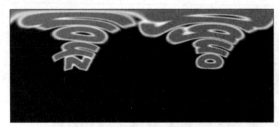

图 4.25 设置为极坐标到平面坐标效果

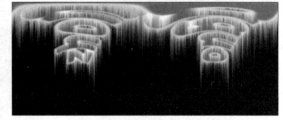

图 4.26 设置方法为风效果

⑩ 选择命令"图像"|"图像旋转"|"顺时针 90 度"，旋转画布。

⑪ 选择命令"滤镜"|"扭曲"|"极坐标"，设置为平面坐标到极坐标，最终效果如图 4.27 所示。

图 4.27 最终效果

4.6.5 图像合成

图像合成是图像处理中非常重要的组成部分，在艺术设计中起着重要的作用。图像合成是 Photoshop 的一个重要手段，是实现图像整体融合的重要方法。Photoshop 提供了很多工具来实现图像合成的效果。

在进行图像处理时，用恰当的方法选取所需的图像素材是非常关键的一步，即 Photoshop 中非常关键的抠图技巧。Photoshop 提供了若干用于选择图像的工具，也就是我们常说的抠图工具，以及调整图像的自由变换工具来帮助用户进行图像合成，主要包括魔棒工具、快速选择工具、套索工具、多边形套索工具、磁性套索工具以及色彩范围等。这些工具基本都集中在工具箱中。图像组合完成，运用图层操作、使用路径以及一些滤镜特效进行适当的调整和修饰，使图像合成效果更自然。

① 魔棒工具 ：魔棒工具是一种比较快捷的抠图工具，它可以快速将一些分界线比较明显的图像抠出，其作用是可以知道你单击的那个地方的颜色，并自动获取附近区域相同的颜色，使它们处于选择状态。其选项栏如图 4.28 所示。

图 4.28　魔棒工具选项栏

选项栏中的"容差"是指所选取图像的颜色接近度，也就是说容差越大，图像颜色的接近度就越小，选择的区域也就相对变大了。"只对连续像素取样"选项是指选择图像颜色时只能选择一个区域当中的颜色，不能跨区域选择。例如，一个图像中有几个颜色相同但并不相交的圆，当选择了"连续"选项后，在一个圆中选择，这样只能选择到一个圆。如果没有选择"连续"选项，那么整个图像中相同颜色的圆都被选中。

② 快速选择工具 ：快速选择工具是智能的，比魔棒工具更加直观和准确，使用时不需要在要选取的整个区域涂抹，快速选择工具会自动调整所涂抹的选区大小，并找到边缘使其与选区分离。其使用方法是基于画笔模式的，即利用画笔画出所需的选区，根据所需选取区域大小调节画笔大小。其选项栏如图 4.29 所示。

图 4.29　快速选择工具选项栏

③ 套索工具 ：套索工具可以用来产生任意形状的选区区域，其选项栏如图 4.30 所示。使用方法是，按住鼠标左键并拖动，随着鼠标指针的移动可以形成任意形状的选择范围，松开左键后会将起点和终点闭合，形成一个闭合的选区。套索工具的随意性很大，要求对鼠标有良好的控制能力，常用来勾出不规则形状的选区，或者为已有的选区进行修补。

图 4.30　套索工具选项栏

④ 多边形套索工具 ：产生多边形选择区域。使用方法是，单击鼠标左键形成直线的起点，移动鼠标，拖出直线，再次单击，两个落点之间就会形成直线，依次可以继续。多边形套索工具通常用来增加或减少选择范围，或者对局部选取进行修改。

⑤ 磁性套索工具 ：可以在拖动鼠标的过程中自动捕捉图像中物体的边缘以产生选择区域，其选项栏如图 4.31 所示。其中"宽度"用于定义检索的距离范围，也就是找寻鼠标周围一定像素范围内的区域。"对比度"定义磁性套索对边缘的敏感程度。"频率"控制磁性套索工具生成固定点的多少。频率越高，固定选取边缘速度越快。

图 4.31　磁性套索工具选项栏

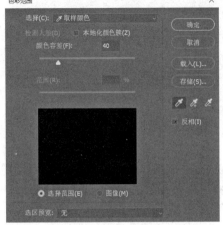

图 4.32 "色彩范围"对话框

⑥ 色彩范围：利用图像中的颜色变化关系来制作选取的命令，像一个功能更强大的魔棒。选择命令"选择"|"色彩范围"，弹出"色彩范围"对话框，如图 4.32 所示。

其中，"选择"下拉列表用于选择区域基准色的方法，主要有取样颜色、高光、中间调、阴影。"颜色容差"与魔棒中容差参数的功能一样。选中"选择范围"单选按钮，则在预览图中，用白色表示全部被选中的区域，用黑色表示没有被选中的区域。

⑦ 自由变换工具：用于对选择区域进行缩放和旋转等操作。按 Ctrl+T 组合键或选择命令"编辑"|"自由变换"可执行自由变换工具，选择区域上会出现矩形框和 8 个控制点，据此可轻松做到各种变换。自由变换工具能够做到的变形功能和变换菜单下的各项变形功能是完全相同的，不论是执行"自由变换"还是"变换"命令，都可在鼠标右键快捷菜单中进行切换。

案例：合成烛光晚餐效果。

案例说明：使用合成图像工具将素材图片中的元素取出，制作烛光晚餐效果。

知识要点：掌握选区、魔棒、套索类、色彩范围等抠图工具，熟练运用自由变换、粘贴等功能。

效果图：烛光晚餐效果图如图 4.33 所示。

操作步骤：

① 选择命令"文件"|"打开"（或按 Ctrl+O 组合键），打开素材 1，如图 4.34 所示。

图 4.33　烛光晚餐效果图

图 4.34　素材 1

② 将素材 1 文件最小化，选择命令"文件"|"打开"（或按 Ctrl+O 组合键），打开素材 2，如图 4.35 所示。选择缩放工具，放大视图。

③ 选择套索工具，按住鼠标左键不放，然后在弹出的下拉列表中，选择多边形套索工具，沿着盘子和烤鸡的边缘进行拖动，绘制如图 4.36 所示的选区。

④ 选择命令"编辑"|"复制"（或按 Ctrl+C 组合键），将选区的范围复制并将素材 2 文件关闭。打开素材 1 文件，选择命令"编辑"|"粘贴"（或按 Ctrl+V 组合键），选择移动工具，将粘贴对象调整到相应位置，注意盘子底部与餐桌的距离，如图 4.37 所示。

⑤ 此时粘贴的烤鸡图片过大，为了使效果更为逼真，选择命令"编辑"|"自由变换"（或按 Ctrl+T 组合键），如图 4.38 所示，按住 Shift 键拖曳变换手柄，等比例缩放该图片到适当大小，最后按 Enter 键确认。

⑥ 选择命令"文件"|"打开"（或按 Ctrl+O 组合键），打开素材 3，如图 4.39 所示。

图 4.35 素材 2

图 4.36 素材 2 选区

图 4.37 将素材 2 选区粘贴到素材 1 中

图 4.38 自由变换后的素材 2

⑦ 选择魔棒工具 ，不断调整容差值，建立杯子选区，如图 4.40 所示。

⑧ 选择命令"编辑"|"复制"（或按 Ctrl+C 组合键），将选区的范围复制并将素材 3 文件关闭。打开素材 1，选择命令"编辑"|"粘贴"（或按 Ctrl+V 组合键），选择移动工具，将粘贴对象调整到相应位置，注意杯子底部与餐桌的距离。

⑨ 选择命令"编辑"|"自由变换"（或按 Ctrl+T 组合键），按住 Shift 键拖曳变换手柄，等比例缩放杯子图片到适当大小，最后按 Enter 键确认，效果如图 4.41 所示。

图 4.39 素材 3

图 4.40 素材 3 选区

图 4.41 将素材 3 选区粘贴到素材 1 中

⑩ 选择命令"文件"|"打开"（或按 Ctrl+O 组合键），打开素材 4，如图 4.42 所示。

⑪ 创建蛋糕选区。由于蛋糕以外是同一种颜色，可以通过色彩范围来创建选区。选择命令"选择"|"色彩范围"，弹出"色彩范围"对话框，如图 4.43 所示。

⑫ 选择吸管工具 ，然后在蛋糕之外的区域单击，该区域将被选中，调节染色容差数值，然后选择命令"选择"|"反相"，选中蛋糕，结果如图 4.44 所示。

⑬ 用步骤⑧和⑨的方法将蛋糕选区粘贴到素材 1 中，并调整大小，效果如图 4.45 所示。

图 4.42 素材 4

图 4.43 "色彩范围"对话框

图 4.44 素材 4 选区

图 4.45 将素材 4 选区粘贴到素材 1 中

⑭ 选择命令"文件"|"打开"（或按 Ctrl+O 组合键），打开素材 5。

⑮ 选择魔棒工具，设置容差值为 20，在酒瓶底部单击，接着选择命令"选择"|"扩大选取"，将区域扩大。将扩大选取执行多次，如果酒瓶还没有被完全选中，则按住 Shift 键不放，使用魔棒单击未被选中区域，直至酒瓶完全选中，建立酒瓶选区，如图 4.46 所示。

⑯ 用步骤⑧和⑨的方法将酒瓶选区复制到素材 1 中，并调整大小，效果如图 4.47 所示。

图 4.46 素材 5 选区

图 4.47 将素材 5 选区粘贴到素材 1 中

⑰ 选择命令"文件"|"打开"（或按 Ctrl+O 组合键），打开素材 6，如图 4.48 所示。

⑱ 选择魔棒工具，设置容差值为 30，在酒杯的任何地方单击，接着选择命令"选择"|"选

取相似"，将区域扩大。将选取相似执行多次，如果酒杯还没有被完全选中，则按住 Shift 键不放，使用魔棒单击未被选中区域，直至酒杯完全选中，建立酒杯选区。

⑲ 用步骤⑧和⑨的方法将酒杯选区粘贴到素材 1 中，并调整大小，效果如图 4.49 所示。

图 4.48　素材 6　　　　　　　　图 4.49　将素材 6 选区粘贴到素材 1 中

⑳ 选择命令"文件"|"打开"（或按 Ctrl+O 组合键），打开素材 7，如图 4.50 所示。

图 4.50　素材 7

㉑ 选择矩形选区工具 ，从图像左上角选至右下角，选中整个图像，按 Ctrl+C 组合键复制，打开素材 1 文件，选择魔棒工具在画面的黑色区域单击，选择黑色区域选区，如图 4.51 所示。

㉒ 选择命令"编辑"|"选择性粘贴"|"贴入"（或按 Alt+Ctrl+Shift+V 组合键），将烛光贴入黑色背景墙，若位置不理想，可利用自由变换功能进行调整，效果如图 4.52 所示。

图 4.51　素材 7 选区　　　　　　　　图 4.52　贴入烛光背景墙

㉓ 选择命令"文件"|"打开"（或按 Ctrl+O 组合键），打开素材 8，如图 4.53 所示。使用磁

性套索工具选中筷子盒选区，如图 4.54 所示。

图 4.53　素材 8

图 4.54　素材 8 选区

㉔ 将筷子盒选区复制到素材 1 中，并使用自由变换工具调整大小，使用移动工具放在相应位置。按住 Alt+Shift 组合键不放，同时选择移动工具，水平复制筷子盒到相应的位置。最终效果图如图 4.55 所示。

图 4.55　最终效果图

4.6.6　图像特效

下面讲述图像处理工具。

（1）橡皮擦工具组

橡皮擦工具可以将图像擦成工具箱中的背景色，并可将图像还原到历史花瓣中图像的任何一种状态。橡皮擦工具选项栏如图 4.56 所示。"模式"可以选择不同的橡皮擦类型（画笔、铅笔和块），定义橡皮擦工具的形状。"画笔"用于设置橡皮工具的大小。勾选"抹到历史记录"复选框后可以将画面的一部分擦成历史记录面板中的指定状态。

![橡皮擦工具选项栏]
图 4.56　橡皮擦工具选项栏

背景橡皮擦工具可以将图层上的颜色擦成透明色，其选项栏如图 4.57 所示。选择不同的取样方式和设定不同的容差值，可以控制边缘的透明度和锐利程度，保护前景色和可保护前景色不被擦除。"限制"分为三类：连续是指只有与取样颜色相关联的区域才会被擦除；不连续是指可以删除所有的取样颜色；寻找边缘会擦除包含取样颜色相关区域并保留形状边缘的清晰和锐利。

图 4.57　背景橡皮擦工具选项栏

魔术橡皮擦工具可以根据颜色的近似程度来确定将图像擦成透明的程度，选项栏如图 4.58 所示。当在图层上单击魔术橡皮擦工具时，该工具会自动将所有相似的像素变为透明的。如果针对的是背景层，则操作完成后变成普通图层；如果是锁定透明的图层，则像素变为背景色。

图 4.58　魔术橡皮擦工具选项栏

（2）修复画笔工具组

修复画笔工具 ✐ 可以修复图像中的缺陷，并且能够使修复的结果自然融入周围的图像，其与仿制图章工具类似，按住 Alt 键不放，同时单击取样点，然后复制或者填充图案。它可以将取样点的像素信息自然融入复制的图像位置，并保持其纹理、亮度和层次。修复画笔工具选项栏如图 4.59 所示。

图 4.59　修复画笔工具选项栏

污点修复画笔工具 ✐ 可以使用图像或图案中的样本像素进行绘画，并将样本像素的纹理、光照、透明度和阴影与所修复的像素相匹配。污点修复画笔工具选项栏如图 4.60 所示。污点修复画笔工具类型有近似匹配和创建纹理两种类型。近似匹配时如果没有为污点建立选区，则样本自动采用污点外部四周的像素。如果选中污点，则样本采用选区外围的像素。创建纹理是使用选区中的所有像素创建一个用于修复该区域的纹理，如果纹理不起作用，则可以再次拖动该区域。其使用方法是，打开要修复的图片，选择工具，然后在选项栏中选取比要修复的区域稍大一点的画笔笔尖，在要处理的污点位置单击或拖动即可去除污点。

图 4.60　污点修复画笔工具选项栏

修补工具 ✿ 可以从图像的其他区域或者使用图案修补当前选中的区域，和修复画笔工具类似，修复的同时也保留了图像原有的纹理、亮度和层次等信息。

（3）模糊工具组

模糊工具 ◖ 可以降低相邻像素的对比度，将较"硬"的边缘"软"化，使图案柔和。锐化工具 ▲ 与模糊工具相反，其增加相邻像素的对比度，将较"软"的边缘"硬"化。涂抹工具 ✍ 用于模拟用手指涂抹油墨的效果，用涂抹工具在颜色的交界处进行涂抹，会产生模糊感。

（4）减淡工具组 ✐

减淡工具组可使细节部分变亮，类似加光。曝光度控制减淡工具的使用效果，曝光度越高，效果越明显。激活喷枪按钮可使减淡工具具有喷枪的效果。加深工具 ◗ 使细节部分变暗，类似遮光。海绵工具 ◉ 用来增加或降低颜色的饱和度。

案例 1：变脸。

案例说明：使用多边形套索工具选取人物的脸部特征，覆盖到另一张脸上，利用匹配颜色等命令，将两张图片的颜色融合在一起。

知识要点：选区羽化，用套索工具选取出人物的脸部特征，调整图像颜色等。

效果图：变脸后效果图如图 4.61 所示。

图 4.61　变脸后效果图

① 选择命令"文件"|"打开"（或按 Ctrl+O 组合键），打开素材 9 和素材 10，如图 4.62 所示。

（a）素材 9

（b）素材 10

图 4.62　素材

② 选择多边形套索工具，利用该工具在素材 9 中选取人物脸部，绘制选区如图 4.63 所示。

③ 选择命令"选择"|"修改"|"羽化"，打开"羽化选区"对话框。设置羽化半径为 10 像素，如图 4.64 所示，单击"确定"按钮。

图 4.63　绘制选区

图 4.64　设置羽化半径

④ 选择移动工具，移动选区到素材 10 中。在图层面板中将自动生成"图层 1"图层。按 Ctrl+T 组合键调整图形的大小，并调整位置，如图 4.65 所示。调整完成后按 Enter 键确定。

图 4.65　调整大小和位置

案例 2：实物质感特效——液态金属。

案例说明：本案例主要使用"滤镜"菜单下的添加杂色、拼缀图、照亮边缘、分层云彩、铭黄命令，使图片达到液态金属的大致样子，然后使用亮度/对比度和色相/饱和度命令对图片进行上色处理，最终达到液态金属的质感特效。

知识要点：利用添加杂色、拼缀图、照亮边缘、分层云彩、铭黄命令，做出液态金属的质感；再使用亮度/对比度和色相/饱和度命令对图片进行上色处理，最终达到液态金属的质感特效。

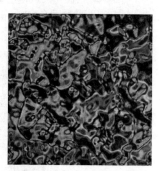

图 4.66　液态金属效果图

效果图：液态金属效果图如图 4.66 所示。

操作步骤：

① 选择命令"文件"|"打开"，打开"新建"对话框。输入名称为"液态金属"，设置宽度和高度分别为 500 像素，颜色模式为 RGB 颜色，单击"确定"按钮。得到新建文件。

② 选择[ ]工具，设置前景色为黑色，选择油漆桶工具（或按 Alt+Delete 组合键），填充前景色。

③ 选择命令"滤镜"|"杂色"|"添加杂色"，打开"添加杂色"对话框。设置参数数量为 300，分布为高斯分布，设置完成后单击"确定"按钮，效果如图 4.67 所示。

④ 选择命令"滤镜"|"滤镜库"|"纹理"|"拼缀图"，设置参数方形大小为 4，凸现为 0。设置完成后按"确定"按钮，效果如图 4.68 所示。

图 4.67　添加杂色

图 4.68　拼缀图

⑤ 选择命令"滤镜"|"滤镜库"|"风格化"|"照亮边缘"，打开"照亮边缘"对话框。设置参数边缘宽度为 9，边缘亮度为 4，平滑度为 5，设置完成后单击"确定"按钮，效果如图 4.69 所示。

⑥ 选择命令"滤镜"|"渲染"|"分层云彩"，图像就会产生分层云彩的效果，重复此操作，得到如图 4.70 所示的效果。

图 4.69　照亮边缘　　　　　　　图 4.70　分层云彩

　　⑦ 选择命令"滤镜"|"滤镜库"|"素描"|"铭黄渐变"，设置参数细节为 1，平滑度为 4，设置完成后单击"确定"按钮，效果如图 4.71 所示。

　　⑧ 选择命令"图像"|"调整"|"亮度/对比度"，打开"亮度/对比度"对话框。设置参数亮度为 15，对比度为 35，设置完成后单击"确定"按钮。

　　⑨ 选择命令"图像"|"调整"|"色相/饱和度"，打开"色相/饱和度"对话框。勾选"着色"复选框，设置参数色相为 40，饱和度为 46，设置完成后单击"确定"按钮，最终效果图如图 4.72 所示。

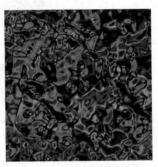
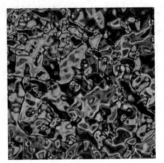

图 4.71　铭黄渐变　　　　　　　图 4.72　最终效果图

4.6.7　图像修复

　　图像修复是 Photoshop 应用中非常重要的一个手段，是达到图像修复效果的非常重要的一种方法。Photoshop 提供了很多工具来实现图像修复的效果，主要工具是修复画笔工具和画笔工具。

案例 1：平滑脸部。

案例说明：使用修复画笔工具对女生的脸部进行修复处理，使其脸部光滑平整。

知识要点：利用修复画笔工具对女生脸部不光滑的地方进行修复处理。

效果图：图像文件处理前、后效果图分别如图 4.73 和图 4.74 所示。

图 4.73　处理前效果图　　　　　图 4.74　处理后（除痣）效果图

操作步骤：

　　① 选择命令"文件"|"打开"，打开素材图片，如图 4.73 所示。单击"打开"按钮。

　　② 选择放大镜工具，将图像放大，此刻可以看到，图像中人物的脸部不是特别光滑平整，

这时我们可以选择修复画笔工具 ，在脸部较平整的地方，按 Alt 键+单击，然后将鼠标指针移动到需要修复的地方单击，经过处理后图像中人物的脸部变得光滑平整。

③ 使用同样的方法，使其他部位也变得光滑平整。

④ 最后的效果如图 4.74 所示。

⑤ 按 Ctrl+S 组合键保存文件。

案例 2：牙齿美白。

案例说明：使用画笔工具，设置画笔颜色为白色，对女孩的牙齿进行颜色处理，使本身淡黄色的牙齿达到美白的修补效果。

知识要点：利用画笔工具对女孩的牙齿进行修补处理。

效果图：略。

操作步骤：

① 选择命令"文件"|"打开"，打开素材图片"女孩"，单击"打开"按钮。

② 选择命令"图像"|"调整"|"色阶"。打开"色阶"对话框（输入色阶为 0、0.69、255）单击"确定"按钮。

③ 将图片放大，新建图层 1。选择画笔工具 ，设置"前景色"为白色，画笔大小为 8。

④ 利用画笔工具在人物的牙齿上涂抹。

⑤ 选择图层 1 的"图层模式"选项，选择混合模式为"柔光"。

⑥ 最后按 Ctrl+S 组合键保存文件。

思考与练习

1．简述数字图像的概念。

2．数字图像的类别主要有哪些？

3．列举数字图像的文件格式。

4．简述数字图像在不同领域的应用实例。

5．列举说明数字图像的关键技术。

6．简述未来数字图像的发展方向。

Photoshop 图像处理综合案例

第5章 计算机图形处理技术

5.1 计算机图形简介

5.1.1 概述

计算机图形学（Computer Graphics，CG）是研究怎样在数字计算机内表示、生成、处理和输出显示图形和图像的一门学科。简单地讲，计算机图形学就是应用计算机技术合成具有真实感的数字图形和图像、动画和视频的一门学科。

计算机图形学的研究内容非常广泛，如图形硬件、图形标准、图形交互技术、光栅图形生成算法、曲线曲面建模、实体建模、真实感图形合成与显示算法，以及科学计算可视化、计算机动画、自然景物模拟、虚拟现实等。

计算机图形学一个主要的目的就是，利用计算机产生令人赏心悦目的真实感图形（合成照片）。为此，必须建立图形所描述的场景和物体的几何表示，再用某种光照模型计算在假想的光源、纹理、材质属性下的光照明效果。所以计算机图形学与另一门学科——计算机辅助几何设计有着密切的关系。计算机图形学把表示几何场景的曲线曲面建模技术和实体建模技术作为其重要的研究内容之一。同时，真实感图形计算的结果是以数字图像的方式提供的，计算机图形学也就和数字图像处理技术有着密切的关系。尽管图形与数字图像两个概念之间的交叠越来越大，但两者还是有区别的——数字图像强调计算机内以位图（Bitmap）形式存储的色彩信息，而计算机图形则强调景物的几何属性，计算机生成的景物由几何模型（位图或向量方式）和物理属性信息共同描述。

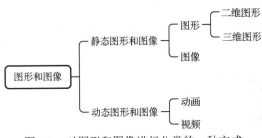

图 5.1　对图形和图像进行分类的一种方式

图形和图像包括静态、动态的图形和图像，可按图 5.1 所示进行分类。

我们将图形分为二维（2D）图形和三维（3D）图形。为清楚起见，通常将三维多面体物体的图形称为几何形体（Shape）或景物，本书采用景物这一名称。另外，我们将由二维图形运动产生的动态图形称为视频（Video，Movie），将使某一图形随时间变化或运动得到的动态图形称为动画（Animation）。通常意义上的图像（Image）就是绘画、照片、影像等的总称。尽管照片、影像等是从现实世界中直接采样获得的，但是在计算机中都被数字化了，因此称之为数字图像（Digital Image）。

需要注意的是，假如我们在显示器上显示如图 5.2 所示的图形，会有两种方法：一种是图形数据在计算机内以二维形式来定义和存储，显示时直接使用；另一种是图形数据在计算机内以三维几何形体来定义和存储，显示时要从某一方向向某一平面投影，变换成二维图形。这是因为显示设备（显示器的屏幕和打印输出的纸面等）是二维的，所以在计算机内定义的对象无论是二维几何图形还是三维几何形体，在显示时都要变换成二维图形（或称数字图像）。通常，在计算机内以二维方式来定义和存储几何图形的学科称为二维计算机图形学（2D CG），以三维方式来表示和存储几何形体（景物）的学科称为三维计算机图形学（3D CG）。

在计算机内定义或表示图形、物体以及场景称为图形生成或几何建模（Geometric Modeling），所定义的对象称为几何模型（Geometric Model）。创建图形以及为景物建模，最初是从计算机辅助设计开始的。图形及景物模型由点、线、面以及球、立方体、圆锥、多面体等基本数学形状描述，并在计算机内变成用它们的几何信息（坐标值）和相位信息（连接关系）表示和存储的数学模型。

我们把给这种图形或景物模型着色，以真实感的效果表现它们的技术称为绘制（Rendering），也称渲染。特别地，称模拟光照产生阴影的技术为明暗处理（Shading）。明暗处理等绘制技术的最终输出效果也依赖于作为图形输出设备的显示器及打印机等的功能。通常情况下，这些输出设备把计算机内定义的图形及景物作为像素（Pixel）的集合来表示。因此，在图形与景物的数学模型上应用绘制技术，就能将其变换成作为数字图像数据的显示模型（Display Model）。

计算机图形学的主要内容就是上述图形或景物模型的建模和绘制，并在此基础上增加了把前面所述的三维图形或景物模型在二维平面上表示的投影变换、在计算机内使景物变形的几何变换和进一步使景物运动作为动态图像显示的动画等。这些都是计算机图形学的构成要素。

与此对照，把现实世界中的景物以图像输入设备（如数码相机、扫描仪、手绘板等）作为像素的集合采集进来，并在计算机内进行适当处理，最后作为图像从图形输出设备输出。这种情况一般不属于计算机图形学的范畴，通常属于数字图像处理技术这一重要领域。计算机图形学、数字图像处理和计算机视觉的关系如图 5.3 所示。

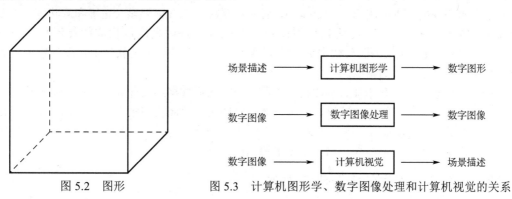

图 5.2　图形　　　　　图 5.3　计算机图形学、数字图像处理和计算机视觉的关系

5.1.2　计算机图形学的研究对象

（1）图形和图像的关系

对计算机图形学的研究首先要区分图形和图像这两个概念，二者虽然有联系，且区别也越来越模糊，但还是不同的。

广义上，能在人的视觉系统中产生视觉印象的客观对象都可以称为图形，包括自然景物、拍摄的照片、用数学方法描述的图形等。狭义上，计算机图形学中的图形是指用数学方法描述的形状，图形通常由点、线、面、体等几何元素和灰度、色彩、线型、线宽等非几何属性组成。从构成要素上看，图形主要分为两类：一类是几何要素在构图中具有突出作用的图形，如工程图、等高线地图、曲面的线框图等；另一类是非几何要素在构图中具有突出作用的图形，如明暗图、晕渲图、真实感图形等，这样的图形又称为矢量图形。例如，花的矢量图形实际上是由线段形成外框轮廓，由外框的颜色以及外框所封闭的颜色决定花显示的颜色。矢量图只有通过图形软件才能生成，图形文件在计算机的硬盘和内存中占用的空间较小，图形放大或者缩小后不会失真，与显示质量和显示设备的分辨率无关。从处理技术上看，也可将图形分为两类：一类是基于线条信息表示的，如工程图、等高线地形图、曲面的线框图等，它侧重于用数学模型（方程或表达式）来表示图形；另一类是基于物体表面属性或材质的颜色来表示的，它侧重于根据给定的物体描述模型、光照以及摄像机来生成真实感图形。

图像是广义上的图形，它是指通过诸如视觉系统看到的一幅景象、照相机拍的一张照片、图像扫描设备扫描获得的图片等方式获得的形式。在计算机内图像以点阵位图（Bitmap）的形式呈现，图像中的每一个点记录了图像在该点的灰度、亮度或者颜色值，将图像中所有点的灰度、亮度或者颜色值组合在一起才能得到图像的整体信息。因此，图像需要记录每一个图像点的值，相对于图形文件，图像文件占用的计算机空间较大，显示会发生失真现象，其显示质量与显示设备的分辨率有关。

（2）图形输入/输出的硬件技术

从软件与硬件上划分，计算机图形学的研究大致可分为两个方面：一是计算机对图形数据输入、输出的硬件技术研究；二是图形数据的计算、处理和存储的软件技术研究。

由于计算机图形学最初是由于计算机图形硬件的发展而产生的，因此图形硬件是其重要的研究内容之一，例如，图形的输入、输出设备及其技术，包括显示设备的结构体系、硬件交互、接口等方面。

图形输入设备常用的是键盘和鼠标，其他还有坐标数字化仪、图形扫描仪、触摸屏、光笔、操纵杆以及数据手套等。三维扫描仪是现在的研究热点之一，它可以通过直接扫描空间物体来获得物体的立体图形数据。图形输入设备获得的图形分为矢量型图形和光栅扫描型图形两种类型，矢量型图形即我们所讲的图形（Graphics），记录的是图形的几何要素（轮廓和形状等）以及非几何要素（颜色、材质等）；光栅扫描型图形获得的数据是由亮度值构成的像素矩阵——图像（Image），图像数据转换为图形数据后，即可用于计算机图形的相关软件中。图形输入设备的重要性能指标是图形输入的精度。

图形输出设备包括显示器、打印机、绘图仪等，图形数据经过计算后可在显示器上呈现当前的图像状态或者图形编辑后的结果，也可以通过打印机、绘图仪在纸介质上保留下来，以便长期保存。当前图形输出设备研究的热点之一——3D打印技术，可以将空间立体的图形数据直接快速成型。图形输出设备的重要性能指标是图形输出的精度。

5.1.3 计算机图形学的主要研究内容

由于计算机图形学是研究利用计算机来表示、处理和显示图形的原理、方法及技术的学科，因此，凡是和此相关的内容都是计算机图形学的研究内容。简单地说，从基本图形到复杂图形，从二维图形到三维图形，从静态图形到动态仿真图形，从线框和实体模型到真实感图形、虚拟现实、真实场景以及其他相关计算机图形表示等都属于计算机图形学的研究范畴。而且，由于计算机技术的迅猛发展，计算机图形学的研究内容也在不断变化和丰富。

计算机图形学的研究内容主要是围绕图形信息的输入、表达、存储、显示、变换以及图形准确性、真实性和实时性的基础算法进行的，其算法可以分为以下几类。

① 基于图形设备的基本图形数据结构和图形元素的生成算法，如利用光栅图形显示器生成直线、圆弧、二次曲线、封闭边界内的图案填充，以及反走样等。

② 图形元素的几何变换、投影变换、窗口裁剪等。

③ 自由曲线和曲面的插值、拟合、拼接、分解、过渡、光顺、整体调整或局部修改等。

④ 图形元素（点、线、面、体、环）的求交以及集合运算。

⑤ 隐藏线、隐藏面消隐算法以及具有光照模型效果的真实感图形显示算法。

⑥ 不同字体的点阵表示。

⑦ 山、水、花、烟、云等模糊景物的生成算法。

⑧ 三维形体的实时处理和显示。

⑨ 虚拟现实场景的生成及其控制算法。

除上述内容外，图形交互技术、图形生成算法、色彩处理、图形操作和处理、图形优化和加速、图形信息的描述和表示、图形数据的存储和检索以及编码等技术也是计算机图形学的研究内容。由于计算机图形学的研究问题来源于日常生活，来源于科学、工程技术、艺术、影视、游戏、医疗、军事、教育等领域，因此，计算机图形学的研究目的也是解决相关领域的实际需求，例如，科学计算可视化和三维或高维数据场的可视化技术，可将科学计算中大量难以理解的数据通过计算机图形显示出来，从而使人们加深对其科学过程的理解。有限元分析结果、应力场/磁场的分布、海洋洋流运动、气候变化分布以及各种复杂的运动学和动力学问题可以通过图形仿真来直观地呈现。除此之外，计算机动画、自然景物仿真、虚拟现实、地理信息系统等也属于计算机图形学的研究内容。而且由于学科交叉和融合，很多研究内容和技术已经从计算机图形学中独立出来，成为一门独立的子学科。

5.2　计算机图形学的发展与应用

5.2.1　计算机图形学的发展

计算机图形学是伴随着计算机的出现而产生的，主要经历了以下几个发展阶段。

（1）萌芽阶段

1946 年研制成功的 ENIAC 没有连接图形显示设备，因此，这时的计算机和图形学之间没有建立联系。1950 年，美国麻省理工学院（MIT）"旋风 1 号"计算机（Whirlwind 1）配备了一个图形显示器，该显示器用一个类似于示波器的阴极射线管（CRT）来显示一些简单的图形，CRT 的出现为计算机生成和显示图形提供了可能。1958 年，美国 Calcomp 公司将联机的数字记录仪发展成滚筒式绘图仪，GerBer 公司把数控机床发展成平板式绘图仪。由于当时的计算机主要应用于科学计算，为这些计算机配置的图形设备仅具有输出功能，而不具备人机交互功能，计算机图形学在这个阶段尚处于准备和酝酿时期。到 20 世纪 50 年代末期，MIT 的林肯实验室在"旋风"计算机上开发了 SAGE 空中防御体系，第一次使用了具有指挥和控制功能的 CRT 显示器，操作者可以用光笔在屏幕上指出被确定的目标。与此同时，类似的技术在设计和生产过程中也陆续得到了应用，这是交互式计算机图形系统的雏形，预示着交互式计算机图形技术的诞生。

（2）发展阶段

1962 年，MIT 林肯实验室的 Ivan E. Sutherland 发表了一篇题为《Sketchpad：一个人机交互通信的图形系统》的博士论文，他在论文中首次使用了计算机图形学（Computer Graphics）这个术语，证明了交互计算机图形学是一个可行的、有用的研究领域，从而确定了计算机图形学作为一个崭新的学科分支的独立地位。他在论文中所提出的一些基本概念和技术，如交互技术、分层存储符号的数据结构等至今还在广为应用。1964 年，MIT 的 Steven A. Coons 教授提出了被后人称为超限插值的新思想，通过插值 4 条任意的边界曲线来构造曲面。在 20 世纪 60 年代早期，法国雷诺汽车公司的工程师 Pierre Bézier 提出了 Bézier（贝塞尔）曲线、曲面的理论，用于几何外形设计，并开发了用于汽车外形设计的 UNISURF 系统。Coons（昆氏）方法和贝塞尔方法是 CAGD（计算机辅助几何设计）最早的开创性工作。值得一提的是，计算机图形学的最高奖是以 Steven A. Coons 的名字命名的，而分别获得第一届（1983 年）和第二届（1985 年）该奖项的人，恰好是 Ivan E. Sutherland 和 Pierre Bézier。Ivan E. Sutherland 被称为"计算机图形学之父"，获得了 1988 年计算机界的最高奖"图灵奖"和 IEEE 计算机杰出成就奖，他也是许多图形学基本算法的创始人。

（3）推广应用阶段

20 世纪 70 年代是计算机图形学发展过程中一个重要的历史时期。由于光栅显示器的产生，在 20 世纪 60 年代就已萌芽的光栅图形学算法迅速发展起来，区域填充、裁剪、消隐等基本图形概念及其相应算法纷纷诞生，计算机图形学进入了第一个兴盛的时期，并开始出现实用的 CAD 图形系统。又因为通用、与设备无关的图形软件的发展，图形软件功能的标准化问题被提了出来。1974 年，美国国家标准化局（American National Standards Institute，ANSI）在 ACM SIGGRAPH 的"与机器无关的图形技术"的工作会议上，提出了制定有关标准的基本规则。此后，ACM 专门成立了一个图形标准化委员会，开始制定有关标准。该委员会于 1977 年、1979 年先后制定和修改了"核心图形系统"（Core Graphics System）。ISO 随后又发布了计算机图形接口（Computer Graphics Interface，CGI）、计算机图形元文件标准（Computer Graphics Metafile，CGM）、计算机图形核心系统（Graphics Kernel System，GKS）、面向程序员的层次交互图形标准（Programmer's Hierarchical Interactive Graphics Standard，PHIGS）等。这些标准的制定，对计算机图形学的推广、应用以及资源信息共享起到了重要的作用。

这一阶段，计算机图形学的另外两个重要进展是真实感图形学和实体造型技术的产生。1970 年，Bouknight 提出了第一个光反射模型。1971 年，Gourand 提出"漫反射模型+插值"的思想，被称为 Gourand 明暗处理。1975 年，Phong 提出了著名的"简单光照"模型——Phong 模型。这些技术可以算是真实感图形学最早的开创性工作。另外，从 1973 年开始，相继出现了英国剑桥大学 CAD 小组的 Build 系统、美国罗切斯特大学的 PADL-1 系统等实体造型系统。

（4）实用化阶段

1980 年，Whitted 提出了一个光透视模型——Whitted 模型，并第一次给出了光线跟踪算法的范例——实现 Whitted 模型。1984 年，美国康奈尔大学和日本广岛大学的学者分别将热辐射工程中的辐射度方法引入计算机图形学中，用辐射度方法成功地模拟了理想漫反射表面间的多重漫反射效果。光线跟踪算法和辐射度算法的提出，标志着真实感图形的显示算法已逐渐成熟。

20 世纪 80 年代以后，图形工作站的出现也极大地促进了计算机图形学的发展。相对于小型计算机来说，图形工作站是一个用户使用一台计算机，交互响应时间短，而且可以共享资源，如大容量磁盘、高精度绘图仪等，在图形生成上具有显著的优点。因此，图形工作站取代小型计算机成为图形生成的主要环境。到了 20 世纪 80 年代后期，微型计算机的性能迅速提高，并配有高分辨率的显示器和窗口管理系统，可在网络环境下运行。由于其价格便宜，因此得到了广泛的应用，尤其是微型计算机上的图形软件和支持图形应用的操作系统及程序（如 Windows、Office、AutoCAD、CorelDRAW、FreeHand、3ds Max 等）的出现，使计算机图形学的应用深度和广度得到了前所未有的发展。

（5）标准化、智能化阶段

20 世纪 90 年代，随着多媒体技术的提出，计算机图形学的功能有了很大的提高，计算机图形系统已成为计算机系统必不可少的组成部分。随着面向对象的程序设计语言的发展，出现了面向对象的计算机图形系统，计算机图形学开始朝着标准化、集成化和智能化的方向发展，国际标准化组织公布的图形标准越来越多，且更加成熟，并得到了广泛的认同和采用。这些图形标准包括计算机图形接口（CGI）标准、计算机图形元文件（CGM）标准、图形核心系统（GKS）、三维图形核心系统（GKS-3D）和程序员层次交互图形系统（PHIGS）。图形软件标准制定的主要目标是，提供计算机图形操作所需要的功能，包括图形的输入/输出、图形数据的组织和交互等，使现有的计算机和图形设备的功能得到有效利用，以满足实际应用的需要，并在不同的计算机系统、不同的应用系统、不同的用户之间进行信息交换，使图形、程序能够重复使用，与设备无关，实现设备的独立性和便于移植性，减少应用系统的开发费用和重复开发等。

超大规模集成电路的发展也为图形学的飞速发展奠定了硬件基础。计算机运算能力的提高，图形处理速度的加快，使得计算机图形学的各个研究方向得到了充分发展，计算机图形学已广泛应用于动画、科学计算可视化、CAD/CAM、影视娱乐等各个领域。

（6）多学科融合发展阶段

进入 21 世纪以后，计算机图形学的研究逐渐朝着多学科交叉融合的方向发展，既有与认知计算、机器学习、人机交互的融合，也有与大数据分析、可视化的融合。不仅针对三维数字模型，还涵盖了图像视频，体现出与计算机视觉的深度交叉。计算机图形学快速发展，一个潜在的趋势是不再有明确清晰的主题，而更多地体现出方法和技巧的创新。前沿热点领域包括 3D 打印、机器人、认知计算、大数据分析与可视化以及虚拟现实技术等。以 3D 打印为例，它涉及机械制造、材料设计、几何造型、颜色、力学特性等多个学科的交叉，其中与计算机图形学有关的研究内容包括面向 3D 打印的几何模型高效表示方法、表面效果定制（纹理、颜色）和模型结构优化分析方法等。计算机图形学的研究人员也积极参与到机器人的研究热潮中，除机器人路径规划和人形机器人运动仿真这些传统的计算机图形学研究内容外，研究人员还开发了多项机器人在计算机图形学中的应用，例如，机器人模仿人类的面部表情，模块化机器人为模块化家具提供支持等。虚拟现实技术的需求也推动了三维复杂环境的实时动态显示技术发展，人体动画技术研究向多方面发展，曲线曲面技术仍然是研究的热点。

5.2.2　计算机图形学的应用

计算机图形学作为一个新兴学科，已经在科学计算和工程等领域得到了广泛的应用。特别是 20 世纪 90 年代以来，随着计算机硬件和软件技术的飞速发展，使得计算机图形学的应用领域不断扩展，如计算机辅助设计与制造、科学计算可视化、虚拟现实技术、计算机艺术与计算机动画、图形用户接口等。当然，计算机图形学在某些领域的发展还未成熟，需要图形学工作者再接再厉，不断完善它。从长远来看，计算机图形学有着广泛的发展前景，在人们的生活中起着越来越重要的作用。

（1）计算机辅助设计与制造

CAD/CAM 是计算机图形学在工业界最广泛、最活跃的应用领域之一。计算机图形学被用来进行土建工程、机械结构和产品的设计，包括设计飞机、汽车、船舶的外形，发电厂、化工厂等的布局，以及电子线路、电子器件等。其通常着眼于产生工程和产品相应结构的精确图形，然而更常用的是对所设计的系统、产品和工程的相关图形进行人机交互设计和修改，经过反复地迭代设计，便可利用结果数据输出零件表、材料单、加工流程和工艺卡或者数据加工代码的指令。在电子工业中，计算机图形学应用到集成电路、印制电路板、电子线路设计和网络分析等方面的优势十分明显。在网络环境下进行异地异构系统的协同设计或者数据加工代码的指令，已成为 CAD 领域最热门的课题之一。现代产品设计已不再是一个设计领域内孤立的技术问题，而是综合了产品各个相关领域、相关过程、相关技术资源和相关组织形式的系统化工程。

CAD 领域另一个非常重要的研究课题是基于工程图纸的三维形体重建。三维形体重建是从二维信息中提取三维信息，通过对这些信息进行分类、综合等一系列处理，在三维空间中重新构造出二维信息所对应的三维形体，恢复形体的点、线、面及其拓扑元素，从而实现形体的重建。

（2）科学计算可视化

科研、工程、商业及社会的各行各业都会产生大量的数据，人们对数据的分析和处理变得越来越困难，很难从这些"数据海洋"中获取有价值的信息，对这些大量数据进行收集和处理并找到数据变化规律及数据反映的本质特征显得尤为重要。可视化技术指的是运用计算机图形学和数字图像处理技术，将数据转换为图形或图像在屏幕上显示出来，并进行交互处理的理论、方法和技术。可视化技术给人们分析数据和理解数据提供了有效的途径，它涉及计算机图形学、数字图像处理技术、计算机辅助设计、计算机视觉及人机交互技术等多个领域。

目前，科学计算可视化技术广泛应用于医学、流体力学、有限元分析、气象分析当中。尤其在医学领域，可视化有着广阔的发展前途。依靠精密机械做脑部手术是目前医学上很热门的课题，而这些技术的实现基础则是可视化。当医生为病人做脑部手术时，可视化技术将医用 CT 扫描的数据转换为图像，使得医生能够看到并准确地判别病人的体内患处，然后通过碰撞检测一类的技术实现手术效果的反馈，帮助医生成功完成手术。天气气象站将大量数据，通过可视化技术转换为形象逼真的图形后，经过仔细分析就可以清晰地预见几天后的天气情况了。

（3）虚拟现实技术

虚拟现实技术是利用计算机生成一个逼真的三维虚拟环境，它将模拟环境、视景系统和仿真系统合为一体。虚拟现实（VR）技术是 20 世纪末逐渐兴起的一门综合性信息技术，它融合了数字图像处理、计算机图形学、人工智能、多媒体、传感器、网络以及并行处理等多个信息技术分支的最新发展成果。虚拟现实技术是指利用计算机生成一种模拟环境，并通过多种专用设备使用户"投入"到该环境中，实现用户与该环境直接进行自然交互的技术。虚拟现实技术是一种可以创建和体验虚拟世界的计算机系统，它的基本特征包括交互性、沉浸感、想象力。

虚拟现实技术的交互性是指，用户对虚拟环境中对象的可操作程度和从虚拟环境中得到反馈的自然程度（包括实时性），主要借助于各种专用设备（如头盔显示器、数据手套等）产生，从而使用户以自然方式如手势、体势、语言等，就和在真实世界中一样操作虚拟环境中的对象。

虚拟现实技术的沉浸感又称临场感，是指用户感到作为主角存在于虚拟环境中的真实程度，这是虚拟现实技术的主要特征。影响沉浸感的主要因素包括多感知性、自主性、三维图像中的深度信息、画面的视野、实现跟踪的时间或空间响应及交互设备的约束程度等。

虚拟现实技术的想象力是指，用户在虚拟世界中根据所获取的多种信息和自身在系统中的行为，通过逻辑判断、推理和联想等思维过程，随着系统的运行状态变化而对其未来进展进行想象的能力。对适当的应用对象加上虚拟现实的创意和想象力可以大幅度提高生产效率、减轻劳动强度、提高产品开发质量。

虚拟现实系统可分为桌面式虚拟现实系统、沉浸式虚拟现实系统、增强式虚拟现实系统及分布式虚拟现实系统。

桌面式虚拟现实系统：指使用个人计算机和低级工作站来产生三维空间的交互场景。用户会受到周围现实环境的干扰而不能获得完全的沉浸感，但由于其成本相对较低，桌面式虚拟现实系统仍然比较普及。

沉浸式虚拟现实系统：利用头盔显示器、洞穴式显示设备和数据手套等交互设备把用户的视觉、听觉和其他感觉封闭起来，而使用户真正成为虚拟现实系统内部的一个参与者，产生一种身临其境、全身心投入并沉浸其中的体验。与桌面式虚拟现实系统相比，沉浸式虚拟现实系统的主要特点是高度的实时性和沉浸感。

增强式虚拟现实系统：该系统允许用户对现实世界进行观察的同时，将虚拟图像叠加在真实物理对象之上。该系统为用户提供与所看到的真实环境有关的、存储在计算机中的信息，从而增强用户对真实环境的感受，又被称为叠加式或补充现实式虚拟现实系统。增强式虚拟现实系统可以使用光学技术或视频技术实现。

分布式虚拟现实系统：指基于网络构建的虚拟环境，将位于不同物理位置的多个用户或多个虚拟环境通过网络相连接并共享信息，从而使用户的协同工作达到一个更高的境界。分布式虚拟现实系统主要被应用于远程虚拟会议、虚拟医学会诊、多人网络游戏、虚拟战争演习等领域。

（4）地理信息系统

地理信息系统（Geographical Information System，GIS）是建立在地理信息基础上的关于人口、矿藏、森林、旅游等资源的综合信息管理系统。在地理信息系统中，计算机图形学技术被用来产生高精度的各种资源的图形，包括地理图、地形图、森林分布图、人口分布图、矿藏分布图、气象图、水资源分布图等。地理信息系统可以为管理和决策者提供非常有效的支持，它在发达国家中已得到广泛应用，我国也对其开展了广泛的研究与应用。例如，数字化地图是地理信息系统在人们日常生活中的一个直接应用，给人们的旅游等带来了极大的便利。

除上述领域外，计算机图形学还应用于软件的交互界面设计、计算机动画、影视特效和游戏制作等。归纳起来，计算机图形学可应用于如下学科和领域：计算生物学（Computational Biology）、计算物理学（Computational Physics）、计算机辅助设计（Computer Aided Design）、数字化艺术（Digital Art）、教育（Education）、图形设计（Graphic Design）、信息几何（Infographics）、信息可视化（Information Visualization）、合理药物设计（Rational Drug Design）、科学可视化（Scientific Visualization）、视频游戏（Video Games）、虚拟现实（Virtual Reality）、网络设计（Web Design）

5.3 计算机图形系统

5.3.1 计算机图形硬件系统

（1）图形输入设备

图形输入设备种类繁多，常用设备有键盘、鼠标器、跟踪球、空间球和操纵杆等，特殊设备有数字化仪、旋钮、按钮盒、数据手套、触摸屏、扫描仪和语音系统等。图形输入设备从逻辑上可以分为定位设备、笔画设备、数值设备、选择设备、拾取设备、字符串设备。

① 键盘

键盘（Keyboard）主要用于录入文本串、发布命令和选择菜单项。键盘是输入与图形显示有关的图形标记等非图形数据的高效设备。键盘也能用来进行屏幕坐标的输入、菜单选择或图形功能选择。键盘按功能可以分为主键盘区、Num 数字辅助键盘区、F 键功能键盘区、控制键区，多功能键盘还增添了快捷键区。另外，键盘上可以包含其他类型的光标定位设备，如跟踪球或操纵杆。

② 鼠标器

鼠标器（Computer Mouse）俗称鼠标，因其形似老鼠而得名，是一种移动光标和做选择操作的计算机输入设备。鼠标根据其测量位移的原理不同，可以分为机械鼠标、光机鼠标和光电鼠标。

机械鼠标：由 Douglas Engelbart 发明，他在 1968 年的计算机会议上展示了自己发明的鼠标，它由一个触点和两个相互垂直的轮子构成。每个轮子分别带动一个机械变阻器，当机械鼠标移动时会改变变阻器的电阻值。如果施加的电压固定不变，那么机械鼠标所反馈的电信号强度就会发生变化，从而可以计算出机械鼠标在两个垂直方向的位移，进而产生一组随机械鼠标移动而变化的动态坐标。为操作方便，机械鼠标上的两个轮子被改为可四向滚动的小球。小球滚动时会带动一对转轴，每个转轴的末端有一个圆形的译码轮，译码轮上附有金属导电片与电刷直接接触。当转轴转动时，这些金属导电片就会与电刷依次接触，出现"接通"或"断开"两种形态，前者对应二进制数 1，后者对应二进制数 0。这些信号被送至机械鼠标内部的专用芯片解析处理并产生对应的坐标变化信号。

光机鼠标：在长期的使用中，金属导电片与电刷之间容易接触不良，于是研究者在机械鼠标的译码轮上制作光栅，这就是光机鼠标。当光机鼠标移动时，跟踪球带动光栅轮旋转，光敏元器件在接收发光二极管发出的光时被光栅轮间断地遮挡，从而产生脉冲信号，通过光机鼠标内部的芯片处理后被 CPU 接收。信号的数量和频率对应光标在屏幕上移动的距离和速度。

光电鼠标：光机鼠标在使用过程中跟踪球容易附着异物而运动受限，为此，有研究者发明了光电鼠标，但其需要专门的鼠标垫。随着数字图像处理技术的发展，改进的光电鼠标不需要鼠标垫，可以在大多数漫反射表面上操作，其核心部件是发光二极管、微型摄像头、光学引擎和控制芯片。光电鼠标工作时，发光二极管发射光线照亮鼠标底部的表面，使微型摄像头以一定的时间间隔不断进行图像拍摄。光电鼠标在移动过程中产生的不同图像传送给光学引擎进行数字化处理，最后由光学引擎中的定位数字信号处理（Digital Signal Processing，DSP）芯片对所产生的图像数字矩阵进行分析。由于相邻的两幅图像总会存在相同的特征，通过对比这些特征点的位置变化信息，便可以判断光电鼠标的移动方向与距离，这个分析结果最终被转换为坐标偏移量实现光标的定位。目前，光电鼠标已成为主流产品，其形式多样，包括有线鼠标和无线鼠标，根据按键的数量可以分为两键鼠标、三键鼠标、五键鼠标等。

③ 扫描仪

扫描仪（Scanner）是利用光电技术和数字处理技术，以扫描方式将图形或图像信息转换为数字信号的装置。照片、文本页面、图纸、美术图画、照相底片、菲林软片，甚至纺织品、标牌面板、印制板样品等都可作为扫描对象，一旦获得图形的数字化表示，就可以进行旋转、缩放等图形变换操作，或者图像增强、特征检测等图像处理操作。扫描仪主要由光学部分、机械传动部分和光电转换部分组成。其中，光电转换部分是核心部件。

按照光电转换原理的不同，扫描仪可以分为 3 种类型：CCD 扫描仪、接触式图像传感器（Contact Image Sensor，CIS）或二极管直接曝光（LED In Direct Exposure，LIDE）扫描仪和光电倍增管（PhotoMultiplier Tube，PMT）扫描仪。

CCD 扫描仪：多数平板式扫描仪使用 CCD 作为光电转换元器件，CCD 扫描仪在图像扫描设备中最具代表性。其原理与数字相机类似，都使用 CCD 作为图像传感器。但不同的是，数字相机使用的是面阵 CCD，而 CCD 扫描仪使用的是线阵 CCD，即一维图像传感器。

CIS 或 LIDE 扫描仪：CIS 扫描仪使用 CIS 作为光电转换元器件，一般使用硫化镉作为感光材料。硫化镉光敏电阻漏电大，各感光单元之间干扰大，严重影响清晰度，因此，CIS 扫描仪精度不高。CIS 扫描仪不能使用冷阴极灯管而只能使用发光二极管（Light Emitting Diode，LED）阵列作为光源。针对 LED 产生的光线比较弱，很难保证扫描图像所需的亮度这一问题，佳能公司对二极管装置及引导光线的光导材料进行了改进，提出了 LIDE 技术，使二极管光源可以产生均匀且足够强的光。对于 CCD 扫描仪而言，CIS 或 LIDE 扫描仪只能对平面对象扫描，不适合扫描摆放不平的文稿和图片，且扫描精度较低，但是，其优点是设计制造成本低、产品更薄、没有明显的等待时间。

PMT 扫描仪：PMT 为滚筒式扫描仪采用的光电转换元器件。在各种感光器件中，PMT 是性能最好的一种，无论是在灵敏度、噪声系数，还是在动态范围上都遥遥领先于其他感光器件，而且它的输出信号在相当大范围内保持着高度的线性输出，输出信号几乎不做任何修正就可以获得准确的色彩还原。

④ 触摸屏

触摸屏（Touch Screen）又称为触控屏、触控面板，是一种可接收触头等的输入信号的感应式液晶显示装置，当接触屏幕上的图形按钮时，屏幕上的触觉反馈系统可根据预先编写的程序驱动各种连接装置，可以取代机械式的按钮面板，并借由液晶显示画面制造出生动的影音效果。触摸屏提供了一种简单、方便、自然的人机交互方式。它赋予了多媒体崭新的面貌，是极富吸引力的全新多媒体交互设备。

⑤ 数据手套

数据手套是一种相对比较新的输入设备，它可以根据手和手指的运动，提供准确的即时控制功能，数据手套内部的传感器获取手的细微运动并把它们转换为数值。这种设备特别适合与程序相关联的运动环境。

（2）图形显示设备

图形显示设备是计算机图形学中必不可少的装置，包括随机扫描显示器和光栅扫描显示器。

① 随机扫描显示器

随机扫描显示器也称为矢量显示器，是一种特殊类型的示波器，它只能显示线条，区域填充只能采用不同的交叉阴影线来模拟。由于其仅扫描有显示内容的位置，而不是整个屏幕，每帧图显示的内容可能不同，每次扫描的方式也就可能不同，因此被称为随机扫描。在设计中可满足建筑规划、线路板布局等多种应用的需要，但是，它不能满足真实图形显示的需求。

早期随机扫描显示器采用阴极射线管，将电子枪发射的电子束（阴极射线）通过聚焦系统和偏转系统，射向涂有荧光层的屏幕上的指定位置，从而显示图像。在电子束轰击的每个位置，荧光层都会产生一个小亮点。由于荧光层发射的光会很快衰减，因此必须快速刷新以防止屏幕闪烁。

随机扫描显示器使用了一个独立的存储器来存储图形信息，然后不断地取出这些信息刷新屏幕。存取速度的限制使得稳定显示前提下的画线长度有限，且造价较高。针对这些问题，20 世纪70 年代后期出现了利用阴极射线管自身来存储信息的技术，这就是存储管技术。采用这种技术的显示器称为存储管式的图形显示器。

② 光栅扫描显示器

光栅扫描显示器是一种利用光栅扫描原理显示图像或字符的装置，技术成熟、价格便宜。常用的光栅显示器包括 CRT 显示器、等离子体显示器、LED 显示器、液晶显示器、触摸屏等。

CRT 显示器：早期光栅扫描显示器采用阴极射线管，与随机扫描显示器不同的是，它每次扫描全部屏幕，扫描的方式分为逐行扫描和隔行扫描，扫描的起点和顺序是固定不变的。这种显示器由于体积大、笨重，逐步被淘汰。

等离子体显示器：通常由包含氖气的混合气体充入两块玻璃板之间构成。其中，一块玻璃板上放置一组垂直导电带，而另一块玻璃板上放置一组水平导电带。在成对的水平和垂直导电带上施加点火电压，导致两导电带交叉点处的气体进入电子和离子的辉光放电等离子区。图形的定义存储在刷新缓存中，点火电压以每秒 60 次的速度刷新像素位置（导电带的交叉处）。像素之间的分隔是由导电带的电场提供的。

LED 显示器：LED 显示器将 LED 以矩阵形式排列于显示器的像素位置，图形的定义存储在刷新缓存中。如同 CRT 的扫描线刷新一样，信息从刷新缓存读出，并转换为电压施加于二极管上使其发光，在显示器上产生特定图案。

液晶显示器：在常温条件下，液晶既有液体的流动性，又有晶体的光学各向异性，因而被称为"液晶"。在电场、磁场、温度、应力等外部条件的影响下，液晶分子容易发生再排列，其光学性质随之变化。

液晶显示器利用液晶的"电-光效应"，将液晶材料充入两块玻璃板之间，每块玻璃板上都有一个光偏振器，与另一块形成合适的角度。在一块玻璃板上排放水平透明导体行，而另一块玻璃板上放置垂直透明导体列。行、列导体的每个交叉点定义一个像素位置。经过液晶材料的偏振光被扭曲，通过对面的偏振器反射给观察者。如果不显示像素，则将电压置于两导体交叉点，使液晶分子对齐不再扭曲偏振光。

（3）图形绘制设备

图形显示设备只能在屏幕上产生各种图形，但有时需要把图形绘制在纸上，因此需要图形绘制设备。图形绘制设备也称为硬拷贝设备，常用的有打印机和绘图仪。

打印机是价格低廉的绘制图纸的硬拷贝设备，从打印方式上可分为撞击式和非撞击式两种。撞击式打印机将字符通过色带印在纸上，如行式打印机、点阵式打印机等。非撞击式打印机常用的技术有喷墨技术、激光技术等。非撞击式打印机速度快、噪声小，已逐渐取代撞击式打印机。

① 针式打印机

针式打印机是通过打印头中的针头击打复写纸，从而形成文字和图形。针式打印机能够实现多张纸一次性打印完成，而喷墨打印机、激光打印机无法实现这一功能。针式打印机一直拥有自己独有的市场份额。但是，针式打印机的打印效果一般，且噪声大。

② 喷墨打印机

喷墨打印机既可用于打印文字又可用于打印图纸。喷墨打印机的关键部件是喷墨头，通常分为连续式和随机式。连续式喷墨打印机的墨滴喷射速度较快，但需要墨水泵和墨水回收装置，机械结构比较复杂。随机式喷墨打印机的墨滴喷射是随机的，只有在需要印字（图）时才喷出墨滴，不需要墨水泵和墨水回收装置。它与连续式喷墨打印机相比，结构简单、成本低、可靠性较高，但是，因受射流惯性的影响，墨滴喷射速度慢。为了弥补这个缺点，不少随机式喷墨打印机采用多喷嘴的方法来提高打印速度。

③ 激光打印机

激光打印机由激光器、声光调制器、高频驱动、扫描器、同步器及光偏转器等组成，其基本原理是先将需要打印的二进制图文点阵信息加载到激光束，然后利用载有图文信息的激光束曝光硒鼓，在硒鼓的表面形成打印图文的静电潜像，再经磁刷显影器显影，形成可见的墨粉像，当经过转印区时，在转印电极的电场作用下，墨粉便转印到打印纸上，最后经预热板及高温热滚定影，即在纸上形成文字及图像。激光打印机的缺点是结构复杂、造价较高，优点是分辨率高、打印速度快、噪声小。

5.3.2　计算机图形软件系统

随着计算机系统、图形输入设备、图形输出设备的发展，计算机图形软件及其生成、控制图形的算法也随之发展。

（1）计算机图形软件的发展

20 世纪 70 年代初，出现了一批通用的、可移植的软件系统，其价格便宜，使计算机图形技术在各领域得到广泛应用。

20 世纪 80 年代中期到 20 世纪 90 年代中期是计算机图形软件的推广及应用阶段，图形工作站的出现，极大地促进了计算机图形软件的发展，取代了小型机成为图形生成的主要环境，如 Apollo、Sun、HP 等。

20 世纪 90 年代末具有图形生成和处理功能的计算机语言有很多，如 Turbo Pascal、Turbo C、AutoLISP 等，即在相应的计算机语言中扩充了图形生成及控制的语句或函数。

随着计算机图形软件的发展，实时真实感图形学技术成为当前计算机图形软件领域中的研究热点，它可以通过损失一定的图形质量来实时绘制真实感图像，目前还处在研究阶段，并没有形成非常系统的理论知识。

（2）图形软件系统

图形软件系统可分为图形数据模型、图形应用软件和图形支撑软件三类。这是处于计算机系统之内而与外部的图形设备进行接口的三个主要部分，三者之间相互联系、相互调用，形成图形系统的整个软件部分。

① 图形数据模型

图形数据模型也称为图形对象描述模型，对应于一组图形数据文件，其中存放着欲生成的图形对象的全部描述信息。这些信息包括用于定义该物体的所有组成部分的形状和大小的几何信息，与图形有关的拓扑信息，用于说明与这个物体图形显示相关的所有属性信息，如颜色、亮度、纹理等。

② 图形应用软件

图形应用软件是为非程序员设计的，通常建立在通用图形支撑软件之上。它包括各种图形生成和处理技术，是图形技术在各种不同应用中的抽象，也是与用户直接打交道的部分，用户可以通过应用软件创建、修改、编辑应用模型。图形应用软件包括 3ds Max、Maya、AutoCAD、Creator、Soft Image 等。

③ 图形支撑软件

图形支撑软件是由一组公用的图形子程序组成的，它扩展了系统中原有高级语言和操作系统的图形处理功能。通常，标准图形支撑软件提供一系列的图形原语或函数供开发者使用。通用标准的图形支撑软件在操作系统上建立了面向图形输入、输出、生成、修改等功能的命令，对用户透明，与采用的图形设备无关，同时支持高级语言程序设计，有与高级语言的接口。

计算机图形支撑软件多种多样，它们大致可分为三类：第一类是扩充某种高级语言，使其具有图形生成和处理功能，如 Turbo Pascal、Turbo C、AutoLISP 等都是具有图形生成、处理功能和各自使用的子程序库；第二类是按国际标准或公司标准，用某种语言开发的图形子程序库，如 GKS、CGI、PHIGS、PostScript 和 MS-Windows SDK，这些图形子程序库功能丰富、通用性强，不依赖于具体设备与系统，与多种语言均有接口，在此基础上开发的图形应用软件不仅性能好，而且易于移植；第三类是专用的图形系统，对某一类型的设备，配置专用的图形生成语言，专用的图形系统功能可做得更强，且执行速度快、效率高，但系统的开发工作量大、移植性差。

20 世纪 70 年代后期，计算机图形在工程、控制、科学管理方面应用越来越广泛。人们要求图形软件向着通用、与设备无关的方向发展，因此提出了图形软件标准化的问题。1974 年，美国国家标准局（ANSI）举行的 ACM SIGGRAPH "与机器无关的图形技术"工作会议上提出了制定有关计算机图形标准的基本规则。美国计算机协会（ACM）成立了图形标准化委员会，开始了图形标准的制定和审批工作。1977 年，美国计算机协会图形标准化委员会（ACMGSPC）提出核心图形系统（Core Graphics System），1979 年又提出第二版，同年德国工业标准提出了图形核心系统（Graphical Kernel System，GKS）。1985 年，GKS 成为第一个计算机图形国际标准。1987 年，国际标准化组织（ISO）宣布 CGM（Computer Graphics Metafile）为国际标准，它成为第二个国际图形标准。

随后由 ISO 发布了计算机图形接口（Computer Graphics Interface，CGI）、程序员层次交互式图形系统（Programmer's Hierarchical Interactive Graphics System，PHIGS）和三维图形标准（GKS-3D），它们先后成为国际图形标准。

5.4　计算机绘图实战——Illustrator

Illustrator 是由 Adobe 公司开发的一款优秀的矢量图形绘制软件，它一经推出，便以其强大的功能和人性化的界面深受用户的欢迎，并迅速占据了全球矢量插图软件市场的大部分份额，它通常用于书籍装帧、标志设计、包装设计、插画设计等。据不完全统计，全球约有 60%的设计师在使用 Adobe Illustrator 进行艺术设计。

5.4.1　Illustrator 工作界面介绍

在学习 Illustrator 之前，可对其工作环境有所了解。Illustrator 的工作界面由菜单栏、文档栏、工具栏、绘图窗口、属性栏、控制栏等多个部分组成，如图 5.4 所示。

（1）菜单栏

菜单栏包括"文件""编辑""对象""文字""选择""效果""视图""窗口""帮助" 9 个菜单项，单击任一菜单项，在弹出的菜单中选择所需命令，即可执行相应的操作。

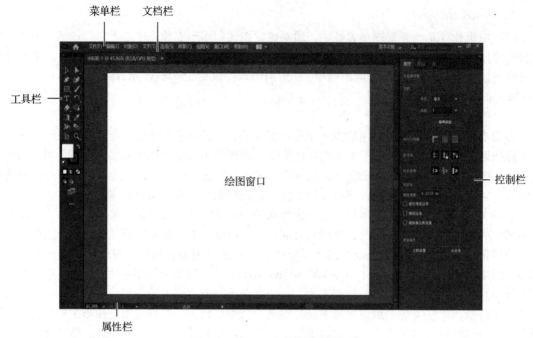

图 5.4　Illustrator 的工作界面

（2）文档栏

打开文件后，在文档栏中会自动显示该文件的名称、格式、窗口缩放比例以及颜色模式等信息。

（3）工具栏

工具栏中集合了 Illustrator 的大部分工具。默认状态下，工具栏显示在界面的左侧边缘处，可以通过拖动来移动工具栏。使用工具栏中的工具可以在 Illustrator 中选择、创建和处理对象。在工具栏中单击某一工具按钮，即可选中该工具。如果工具按钮的右下角带有三角形标志，则表示这是一个工具组。在该工具按钮上右击，即可打开工具组，所有隐藏的工具都会显示出来，如图 5.5 所示。

（4）控制栏

控制栏主要用来设置工具的参数选项，不同工具的控制栏也不同。

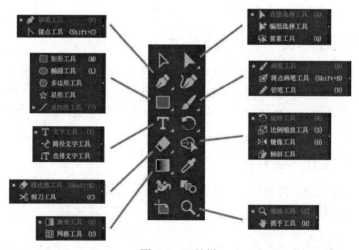

图 5.5　工具栏

（5）属性栏

属性栏中提供了当前文档的缩放比例和显示的页面，并且可以通过调整相应的选项，调整当前工具、日期和时间、还原次数及颜色配置文件的状态。

（6）绘图窗口

所有图形的绘制、编辑都在绘图窗口中进行，可以通过缩放操作对其尺寸进行调整。

5.4.2　基本图形绘制

Illustrator 可以直接绘制大量的基本图形，包括矩形、圆角矩形、椭圆、多边形、星星、直线、弧线、螺旋线、矩形网格等。将这些基本图形进行编辑或组合，就能够得到更为复杂的图形，而且还可以绘制其他图形。通过使用这些工具绘制不同的形状路径，可以创建丰富的图形效果。在绘制中，如果使用基本图形与 Shift、Alt、Ctrl 键组合可以得到不一样的效果。

案例 1：绘制基本图形引导案例。

案例说明：本案例利用基本图形绘制一幅图画，主要学习图形工具、钢笔工具、符号命令的使用。

知识要点：使用弧线工具绘画花朵；使用钢笔工具绘制叶子；使用自然界面板添加符号图形。

效果图：基本图形效果图如图 5.6 所示。

图 5.6　基本图形效果图

操作步骤：

① 按 Ctrl+N 组合键，新建一个文件，在弹出的"新建"对话框中，设置图像大小为 210mm×297mm、取向竖向、分辨率为 72dpi、颜色模式为 CMYK，单击"确定"按钮。

② 双击渐变工具，弹出"渐变"控制面板，在色带上设置3 个渐变滑块，分别将渐变滑块的位置设为 0、56、100，并设置颜色值为 0(C:23, M:4, Y:50, K:0)、56(C: 60, M:0, Y:32, K:0)、100(C: 76, M:0, Y:0, K:0)，描边颜色为无，填充渐变色如图 5.7 所示。

③ 双击工具，设置描边颜色为(C:18, M:97, Y:48, K:0)，填充颜色为无。选择弧线工具，在页面中绘制图形，效果如图 5.8 所示。

图 5.7　填充渐变色

图 5.8　绘制弧线 1

④ 在工具箱中设置描边颜色为(C:78, M:23, Y:100, K:0)，并设置填充颜色为无。选择弧线工具，在页面中绘制图形，效果如图 5.9 所示。

⑤ 选择选择工具，按住 Alt 键的同时，用鼠标向右侧拖动符号图形，将其进行复制，缩小图形。用相同的方法复制多个图形并分别拖动到适当的位置，效果如图 5.10 所示。

⑥ 选择命令"窗口"|"符号"，弹出"符号"控制面板。选择"符号"控制面板右上方的图标，在弹出的下拉列表中选择命令"打开符号库"|"自然"，弹出"自然"控制面板，如图 5.11 所示。

图 5.9 绘制弧线 2

图 5.10 复制图形并进行组合

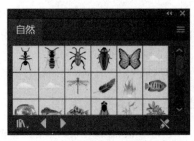

图 5.11 "自然"控制面板

⑦ 在"自然"控制面板中选择"蝴蝶"符号,拖动符号到背景图形中,调整符号图形的大小及角度。选择选择工具,按住 Alt 键的同时,用鼠标向右侧拖动符号图形,将其进行复制,缩小图形,效果如图 5.12 所示。

⑧ 在"自然"控制面板中选择"草地 1"符号,拖动符号到背景图形中,调整符号图形的大小及角度,效果如图 5.13 所示。

⑨ 用相同的方法拖动"草地 2"符号、"草地 3"符号、"草地 4"符号到适当的位置,效果如图 5.14 所示,完成基本图形绘制。

图 5.12 添加蝴蝶图案

图 5.13 添加草地 1

图 5.14 添加其他草地

案例 2:对象的编辑——绘制可爱的青蛙。

案例说明:本案例制作的是一个可爱的青蛙,使用图形工具、缩放命令、复制命令和粘贴命令绘制可爱的青蛙。

图 5.15 青蛙效果图

知识要点:使用椭圆工具、路径查找器、渐变工具、钢笔工具绘制背景图形;使用缩放工具调整青蛙眼部图形大小;使用选择工具调整青蛙眼部图形的位置;使用复制和粘贴命令复制青蛙脚部图形。

效果图:青蛙效果图如图 5.15 所示。

操作步骤:

① 按 Ctrl+N 组合键,新建一个文件,在弹出的"新建"对话框中设置图像大小为 210mm×297mm、取向竖向、分辨率为 72dpi、颜色模式为 CMYK,单击"创建"按钮。

② 选择椭圆工具 ,按住 Shift 键的同时,用鼠标在页面中绘制一个圆形,如图 5.16 所示。

③ 双击渐变工具，弹出"渐变"控制面板，将渐变色设置为从蓝色(C:91, M:18, Y:0, K:0)到白色，其他选项的设置如图 5.17 所示。

④ 图形填充渐变色，设置描边颜色为无，效果如图 5.18 所示。

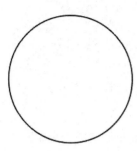

图 5.16　画圆形

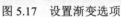

图 5.17　设置渐变选项

图 5.18　填充渐变色

⑤ 选择椭圆工具，在页面中绘制多个椭圆形，如图 5.19 所示。选择选择工具，使用圈选的方法将绘制的椭圆形同时选取。选择命令"窗口"|"变换"，弹出"路径查找器"控制面板，单击"联集"按钮 ，如图 5.20 所示。

⑥ 生成新的对象，复合图形如图 5.21 所示。

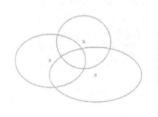

图 5.19　绘制多个椭圆形

图 5.20　路径设置

图 5.21　生成复合图形

⑦ 填充图形为白色，设置描边颜色为无，拖动复合图形到渐变圆形的上方，调整大小并旋转到适当的角度，效果如图 5.22 所示。

⑧ 按 Ctrl+C 组合键，复制图形，按 Ctrl+F 组合键，将复制的图形原位粘贴，调整图形的位置。用相同的方法复制多个图形，分别拖动到适当的位置，调整大小并将其旋转到适当的角度，效果如图 5.23 所示。

图 5.22　拖动复合图形到渐变圆形上方

图 5.23　复制图形并拖动到适当位置

⑨ 选择钢笔工具 ，在圆形渐变中部偏左的位置单击，添加锚点，按住 Shift 键的同时，向右拖动圆形的右侧，再次单击创建第 2 个锚点，创建一个水平的直线，如图 5.24 所示。

⑩ 再次单击创建第 3 个锚点，如图 5.25 所示。保持选取状态，向左下方拖动鼠标，线条的形状随之改变，如图 5.26 所示。

图 5.24　创建直线　　　　　图 5.25　创建锚点　　　　　图 5.26　改变线条形状

⑪ 释放鼠标，按住 Alt 键的同时，在曲线锚点上单击，取消锚点左侧的控制线，如图 5.27 所示。

⑫ 用相同的方法分别在适当的位置单击创建锚点，绘制一个图形，如图 5.28 所示。设置填充颜色为蓝色(C:87, M:76, Y:0, K:0)，填充图形，设置描边颜色为无，效果如图 5.29 所示。

图 5.27　取消控制线　　　　　图 5.28　绘制图形　　　　　图 5.29　填充颜色

⑬ 打开素材文件夹，选择选择工具，选取青蛙图形将其粘贴到页面中，放置到背景的前面并调整其大小，效果如图 5.30 所示。

⑭ 选择椭圆工具，按住 Shift 键的同时拖动鼠标，在青蛙头部的左侧绘制一个圆形，如图 5.31 所示。设置填充颜色为绿色(C:46, M:0, Y:89, K:0)，填充图形，设置描边颜色为无，效果如图 5.32 所示。

图 5.30　粘贴青蛙图形　　　　　图 5.31　绘制圆形　　　　　图 5.32　填充颜色

⑮ 选择选择工具，选中刚刚绘制的眼睛图形，选择命令"对象"|"变换"|"缩放"，在弹出的"比例缩放"对话框中进行设置，如图 5.33 所示。

⑯ 单击"复制"按钮，复制出一个圆形并将其填充为白色，设置描边颜色为无，效果如图 5.34 所示。

图 5.33 比例缩放设置 1

图 5.34 复制圆形并填充白色

⑰ 选中白色圆形,选择命令"对象"|"变换"|"缩放",在弹出的"比例缩放"对话框中进行设置,如图 5.35 所示。单击"复制"按钮,复制出一个圆形并将其填充为黑色,设置描边颜色为无,效果如图 5.36 所示。

图 5.35 比例缩放设置 2

图 5.36 复制圆形并填充黑色

⑱ 选择选择工具,拖动黑色圆形到青蛙眼睛的右上方,效果如图 5.37 所示。

⑲ 按住 Shift 键不放,分别单击青蛙眼部的 3 个图形,将其同时选取,按 Ctrl+G 组合键,将其编组,如图 5.38 所示。按 Ctrl+C 组合键,复制图形,按 Ctrl+F 组合键,将复制的图形原位粘贴,向右下方拖动复制的图形,效果如图 5.39 所示。

图 5.37 移置黑色圆形

图 5.38 选中眼部 3 个图形

图 5.39 复制眼部至右下方

⑳ 选择椭圆工具，按住 Shift 键的同时，拖动鼠标在青蛙的眼睛下方绘制一个圆形。设置填充颜色为黄色(C:6, M:0, Y:49, K:0)，填充图形，设置描边颜色为无，效果如图 5.40 所示。按 Ctrl+C 组合键，复制图形，按 Ctrl+F 组合键，将复制的图形原位粘贴，向右下方拖动复制的图形，效果如图 5.41 所示。

图 5.40　绘制圆形并填充黄色

图 5.41　复制圆形至右下方

㉑ 选择椭圆工具，按住 Shift 键的同时，拖动鼠标在青蛙的脚上绘制一个圆形。设置填充颜色为洋红色(C:0, M:95, Y:37, K:0)，填充图形，设置描边颜色为无，效果如图 5.42 所示。

㉒ 选择选择工具，单击圆形，按住 Alt 键的同时用鼠标向右拖动圆形，将复制圆形，如图 5.43 所示。用相同的方法复制多个圆形并分别拖动到适当的位置，效果如图 5.44 所示。

㉓ 青蛙效果图绘制完成。

图 5.42　绘制圆形并填充洋红色

图 5.43　选中圆形

图 5.44　复制圆形至适当位置

案例 3：绘制基本图形——饮料杯。

案例说明：本案例制作的是一个饮料杯，通过学习使用基本图形工具绘制饮料杯。

知识要点：使用多边形工具、星形工具、椭圆工具、收缩和膨胀命令绘制水果图形；使用椭圆工具、圆角工具绘制杯子；使用路径橡皮擦工具擦除图形上不需要的路径；使用渐变工具为图形填充渐变色。

效果图：饮料杯效果图如图 5.45 所示。

操作步骤：

① 按 Ctrl+N 组合键，新建一个文件，在弹出的"新建"对话框中设置图像大小为 210mm×297mm、取向竖向、分辨率为 72dpi、颜色模式为 CMYK，单击"确定"按钮。

② 选择多边形工具，在页面中单击，弹出"多边形"对话框，在对话框中进行设置，如图 5.46 所示。单击"确定"按钮，得到多边形，如图 5.47 所示。

图 5.45　饮料杯效果图

图 5.46　设置多边形参数

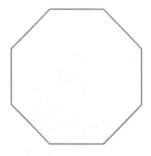

图 5.47　多边形

③ 在工具箱中设置填充颜色为橘黄色(C:0, M:52, Y:91, K:0)，如图 5.48 所示。填充图形，设置描边颜色为无，效果如图 5.49 所示。

图 5.48　设置填充颜色

图 5.49　填充多边形

④ 选择选择工具，选择图形，选择命令"效果"|"扭曲和变换"|"收缩和膨胀"，弹出"收缩和膨胀"对话框，在对话框中进行设置，如图 5.50 所示。单击"确定"按钮，效果如图 5.51 所示。

图 5.50　设置收缩和膨胀参数

图 5.51　扭曲变换后的多边形

⑤ 选择星形工具 ，在页面中适当的位置单击，在弹出的"星形"对话框中进行设置，如图 5.52 所示。单击"确定"按钮，得到一个星形，如图 5.53 所示。

图 5.52　设置星形参数

图 5.53　星形图形

⑥ 填充图形为白色，选择选择工具，选取图形，将其拖动到多边形的上方，效果如图 5.54 所示。按 Shift+Alt 组合键，等比例缩小图形，效果如图 5.55 所示。选择椭圆工具，按 Shift+Alt 组合键，选中多边形的中间位置向外拖动鼠标，绘制一个圆形，效果如图 5.56 所示。

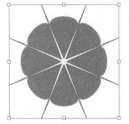
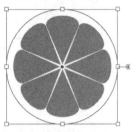

图 5.54　拖动星形至多边形上方　　图 5.55　等比例缩小星形　　　图 5.56　绘制圆形

⑦ 设置填充颜色为无，设置描边颜色为灰色(C:55, M:46, Y:44, K:0)，为图形填充描边，效果如图 5.57 所示。选择选择工具，使用圈选的方法将所有图形同时选取，按 Ctrl+G 组合键，将其编组，效果如图 5.58 所示。

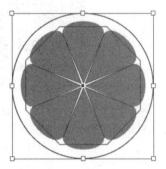

图 5.57　填充描边后的图形　　　　　　　图 5.58　选中所有图形

⑧ 选择椭圆工具，在页面中绘制 3 个不同形状的椭圆形，效果如图 5.59 所示。选择选择工具，选取水果图形，将其拖动到椭圆形的左上方，效果如图 5.60 所示。

⑨ 选择选择工具，选取最大的椭圆形。选择路径橡皮擦工具 ，用鼠标从椭圆形的左侧路径向右侧路径上进行拖动，拖出一条虚线。释放鼠标，椭圆形上半部的路径被擦除，杯子的效果如图 5.61 所示。

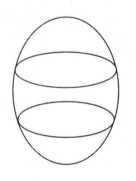
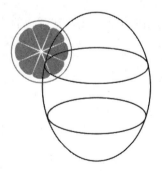
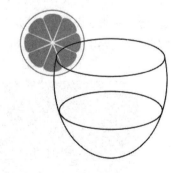

图 5.59　绘制 3 个椭圆形　　　　图 5.60　拖动水果图形　　　　图 5.61　擦除椭圆上半部

⑩ 选择选择工具，选取需要的椭圆形，如图 5.62 所示。选择路径橡皮擦工具，在椭圆形左上方的路径上从左向右拖动鼠标，拖出一条虚线，释放鼠标，虚线起始点到终点之间的路径被擦

除，如图 5.63 所示。

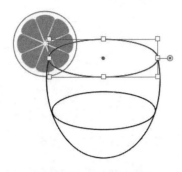

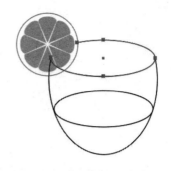

图 5.62　选取椭圆形　　　　　　　　图 5.63　擦除部分路径

⑪ 选择选择工具，选中杯子外侧的路径，如图 5.64 所示。选择路径橡皮擦工具，在左侧路径与椭圆形的交点上单击，将左侧路径断开，在右侧路径与椭圆形的交点上单击，将右侧路径断开。选择选择工具，选中断开后的路径，如图 5.65 所示。

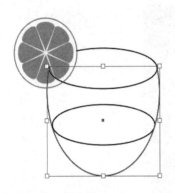

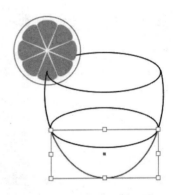

图 5.64　选中杯子外侧的路径　　　　　图 5.65　选中断开后的路径

⑫ 双击渐变工具 ，弹出"渐变"控制面板，将渐变色设为从白色到黄色(C:0, M:0, Y:100, K:0)，其他选项的设置如图 5.66 所示。图形被填充渐变色，效果如图 5.67 所示。

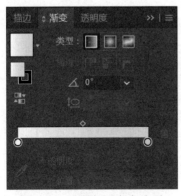

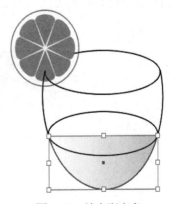

图 5.66　设置杯子渐变选项　　　　　　图 5.67　填充渐变色

⑬ 选择选择工具，选取椭圆形。使用相同的方法为图形填充相同颜色的渐变色，效果如图 5.68 所示。右击，在弹出的快捷菜单中选择命令"变换"|"镜像"|"垂直镜像"，改变渐变色的方向，如图 5.69 所示。

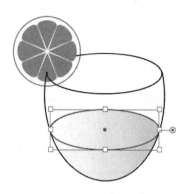

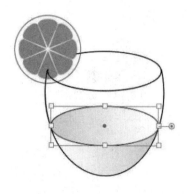

图 5.68　继续填充渐变色　　　　　　　　　图 5.69　改变渐变色的方向

⑭ 选择圆角矩形工具 ，在杯子的下方绘制杯柄，如图 5.70 所示。双击渐变工具，弹出"渐变"控制面板，将渐变色设为从白色到灰色(C:56, M:46, Y:44, K:0)，其他选项的设置如图 5.71 所示。

⑮ 杯柄图形被填充渐变色，设置描边颜色为灰色(C:55, M:46, Y:44, K:0)，效果如图 5.72 所示。

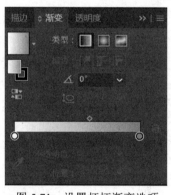

图 5.70　绘制杯柄　　　　图 5.71　设置杯柄渐变选项　　　　图 5.72　填充杯柄颜色

⑯ 选择椭圆工具，在杯柄的下方绘制杯底，效果如图 5.73 所示。选择选择工具，选取杯柄图形，选择命令"对象"|"排列"|"置于底层"，将图形置于所有图形的后面，效果如图 5.74 所示。选取杯底图形，使用相同的方法将杯底置于所有图形的后面，并调整适当的位置，效果如图 5.75 所示。

图 5.73　绘制杯底　　　　图 5.74　将杯柄置于底层　　　　图 5.75　将杯底置于底层

⑰ 选择椭圆工具，在饮料杯的右下方绘制一个椭圆形，作为水果图形，效果如图 5.76 所示。将图形填充为渐变色，从白色到洋红色(C:0, M:91, Y:100, K:0)，并设置描边颜色为灰色(C:55, M:46, Y:44 , K:0)，效果如图 5.77 所示。

图 5.76　绘制水果

图 5.77　填充水果渐变色

⑱ 选择选择工具，选取水果图形，双击渐变工具，用鼠标在图形的左上方向右下方进行拖动，改变渐变色的方向，效果如图 5.78 所示。使用相同的方法在页面中再绘制一个水果图形并调整其大小，效果如图 5.79 所示。

⑲ 选择铅笔工具 ，在两个水果的上方分别绘制一条曲线，选择选择工具，同时选取两条曲线，设置描边颜色为黑色，在属性栏中将"描边粗细"设置为 2pt，效果如图 5.80 所示。

图 5.78　改变渐变色的方向

图 5.79　绘制新的水果图形

图 5.80　绘制曲线

⑳ 选择圆角工具，在饮料杯的右上方绘制一个吸管图形。将图形填充为渐变色，从白色到灰色(C:55, M:46, Y:44, K:0)，设置描边颜色为灰色(C:55, M:46, Y:44, K:0)，效果如图 5.81 所示，调整图形的角度，如图 5.82 所示。

图 5.81　绘制吸管

图 5.82　调整吸管角度

㉑ 选择选择工具，选取椭圆路径，右击，在快捷菜单中选择命令"排列"|"置于顶层"，将图形置于所有图形的上方。

㉒ 选择路径橡皮擦工具，擦除遮挡住吸管图形的路径，效果如图 5.83 所示。

㉓ 选择选择工具，使用圈选的方法，将所有图形同时选取，按 Ctrl+G 组合键，将其编组，效果如图 5.84 所示。

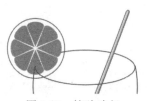

图 5.83　擦除路径　　　　　　　　　图 5.84　选中所有图形

㉔ 选择圆角工具，在页面中绘制一个圆角矩形，设置描边颜色为粉红色(C:0, M:91, Y:18, K:0)，填充颜色为无，效果如图 5.85 所示。

㉕ 打开素材文件夹，选择选择工具，选取图形并将其粘贴到页面中，调整图形的大小，效果如图 5.86 所示。

㉖ 选取杯子的编组图形，将其拖动到背景图形中，使用鼠标右键快捷菜单选择编组图形，在弹出的菜单中选择命令"排列"|"置于顶层"，将组合图形放置在所有图形的上方，调整编组图形的大小，效果如图 5.87 所示。

图 5.85　绘制圆角矩形　　　图 5.86　选取图形并粘贴　　　图 5.87　最终效果

㉗ 饮料杯绘制完成。

5.4.3　文字处理

Illustrator 提供了多种与文字相关的实用工具，包括文字工具、区域文字工具、路径文字工具、直排文字工具、直排区域文字工具和直排路径文字工具，使用不同的文字工具可以创建与其对应的不同形式的文字。此外，在创建完文字后，还可以对这些文字的相关属性进行设置并调整，以便让文字更适合图形状态，从而设计出完美的作品。

案例：绘制变形文字。

案例说明：本案例制作的是一个变形文字，主要通过学习使用文字工具、直接选择工具、符号命令绘制变形文字。

知识要点：使用文字工具输入文字；使用创建轮廓命令将文字转换为轮廓路径，并对其进行编辑和操作；使用偏移路径命令偏移文字；使用直接选择工具选择部分文字进行文字的编辑；使用自然界面板添加符号图形。

效果图：变形文字效果图如图 5.88 所示。

操作步骤：

① 按 CTRL+N 组合键，新建一个文件，在弹出的"新建"对话框中设置图像大小为 210mm×297mm、取向竖向，分辨率为 72dpi、颜色模式为 CMYK，单击"确定"按钮。

② 选择文字工具 T，在页面中输入需要的文字。选择选择工具，在属性栏中选择合适的字体并设置文字大小，设置填充颜色为黑色，填充文字，效果如图 5.89 所示。

图 5.88　变形文字效果图

③ 选择选择工具，选中文字。选择命令"文字"|"创建轮廓"，将文字转换为轮廓路径，效果如图 5.90 所示。

图 5.89　填充文字

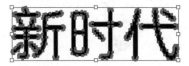

图 5.90　创建轮廓

④ 选择命令"对象"|"取消编组"。选择直接选择工具 ▶，选取部分文字，如图 5.91 所示。按住 Shift 键，选择文字中的空心符号，如图 5.92 所示。

图 5.91　选取部分文字

图 5.92　选择空心符号

⑤ 按 Ctrl+X 组合键，将其进行剪切。按 Ctrl+V 组合键，将其进行复制，效果如图 5.93 所示。选择部分文字，按 Ctrl+X 组合键，将其进行剪切，效果如图 5.94 所示。

图 5.93　剪切文字 1

图 5.94　剪切文字 2

⑥ 选择命令"窗口"|"符号"，弹出"符号"控制面板，如图 5.95 所示。

⑦ 单击"符号"控制面板右上方的 ，在弹出的下拉列表中选择命令"打开符号库"|"花朵"，弹出"花朵"控制面板，如图 5.96 所示。

图 5.95　"符号"控制面板

图 5.96　"花朵"控制面板

⑧ 在"花朵"控制面板中选择"大丁草"符号，拖动符号到背景图形中，调整符号图形的大小及角度，效果如图 5.97 所示。

⑨ 使用相同的方法继续制作文字并将"大丁草"符号拖动到适当的位置，效果如图 5.98 所示。

⑩ 变形文字绘制完成。

图 5.97 调整符号图形大小及角度   图 5.98 最终效果图

5.4.4 即时变形工具的使用

Illustrator 包含旋转工具、扭曲工具、缩拢工具、膨胀工具、扇贝工具、晶格化工具和皱褶工具 7 个变形工具，通过这些工具可以使文字、图像和其他物体的交互变形变得轻松。此外，这些工具的功能和 Photoshop 中的涂抹工具类似，不同的是，涂抹工具是对颜色的延伸，而变形工具是实现从扭曲到极其夸张的变形。

案例：绘制圣诞卡片。

案例说明：本案例制作的是一张圣诞卡片，主要通过学习使用旋转扭曲工具绘制圣诞卡片。

知识要点：使用文字工具输入文字；使用创建轮廓命令将文字转换为轮廓路径；使用描边命令编辑文字；使用旋转扭曲工具将文字扭曲变形。

效果图：圣诞卡片效果图如图 5.99 所示。

操作步骤：

① 打开素材，如图 5.100 所示。

图 5.99 圣诞卡片效果图   图 5.100 打开素材

② 选择文字工具，在页面中的卡片图形上单击，出现一个闪烁的光标，输入需要的文字，选择选择工具，在属性栏中选择合适的字体并设置文字大小，效果如图 5.101 所示。

③ 选择选择工具，选中文字，设置填充颜色为藏蓝色(C:100, M:100, Y:58, K:18)，填充文字，并设置描边颜色为黄色(C:10, M:0, Y:76, K:0)，效果如图 5.102 所示。

图 5.101　输入文字

图 5.102　填充颜色

④ 选择命令"文字"|"创建轮廓"，将文字转换为轮廓路径，效果如图 5.103 所示。

⑤ 选择命令"窗口"|"描边"，弹出"描边"控制面板，在"对齐描边"选项组中单击"使描边外侧对齐"按钮，其他选项的设置如图 5.104 所示。

图 5.103　将文字转为轮廓路径

⑥ 双击旋转扭曲工具 ，弹出"旋转扭曲工具选项"对话框，在该对话框中进行设置，如图 5.105 所示。

图 5.104　"描边"控制面板

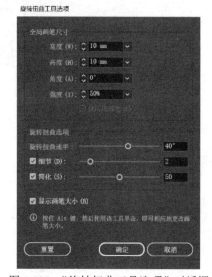

图 5.105　"旋转扭曲工具选项"对话框

⑦ 单击"确定"按钮，在文字"圣"的画笔上按住鼠标左键不放，此时按住鼠标的时间长短决定了图形扭曲度的大小，扭曲效果如图 5.106 所示。

⑧ 使用相同的方法，将其他文字扭曲变形，最终效果如图 5.107 所示。

⑨ 圣诞卡片绘制完成。

图 5.106　扭曲效果

图 5.107　最终效果

5.4.5　图表编辑

在 Illustrator 中用户可以很灵活地编辑图表，如改变图表数据值、更改图表类型等。因此，本部分内容以循序渐进的方式，使用户根据自身的需求学习与了解 Illustrator 的图表编辑功能。

案例：绘制简单图表。

案例说明：本案例制作的是一个简单图表，主要通过学习使用图表工具绘制图表。

知识要点：使用堆积柱形图工具绘制简单图表。

效果图：简单图表效果图如图 5.108 所示。

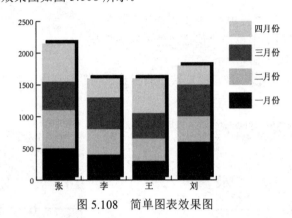

图 5.108　简单图表效果图

操作步骤：

① 按 Ctrl+N 组合键，新建一个文件，在弹出的"新建"对话框中设置图像大小为 210mm×297mm、取向竖向、分辨率为 72dpi、颜色模式为 CMYK，单击"确定"按钮。

② 选择堆积柱形图工具 📊，在页面中单击，在弹出的"图表"对话框中进行设置，如图 5.109 所示。

③ 单击"确定"按钮，弹出"图表数据"对话框，在对话框中输入需要的文字，按 Enter 键换行，效果如图 5.110 所示。

图 5.109　"图表"对话框

图 5.110　图表效果

④ 在选择的第 1 列第 2 行交叉所在区域状态下，在文本框中输入相应的姓氏并按 Enter 键，应用该文字的同时切换至第 3 行，效果如图 5.111 所示。

⑤ 使用同样的方法在第 1 列其他行数上输入相应的姓氏，效果如图 5.112 所示。

⑥ 在第 1 行表格中从第 2 列开始使用同样的方法输入月份，效果如图 5.113 所示。

⑦ 继续使用同样的方法在姓氏和月份表格交叉位置输入一些数字，效果如图 5.114 所示。

⑧ 输入完成后，关闭"图表数据"对话框，建立条形图表，效果如图 5.115 所示。

图 5.111 输入姓氏 1

图 5.112 输入姓氏 2

图 5.113 输入月份

图 5.114 输入数字

⑨ 选择直接选择工具，按住 Shift 键的同时选择指示一月份色块颜色并设置其颜色为深蓝色(C:93, M:100, Y:33, K:17)，效果如图 5.116 所示。

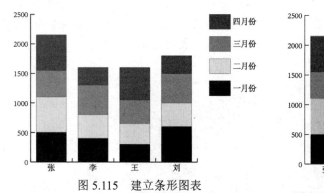

图 5.115 建立条形图表

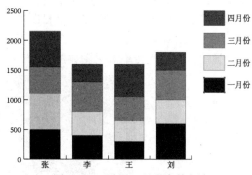

图 5.116 设置一月份色块颜色

⑩ 使用同样的方法设置二月份色块颜色为黄色(C:12, M:18, Y:49, K:0)，效果如图 5.117 所示。

⑪ 继续使用同样的方法设置三、四月份色块颜色分别为深红色(C:36, M:84, Y:23, K:1)和淡蓝色(C:24, M:0, Y:7, K:0)，效果如图 5.118 所示。

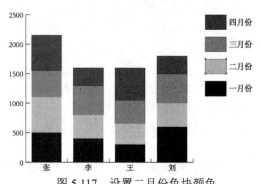

图 5.117 设置二月份色块颜色

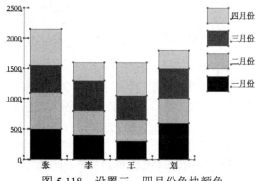

图 5.118 设置三、四月份色块颜色

⑫ 选择选择工具并选择图表。双击堆积柱形图工具，在弹出的"图表类型"对话框中勾选"添加投影"复选框，如图 5.119 所示。

⑬ 完成设置后单击"确定"按钮，可为图表添加阴影效果，效果如图 5.120 所示。

⑭ 简单图表制作完成。

图 5.119 "图表类型"对话框

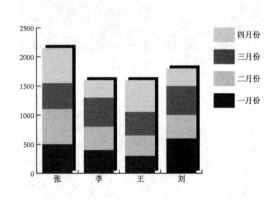

图 5.120 最终效果图

5.4.6 综合案例——制作汽车宣传单

案例说明：本案例制作的是一个汽车宣传单，主要通过学习使用置入命令、剪切蒙版命令、对齐控制面板、折线图工具、字形命令绘制汽车宣传单。

知识要点：使用置入命令置入素材图片；使用剪切蒙版命令为图片添加剪切蒙版效果；使用对齐控制面板对齐素材图片；使用折线图工具制作折线图表；使用字形命令在文字中插入文字。

效果图：汽车宣传单效果图如图 5.121 所示。

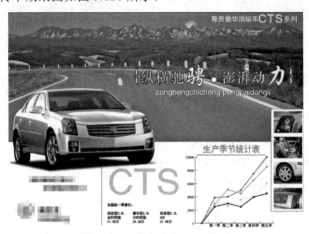

图 5.121 汽车宣传单效果图

操作步骤：

① 按 Ctrl+N 组合键，新建一个文件，在弹出的"新建"对话框中设置图像大小为 210mm×297mm、取向竖向、分辨率为 72dpi、颜色模式为 CMYK，单击"确定"按钮。

② 打开素材文件夹，选择选择工具，选取图形将其粘贴到页面中，放置背景并调整其大小，效果如图 5.122 所示。

③ 选择矩形工具，绘制一个与上方图形大小相同的矩形，设置填充颜色为白色，填充图形，设置描边颜色为无。

图 5.122　选取素材 1

④ 选择选择工具，使用圈选的方法将所有图形同时选取，右击，在弹出的快捷菜单中选择命令"建立剪切蒙版"，效果如图 5.123 所示。

⑤ 打开素材文件夹，选择选择工具，选取图形将其粘贴到页面中，放置素材并调整其大小，效果如图 5.124 所示。

图 5.123　剪切蒙版

图 5.124　选取素材 2

⑥ 双击镜像工具 ，在弹出的"镜像"对话框中进行设置，如图 5.125 所示。单击"确定"按钮，镜像效果如图 5.126 所示。

图 5.125　"镜像"对话框

图 5.126　镜像效果

⑦ 选择矩形工具，在页面中绘制一个矩形，设置填充颜色为白色，填充图形，并设置描边颜色为黑色。

⑧ 打开素材文件夹，选择选择工具，选取图形将其粘贴到页面中，放置背景并调整其大小，效果如图 5.127 所示。

图 5.127　选取图形

⑨ 选择选择工具，使用圈选的方法将所有图形同时选取，效果如图 5.128 所示。

⑩ 选择命令"对齐"，在弹出的"对齐"控制面板中，单击"水平居中对齐"按钮，如图 5.129 所示，效果如图 5.130 所示。

图 5.128　选取所有图形

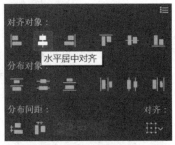

图 5.129　对齐设置

⑪ 打开素材文件夹，选择选择工具，选取图形将其粘贴到页面中，放置素材并调整其大小，效果如图 5.131 所示。

图 5.130　对齐效果

图 5.131　放置素材

⑫ 选择折线图工具，在页面中单击，在弹出的"图表"对话框中进行设置，如图 5.132 所示。

⑬ 单击"确定"按钮，弹出"图表数据"对话框，在该对话框中输入需要的文字，如图 5.133 所示。

图 5.132　图表大小设置

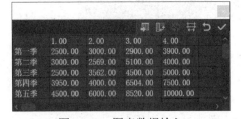

图 5.133　图表数据输入

⑭ 输入完成后，关闭"图表数据"对话框，建立折线图表，效果如图 5.134 所示。

图 5.134　建立折线图表

⑮ 选择直线工具 ，按住 Shift 键的同时，在页面中绘制一条直线，设置填充颜色为无，并设置描边颜色为黑色，描边图形。

⑯ 选择文字工具，在页面中输入需要的文字。选择选择工具，在属性栏中选择合适的字体并设置文字大小，设置填充颜色为黑色，填充文字，效果如图 5.135 所示。

图 5.135　输入并填充文字 1

⑰ 选择文字工具，在页面中输入需要的文字。选择选择工具，在属性栏中选择合适的字体并设置文字大小，设置填充颜色为橙粉色(C:0, M:35, Y:31, K:0)，填充文字，效果如图 5.136 所示。

⑱ 选择直线工具，按住 Shift 键的同时，在页面中绘制一条直线，设置填充颜色为无，并设置描边颜色为黑色，描边图形。

⑲ 选择文字工具，在页面中输入需要的文字。选择选择工具，在属性栏中选择合适的字体并设置文字大小，设置填充颜色为灰色(C:0, M:0, Y:0, K:62)，填充文字，效果如图 5.137 所示。

⑳ 选择文字工具，继续输入需要的文字。选择选择工具，在属性栏中选择合适的字体并设置文字大小，设置填充颜色为白色，填充文字，效果如图 5.138 所示。

㉑ 选择选择工具，选取文字，按住 Alt 键的同时，用鼠标选中文字并向外拖动，复制文字，效果如图 5.139 所示。

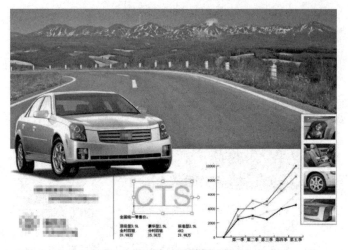

CTS

图 5.136　输入并填充文字 2

生产季节统计表
CTS

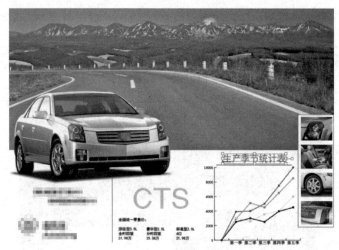

图 5.137　输入并填充文字 3

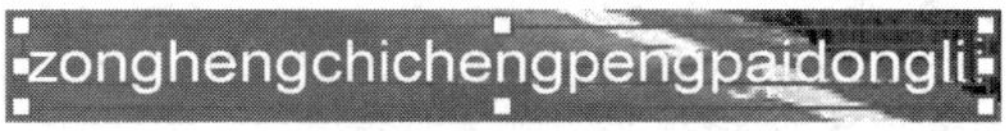
zonghengchichengpengpaidongli

图 5.138　输入并填充文字 4

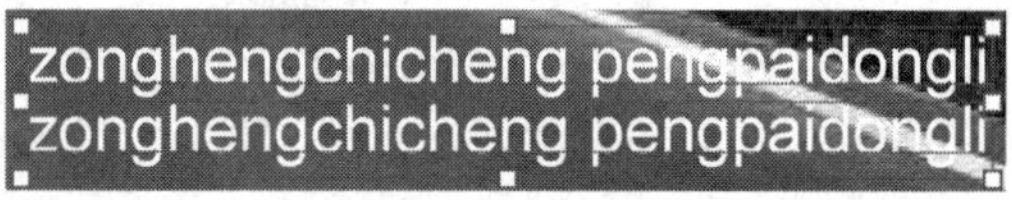
zonghengchicheng pengpaidongli
zonghengchicheng pengpaidongli

图 5.139　复制文字

㉒ 选取复制出的文字，并填充文字为黑色，效果如图 5.140 所示。

㉓ 选择命令“对象”|“排列”|“后移一层”，将复制出的文字放置于原文字的下方，并调整其位置，效果如图 5.141 所示。

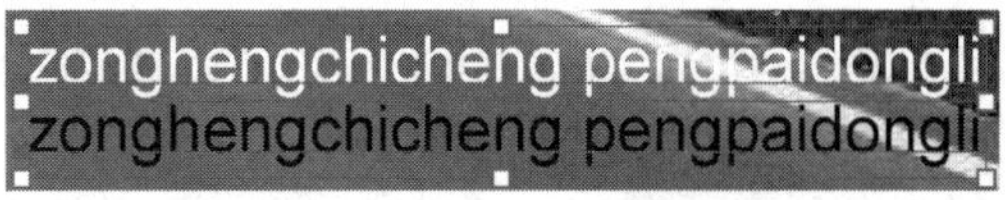
zonghengchicheng pengpaidongli
zonghengchicheng pengpaidongli

图 5.140　选取并填充文字

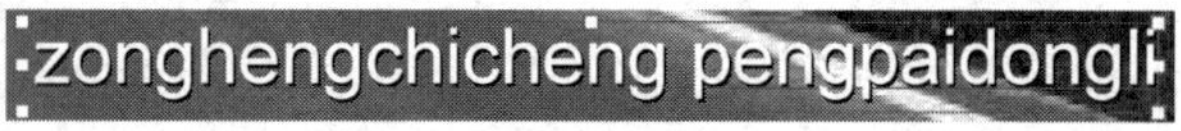
zonghengchicheng pengpaidongli

图 5.141　置于原文字下方

㉔ 使用相同的方法继续输入文字，效果如图 5.142 所示。

㉕ 汽车宣传单绘制完成。

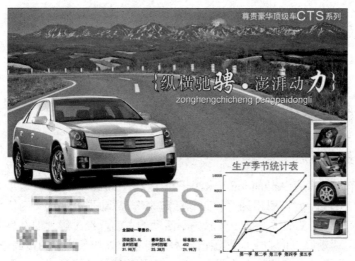

图 5.142　最终效果图

思考与练习

1. 什么是图形？图形的计算机表示方法和种类分别有哪些？图形与图像的联系与区别是什么？

2. 简述计算机图形学的发展历程。

3. 简述 Illustrator 的特点及其用途。

第6章　数字动画处理技术

6.1　动画的概念及生成原理

6.1.1　动画的基本概念

动画一词翻译为英文是 Animation，来源于拉丁文字 anima，anima 是"灵魂"的意思，而 Animation 则指"赋予生命"，引申为"使某物活起来"。故动画可被定义为使用绘画的手法，创造生命运动的艺术。从广义上讲，把一些原先不活动的东西，经过影片的制作与放映，变为活动的影像，即为动画。"动画"的中文叫法源自日本，日本称以线条描绘的漫画作品为动画。

狭义上的动画是指当许多帧静止的画面，以一定的速度连续播放时，人眼因视觉暂留产生的错觉，而误以为是画面活动的作品。"动画不是活动的画的艺术，而是创造运动的艺术，因此画与画的关系比每一幅单独的画更重要。虽然每一幅画也很重要，但就重要的程度来讲，画与画的关系更重要。"这句话的意思是，动画不是会动的画，而是画出来的运动，每帧之间发生的事，比每帧上发生的事更重要。

定义动画的方法，不在于使用的材质或创作的方式，而是作品是否符合动画的本质。动画媒体包含多种形式，但无论何种形式，它们均具有以下的共同点，即其影像是以电影胶片、录像带或数字信息的方式逐格记录的。影像的"动作"是被创造出来的幻觉，而不是原本就存在的。

6.1.2　动画的起源

动画起源于人们想通过绘画表现运动的愿望，长期以来，人们公认的最早的"动画现象"可以追溯到距今两三万年前的旧石器时代。在西班牙，阿尔塔米拉洞窟的石壁上，画着一头奔跑的野牛，而绘制的特别之处在于野牛的尾巴和腿，野牛的尾巴和腿被重复绘画了几次，这使得原本静止的野牛产生了视觉上的运动感。类似的还有法国拉斯卡山洞中的壁画——奔跑的马。这种在绘制作品中反映一定的连续性和时间性的壁画，被称为原始动画。

公元前两千年的埃及古墓壁画，描绘了摔跤人的连续画面动作，当观察者沿着壁画按照摔跤画面运动的顺序进行移动时，视觉上就会产生摔跤的运动画面感。这种利用观察者的身体位置移动，使绘制的壁画产生运动性和时间性的效果，表明了当时的人们已经有了表现连续的运动画面的想法。

希腊古陶瓶上绘有人物奔跑的连续画面，当转动陶瓶时，若观察者注视其中的一个区域不动，则随着陶瓶转动速度的加快，观察者将会产生陶瓶上人物在连续奔跑的错觉。这种借助于旋转使陶瓶上的静止画面在旋转中连续变化从而产生运动效果的方式，比古埃及的石壁画产生的动画效果又前进了一步。

上述各种原始动画原型的出现，表明古代的人们都有通过静止画面表现运动的愿望。动画大师诺曼·麦克拉伦说："动画不是运动的画，而是画出来的运动。"动画包括艺术和技术两个层面。艺术层面主要包括动画的绘制、叙事和声音艺术。技术层面主要包括将静止的画面赋予运动和生命所需的技术。所以说动画是叙事和时间的艺术，在时间的流动中传达动画创作者所要表达的思想。

6.1.3 动画生成原理

（1）动画的视觉原理

人眼的视觉暂留效应可以将静止的画面变为连续运动的画面。视觉的产生是物体发射或反射的光，通过人眼的晶状体和感光细胞的感光，在视网膜上成像，连接视网膜的视神经将这些信息转换为神经电流传送给大脑，从而引起人眼视觉。感光细胞的感光主要靠一些感光色素，而感光色素的形成是需要一定时间的，这就是视觉暂留（Persistence of Vision）原理。这一原理由英国科学家彼得·罗杰（Peter Roget）于1824年发现并定义。由于人眼具有视觉暂留的生理现象，所以当人们观察的一个影像消失后，如果在短时间内，紧接着第二个相关的影像马上进入了人眼的视网膜，这时就会给人眼造成连续影像动起来的错觉。在日常生活中，我们会看到当静止的风扇快速旋转时，几片扇叶会连成一个圆盘。当快速旋转激光笔的光点时，光点会形成一个圆环。急速降下的雨滴会形成一条线……这些都是由于人眼具有视觉暂留的特性而形成的。1828年，另一位科学家约瑟夫·普拉托进一步研究证实人眼的平均暂留时间为0.34秒。人眼的这种视觉暂留特性为动画、电影等视觉媒体形式的传播提供了依据，经过许多先驱的努力，最终产生了电影和动画。电影和动画放映的帧速率为每秒24帧，电视PAL制为每秒25帧，NTSC制为每秒30帧，通过这样的帧速率播放电影、动画和电视，可使人们观察的画面有连续感，不停顿。

（2）动画运动的基本原理

动画片中活动形象的制作，不像其他影片制作那样，可以直接拍摄客观物体的运动，而是通过对客观物体运动的观察、分析、研究，用动画片的表现手法（主要是夸张、强调动作过中的某些方面），一张张地画出来，一格格地拍出来，然后连续放映，使之在银幕上活动起来。因此，动画片表现物体的运动规律既要以客观物体的运动规律为基础，又要有它自己的特点，而不是简单地模拟。研究动画片表现物体的运动规律，首先要弄清时间、空间、速度的概念及彼此之间的相互关系，从而掌握规律，处理好动画片中动作的节奏。

① 时间

"时间"，是指影片中物体在完成某一动作时所需的时间长度，由于动画片中的动作节奏比较快，镜头比较短（一部放映10分钟的动画片分切为100～200个镜头），因此在计算一个镜头或一个动作的时间时，要求更精确一些，除以秒为单位外，还要以"格"为单位（1秒=24格）。动画片计算时间使用的工具是秒表。在想好动作后，自己一边做动作，一边用秒表测时间。也可以一个人做动作，另一个测时间。对于有些无法做出的动作，如孙悟空在空中翻筋斗、雄鹰在高空翱翔或是大雪纷飞、乌云翻滚等，可以用手势做些比拟动作，同时用秒表测时间，或者根据既往经验，用脑子默算的办法确定这类动作所需的时间。对于有些不太熟悉的动作，可以采取拍摄动作参考片的办法，把动作记录下来，然后计算这一动作所占的长度（格数），从而确定所需的时间。

实践发现，完成同样的动作，动画片所占胶片的长度比故事片、纪录片要略短一些。例如，用胶片拍摄真人以正常速度走路，如果每步是14格，那么动画片只需拍12格，就可以造成真人每步用14格的速度走路的效果。如果动画片也用14格，那么在银幕上就会感觉比真人每步用14格走路的速度略慢一点。因此，在确定动画片中某一动作所需的时间时，常常要把用秒表根据真人表演测得的时间或纪录片上所拍摄的长度，稍稍缩短一些，这样才能合理把控动画时间，取得预期的效果。时间控制是动作真实性的灵魂，过长或过短的动作会降低动画的真实性。

② 空间

"空间"，可以理解为动画片中活动形象在画面上的活动范围和位置，但更重要的是指一个动作的幅度（一个动作从开始到终止之间的距离）以及活动形象在每一张画面之间的距离。动画设计人员在设计动作时，需要将动作的幅度处理得比真人动作的幅度夸张一些，以取得更鲜明、更强烈的效果。此外，动画片中的活动形象做纵深运动时，可与背景画面上通过透视表现出来的纵深距离不一致。例如，表现一个人从画面纵深处迎面跑来，由小到大，如果按照画面透视及背景与人物的比例，应该跑十步，那么在动画片中跑五六步即可，特别是在地平线比较低的情况下，更是如此。

③ 速度

"速度"，是指物体在运动过程中的快慢。按物理学的解释，是指路程与通过这段路程所用时间的比值。在通过相同的距离时，运动越快的物体所用的时间越短，运动越慢的物体所用的时间就越长。在动画片中，物体运动的速度越快，所拍摄的格数就越少。物体运动的速度越慢，所拍摄的格数就越多。

一个动作在从始至终的运动过程中，如果运动物体在每一张画面之间的距离完全相等，则称为"平均速度"（匀速运动）。如果运动物体在每一张画面之间的距离是由小到大的，那么拍出来在银幕上放映的效果是由慢到快，称为"加速度"（加速运动）。如果运动物体在每一张画面之间的距离是由大到小的，那么拍出来在银幕上放映的效果是由快到慢，称为"减速度"（减速运动）。物体在运动过程中，除主动力的变化外，还会受到各种外力的影响，如地心引力、空气和水的阻力以及地面的摩擦力等，这些因素都会造成物体在运动过程中速度的变化。

由于动画片是一张张画出来，然后一格格地拍出来的，因此必须观察、分析、研究动作过程中每一格画面（1/24 秒）之间距离（速度）的变化，掌握它的规律，根据剧情设定、影片风格以及角色的年龄、性格、情绪等灵活运用，把它作为动画片的一种重要表现手段。

在动画片中，造成动作速度快慢的因素，除时间和空间（距离）外，还有一个，就是两张原画之间所加中间画的数量（张数）。中间画的张数越多，速度越慢。中间画的张数越少，速度越快。即使在动作的时间长短相同、距离大小也相同的情况下，由于中间画的张数不一样，也能造成细微的快慢不同的效果。

④ 时间、距离、张数 3 个因素与速度的关系

动画片质量的优劣，由时间、距离、张数 3 个因素与速度的协调关系决定。就单独的一个动作而言，A、B 是原画。"时间"是指原画 A 动态逐步过渡到原画 B 动态所需的秒数或帧数。"距离"是指 A、B 两张原画之间中间画的数量。"速度"是指原画 A 动态到原画 B 动态的快慢。

在时间和张数相同的情况下，距离越大，速度越快；距离越小，速度越慢。需要说明的是，即使两组中间画的运动总距离相等，如果每张中间画之间的距离不一样，用加速度或减速度的方法处理，也会造成快慢不同的效果。

⑤ 节奏

节奏是动画电影的生命，动画节奏是将现实生活中的动作进行夸张化和极限化的处理，韵律和节奏是动画电影的重要艺术特征之一。速度的变化是造成节奏感的主要原因，不同速度的交替使用产生不同的节奏感和韵律感，例如，匀速、快速、慢速以及停格等。关键动作的动态和动作的幅度往往是构成动作节奏的基础。需要强调的是，在关键动作的动态和动作幅度处理合理的情况下，如果时间和张数安排不当，动作的节奏不但不到位，而且会背离物体的运动规律，视觉上产生不舒服感，影响观众的心理感受。

6.1.4　动画片的制作过程

动画片的制作过程分为以下几个环节。

（1）文学剧本

文学剧本就是文字叙述的故事，它如同故事片一样，主要包括人物对白、动作和场景的描述。在文学剧本中，人物对白要准确地表现角色个性，动作的趋势和力度要生动、形象，人物出场顺

序、位置环境、服装、道具、建筑等都要写清楚，只有这样，脚本画家才能够进行更生动的动画创作。通常，动画片叙述的故事要具有卡通特色，如幽默等，如果再有一些感人的情节，就会更受大家的欢迎。

（2）造型设计

造型设计就是由设计者根据文学剧本，对人物和其他角色进行造型设计，并绘制出每个人物或角色不同角度的形态，以供其他工序的制作人员参考。此外，设计者还要画出它们之间的高矮比例、各种角度的样子、脸部的表情、使用的道具等。在设计造型时，主角、配角等演员在服装、颜色、五官等方面要有很明显的差异，服装和人物个性要匹配，造型与美术风格要匹配。考虑到其他工序的制作人员可能会有困难，造型不可太复杂、琐碎。

（3）故事脚本

文学剧本完成后，要绘制故事脚本。故事脚本是反映动画片大致概貌的分镜头剧本，也称为故事板（Storyboard）。它并不是真正的动画图稿，而是类似连环画的画面，将剧本描述的内容用画面表达出来，详细地画出每个镜头出现的人物、地点、摄影角度、对白内容、画面的时间、所做的动作等。由于故事脚本将拆开交由很多位画家分工绘制，所以一定要画得非常详细，要让每位画家明白整个故事是如何开展的。

（4）背景

背景是根据故事的情节需要和风格来绘制的，在绘制背景过程中，人物组合的位置、白天或夜晚，家具、饰物、地板、墙壁、天花板等背景结构都要清楚，使用多大的画面（安全框）、镜头推拉等也要标示出来，以便人物可以自由地在背景中运动。

（5）声音录制

在进行动画制作时，动作必须与声音相匹配，所以声音录制需要在动画制作之前进行。当声音录制完成后，编辑人员还要将记录的声音准确地分解到每一张画面的位置上，即第几秒（或第几幅画面）开始对白、对白持续多久等，最后要把音轨分配到每一张画面位置与声音对应的条表，供动画制作人员参考。

（6）原画

原画是动画系列中的关键画面，也叫关键帧。这些画面通常是某个角色的关键帧形象和运动的极限位置，由经验丰富的动画设计者完成。创作原画时要将卡通人物的情感和性格表现出来，但不需要把每一张画面都画出来，只需画出关键帧即可。原画绘制完成后交给动画师，动画师据此制作一连串精彩的动作。

（7）中间画

中间画是位于两个关键帧之间的画面。相对于原画而言，中间画也叫作动画，它由辅助的动画设计者及其助手完成。这些画面根据角色的视线、动作方向、夸张、速度、人物透视、人体力学、运动的距离、推拉镜头的速度与距离，将间断的动作连缀起来，使其显得自然流畅。这是给平面人物赋予生命与个性的关键环节。

（8）测试

为了初步测定造型和动作，需将原画和中间画输入动画测试台进行测试，检查画面是否变形，动作是否流畅，原画的原意是否正确传达，然后再请导演做最后审核。

（9）上色

动画片通常都是彩色的，因此要用计算机技术给画面着色。

（10）检查

检查是动画合成的重要步骤。在每个镜头的每张画面全部着色之后，在开始编辑之前，动画师需要对每一场景的每一个动作进行详细的检查。

（11）画面编辑

编辑过程主要完成动画各片段的连接、排序和剪辑。

（12）后期制作

编辑完成之后，编辑人员和导演开始选择音响效果以配合动画的动作。在所有音响效果已选定并能很好地与动作同步之后，编辑人员和导演一起对音乐进行复制，再把声音、对话、音乐、音响都混合到一个声道上。另外，字幕等后期制作工序也都是必不可少的。

6.2　计算机动画

计算机动画区别于计算机图形的重要标志是动画使静态图形产生了运动效果。计算机动画的应用小到一个多媒体软件中某个对象、物体或字幕的运动，大到一段动画演示，甚至到电视片头片尾、视频广告，以及计算机动画片和数字特效的设计与制作。

6.2.1　计算机动画与图形

计算机动画是采用连续播放静止图像的方法产生景物运动的效果，也就是使用计算机产生图形、图像运动的技术。一般来说，计算机动画中的元素包括景物位置、方向、大小和形状的变化，以及虚拟摄像机的运动、景物表面纹理、色彩的变化。计算机动画的关键技术体现在计算机动画制作软件和硬件上。动画制作软件是由计算机专业人员开发的制作动画的工具，使用这一工具不需要用户编程，通过简单的交互操作就能实现计算机的各种动画功能。不同的动画效果，取决于不同的计算机动画软件和硬件功能。虽然制作的复杂程度不同，但制作动画的基本原理是一致的。从另一方面来看，计算机动画制作本身是一种艺术实践，动画的编剧、角色造型、构图、色彩等的设计需要高素质的美术专业人才和计算机专业人才才能较好地完成。计算机动画真正体现了技术与艺术的相互交融。

6.2.2　计算机动画的基本类型

根据运动的控制方式，计算机动画可以分为实时动画和逐帧动画两种。而根据视觉空间的不同，计算机动画又可以分为二维动画和三维动画。随着网络的发展和普及，符合网络特点的计算机动画技术层出不穷，网络动画形成了计算机动画的又一个分支。

（1）实时动画

实时动画（real-time）也称算法动画，它采用各种算法来实现运动物体的运动控制，在实时动画中，计算机通过一边计算一边显示来产生动画效果。实时动画一般不包含大量的动画数据，而是对有限的数据进行快速处理，并将结果随时显示出来。实时动画的响应时间与许多因素有关，如计算机的运算速度、软硬件处理能力、景物的复杂程度、画面的大小等。对象的移动是实时动画中一种最简单的运动形式，它是指屏幕上一个局部图像或对象在二维平面上沿着某一固定轨迹运动。

实时动画一般适用于三维情形。根据不同的算法可分为以下几种：运动学算法，由运动学方程确定物体的运动轨迹和速率；动力学算法，从运动的动因出发，由力学方程确定运动形式；反向动力学算法，已知链接物末端的位置和状态，反求动力学方程以确定运动形式；反向运动学算法，已知链接物末端的位置和状态，反求运动方程以确定运动形式；随机运动算法，在某些场合下加入运动控制的随机因素。

实时动画具有交互性。这是因为实时动画在进行动画展示的同时绘制每一幅图像，因此可以根据需要动态地改变下一幅图像内容。例如，改变进行动画展示的模型的形状、位置和其他特征。尽管实时动画达不到逐帧动画那样的速度，但良好的交互特性使之成为三维环境中移动模拟的有利候选者以及动画设计的最佳选择。

（2）逐帧动画

逐帧动画（frame by frame）是一种常见的动画形式，极具灵活性，几乎可以表现任何想表现的内容。其原理是在"连续的关键帧"中分解动画动作，也就是在时间轴的每帧上逐帧绘制不同的内容，使其连续播放而形成动画。逐帧动画类似于电影的播放模式，很适合表现细腻的动画。例如，人物或动物急剧转身，头发及衣服的飘动，走路、说话以及精致的 3D 效果等。但因帧序列内容不一样，其绘画制作的过程具有一定的难度，且最终输出的文件量巨大。

创建逐帧动画有以下几种方法：用导入的静态图片建立逐帧动画，用 JPG、PNG 等格式的静态图片连续导入 Flash 中，就会建立一段逐帧动画；绘制矢量逐帧动画，用鼠标或压感笔在场景中一帧一帧地画出帧内容；文字逐帧动画，用文字当作帧中的元件，实现文字跳跃、旋转等特效；导入序列图像，可以导入 GIF 序列图像、SWF 动画文件或者利用第三方软件（如 Swish、Swift 3D 等）产生的动画序列。

在动画中，重要的帧被称为关键帧，关键帧之间的帧称为中间帧。逐帧动画中的中间各帧是由计算机使用关键帧的算法自动生成的。最常用的关键帧算法是插值算法。所有影响画面图像的参数，例如，位置、旋转角度、纹理等都是关键帧参数。

（3）二维动画

二维动画又称平面动画。简单地讲，二维动画就是指其每帧画面都以平面的形式进行展示的动画。从一定意义上说，二维动画是对手动传统动画的一种改进，其制作流程大致分为输入和编辑关键帧、计算和生成中间帧、定义和显示运动路径、交互式为画面上色这 4 个步骤。二维动画的制作，通常会借助透视原理等手段得到一些立体效果，但从根本上讲，二维动画中只有高度和宽度的二维信息，并没有第三维的深度信息。因此，无论二维动画中画面的立体感有多强，归根结底也只是在二维空间上模拟三维空间的效果，同一画面内只有物体的位置移动和形状改变，并没有视角的变化。一个真正的三维画面，画中景物既有正面，也有侧面和反面，调整三维空间的视点，能够看到不同的内容。而二维画面无论怎样看，画面的内容都是不变的。

（4）三维动画

三维动画，也称立体动画，它包含了组成物体模型完整的三维信息，根据物体的三维信息在计算机内生成影像的模型、轨迹、动作等，可以从各个角度表现角色，具有真实的立体感。但与真实物体相比，三维动画又是虚拟的，它所显示的画面并不是由摄像机拍摄记录下来的真实物体的影像，而是由计算机生成的图像，因而它可以创造出现实生活中并不存在的景物，其"虚拟真实性"使动画作品更具有感染力。

（5）网络动画

网络动画采用矢量图形，其文件可以很小，且画面的线条简洁、颜色鲜艳，对计算机硬件的要求不高，软件操作也比较容易，适合个体创作。同时，网络动画充分利用了网络的交互特性，所生成的动画往往还具有交互功能，可由观察者去控制动画的进程和变化。但网络动画的画面质量与采用像素点阵图形的影院计算机动画片不可相提并论。后者画面的色彩种类、明暗层次、线条笔触远远优于前者。

6.2.3　计算机动画系统

计算机动画系统是一种交互式计算机图形系统，包括硬件平台和软件平台两部分。

硬件平台主要包括输入与输出设备、主机等。输入设备包括对动画软件输入操作指令的设备和为动画制作采集素材的设备。2D/3D 鼠标是最常见的输入设备之一。图形输入板则是更专业的输入设备，它为操作者提供了一种类似于传统绘画的直观的工作模式。图形扫描仪为动画系统提供了所需要的纹理贴图等各类素材。三维扫描仪则可通过激光技术扫描一个实际的物体，然后生成表面线框网格，通常用来生成高精度的复杂物体或人体形状。而最常用的动画视频输出设备是刻录机和编辑录像机。主机是完成所有动画制作和生成的设备，一般为图形工作站。图形工作站是一种以个人计算机和分布式网络计算为基础，具备强大的数据运算与图形处理能力，为满足工程设计、动画制作、科学仿真、虚拟现实等专业领域对计算机图形处理应用的要求而设计开发的高性能计算机。针对小型动画工作室和大中型制作公司的不同使用要求，图形工作站也分为不同的级别。

软件平台不仅指动画制作软件，还包括完成一部动画片的制作所需要的其他类别软件。动画制作软件分为系统软件和应用软件。系统软件包括操作系统、高级语言、诊断程序、开发工具、网络通信软件等。目前，可用于动画制作的系统软件平台有 Windows 系统、Linux 系统、UNIX 系统以及 Mac OS X（macOS）系统。应用软件包括图形设计软件、二维和三维动画软件及特效与合成软件等。

图形设计软件一般提供丰富的绘画工具，用户可以直接在屏幕上绘制自己想要的图形，且这类软件都具有强大的图像处理功能，如图像扫描、色彩校正、颜色分离、画面润色、图像编辑、特殊效果生成等，常见的图形软件有 Photoshop、Illustrator 等。

二维动画软件一般都具有较完善的平面绘画、中间画面生成、着色、画面编辑合成、特效、预演等功能，如 Animator Studio、Flash 等。

三维动画软件运用计算机来模拟真实的三维场景和物体，在计算机中构造立体的几何造型，并赋予其表面颜色和处理，然后设计三维形体的运动、变形，确定场景中灯光的强度、位置及移动，最后生成一系列可动态实时播放的连续图像。常用的三维动画软件一般都具有三维建模、材质纹理贴图、运动控制、画面渲染、系列生成等功能模块，如 Maya、3ds Max、Softimage 等。

6.2.4　计算机动画生成技术

运动是动画的本质，动画的生成技术也就是运动控制技术。为了实现各种复杂的运动形式，动画系统一般提供多种运动控制方式，以提高控制的灵活度以及制作效率。计算机动画生成技术主要有关键帧动画、变形物体动画、过程动画、关节动画与人体动画和基于物理模型的动画等。

（1）关键帧动画

关键帧的概念来源于传统的动画片制作，先使用一系列关键帧来描述每个物体在各个时刻的位置、形状以及其他有关参数，然后让计算机根据插值规律计算并生成中间各帧，在动画系统中，提交给计算机插值计算的是三维数据和模型。所有影响画面图像的参数都可成为关键帧的参数，如位置、旋转角、纹理的参数等。关键帧是计算机动画中最基本且运用最广泛的设置方法之一。另一种动画设置方法是样条驱动动画。在这种方法中，用户通过交互方式指定物体运动的轨迹样条。几乎所有的动画软件，如 Maya、Softimage、Wavefront、TDI、3ds Max 等，都提供这两种基本的动画设置方法。

（2）变形物体动画

变形物体动画是把一种形状或物体变成另一种不同的形状或物体，中间过程则通过形状或物体的起始状态和结束状态进行插值计算。为了使变形方法能很好地结合到造型和动画系统中，人们提出了许多与物体表示无关的变形方法，如自由格式变形方法（FFD），该方法不对物体直接进行变形，而是对物体所嵌入的空间进行变形，适用面广，是物体变形中最实用的方法之一。目前许多商用动画软件，如 Softimage、3ds Max、Maya 等，都有类似于 FFD 的功能。

（3）过程动画

过程动画指的是动画中物体的运动或变形由一个过程来描述。最简单的过程动画是用一个数学模型去控制物体的几何形状和运动，如水波随风的运动。而较复杂的过程动画有物体的变形、弹性理论、动力学、碰撞检测物体的运动等。粒子系统动画和群体动画也属于过程动画。粒子系统动画是一种模拟不规则模糊物体的景物生成系统。由于粒子系统是一个有"生命"的系统，它充分体现了不规则物体的动态性和随机性，因而可产生一系列运动进化的画面。这使得模拟动态的自然景色如火、云、水等成为可能。群体动画主要解决生物界群体运行的随机性和规则性的仿真问题。

（4）关节动画与人体动画

在计算机动画中，模拟人体的造型与动作是最困难、最具挑战性的问题。人体具有 200 个以上的自由度和非常复杂的运动，人的形状不规则，肌肉会随着人体的运动而变形，个性、表情等也是千变万化的。另外，由于人类对自身的运动非常熟悉，不协调的运动很容易被察觉，因此，计算机动画主要采用运动学和动力学方法来实现关节动画与人体动画。在运动学方法中，一种实用的解决方法是通过实时输入设备记录人体各关节的空间运动数据，即运动捕捉法。由于生成的运动基本上是真人运动的复制品，因而效果非常逼真，且能生成许多复杂的运动。与运动学相比，动力学方法能生成更复杂和逼真的运动，并且需要指定的参数相对较少，但计算量相当大，且很难控制。最接近真人运动效果的制作方法是将运动学和动力学这两种方法相结合。在动作设计中，可以采用表演动画技术，即用动作传感器将演示的每个动作姿势传送到计算机的图像中，来实现理想的动作姿势，也可以用关键帧方法或任务骨骼造型画法来实现一连串的动作。

（5）基于物理模型的动画

基于物理模型的动画也称运动动画，其运动对象要符合物理规律。该类动画技术结合了计算机图形学中现有的建模、绘制和动画技术，并将其统一成为一个整体。运用这项技术，用户只要明确物体运动的物理参数或者约束条件就能生成动画，它更适用于模拟自然现象。

6.3 数字动画设计与制作

动画制作是一个非常烦琐且吃力的工作，分工极为细致。通常分为前期制作、中期制作、后期制作等。前期制作包括企划、作品设定、资金募集等。中期制作包括分镜、原画、中间画、动画、上色、背景作画、摄影、配音、录音等。后期制作包括剪接、特效、字幕、合成、试映等。无论是传统动画还是数字动画，其动画制作过程是大致相同的。在数字化的动画制作过程中，要求作者摒弃传统的工具将美术设计功底、视听语言运用技能和精湛的计算机操作水平 3 种能力融为一体。在传统的动画制作过程中主要使用笔、纸、专用颜料、赛璐珞、摄像机等工具。数字化的动画的制作过程大致为在传统动画过程基础上增加数字技术成分。

6.3.1 数字动画

在传统动画几经浮沉之际，新的动画革命在悄悄酝酿。1950 年，MIT 的计算机专家制作了第一部计算机动画作品。到了 20 世纪 70 年代，一大批科学家和艺术家开始投身计算机图像领域。20 世纪 70 年代后期，杰姆斯·布林领导的实验室制作了早期的三维动画短片 *Voyage2*。20 世纪 80 年代，一大批数字动画制作公司相继成立，1980 年成立的 PDI 特效工作室（Pacific Data Images）、1985 年成立的皮克斯工作室（Pixar）、1987 年成立的蓝天工作室（Blue Sky Studios），如今都已成为生产电影动画的大型工作室。20 世纪 90 年代，数字技术在欧美和日本的动画工作室开始得到普及。数字图像技术成为电影和动画工业复兴的催化剂。迪士尼公司自 1990 年的《救难小英雄》以来就利用数字技术降低成本和营造更加美轮美奂的画面，《美女与野兽》《阿拉丁》等动画电影取得巨大成功。1994 年的《狮子王》更成为迪士尼公司当时最卖座的一部动画长片。1995 年，皮克斯工作室制作了第一部三维动画长片《玩具总动员》，为三维动画之滥觞。三维动画片成为动画产业的新主流，美国生产的《虫虫特工队》《小蚁雄兵》《冰河世纪》《怪物史莱克》《海底总动员》《超人特攻队》《机器人历险记》等，都取得了空前的商业成功。

数字动画的浪潮也在美国之外的地区掀起。日本的《幽灵公主》《千与千寻》《攻克机动队2》《蒸汽男孩》等动画片，都采用了数字动画技术。韩国、法国等国也借助这一浪潮大力发展动画产业，成为新的动画生产大国。中国动画产业也有一批新的数字动画制作者加入，动画从业人员和动画专业学生的迅速增加，为中国动画迎来新的发展契机。

数字动画是依靠计算机技术和现代高科技技术生成的虚拟动画片，分为二维动画片、三维动画片和合成动画片。二维动画片中数字动画表现最突出的就是网络动画，在互联网上传播的互动式的动画片。由于网络动画传播速度快，有一定的互动操作性，制作起来又比较简单，所以流传度很高。例如，《大话三国》《阿桂动画》等都是流传度较高的网络动画。三维动画是随着技术日新月异的进步发展而来的，数字化的发展使得三维动画拥有与传统动画的"原画与动画"完全不同的观念，并且超越了传统动画，例如，三维动画片《玩具总动员》《汽车总动员》《功夫熊猫》等。随着技术的进步，人们现在更多的是将实拍的画面导入计算机，直接在计算机中进行影像处理，这就形成了另一种数字动画方式——合成动画。合成动画主要是利用蓝屏、绿屏的功能，将两种素材合成在一起。例如，电影《精灵鼠小弟》中将一只计算机三维虚拟制作的小老鼠与实景拍摄的画面进行合成，创造出另一种幻化效果。

（1）数字二维动画

数字二维动画是基于数字化信息化的平面动画。数字二维动画与传统动画的制作区别不是特别大，共同点都是二维动画。只是数字二维动画将动画制作的过程完全数字化、信息化，更方便快捷。数字二维动画制作全过程采用无纸化制作，作画过程中的绘图、描线、上色等都在计算机上完成，极大地提高了工作效率。把传统二维动画制作从纸上解放出来，通过数字技术可以更加高效地制作二维动画片，增强动画的视觉效果，更为重要的是，数字技术的加入，可以在计算机上实时预览动画的表演和节奏，而传统二维动画需将每张画纸扫描线拍进计算机参看效果。数字绘画艺术为二维动画制作提供了便捷的技术环境，在方方面面都推动了二维动画制作的发展，其代表作品有《喜羊羊与灰太狼》《海螺湾》等。

许多传统动画设计技术，如补间和转描机，都经过计算机编程成为动画制作软件中的功能。补间是由设计师先绘制关键帧，然后将关键帧放置在时间线的两端，执行软件的"补间"功能，就会自动地产生这两个关键帧之间的帧图像。这个功能可以大幅降低绘图的工作量以及制作的时间。"补间"一般有4种形态。第一种是移动补间（Motion Tween），就是将一个对象从第一个位置移动到第二个位置。移动补间也可以采用路径为主的补间方式，依据事先设定的路径自动产生此路径上的影格图像。例如，事先设定一条在沙漠中行驶的路径，软件程序会自动产生汽车在此路径上移动的影格图像。第二种是形状补间（Shape Tween），也就是图像由一种形状逐渐变成另一种形状。变形（Morphing）便是一个例子，它是由一张图像流畅地变成另一张图像的视觉效果，最常见的应用就是由一张人脸影像变化到另一张人脸影像。第三种是尺寸补间（Size Tween），就是由一个图像的尺寸逐渐变成另一个尺寸。第四种是阿尔法补间（Alpha Tween），就是由一种色彩和透明度逐渐转变成另一种色彩和透明度。

转描机将影片中每个画格中的图像以描红的方式绘制成一个动画图片，通过它可以高效率地产生动作很复杂的动画片段。现在所有的动画应用软件都提供转描机的功能，首先将影片转换成数字格式，然后使用图像编辑程序，如 Photoshop，加上一个透明层并在上面描绘图像的轮廓，接下来删除原来的图像，这样即可开始动画图像制作了。早期二维动画在制作时仍用手绘方式画在纸上，然后扫描至计算机进行编辑，而现在已经可以直接使用手绘板或在计算机显示屏上绘图和上色了。

（2）三维动画

三维动画又称 3D 动画，是随着计算机软硬件技术的发展而产生的新兴技术。三维动画软件能够建立一个虚拟世界，设计师在这个虚拟世界中按照要表现的对象的形状尺寸建立模型以及场景，再根据要求设定模型的运动轨迹、虚拟摄像机的运动和其他动画参数，最后按要求为模型添加特定的材质，并打上灯光，进行渲染输出。

三维动画制作是一件艺术和技术紧密结合的工作。在制作过程中，一方面要在技术上充分实现创意的要求，另一方面还要在画面色调、构图、明暗、镜头设计组接、节奏把握等方面进行艺术的再创造。与平面设计相比，三维动画多了时间和空间的概念，它需要借鉴平面设计的一些法则，但更多的是要按影视艺术的规律来进行创作。

三维动画的发展到目前为止可以分为 3 个阶段。1995—2000 年是三维动画的起步以及初步发展时期，被称为第一阶段，迪士尼旗下皮克斯工作室的动画影片《玩具总动员》就是这一阶段的标志。2001—2003 年是三维动画迅猛发展时期，被称为第二阶段，皮克斯工作室和梦工厂分别成为这一时期三维动画的大赢家，代表作为《怪物史莱克》《怪兽申力公司》《海底总动员》等。从 2004 年开始，三维动画步入了全盛时期，也就是现在的第三阶段，更多的公司参与到这个行业中，这一时期的代表作品有华纳兄弟娱乐公司（Warner Bros）的《极地快车》、20 世纪福克斯电影公司（20th Century Fox Film Corporation）的《冰河世纪》、索尼电影公司（Sony Pictures Animation）的《丛林大反攻》等。

6.3.2 动画制作软件

（1）二维动画制作软件

制作二维动画的软件有很多，目前主流的是 Flash。Flash 具有跨平台的特性，所以无论处于何种平台，只要安装了各自平台所支持的 Flash Player，就可以保证它们的最终显示效果一致。Flash 支持动画、声音及交互功能，是一款功能强大的二维动画制作软件，有很强的矢量图形制作能力，它提供了遮罩、交互的功能，支持 Alpha 遮罩的使用，并能对音频进行编辑。Flash 采用了时间线和帧的制作方式，不仅在动画方面有强大的功能，在网页制作、媒体教学、游戏等领域也有广泛的应用，其强大的多媒体编辑能力还可以直接生成网页代码。Flash 由于使用矢量图形和流式播放技术，克服了目前网络传输速度慢的缺点，因而被广泛采用。它提供的透明技术和物体变形技术使复杂动画的创建变得更加容易，也为 Web 动画设计者提供了丰富的想象空间。二维动画制作软件还有 Ulead GIF Animator、TBS 等，它们各自的功能特点不同，因而制作的动画风格也不同。常用的二维动画文件格式有 FLI、FLC、SWF 等。

（2）三维动画制作软件

常用的三维动画制作软件有 Maya、3ds Max、Softimage 等。

Maya 的功能非常强大，为众多设计师、广告设计者、影视制片人、游戏开发者、视觉艺术设计专家、网站开发人员所推崇。Maya 也将这些用户的标准提升到了更高的层次。Maya 集成了 Alias/Wavefront 最先进的动画及数字效果技术，包括一般三维和视觉效果制作的功能，而且还与先进的建模、数字化布料模拟、毛发渲染、运动匹配技术相结合。它的应用领域主要包括 4 个方面：平面图形可视化，它极大地增进了平面设计产品的视觉效果，其强大的功能开阔了平面设计师的应用视野；网站资源开发；电影特效；游戏设计及开发。在目前市场上用来进行数字和三维制作的工具中，Maya 是首选解决方案。很多电影大片，例如，《冰河世纪》《指环王》《黑客帝国》等都是使用 Maya 完成的。

3ds Max 是 Discreet 公司开发的三维动画渲染和制作软件，主要应用于广告、影视、工业设计、建筑设计、多媒体制作、游戏、辅助教学以及工程可视化等领域。拥有强大功能的 3ds Max

被广泛地应用于电视及娱乐业中，例如，片头动画和视频游戏的制作，深深扎根于游戏玩家心中的《古墓丽影》中的角色形象劳拉就是 3ds Max 的杰作。此外，在国内发展相对比较成熟的建筑效果图和建筑动画的制作中，3ds Max 的使用率也占据了绝对的优势。其他常用的三维动画制作软件还有 BlenderWings 3D、AutoCAD、LightScape、Cool 3D 等。

6.3.3　计算机动画制作流程

计算机动画的制作需要许多人员参与，主要包括导演、编剧、动画师、动画制作人员、摄制人员等，它是一个协作性很强的集体劳动，创作人员和制作人员的密切配合是成功的关键。

（1）二维动画制作流程

二维动画的数字化制作流程与传统动画的制作流程更为相近，因为它们都是平面化的制作方式，都以二维为主。二维动画前期设计阶段分为选题、策划、文字剧本、文字分镜、分镜头台本、造型设计、背景绘制。中期制作都是运用计算机实现的，制作中的原画、动画、动检、摄像机镜头等环节可以选择多种无纸动画制作软件，如 TBS、Flash、Toon Boom Harmony 等，利用手绘板或数位屏等计算机绘图工具进行，但应尽量做到软件的统一使用。后期编辑合成阶段是将中期制作环节中的动画内容进行配音、编辑、合成。

下面以目前行业中使用较广泛的二维动画制作软件 Flash 为例进行说明。其制作流程首先是利用 Flash 的绘图工具将设计出的角色、场景等元素以元件的形式完成绘制，保存在库中。其次是按照前期设计的分镜头台本内每一个镜头制作镜头中的动画，利用图层进行角色与背景的合成，利用动画制作方法实现镜头中的动作。最后等所有的镜头都完成，将影片进行输出，准备用来进行后期编辑合成。

（2）三维动画制作流程

三维动画几乎完全依赖于计算机制作。所有的角色对象都是由一系列的模型产生的，对象的动作也使用运动学模型自动生成。关键帧后可开始补间变形等设计过程，最后由绘制的过程产生最后的动画作品。三维动画的制作通常包括 3 个步骤：构建对象和场景、定义动作及绘制。

①　构建对象和场景

设计师采用三维图像的设计方法构建对象和场景，包括模型、定义表面和场景组合。对象的构建可以使用不同形状的对象元素，如多边形、球体等。表面可以使用不同的材质，如木材、石头、金属、玻璃等，也可以设定材质的特性，如透明度和反光度等。设计师也可以构建场景，如摄像机的拍摄角度、灯火和背景环境等。

②　定义动作

三维动画中的动作取决于许多不同的因素，包括摄像机的移动、灯火的变化、对象的移动、声音的变化等，几乎所有相关的因素都会影响整个图像画面。一个三维动画设计师通常会使用补间的方式做许多不同的尝试。例如，使用不同的元素设计关键帧，放置在不同场景的时间点上，再使用计算机自动产生它们之间的帧，以完成一个动画片段，最后挑选最适合的动画片段作为最终的动画作品。在所有的动作中，人和动物的肢体动作是最复杂的。为了真实、准确地表现人和动物的肢体动作，在过去研发出许多相关的模型和技术，其中动作捕捉（Motion Capture）和运动学（Kinematics）是最主要的两种技术。

动作捕捉是记录人或动物的真实动作过程，再把这个动作过程投射到计算机产生的动画角色上。在记录过程中，表演者在身体上安装了许多传感器，计算机会侦测表演者的肢体动作，并用此动作信息来控制和设计动画角色的动作。使用这个方法可以捕捉到一般技术模拟不出来的复杂肢体动作，从而设计出真实感非常强的拟人或动物的动画角色。在动作捕捉方面，脸部表情的捕捉尤其困难。例如，在制作电影《纳尼亚史纪》（*The Chronicles of Narnia*）时，使用了 1851 个动画控制器，其中的 742 个是用来控制脸部表情的。

运动学主要是研究肢体的系统和肢体的动作。动物是由肢体系统中各个器官部位组成的，如手、脚、膝盖等。移动一个部位会带动其他相关部位一起移动。三维动画设计使用了两种运动学技术：正向运动学（Forward Kinematics）和反向运动学（Inverse Kinematics）。正向运动学是指一个动画对象由一组肢体组件组成，设计师可以控制并调整每一个肢体组件。例如，设计一个走路的动作，先转动一下髋关节，大腿向前移动，移动一下膝盖，小腿向后移动，最后拱起脚。正向运动学比较容易实践，但是操作起来比较费时，而且最后作品的质量完全取决于设计者的经验。反向运动学是指移动一个肢体部位时，与此部位连动的肢体部位会同时移动。这样设计师的操作变得比较简单，而且可以保持动画角色肢体动作的一致性。如果对人体构造十分了解，则可以构建出更细微的部位，如不同肌肉部位的联动，可以构建出更精准的模型，进而设计出更逼真的模拟人的动作。使用反向运动学也可以设计出脸部表情的模型和动作。使用反向运动学需要精心规划以及具备创新编程的能力，同时需要比较强大的计算机运算能力和运算时间。

③ 绘制

绘制是产生三维动画帧的最后一个步骤。绘制依据动画制作过程中产生的规格，如模型、表面定义、场景组合和动作等，产生最后的动画作品。绘制有事先绘制（Prerendered）和即时绘制（Rendered in Real Time）两种方式。事先绘制适合用在与用户没有什么互动的应用中，如动画电影。而与用户有频繁互动的应用，如游戏，使用哪些动画片段取决于用户，就比较适合使用即时绘制的方式了。

三维动画的绘制工作通常需要耗费大量的运算和存储能力，不是一般个人计算机能力所及的。一部动画电影包括上万高画质的帧，每一帧图像的生成需要大量的模型运算来产生各种图像的细节，如光线、动作、背景等。例如，皮克斯工作室制作第一部《玩具总动员》时，使用了渲染农场来进行最后的渲染工作。渲染农场包括一个有 117 台工作站的运算网络，每一台工作站具有至少两个处理器。

三维动画游戏一般使用即时渲染的方式，它也需要使用图像运算功能强大的计算机或定制型游戏机才能够正常运行，如 PlayStation。这些游戏中动画的即时渲染通常使用 C++程序语言进行编程，并通过应用程序接口（Application Programming Interfaces，APIs），如 OpenGL 和 Direct 3D，呼叫执行即时渲染的工作。

6.4　动画制作实战——Animate

Animate（前身是 Flash Professional）是知名图形设计软件公司 Adobe 推出的一款制作网络交互动画的优秀工具，它支持动画、声音以及交互，具有强大的多媒体编辑功能，可以直接生成主页代码，被广泛应用于网络广告、交互游戏、教学课件、动画短片、交互式软件开发、产品功能演示等多个方面。

6.4.1　Animate 的操作界面

Animate 的工作区将多个文档集中到一个界面中，这样不仅降低了系统资源的占用，而且可以更加方便地操作文档。Animate 的操作界面包括以下几部分，菜单栏、编辑栏、舞台、时间轴面板、状态栏、浮动面板组和绘图工具箱等。图 6.1 所示为 Animate 的操作界面。

（1）菜单栏

Animate 的菜单命令分为 11 种，即文件、编辑、视图、插入、修改、文本、命令、控制、调试、窗口和帮助。

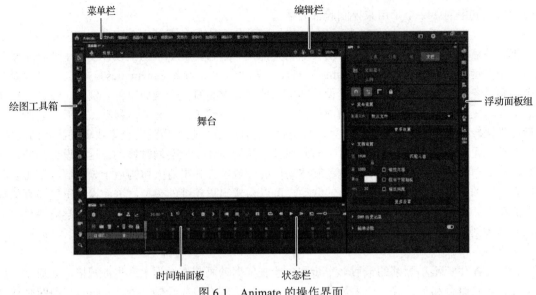

图 6.1　Animate 的操作界面

（2）编辑栏

编辑栏位于舞台顶部，该栏包含编辑场景和编辑元件的常用命令，如图 6.2 所示。

图 6.2　编辑栏

各个按钮的功能如下。

① 编辑元件：单击该按钮，弹出当前文档中的所有元件列表，选中一个元件，即可进入对应元件的编辑窗口。

② 编辑场景：单击该按钮，在弹出的下拉列表中显示当前文档中的所有场景名称，选中一个场景名称，即可进入对应的场景。

③ 舞台居中：滚动舞台聚集到特定舞台位置后，单击该按钮，可以快速定位到舞台中心。

④ 旋转工具：单击该按钮，在舞台中心会出现控制标志，可任意变换舞台的旋转角度。

⑤ 剪切掉舞台范围以外的内容：将舞台范围以外的内容裁切掉。

⑥ 舞台缩放比例：用于设置舞台缩放的比例。

（3）舞台

舞台是用户进行创作的主要区域，图形的创建、编辑、动画的创作和显示都在该区域中进行。舞台是一个矩形区域，相当于实际表演中的舞台，任何时间看到的舞台仅显示当前帧的内容。

（4）时间轴面板

时间轴面板是用于进行动画创作和编辑的主要工具，可分为两大部分：图层控制区和时间轴控制区，其结构如图 6.3 所示。

图层控制区位于时间轴面板左侧，用于进行与图层有关的操作，按照顺序显示当前正在编辑的场景中所有图层的名称、类型、状态等。在时间轴上使用多层层叠技术可将不同内容放置在不同的层中，从而创建一种有层次感的动画效果。

时间轴控制区位于时间轴面板右侧，用于控制当前帧、执行帧操作、创建动画、动画播放的速度，以及设置帧的显示方式等。舞台上出现的每帧的内容都是该时间点上出现在各层上所有内容的反应。

状态栏略。

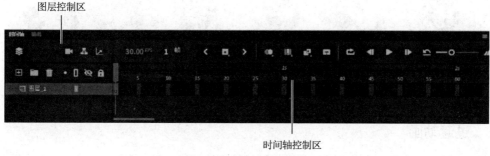

图 6.3　时间轴面板结构

（5）浮动面板组

在 Animate 工作环境的右侧停靠着许多浮动面板，并且自动对齐。这些面板可以自由地在界面上拖动，也可以将多个面板组合在一起，成为一个选项卡组，以扩充文档窗口。

（6）绘图工具箱

使用 Animate 进行动画创作，首先要绘制各种图形和对象，这就要用到各种绘图工具。绘图工具箱以图标形式停靠在工作区左侧。选择命令"窗口"|"工具"，即可展开绘图工具箱。

6.4.2　逐帧动画

逐帧动画就是利用人眼的视觉暂留特性，在每帧上创建一个不同的画面，连续的帧组合成连续变化的动画。

案例：圣诞老人。

效果图：用手机扫描图 6.4 二维码查看动画效果。

操作步骤：

① 右击时间轴的第 1 帧，插入关键帧。

② 将"窗口/库"中的素材"圣诞老人"拖到工作区中，效果如图 6.5 所示。

图 6.4　圣诞老人动画效果二维码

图 6.5　放置素材

③ 设置属性：在没有选中图像的状态下，单击舞台右侧的"属性"按钮，其中"宽""高"尺寸用来设置图片大小，"匹配内容"按钮的作用是使工作区按照图片的实际大小而定。播放速度为每秒 3 帧。

④ 插入下一关键帧，工作区的图片与前一关键帧一样，删除该帧图片后的空心圆 ，表示画面为空白。

⑤ 依次在第 2、3、4、5、6、7 帧插入空白关键帧后，分别将库中的素材拖入（注意，放置的位置所有帧都要一致），效果如图 6.6 所示。

图 6.6　拖入素材

（6）单击"控制/播放"按钮或直接按 Enter 键观看播放效果。

6.4.3　过渡动画

建立动画过程的首尾两个关键帧，中间过渡帧由计算机计算得到。

（1）变形动画：矢量图形

案例：圆形变心形。

效果图：用手机扫描图 6.7 二维码查看动画效果。

操作步骤：

① 在第 1 帧插入关键帧（首帧）。

② 选取椭圆工具，按住 Shift 键不放，拖画出一个无框正圆（笔触为边框线，填充为填充颜色）。设置笔触颜色为无，画出无框线的圆，填充蓝色，效果如图 6.8 所示。

图 6.7　圆形变心形动画效果二维码

图 6.8　画圆

③ 在第 24 帧插入关键帧，仍是第 1 帧的圆，用选择工具在不选中图片状态下，拖出心形（直接拖为圆弧），并填充红色，效果如图 6.9 所示。

④ 选中第 1 帧，选择命令"修改"|"转换为元件"。

⑤ 为第 1 帧设置变形动画：选中第 1 帧，右击，选择命令"创建补间形状"。

⑥ 在第 29 帧中插入关键帧，此帧图形依然为红色心形。

⑦ 在第 41 帧中插入关键帧，选择命令"修改"|"变形"|"任意变形"，改变心形的形状，效果如图 6.10 所示。

⑧ 在第 54 帧中插入关键帧，还原红色心形的形状同第 29 帧。

⑨ 用步骤④和⑤的方法为第 29、41 帧设置变形动画。

⑩ 单击"控制/播放"按钮或直接按 Enter 键观看播放效果。

图 6.9　拖出心形

图 6.10　改变心形的形状

（2）变形动画：非矢量图形

案例：ABD 变形。

效果图：用手机扫描图 6.11 二维码查看动画效果。

操作步骤：

① 在时间轴的第 1、10、20 帧分别插入关键帧，内容为字母 A、B、D。

② 将这 3 个字母转换为元件。

③ 为第 1、2 关键帧设置动画属性：分别选中第 1、2 关键帧，右击，在弹出的快捷菜单中选择命令"创建补间形状"，如图 6.12 所示。

图 6.11　ABD 变形动画效果二维码

图 6.12　创建补间形状

④ 单击"控制/播放"按钮或直接按 Enter 键观看播放效果。

（3）运动动画：将矢量图形转换为元件

案例：我的大学。

效果图：用手机扫描图 6.13 二维码查看动画效果。

操作步骤：

① 创建宽 400 像素、高 200 像素的区域。

② 在图层 1 舞台中心输入"我的大学"。

③ 将"我的大学"转换为元件：选择命令"修改"|"转换为元件"。

图 6.13　我的大学动画效果二维码

④ 在图层 1 第 30 帧插入关键帧，运用"任意变形工具"将"我的大学"放大。

⑤ 创建图层 2 和图层 3。

⑥ 复制图层 1 的第 1～30 帧到图层 2、3 中。

⑦ 将图层 2、3 的第 30 帧分别向上、下移动，并选择命令"属性"|"对象"|"色彩效果"，选择 Alpha 透明度为 0。

⑧ 为 3 个图层"创建传统补间"。

⑨ 单击"控制/播放"按钮或直接按 Enter 键观看播放效果。

6.4.4　遮蔽效果

遮蔽层遮蔽下一层的图形，而遮蔽层的图形是不可见的。遮蔽效果可分为两种：一种是遮蔽层图形移动为扫描方式，这好比坐在开动的车上看到路边的景物；另一种是遮蔽层图形不动而下层图形移动为流动方式，这好比在路口看来来去去的车流。

案例 1：遮蔽效果 1。

效果图：用手机扫描图 6.14 二维码查看动画效果。

操作步骤：

① 在图层 1 舞台中心输入"ABCDEFGHIJK"，选中第 30 帧，右击，在弹出的快捷菜单中选择命令"插入帧"。

② 新建图层 2，在图层 2 画一椭圆，如图 6.15 所示。

③ 在图层 2 第 30 帧插入关键帧，并将椭圆移至图 6.16 所示位置。

图 6.14　遮蔽效果 1 动画效果二维码

图 6.15　画椭圆　　　　　　　　　　图 6.16　移动椭圆

④ 选中图层 2 的第 1 帧，右击，在弹出的快捷菜单中选择命令"创建补间形状"。

⑤ 选中图层 2，右击，设置为"遮罩层"。

⑥ 单击"控制/播放"按钮或直接按 Enter 键观看播放效果。

案例 2：遮蔽效果 2。

效果图：用手机扫描图 6.17 二维码查看动画效果。

操作步骤：

① 在图层 1 舞台左侧输入"ABCDEFGHIJK"，如图 6.18

图 6.17　遮蔽效果 2 动画效果二维码

所示。

图 6.18　输入文字

② 将"ABCDEFGHIJK"转换为元件：选择命令"修改"|"转换为元件"。

③ 在图层 1 第 30 帧插入关键帧，并将"ABCDEFGHIJK"移至舞台右侧，如图 6.19 所示。

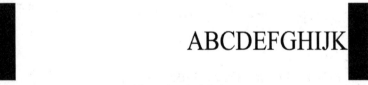

图 6.19　移动文字

④ 选中图层 1 的第 1 帧，右击，在弹出的快捷菜单中选择命令"创建传统补间"。

⑤ 新建图层 2，在舞台中心画一椭圆，如图 6.20 所示。

图 6.20　画椭圆

⑥ 选中图层 2，右击，在弹出的快捷菜单中选择命令"遮罩层"。

⑦ 单击"控制/播放"按钮或直接按 Enter 键观看播放效果。

6.4.5　自定义动画移动的路径

案例：移动的圆。

案例说明：使对象在画面上按任意曲线移动。

效果图：用手机扫描图 6.21 二维码查看动画效果。

操作步骤：

① 在图层 1 中画一个矩形，并在第 40 帧插入帧。

② 新建图层 2，再画一个矩形，如图 6.22 所示。

③ 新建图层 3，在第 1 帧画一个圆形，如图 6.23 所示，并将其转换为元件。

图 6.21　移动的圆动画效果二维码

图 6.22　画矩形　　　　　　　　图 6.23　画圆形

④ 选中图层 3，右击，在弹出的快捷菜单中选择命令"添加传统运动引导层"，出现一个引导层。

⑤ 在引导层上用"传统画笔工具"绘制一条路径线，如图 6.24 所示。

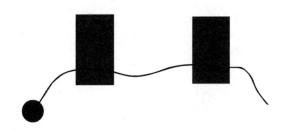

图 6.24　绘制路径线

⑥ 在图层 3 的第 40 帧插入关键帧，并将圆形移至如图 6.25 所示位置。

⑦ 为图层 3 设置传统补间，使得圆形按照所绘线条进行移动。

⑧ 将图层 3 置于图层 2 下方，使得圆形从第 2 个矩形的下方通过。

⑨ 单击"控制/播放"按钮或直接按 Enter 键观看播放效果。

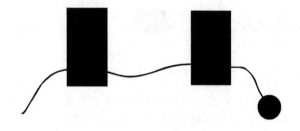

图 6.25　移动圆形

思考与练习

1. 试分析比较传统动画与计算机动画的异同点。
2. 简述计算机动画的基本类型。
3. 简述主要的计算机动画制作技术，并且就其关键技术加以简要说明。
4. 描述三维动画的制作流程。

第 7 章　数字音频处理技术

7.1　音频生成原理及其特征

1. 音频生成原理

人类能够听到的所有声音都称为音频。音频是一种连续变化的模拟信号，可用一条连续的曲线来表示，即声波。音频信号可分为语音信号与非语音信号。根据声波的特征，可把音频信息分为规则音频和不规则音频（噪声）。从物理学的角度看，噪声是指由发声体做无规则振动时发出的声音。从环境保护的角度看，凡是干扰人们正常工作、学习和休息的声音，以及对人们要听的声音起干扰作用的声音都是噪声。而有规则的、让人愉悦的声音是乐音。

图 7.1 所示为声波示意图，其中振幅是指声音的能量，也就是声音的音量，通常用分贝（dB）来表示。波长是声音的时间长度。波形是指声音是以波的形式振动传播的。最简单的声波又叫纯音，纯音可由音叉产生，它可以用一个简单的周期性波形来表示，这种周期性的波叫作正弦波。正弦波是声音学理论中最基本的波形，我们可以混合不同频率的正弦波产生各种不同的声音。

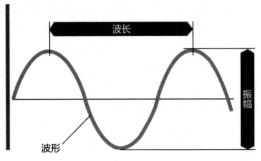

图 7.1　声波示意图

传统的音频生成主要通过模拟式声音扩大器和扬声器来完成，例如，将声音通过传声器隔板振动的轨迹刻画在腊制的滚筒上，再生声音时，可使用唱针沿着滚筒上的轨迹产生振动，振动产生的电子信号通过模拟式声音扩大器进行放大，并由扬声器发出声音。随着技术的改进，仿真声音系统取得长足发展，并推动声音的捕捉和再生达到高保真（High Fidelity）水平。而在数字媒体应用领域，模拟式声音扩大器和扬声器依然是常见的输出数字声音的方式。

数字声音由一系列离散的信息元素组成，主要分为采样型（Sampled）和合成型（Synthesized）两种。采样型声音是对已有的仿真声音进行数字化录音，它产生的文件包括许多表示声音波形的文件信息，如振幅、频率的数值。合成型声音是利用计算机产生的声音，它的文件主要是控制计算机产生声音的指令。数字媒体开发人员通常使用采样法捕捉自然界的声音，如人的说话声和鸟叫声，再使用合成法制作音乐组曲和音乐特效。

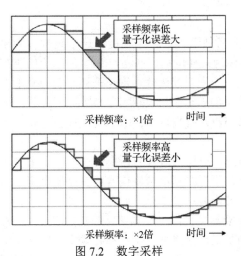

图 7.2　数字采样

在进行声音数字采样时，使用模数转换器（Analog to Digital Converter，ADC）来捕捉并记录声音波形和许多不同振幅的信息。由于模拟型声音由连续变化的电压模式组成，模数转换器会以每秒成千上万次的速度对此声音的电压值进行采样并记录其数字值，如图 7.2 所示。当再生还原此声音时，可以使用数模转换器（Digital to Analog Converter，DAC）将这些数字值转换成对应的电压值，再经模拟式声音扩大器和扬声器将声音播放出来。

数字采样使用一组离散数字样本代表声音的原始波形。由于采样时只能在连续变化的模拟声音上采取有限数量的样本值，所以一些声音的信息在采样时会丢失。采样型声音的品质取决于两个因素：采样过程中的采样分辨率（Sample Resolution）和采样频率（Sample Rate）。

2．音频的特性

声音的三要素是音调、音强和音色，人们通常根据它们来区分声音。声音的质量简称为音质。音质的好坏与音色和频率范围有关。具体来看，音频的特性如下。

（1）响度，即人主观上感觉声音的大小（俗称音量），由振幅和人离声源的距离决定，振幅越大响度越大。人和声源的距离越小，响度越大。响度单位为分贝（dB）。

（2）音强，即声音信号中主音调的强弱程度，与振幅成正比。响度的大小主要依赖于音强，也与声音的频率有关。

（3）音调，即表示声音的高低（高音、低音），由频率决定，频率越高，音调越高。

（4）频率，即每秒经过给定点的声波数量，它的单位为 Hz（赫兹），是以海因里希·赫兹的名字命名的。人耳听觉频率范围为 20Hz～20kHz。声音按频率可分为次声波、可听声波、超声波。频率在 20Hz 以下称为次声波，20kHz 以上称为超声波。人类说话声音的频率范围为 100Hz～10kHz。

（5）音色，又称音品，由波形决定。声音因声源的差异而具有不同的特性，音色本身是一种抽象描述，波形是其直观表现。音色不同，则波形不同。典型的音色波形有方波、锯齿波、正弦波、脉冲波等。我们可以通过波形分辨不同的音色。

7.2　音频数字化过程

音频数字化是指利用数字化手段对声音进行录制、存储、编辑、压缩或播放。音频数字化处理技术是随着数字音频信号处理技术、计算机技术、多媒体技术的发展而形成的一种全新的声音处理技术，主要包括电/声转换，音频信号的存储、重放、加工处理，以及数字音频信号的编码、压缩、传输、存取、纠错等。

借助模数或数模转换器，模拟信号和数字信号可以互相转换。模拟/数字信号转换的一个关键步骤是声音的采样和量化，得到的数字音频信号是在时间上不连续的离散信号。模数转换器以固定的频率采样，即每个周期测量和量化信号两次（正、负振幅）。采样和量化的声音信号经编码后成为数字音频信号，可以将其以文件形式保存在存储介质中，这种文件一般称为数字声波文件。

1．采样

声音信息的数字化过程是每隔一定的时间在模拟声音波形上取一个幅度，这个过程称为采样，采样的时间间隔称为采样周期。每一秒采样的数目称为采样频率，单位为 Hz。信息论的奠基者香农指出，在一定条件下，用离散的序列可以完全代表一个连续函数，这是采样定理的基本内容。例如，音频是连续的时间函数 $X(t)$，对连续信号采样，即按一定的时间间隔 T 取值，得到 $X(nT)$（n 为整数），T 为采样周期，"插图"为采样频率，$X(0), X(T), X(2T), \cdots, X(nT)$ 为采样值。采样频率越高所能描述的声波频率就越高。

采样定理又称奈奎斯特（Nyquist）定理，即在进行模拟/数字信号的转换过程中，当采样频率 $f_{s.max}$ 大于信号中最高频率 f_{max} 的 2 倍时（$f_{s.max} > 2f_{max}$），采样之后的数字信号将完整地保留原始信号中的信息，一般实际应用中应保证采样频率为信号最高频率的 2.56～4 倍。

奈奎斯特频率是在给定采样频率下不发生失真现象能够采样的最高频率，是使模拟数字信号能够精确重建的最低采样。当对音频信号数字化时，如果采样频率低于奈奎斯特频率，就会发生音频失真。根据奈奎斯特定理，只有每周期采样次数大于 2，才能提供足够的信息来重构波形而不失真。例如，采样波的频率为 637Hz，即每秒 637 个周期，这意味着至少要以 1274Hz 的奈奎斯特频率对它采样，才能保证音频不失真。

2. 量化

将采样得到的表示声音强弱的模拟电压用数字表示，称为量化，就是将采样值用二进制数形式表示的过程。量化时先将采样后的信号按整个声波的幅度划分成有限个区间的集合，把每个区间内的样值归为一个量化值。其中涉及一个问题，就是采样信号幅度的划分，即从采样信号幅度的最大值到最小值，需要分割成多少个区间？一般采用二进制数的方法，如果是等间隔的划分，则 8 位二进制数可划分为 256 个量化等级，16 位、32 位二进制数分别可以表示 216 或 232 个量化等级，经过离散并且量化的音频信号即可对其进行编码。

在量化过程中，为了减少失真，可以把音频信号的波形划分成更细小的区间，即采用更高的采样频率，在音频连续信号曲线上做更密集的采样。同时，增加量化精度，以得到更多的量化等级。因此，采样频率越高，量化位数越多，声音的质量越高。8 位声卡的声音从最低音到最高音只有 256 个级别，16 位声卡有 65 536 个高低音级别。当前常用的 16 位声卡采样频率共设有 22.05kHz、44.1kHz、48kHz 这 3 个等级，其音质分别对应于调频立体声音乐、CD 品质立体声音乐、优质 CD 品质立体声音乐。理论上采样频率越高音质越好，但人耳听觉分辨率有限，无法辨别高于 48kHz 的采样频率。

3. 编码

根据编码方式的不同，音频编码技术分为波形编码、参数编码和混合编码。

波形编码是指不利用生成音频信号的任何参数，直接将时域信号变换为数字代码，使重构的音频波形尽可能地与原始信号的波形保持一致。波形编码的基本原理是在时间轴上对模拟声音信号按一定的速率采样，然后将幅度样本分层量化，并用编码表示，即利用采样和量化过程来表示音频信号的波形，使编码后的音频信号与原始信号的波形匹配。它主要根据人耳的听觉特性进行量化，以达到压缩数据的目的。波形编码的复杂程度比较低，编码速率较高，通常在 16kb/s 以上，音质相当好。但当编码速率低于 16kb/s 时，音质会急剧下降。常见的波形编码方法有脉冲编码调制、增量调制、差值脉冲编码调制、自适应差分脉冲编码调制、子带编码和矢量量化编码等。

参数编码的压缩率大，计算量和算法复杂度也大，因而保真度不高，适用于语音信号的编码。参数编码以语音信号产生的数字模型为基础，求出数字模型的模型参数，再按照这些参数还原数字模型，合成语音，即对信号特征参数进行提取和编码，在解码端重建原始语音信号，以保持原始音频的特性。其缺点是合成语音的自然度不好，抗背景噪声能力较差，音质比较差；优点是保密性很好。典型的参数编码器有共振峰声码器、线性预测声码器等。

混合编码是指同时使用两种或两种以上的编码方法进行编码。这种编码方法克服了波形编码和参数编码的缺点，并结合了波形编码高质量和参数编码的低编码速率，能够取得比较好的效果。

7.3 数字音频属性及其质量

通过音频模拟信号的数字化流程获得了可以在计算机中存储并进行处理的数字音频。数字音频质量是指经传输、处理后音频信号的保真度。评价数字音频的标准就是声音的质量好坏，而在数字化的采样、量化和编码过程中，数字音频属性中的采样频率、量化位数和声道数是影响音频数字信号质量的三大参数。

1. 数字音频属性

（1）采样频率

采样频率是指计算机每秒对声波幅度样本采样的次数，是描述声音文件音质、音调，以及声卡的质量标准，计量单位为 Hz（赫兹）。采样频率越高，意味着采样的时间间隔越短，因此，在单位时间内计算机得到的声音样本数据越多，所需的存储空间越大，声音的还原越真实自然。常见的采样频率有 8kHz、11.025kHz、22.05kHz、44.1kHz、48kHz 等。

（2）量化位数

如前所述，通过采样获得的样本需要进行量化，而量化位数也称为"量化精度"，是描述每个采样点样本值的二进制位。常用的量化位数有 8 位、12 位和 16 位。其中，8 位量化位数表示每个采样值可以用 28 个不同的量化值之一来表示，16 位量化位数则表示每个采样值可以用 216 个不同的量化值之一来表示。量化位数决定声音的动态范围，量化位数越高，音质越好，但音频文件的数据量也越大。

（3）声道数

声音通道的个数称为声道数，声道数是指一次采样所记录的声音波形个数。记录声音时，如果每次生成一个声波数据，则称为单声道。如果每次生成两个声波数据，则称为双声道（立体声）。每次生成前左、前右、后左、后右 4 个声道则称为 4 声道。目前，家庭影院中的 5.1 甚至 7.1 声音系统则是在此基础上通过加入超低音声道、中置声道形成的新型声音系统。随着声道数的增加、声音质量的提升，音频文件所占用的存储容量也成倍增加。

（4）比特率

单位时间内通过信道传输的比特数称为比特率，用比特/秒表示，通常简写为 b/s。比特率越高，传送数据速度越快。声音中的比特率是指将模拟声音信号转换成数字声音信号后，单位时间内的二进制数据量，是间接衡量音频质量的一个指标。

2．数字音频质量

（1）数字音频质量差异

根据音频类型、用途的不同，数字音频质量的衡量标准、音质保真度、编码的质量标准存在一定的差异。

① 衡量标准差异

不同音频类型对质量的衡量标准不同。就模拟音频来看，再现声音的频率成分越多，失真与干扰越小，保真度就越高，音质也越好。而对于数字音频来说，再现声音的频率成分越多，误码率越小，音质越好。

② 音质保真度差异

不同作用的音频对音质保真度要求不同。例如，语音音质保真度主要体现在清晰、不失真上（忠实再现平面声像）。乐音的保真度要求较高，根据目前大众对环绕立体声甚至虚拟现实系统的需要，设计厂商着力于采用多声道模拟环绕立体声或虚拟双声道 3D 环绕声等方法，再现原有声源的一切声像（忠实再现空间声像）。

③ 编码的质量标准差异

不同用途的音频，编码的质量标准不同。在对数字音频信号进行存储和传输时，经常要对这些信号进行压缩编码和纠错编码。压缩编码的目的是降低数字音频信号的数据量和数码率，以提高存储和传输的有效性。纠错编码用于为信号提供纠错、检错能力，从而提高音频信号存储和传输的可靠性。根据音频用途的差异，需选择不同的质量标准及逆行压缩与纠错，例如，电话质量的音频信号采用 ITU-TG711 标准，用 8kHz 采样、8 位量化，码率为 64kb/s。AM 广播采用 ITU-TG722 标准，用 16kHz 采样、14 位量化，码率为 224kb/s。

（2）评价音频质量的方法

人耳对于不同音质、音色的感受，以及模拟/数字信号转换过程中对音质的影响，数字音频信号再现过程中，模拟/数字信号在进行转换时会对音质造成一定的影响，同时人耳对不同音质、音色也会产生不同感受，因此，评价音频质量，可从主观和客观两个角度进行。

① 语音音质

主观评定语音编码质量的标准即主观打分（MOS），分为以下五级：5（优），不察觉失真；4（良），刚察觉失真，但不让人讨厌；3（中），察觉失真，稍觉讨厌；2（差），讨厌，但不令人反感；1（劣），极其讨厌，令人反感。当再现语音频率达到 7kHz 以上时，MOS 可评为 5 分。这种评价标准广泛应用于多媒体技术和通信技术中，常见于可视电话、电视会议、语音电子邮件、语音信箱等。主观评价语音的常用标准有 ITU-T P.800 和 ITU-T P.830。客观评价语音的常用标准有 ITU-T P.563、ITU-T P.861、ITU-T P.862。

② 乐音音质

乐音音质受多种因素的影响，如声源特性（声压、频率、频谱等）、音响器件的信号特性（失真度、频响、动态范围、信噪比、瞬态特性、立体声分离度等）、声场特性（如直达声、前期反射声、混响声、两耳间互相关系数、基准振动、吸声率等）、听觉特性（如响度曲线、可听范围、各种听感）等。由于影响音质的原因相对复杂，因此对音响设备再现音质的评价难度较大。通常采用以下两种方法评价乐音音质：一是使用仪器测试技术指标；二是采用主观听音评价。

一般采用主观听音评价和技术指标测试相结合的方式进行，并以技术指标测试为主要依据。这是因为采用主观听音评价方式难免带有主观随意性，容易受到参评人员的听音素养、听音心理、习惯、爱好以及听音环境等因素的影响而得出有争议的结果，而采用仪器测试设备的技术指标，可以得到直观的、科学的、定量的、值得信赖的结果。主观评价乐音（音响设备）的常用标准有 ITU-R BS.1284、ITU-R BS.1116-1、ITU-R BS.1534 等。客观评价乐音（音响设备）的常用标准有 ITU-R BS.1387-1 等。

7.4　数字音频格式

（1）资源交换文件格式

资源交换文件格式（Resource Interchange File Format，RIFF）是由微软和 IBM 公司于 1991 年共同提出的一种媒体文件的存储格式。不同编码的音频、视频文件，可以按照该格式定义的存储规则保存和记录各自不同的数据，如数据内容、采集信息、显示尺寸、编码方式等。在播放器或其他提取工具读取文件时，可以根据 RIFF 的规范来分析文件，合理地解析出音频、视频信息，正确进行播放。RIFF 是 Windows 环境下大部分媒体文件遵循的一种文件格式规范。所以，准确地说，RIFF 本身并不是一种特定的文件格式，而是对这一类文件类型总的定义，如 WAV 文件、AVI 文件等都遵循 RIFF 规范。

RIFF 是一种树状结构，其基本组成单元为 List（列表）和 Chunk（块），类似于 Windows 文件系统的组织形式，RIFF 中的 List 和 Chunk 分别对应 Windows 文件系统中的文件夹和文件。Windows 文件系统中的文件夹可以包含子文件夹和文件，而文件是保存数据的基本单元，RIFF 也使用了这样的结构。在符合 RIFF 规范的文件中，数据保存的基本单元是 Chunk，可用于保存音频、视频数据或者一些参数信息，List 相当于文件系统的文件夹，可以包含多个 Chunk 或者多个 List。

（2）WAV 文件格式

WAV 文件格式是微软和 IBM 公司开发的一种波形（Waveform）音频文件格式，符合 RIFF 规范，是目前计算机上广泛流行的音频文件格式，几乎所有的音频编辑软件都可直接播放 WAV 文件格式。WAV 文件格式所存储的音频数据是对声音模拟波形进行采样所得的 PCM 样值数据，因此也称为波形文件。WAV 文件格式存放的是未经压缩处理的音频数据，音质好，但是占用的存储容量大。

WAV 文件占用的存储容量=采样频率×量化位数×声道数×时间÷8。例如，用 44.1kHz 的采样频率对声波进行采样，每个采样点的量化位数选用 16 位，则录制 1min 的立体声音频，其 WAV 文件需占用的存储容量约为 10MB。当然，如果对声音质量要求不高，则可以通过降低采样频率，采用较少的量化位数或利用单声道来录制 WAV 文件，此时的 WAV 文件可以大大减小。实践表明，用 22.05kHz 的采样频率和 8 位的量化精度，可取得较好的音质，其效果可以达到相当于调幅（AM）广播的音质。

（3）MP3 文件格式

MPEG（Moving Picture Experts Group，活动图像专家组）音频压缩标准使用了高性能的感知编码（Perceptual Coding）方案。按照压缩质量（每位的声音效果）和编码方案的复杂程度的不同分为 3 层：Layer I、Layer II、Layer III，分别对应 MP1、MP2 和 MP3 这 3 种音频文件。所有这 3 层的编码采用的基本结构是相同的。它们在采用传统的频谱分析和编码技术的基础上还应用了子带分析和心理声学模型理论。也就是通过研究人耳和大脑听觉神经对音频失真的敏感度，在编码时先分析声音文件的波形，利用滤波器找出噪声电平，然后滤去人耳不敏感的信号，通过矩阵量化的方式将余下的数据每一位打散排列，最后编码形成 MPEG 的音频数据。MPEG 音频编码具有很高的压缩率，MP1 和 MP2 的压缩比分别为 4:1 和 8:1~6:1，而 MP3 的压缩比则高达 12:1~10:1。使用 MP3 格式压缩的个人计算机用户能够将一张普通的音乐 CD 的内容压缩到它原来大小的十分之一，而在音质上只有很小的损伤。这样，12 小时的音乐可以存储在一张可录制的激光唱碟上，而且可以用一台 MP3 格式的 CD 播放器或一台普通的个人计算机来播放。

MP3 有 4 种不同的编码模式：单声道模式、双声道模式（两个独立的音频信号编在一个数据流内）、立体声模式（立体声的左、右声道编在一个数据流内）和联合立体声模式（带有与立体声不相关的左、右声道，且编在一个数据流内）。MP3 作为一种广泛应用的音频文件格式，以其高压缩比和低失真度得到广大用户的认可，应用范围越来越广。

（4）MIDI 文件格式

MIDI（Musical Instrument Digital Interface，电子乐器数字接口）是数字音乐/电子合成器的统一国际标准，定义了计算机音乐程序、电子音乐合成器和其他电子音乐设备之间交换信息与控制信号的方式，还规定了不同厂家的电子乐器与计算机连接的电缆和硬件，以及设备间数据传输的协议。MIDI 的目的是解决各种电子乐器间存在的兼容性问题。

MIDI 文件是用来记录 MIDI 音乐的一种文件格式，文件扩展名是.mid 或者.midi。这种文件格式非常特殊，其中记录的不是音频数据，而是 MIDI 消息，即演奏音乐的指令。MIDI 设备间传送 MIDI 消息是通过 MIDI 文件进行的，MIDI 文件类似于音乐的乐谱，MIDI 设备通过它来产生音乐。由于 MIDI 文件不是采样的音乐样本，而是相当于乐谱的一些数据，因此占用的存储空间很小，这是 MIDI 的优点。很显然，使用 MIDI 文件可大大节省存储空间，但解读和编写 MIDI 文件对不熟悉的人来说还是比较困难的。

（5）CD 文件格式

CD 是常用音频格式中音质最好的格式之一，它的声音基本上是忠于原声的，有"天籁之音"的美称，是音响发烧友的首选。几乎所有的媒体播放器都支持 CD 文件格式。标准的 CD 文件格式的量化精度是 16 位，最高可以达到 24 位。CD 文件格式的音频文件的扩展名为.cda。

（6）WMA 文件格式

WMA（Windows Media Audio）是微软公司开发的流式音频格式，其实它就是 ASF 文件格式的音频形式。WMA 文件格式的压缩率比 MP3 还高，一般可以达到 18:1 左右，但音质要强于 MP3，因此，WMA 文件格式常常是网络电台的首选编码格式。另外，WMA 还支持数字版权管理（Digital Rights Management，DRM）方案，可以在 WMA 文件中加入防复制保护，这种内置的版权保护技术可以限制播放时间、播放次数甚至播放的机器等。

（7）MP4 文件格式

由于 MP3 文件格式的开放性带来了一些音乐版权保护方面的问题，为此不少公司都在研究可以有效保护版权的新的音乐压缩格式，由 Global Music Outlet 公司设计开发的 MP4 文件格式就是其中的一种。

MP3 和 MP4 之间其实并没有太多的联系。首先，MP3 是一种音频压缩标准，而 MP4 是一个商标名称。其次，二者采用的音频压缩技术也完全不同，MP4 采用的是美国电话电报公司开发的以"感知编码"为关键技术的 a2b 音频压缩技术，可将压缩比提高到 20：1～15：1，并且不影响音乐的实际听感。最关键的是，MP4 在加密和授权方面做了特别设计。

与 MP3 相比，MP4 的特点可概括如下。

① 每首 MP4 乐曲就是一个扩展名为.exe 的可执行文件，其内部嵌入了播放器，可以直接运行播放。这看起来似乎是个优点，但也导致 MP4 文件容易感染和传播计算机病毒。

② 文件更小，音质更好。由于采用了相对先进的 a2b 音频压缩技术，MP4 文件的大小仅为 MP3 文件的 3/4 左右，但音质并没有下降。

③ 独特的数字水印。MP4 采用了 SOLANA 数字水印技术，这有助于追踪和发现盗版发行行为，即使通过 FM/AM 广播播放 MP4 音乐，也能够检测出音乐的来源。而且，任何针对 MP4 的非法解压行为都可能导致 MP4 源文件的损毁。

④ 支持版权保护。MP4 在版权保护方面进行了很多新的尝试，如 MP4 乐曲内置了与作品版权持有者相关的文字、图像等版权说明。

⑤ 比较完善的播放功能。MP4 允许用户独立调节左、右声道音量，内置波形/分频动态音频显示和音乐管理器，可支持多种彩色图像、网站链接及无限制地滚动显示文本。

（8）OGG 文件格式

OGG 的全称是 OGG Vorbis，是一种新型的音频压缩格式。OGG 不像 MP3 那样有专利限制，它完全免费、开放。虽然 OGG 也属于有损压缩，但它采用了更加先进的声学模型以减少音质损失，同等编码数码率的 OGG 的音质比 MP3 的音质要好一些。OGG 在设计上从一开始就立足于可以方便地进行流式处理。OGG 采用 VBR（可变数码率）编码方式，被设计为每声道能够以 16～128kb/s 的数码率进行编码。另外，OGG 还有一个突出的特点是能够很好地支持多声道。虽然目前 OGG 的音乐文件并没有大规模普及，但许多著名的音频播放器都直接支持 OGG 文件格式。OGG 文件格式的音频文件的扩展名为.ogg。

（9）APE 文件格式

APE 是 Monkey's Audio 公司于 2000 年提出的一种无损音频压缩格式，数码率高达 800～1200kb/s，接近于音乐 CD 的音质，远远高于 MP3 的音质。APE 的压缩比大约为 2：1，生成的文件大小为源文件的 60%左右，解压还原后可以得到与源文件一致的声音品质，因此获得了不少音乐发烧友的青睐。Monkey's Audio 软件为其提供了 Windows Media Player 和 Winamp 的插件支持。APE 文件格式的音频文件的扩展名为.ape 或.mac。

（10）AIFF 文件格式

AIFF（Audio Interchange File Format，音频交换文件格式）是 Apple（苹果）公司开发的一种音频文件格式，属于 QuickTime 技术的一部分，主要用于 Macintosh 平台及其应用程序。这一格式的特点就是格式本身与数据的意义无关，因此受到了微软公司的青睐，并据此提出了 WAV 格式。AIFF 虽然是一种很优秀的文件格式，但由于它是苹果计算机专用的格式，因此并不太流行。不过由于苹果计算机多用于多媒体制作出版行业，因此几乎所有的音频编辑软件和播放软件都或多或少地支持 AIFF。只要苹果计算机还在，AIFF 就始终占有一席之地。AIFF 支持 ACE2、ACE8、MAC3 和 MAC6 压缩算法，支持 16 位、44.1kHz 立体声。AIFF 文件格式的音频文件的扩展名为.aiff 或.aif。

（11）AU 文件格式

AU 是 SUN Microsystems 公司和 NeXT Computer 公司推出的一种声音文件存储格式，采用 8 位 μ 律编码或者 16 位线性 PCM 编码，主要应用于 UNIX 操作系统。这种格式的最大问题是由于它本身所依附的平台不是面向广大消费者的，所以知道 AU 文件格式的人并不多。但这种格式毕竟出现了很多年，所以许多播放器和音频编辑软件都提供了读/写支持。不过时至今日，AU 文件格式对目前许多新出现的音频技术都无法提供支持，起不到类似于 WAV 和 AIFF 那种通用性音频存储平台的作用。目前可能唯一必须使用 AU 文件格式来保存音频文件的就是 Java 平台。AU 文件格式的音频文件的扩展名为.au。

（12）VQF 文件格式

VQF 指的是 TwinVQ（Transform-domain Weighted INterleave Vector Quantization）技术，是日本电报电话（Nippon Telegraph and Telephone，NTT）集团属下的 Human Interface Labo-ratories 开发的一种音频压缩技术。该技术受到著名的 Yamaha 公司的支持。VQF 或 TVQ 是其文件的文件类型名。VQF 其实是一种比较先进的音频压缩技术，通常认为数码率为 96kb/s 的 VQF 与数码率为 128kb/s 的 MP3 的音质相当。

VQF 在 Yamaha 公司的大力推动下也曾有一定的市场份额。不过时至今日，VQF 已经逐步淡出舞台，其原因是多方面的。首先，VQF 是专门开发用于低数码率情况的，对于录音室这种需要高保真的环境就无能为力了。换句话说，VQF 仅适合一般的播放用途，这使得 VQF 的应用范围相对狭窄。其次，VQF 没有得到操作系统平台的直接支持，就像 MP3PRO 那样，Windows 自始至终都不支持直接播放 VQF 文件，这使得 VQF 得不到大范围的推广。再次，VQF 是一种封闭的专利技术，导致市场上所有与 VQF 相关的编码器、播放器无一不是 Yamaha 公司和 NTT 集团的产物，这一点极大地妨碍了 VQF 的发展。最著名的一个例子就是一个曾经致力于推广 VQF 技术的网站宣布由于 VQF 的衰落而停止更新，等待高数码率（192kb/s 或以上）的 VQF 出台后再做打算。虽然 Yamaha 公司已经成功地将 VQF 提交到了 MPEG 组织，并成为 MPEG-4 标准的一部分，但这些努力也是无济于事的。因为 MPEG-4 本来就是一个面向对象的大包容的平台，与 MPEG-1 和 MPEG-2 这种专门针对某种具体的技术而制定的标准已经不是一回事了。VQF 文件格式的音频文件的扩展名为.vqf。

（13）RealAudio 文件格式

RealAudio 文件格式是一种流式的，用于传输接近 CD 音质的音频数据。现在的 RealAudio 文件格式主要有 RA（Real Audio）、RM（Real Media）两种，常用的文件扩展名为.ra 或.rm。它的最大特点就是可以根据网络数据传输速率的不同而采用不同的压缩率，在网络上"边下载边播放"（流式播放），播放时随网络带宽的不同而改变声音的质量，即使在网络传输速率较低的情况下，仍然可以较为流畅地播放，因此 RealAudio 主要适用于网络上的在线播放。对于 14.4kb/s 的网络连接，可获得调幅（AM）广播的音质；对于 28.8kb/s 的网络连接，可以获得 FM 广播的音质。如果拥有更高速率的网络连接，则可以达到 CD 音质。RealAudio 文件需要使用 RealPlayer 播放器播放。

7.5 数字音频处理实战——Audition

7.5.1 Audition 的工作界面

使用 Audition 的图形化界面，可以清晰而快速地完成音频素材的编辑与剪辑工作。其工作界面主要包括标题栏、菜单栏、工具栏、浮动面板和编辑器等部分，如图 7.3 所示。

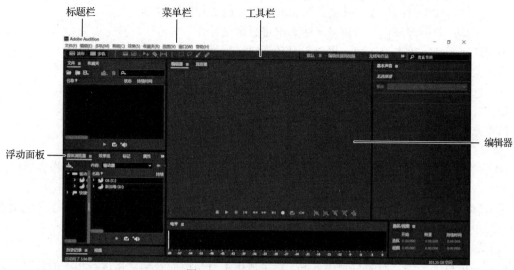

图 7.3　Audition 的工作界面

（1）标题栏

标题栏位于整个窗口的顶端，显示了当前应用程序的名称，以及用于控制文件窗口显示大小的"最小化"按钮、"最大化（向下还原）"按钮和"关闭"按钮。

（2）菜单栏

菜单栏位于标题栏的下方，由"文件""编辑""多轨""剪辑""效果""收藏夹""视图""窗口"和"帮助"9 个菜单组成。各菜单的主要功能如下。

"文件"菜单：在该菜单中可以进行新建、打开和退出等操作。

"编辑"菜单：该菜单包含撤销、重做、剪切、复制和粘贴等命令。

"多轨"菜单：在该菜单中可进行添加轨道、插入文件、设置节拍器等操作。

"剪辑"菜单：在该菜单中可以进行拆分、重命名、剪辑增益、静音、分组、伸缩、重新混合、淡入以及淡出等操作。

"效果"菜单：在该菜单中可以进行振幅与压限、延迟与回声、诊断、滤波与均衡、调制以及混响等操作。

"收藏夹"菜单：在该菜单中可以进行删除收藏、开始/停止记录收藏等操作。

"视图"菜单：在该菜单中可以进行放大（时间）、缩小（时间）、缩放重设（时间）、完整缩小（选定轨道）、显示 HUD（H）、显示视频等操作。

"窗口"菜单：在该菜单中可以进行工作区的新建与删除，以及显示与隐藏"编辑器""文件""历史记录"等面板的操作。

"帮助"菜单：在该菜单中可以使用 Adobe Audition 支持中心、快捷键以及显示日志文件等。

（3）工具栏

工具栏位于菜单栏的下方，主要用于对音乐文件进行简单的编辑操作，它提供了控制音乐文件的相关工具。在工具栏中，各工具和按钮的主要作用如下。

"波形"：单击该按钮，可在"波形"编辑状态下，编辑单轨中的音频波形。

"多轨"：单击该按钮，可在"多轨"编辑状态下，编辑多轨中的音频对象。

显示频谱频率显示器工具：单击该按钮，可以显示音频素材的频谱频率。

显示频谱音调显示器工具：单击该按钮，可以显示音频素材的频谱音调。

移动工具：单击该按钮，可以对音频素材进行移动操作。

切断所选剪辑工具：单击该按钮，可以对音频素材进行分割操作。

滑动工具：单击该按钮，可以对音频素材进行滑动操作。

时间选择工具：单击该按钮，可以对音频素材进行部分选择操作。

框选工具：单击该按钮，可以对音频素材进行框选操作。

套索选择工具：单击该按钮，可以以套索的方式对音频素材进行选择操作。

画笔选择工具：单击该按钮，可以以画笔的方式对音频素材进行选择操作。

污点修复画笔工具：单击该按钮，可以对素材进行污点修复操作。

"默认"：单击该按钮，可以切换至默认的音频编辑界面。

"编辑音频到视频"：单击该按钮，可以切换至音频视频混音编辑界面，在该工作界面中会在最上方显示"视频"面板。

"无线电作品"：单击该按钮，可以切换至无线电作品编辑界面，该界面右边多了"无数据"面板，用于作品的信息设置。

（4）浮动面板

浮动面板位于工作界面的左侧和下方，它主要用于对当前的音频文件进行相应的设置。单击菜单栏中的"窗口"菜单，在弹出的菜单列表中单击相应的命令，即可显示相应的浮动面板。图7.4所示为"文件"面板，图7.5所示为"媒体浏览器"面板。

图7.4 "文件"面板

图7.5 "媒体浏览器"面板

（5）编辑器

Audition中的所有功能都可以在编辑器窗口中实现。打开或导入音乐文件后，音乐文件的音波即可在编辑器窗口中显示，此时所有的操作将只针对该编辑器窗口，若想对其他音乐文件进行编辑，则需要切换至其他音乐的编辑器窗口。编辑器有两种类型：第一种为"波形编辑"状态下的"编辑器"；第二种为"多轨合成"状态下的"编辑器"。

7.5.2　综合案例——录制个人歌曲

本案例录制的歌曲是《三寸日光》，声音波形效果图如图7.6所示。

录制流程：首先新建一个音频文件，录制清唱歌曲《三寸日光》，对录制完成的歌曲进行噪声特效处理，并调整声音的大小，然后新建一个多轨会话文件，插入刚录制的歌曲文件，并添加歌曲的伴奏文件，对音频进行合成处理，完成个人歌曲的录制操作。具体操作步骤如下。

（1）新建空白的单轨音频文件

MP3文件格式的音乐在网络中非常普及，MP3能够以高音质、低采样对数字音频文件进行压缩。本案例向读者介绍输出MP3音频的操作方法。

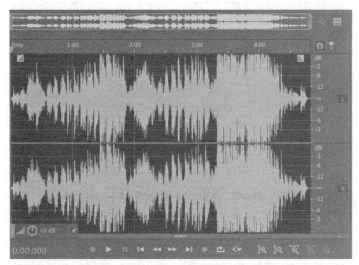

图 7.6 《三寸日光》声音波形效果图

① 在菜单栏中，单击命令"文件"|"新建"|"音频文件"，新建一个单轨文件。

② 执行操作后，弹出"新建音频文件"对话框，在其中设置文件名、采样率、声道等，单击"确定"按钮，如图 7.7 所示。

③ 执行操作后，即可创建一个空白的单轨音频文件，如图 7.8 所示。

图 7.7 设置文件名、采样率、声道等

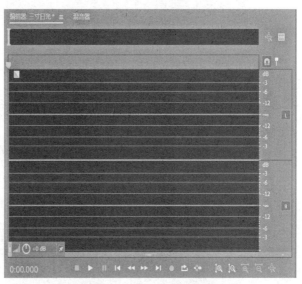

图 7.8 空白的单轨音频文件

（2）录制清唱的歌曲文件

当用户在 Audition 的工作界面中创建单轨文件后，接下来将输入和输出设备与计算机正确连接，然后通过下面的操作步骤开始录制清唱的歌曲文件。

① 在编辑器的下方，单击"录制"按钮 ●。

② 开始录制清唱的歌曲文件，并显示歌曲录制进度和声音波形，如图 7.9 所示。在录制歌曲的过程中，由于一首歌的时间比较长，用户可以对音频进行中途暂停操作，准备好了再单击"录制"按钮录制下一段音频。

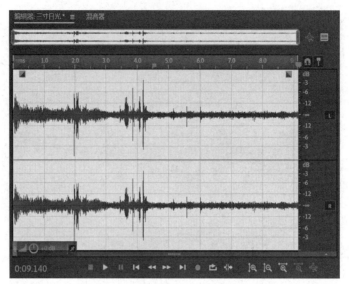

图 7.9 显示歌曲录制进度和声音波形

③ 在"电平"面板中，显示歌曲的电平信息，如图 7.10 所示。

图 7.10 显示歌曲的电平信息

④ 待歌曲录制完成后，单击"编辑器"窗口下方的"停止"按钮 ██，完成一整首歌曲的录制操作，如图 7.11 所示。

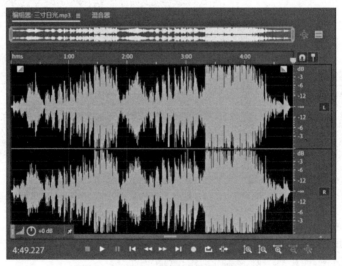

图 7.11 完成一整首歌曲的录制操作

⑤ 歌曲录制完成后，用户要及时保存，以免文件丢失。在菜单栏中，单击命令"文件"|"保存"。

⑥ 执行操作后，弹出"另存为"对话框。设置音频文件的文件名与保存位置，单击"确定"按钮，即可保存录制的歌曲文件。

（3）去除噪声优化歌曲声音

用户在录制歌曲的过程中，会连同外部的杂音一起录进声音中，此时用户需要对歌曲文件进行降噪特效处理，消除歌曲中的噪声。

① 选择时间选择工具 ![I]，在歌曲文件中选择出现的噪声区间，如图 7.12 所示。

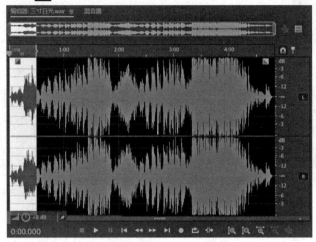

图 7.12　选择出现的噪声区间

② 在菜单栏中，单击命令"效果"|"降噪/恢复"|"捕捉噪声样本"，捕捉歌曲中的噪声样本信息。

③ 按 Ctrl+A 组合键，全选整段歌曲文件。

④ 在菜单栏中，单击命令"效果"|"降噪/恢复"|"降噪（处理）"。

⑤ 执行操作后，弹出"效果-降噪"对话框，各选项为默认设置，以开始捕捉的噪声样本为前提，单击"应用"按钮，如图 7.13 所示。

⑥ 执行操作后，即可开始处理录制的歌曲文件，自动去除歌曲中的噪声部分，并显示降噪处理进度，如图 7.14 所示。

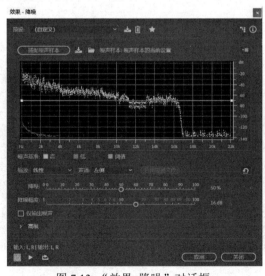

图 7.13　"效果-降噪"对话框

图 7.14　降噪处理进度

⑦ 稍等片刻，即可完成歌曲文件的降噪特效处理，提高了声音的音质，使播放效果更佳，单击"播放"按钮，试听处理后的歌曲文件。

（4）调整录制的歌曲声音大小

在 Audition 的工作界面中，用户还可以调整歌曲的声音振幅，将音量调至合适的大小。下面介绍调整歌曲声音振幅的操作方法。

图 7.15 "调节振幅"数值框

① 按 Ctrl+A 组合键，全选整段歌曲文件。

② 在"编辑器"窗口的"调节振幅"数值框中输入 2，如图 7.15 所示。

③ 按 Enter 键确认，即可调整声音的音量振幅，在编辑器中可以查看修改后的歌曲声音波形大小，如图 7.16 所示。

（a）修改前 （b）修改后

图 7.16 声音波形修改前后的对比

（5）创建空白的多轨项目文件

在 Audition 的工作界面中，如果用户需要创建多段音频文件，就需要在多轨编辑器中对歌曲文件进行编辑。下面介绍创建多轨合成文件的操作方法。

① 在菜单栏中，单击命令"文件"|"新建"|"多轨会话"。

② 执行操作后，弹出"新建多轨会话"对话框，如图 7.17 所示。

③ 在对话框中设置会话名称，单击"文件夹位置"右侧的"浏览"按钮。

④ 弹出"选择目标文件夹"对话框，在其中设置多轨文件的保存位置，单击"选择文件夹"按钮。

⑤ 返回"新建多轨会话"对话框，在其中设置采样率、位深度、主控等选项，单击"确定"按钮。

⑥ 执行操作后，即可新建一个多轨对话文件窗口，如图 7.18 所示。

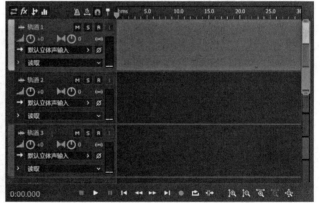

图 7.17 "新建多轨会话"对话框 图 7.18 新建一个多轨对话文件窗口

（6）为录制的歌曲添加伴奏效果

当用户录制并处理完清唱的歌曲文件后，接下来用户可以为清唱的歌曲添加背景伴奏，使歌曲更具活力。下面介绍为清唱的歌曲添加伴奏音乐的操作方法。

① 在"文件"面板中，选择前面录制完成的歌曲文件，如图 7.19 所示。

② 在该歌曲文件上，单击鼠标左键并拖曳至右侧的轨道 1 中，添加清唱歌曲文件，如图 7.20 所示。

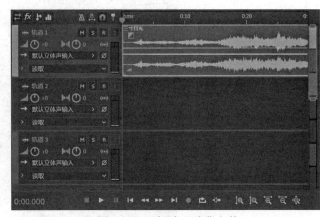

图 7.19　选择歌曲文件　　　　　　　　　　　　图 7.20　添加清唱歌曲文件

③ 在"文件"面板中，单击"导入文件"按钮。

④ 执行操作后，弹出"导入文件"对话框，在其中选择需要导入的歌曲伴奏音乐文件。

⑤ 单击"打开"按钮，将歌曲伴奏音乐文件导入"文件"面板中，如图 7.21 所示。

⑥ 在歌曲伴奏音乐文件上，单击鼠标左键并拖曳至右侧的轨道 2 中，添加背景伴奏，如图 7.22 所示。

⑦ 在"编辑器"窗口的下方，单击"播放"按钮，试听最终录制并编辑完成的个人歌曲文件。

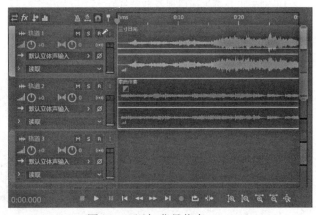

图 7.21　导入歌曲伴奏音乐文件　　　　　　　　图 7.22　添加背景伴奏

（7）将歌曲合成后输出 MP3 文件

MP3 文件格式能够以高音质、低采样对数字音频文件进行压缩，是目前网络媒体中常用的一种音频格式。下面介绍将多轨歌曲输出为 MP3 文件的操作方法。

① 单击命令"文件"|"导出"|"多轨混音"|"整个会话"。

② 执行操作后，弹出"导出多轨混音"对话框，如图 7.23 所示。

③ 在其中设置文件名，单击"格式"右侧的下拉按钮，在弹出的列表中选择"MP3 音频"选项。

图 7.23 "导出多轨混音"对话框

④ 单击"位置"右侧的"浏览"按钮。在弹出的对话框中设置文件保存的位置。

⑤ 单击"保存"按钮,返回"导出多轨混音"对话框,单击下方的"确定"按钮,即可导出多轨歌曲文件,并显示导出进度。

思考与练习

1. 试分析音频生成原理及其特征。

2. 简述音频数字化过程。

3. 简述数字音频属性及其质量。

4. 简述数字音频的主要格式。

5. 试描述 Audition 的操作过程。

数字语音处理关键技术

第 8 章 数字视频处理技术

8.1 数字视频的基础知识

1．数字视频的基本概念

数字视频（Digital Video），从字面上理解，就是以数字的方式记录视频信息，是将模拟视频信号进行数字化处理后得到的视频信号。在数字视频中，不采用电流变化或波形变化的模拟量记录视频，而是把模拟视频数字化，即把模拟波形变换成数字信号，使模拟信号变换为一系列由 0、1 组成的二进制数，每一帧由一系列的二进制数代表，而一段视频由一系列包含一定数据量的帧表示，从而数字视频变成一串二进制数据流，可以被计算机识别、处理。

在多媒体技术中，视频信息的获取及处理无疑占有举足轻重的地位。其中，数字视频占据着绝对的优势地位。如今，数字视频的应用已经非常广泛，并带来一个全新的应用局面。首先，包括直接广播卫星（DBS）、有线电视、数字电视在内的各种通信应用均需要采用数字视频。其次，在一些消费产品中，如 VCD、DVD 和数字式便携摄像机，都是以 MPEG 视频压缩为基础的。

2．数字视频的来源

数字视频的来源有 3 种。

（1）通过视频采集卡对以前的模拟视频进行数字化获取，例如，从模拟电视信号、模拟摄像机中获得。早期存在的视频设备记录的都是模拟视频信号，进行数字化后即可得到数字视频。

这种方式需要计算机具有视频信息的处理功能，还需要有相应的硬件和软件。第一，视频捕获卡是必不可少的，它将模拟视频信号转换成数字化视频信号；第二，需要相应的软件进行视频捕获、压缩、播放和基本视频编辑等功能。

（2）通过数字化设备直接获取。现在随着数字摄录设备的发展，我们可以直接采集、记录数字化的视频信号。例如，现在使用的数字摄录机、数字相机、摄像头以及智能手机等可直接获取数字视频。这些数字设备都是通过光学镜头和 CCD 或 CMOS 采集动态图像，转换成数字信号并保存在设备所带的存储卡上的。这样，从信号源开始就是无损失的数字化视频，在输入计算机时也无须考虑视频信号的衰减问题。

（3）由计算机软件生成的数字化视频，例如，用三维动画软件生成的计算机动画。不过，严格地讲，计算机生成的动画不是视频，因为这里讲的视频是对自然界的直观反映，而不是人为创造的。

相对于模拟视频，数字视频以离散的数字信号形式记录视频信息，用逐行扫描方式在输出设备上还原图像，用数字化设备编辑处理，通过数字化宽带网络传播，存储在数字存储媒体上。

3．数字视频的特点

模拟视频不适合网络传输，在传输效率方面先天不足，以及图像随时间和频道的衰减较大并且不便于分类、检索和编辑。数字视频具有如下特点。

（1）数字视频是由一系列二进制数组成的编码信号，它比模拟信号精确、易于处理、信号质量好、图像清晰度高、音响效果好、传输稳定、抗干扰能力强。

（2）数字视频可以不失真地进行无限次复制，而模拟信号由于是连续变化的，不管复制时精确度多高，失真也不可避免，经多次复制后，误差就会积累变大，产生信号失真。

（3）可以对数字视频进行创造性的编辑、加工等，如字幕、特技效果等。对数字视频的处理方式可以多种多样，可以制作许多特技效果。数字视频容易与其他媒体（声音、文字等）组合使用。

（4）可充分使用压缩编码技术减少数据量，形成不同格式和质量的数字视频，可适应不同的处理和应用要求，例如，根据需要和传输能力改变图像质量与传输速率。

（5）可以直接进行随机存储，使电视图像的检索变得很方便。

（6）便于实施加密/解密和加扰/解扰技术，为部队或其他专业部门服务。

（7）频道利用率高。数字视频可以大大降低视频的传输和存储费用（数字视频可通过光纤等介质高速随机读取），带来精确再现真实情景的稳定图像。

（8）适用于网络应用，便于信息传递和共享。在网络环境中，视频信息可以很方便地实现资源的共享，通过网线、光纤，数字信号可以很方便地从资源中心传到办公室或家中。

（9）数字视频信号可以长距离传输，不会因存储、传输而产生图像质量的退化，而模拟信号在传输过程中容易产生信号损耗和失真。

（10）保存时间长，无信号衰减问题，而模拟视频长时间存放后视频质量会降低。

（11）可开展基于 TV 的交互式数据业务，包括电视购物、电视银行、电视商务、电视游戏、点播电视等业务。

（12）存储成本低，并且各种存储设备所占用的物理空间小。可以采用成本低、容量大的光盘存储介质，而模拟信号记录在录像带上，存储效率低，录像带也占据大量的物理空间。

（13）交互能力强。在计算机中集成各种类型和格式的视频应用系统，还可以将计算机组网进行节目的联网调用及制作、播放等。

4．数字视频的发展史

数字视频的发展史是与计算机所能处理的信息类型密切相关的，自 20 世纪 40 年代计算机诞生以来，从计算机所能处理的信息类型这个角度来看，计算机大约经历了以下三个发展阶段。

（1）数值计算阶段。这是计算机问世后的幼年时期。在这个时期，计算机只能处理数值数据，主要用于解决科学与工程技术中的数学问题。实际上，ENIAC 就是为美国国防部解决弹道计算问题和编制射击表而研制生产的。

（2）数据处理阶段。20 世纪 50 年代字符发生器的出现，使计算机不但能处理数值，也能表示和处理字母及其他各种符号，从而使计算机的应用从单纯的数值计算进入更加广泛的数据处理领域。

（3）多媒体阶段。随着电子器件的发展，尤其是各种图形、图像设备和语音设备的问世，计算机逐渐进入多媒体时代，信息载体扩展到文、图、声等多种类型中，使计算机的应用领域进一步扩大。

在多媒体阶段，计算机与视频就产生了"联姻"。数字视频的发展主要是指在个人计算机上的发展，可以大致分为初级、主流和高级几个历史阶段。

① 初级阶段。其主要特点就是在计算机上增加了简单的视频功能，利用计算机来处理活动画面，给人们展示了一番美好的前景，但是设备未能普及，都是面向视频制作领域的专业人员的，普通个人计算机用户还无法在自己的计算机上实现视频功能。

② 主流阶段。在这个阶段，数字视频在计算机中得到了广泛应用，成为主流。初期数字视频的发展没有人们期望得那么快，其原因很简单，未压缩的数字视频的数据量非常大，1min 的满屏真彩色数字视频需要 1.5GB 的存储空间，而早期一般计算机配备的硬盘容量大约是几百兆字节，这显然无法承担如此大的数据量。

虽然在当时处理数字视频很困难，但它所带来的诱惑促使人们采用折中的方法。先是用计算机捕获单帧视频画面，可以捕获一帧图像并以一定的文件格式存储起来，可以利用图像处理软件进行处理，将它放进准备输出的资料中。后来，在计算机上观看活动的视频成为可能，虽然画面时断时续，但毕竟是动了起来，带给人们无限的惊喜。

而最有意义的突破是计算机有了捕获活动影像的能力，将视频捕获到计算机中，随时可以从硬盘上播放视频文件。能够捕获视频得益于数据压缩方法，其压缩方法有两种：纯软件压缩和硬件辅助压缩。纯软件压缩方便易行，有很多这方面的软件。硬件压缩花费高，但速度快。在这一过程中，虽然能够捕获到视频，但是缺乏一个统一的标准，不同的计算机捕获的视频文件不能交换。虽然有过一个所谓的"标准"，但是它没有得到广泛使用，因此没有变成真正的标准，它就是数字视频交互（DVI）。DVI 在捕获视频时使用硬件辅助压缩，但在播放时只使用软件，所以在播放时不需要专门的设备。由于 DVI 没有形成市场，因此没有被广泛地了解和使用，难以流行。这就需要计算机与视频再做一次结合，建立一个标准，使得每台计算机都能播放令人心动的视频文件。结合成功的关键是各种压缩/解压缩（Codec）技术的成熟。Codec 来自两个单词 Compression（压缩）和 Decompression（解压），是一种软件或固件（用于视频文件的压缩和解压的程序芯片）。压缩使得将视频数据存储到硬盘上成为可能。如果帧尺寸较小，帧切换速度较慢，再使用压缩和解压，那么存储 1min 的视频数据只需 20MB 的空间而不是 1.5GB，所需存储空间的比例是20：1500，即 1：75。虽然当时在显示窗口看到的只是分辨率为 160 像素×120 像素邮票般大小的画面，帧速率只有 15 帧/秒，色彩也只有 256 色，但画面毕竟动起来了。

QuickTime 和 Video for Windows 出现后，通过建立视频文件标准 MOV 和 AVI，使数字视频的应用前景更为广阔，视频处理不再是一种只有专业人士才使用的工具，而成为每个人计算机中的必备部分。同时，它也为电影和电视提供了一个前所未有的工具，为影视艺术带来了空前的变革。

③ 高级阶段。普通个人计算机进入了成熟的多媒体计算机时代，计算机外部设备齐全，数字影像设备不断更新，音/视频处理硬件与软件技术高度发达，这些都为数字视频的流行起到了推波助澜的作用。

8.2 数字视频压缩

8.2.1 数字视频压缩的可能性

数字视频压缩的基础是原始视频数据中存在大量的冗余。如果没有这些冗余，压缩就无从下手。原始视频数据中的冗余大体上可以分为以下几种。

（1）信息熵冗余，又称编码冗余

把原始数据看作由符号组成的序列，各个符号在原始数据中出现的频率是不同的。在原始数据中都是用相同的二进制位来表示各个符号的，这种方法既简单又方便，但是无形中增加了总体数据的长度。Huffman 编码和算术编码等变长码编码方法根据各个符号出现的频率，用较少的二进制位表示出现频率高的符号，用较多的位数表示出现频率低的符号，可以有效地减少数据的总长度。去除信息熵冗余的压缩方法称为熵编码方法。

（2）空间冗余

在数字视频序列中，同一帧图像的临近像素的值（亮度和色度）在大多数情况下差别不大。在对视频进行数字化采样时并没有利用这种现象，而是原原本本地记录了每一个像素的值，这就造成了数据的冗余。实际上，利用像素的这种相关性可以有效地减少数据的长度。例如，游程编码（Runlength Coding）、各种变换编码，以及帧内预测编码等都利用了像素的空间相关性。

（3）时间冗余

视频序列是由连续的图像组成的，采样的帧速率一般为 25 帧/秒或 30 帧/秒。相邻两帧图像的时间间隔为 1/25 秒或 1/30 秒。在这么短的时间间隔内，图像的内容变化一般是不大的。在一帧的时间间隔内，人们测得对于缓慢变化的 256 级灰度的黑白图像序列，帧间差值超过 3 的像素数不到 4%。对于变化较为剧烈的彩色电视图像序列，亮度信号（256 级）帧间差值超过 6 的像素数平均只有 7.5%，而色度信号平均只有 0.75%。因此，相邻两帧图像的像素之间有较强的相关性。在原始数据中完整地记录了每一帧图像的每一个像素的值，这就造成了数据的冗余。去除数据中的时间冗余，一般采用帧间预测加运动补偿的方法，也可采用三维变换的方法。

（4）知觉冗余

知觉冗余是指原始数据中包含了一些人们感觉不到的信息。这主要是由人类视觉系统的特性决定的。首先在某些数字化过程中，出于高保真的要求，保留了一些处于人类视觉分辨能力以下的信号，这种超出人们感知能力部分的编码就称为知觉冗余。例如，视频在采样时对亮度和色度采用 8 位或 10 位，而人们的视觉分辨能力只有在观察图像中的大面积像块时，才能分辨出全部的 256 个灰度等级，一般情况下只能分辨出 64 个灰度等级，此差额即为视觉冗余。再如，人的眼睛对色度比对亮度要迟钝，对色度在空间、时间和饱和度上的分辨能力都要比亮度弱很多。4：2：0 格式和 4：2：2 格式的视频序列在采样时已经利用了人眼对色度的空间分辨能力弱的特点，但是利用得并不彻底，仍然存在大量的视觉冗余。

对视觉生理—心理学的深入研究表明，人类的视觉系统（Human Visual System）对空间细节、运动和灰度三个方面的分辨能力是有相互关系的，人类的视觉系统具有亮度掩蔽特性、空间掩蔽特性和时间掩蔽特性。亮度掩蔽特性是指在背景较亮或者较暗时，人眼对亮度不敏感的特性。空间掩蔽特性是指随着空间变化频率的提高（相邻像素的值差别很大），人眼对细节的分辨能力下降的特性。时间掩蔽特性是指随着时间变化频率的提高（画面运动剧烈，变化很快），人眼对细节的分辨能力下降的特性。如果能充分利用人类视觉系统的生理特性，适当降低对某些参数的分辨率要求，就可以进一步降低编码率。

视频最终是给人看的，因此超过视觉分辨能力的高保真度要求就没有必要了。利用人类视觉特性进行压缩的方法没有涉及视频信号的内在相关性，故又称为非相关压缩或统称为视觉生理—心理压缩。

（5）结构冗余

有些图像或者图像的一部分存在内在的结构。例如，某些纹理图像是由很小的单元不断重复构成的，还有一些由山脉、海岸线及某些有分形特征的图形组成的图像。利用这些图像的结构，可以达到很大的压缩比。利用图像结构冗余的压缩方法中最典型的是分形方法。对于一段视频序列，可能包含了若干场景和若干物体，场景的切换、物体的运动，以及摄像机/镜头的移动，就形成了该视频序列。这就是视频序列的内在结构。找出视频序列的内在结构并描述这种结构，用最合适的编码方法编码视频序列的各个部分，这就是基于对象的视频编码方法的精髓。

（6）知识冗余

我们在观察一幅图像时，提取到的有用信息与图像包含的信息相比一般是很少的。一个重要的原因是图像包含的多数信息我们事先都知道了。图像中携带了人们已经知道的信息，这就是知识冗余。例如，人的一些基本特征大家都是知道的，因此对一个人的外表及其动作，可以用一些参数描述出来，在解码时根据这些参数重新构造出原始图像就可以了。在 MPEG-4 中，对人的面部就采用了这种方法。

（7）重要性冗余

对一幅图像或者一段视频序列，人们对其不同部分的关注程度是不一样的。一般来讲，图像的中心部分比边缘部分更重要，视频中运动的部分比静止的部分更重要。如果不考虑各个部分的重要程度而分配同样多的位数，就会产生重要性冗余。在静止图像压缩标准 JPEG2000 中，引入了重要区域的概念，从而可以根据区域的重要性来分配噪声。

数字视频压缩的目的就是要通过去除数据中的这些冗余而减小需要的位数。针对信息熵冗余的压缩方法发展得最完善，目前最好的方法之一是基于上下文的算术编码（Context-based Arithmetic Encoding，CAE）方法。针对空间冗余、时间冗余、视觉冗余的压缩方法发展得也比较好，人们已经提出了许许多多的方法，目前比较好的有离散余弦变换（Discrete Cosine Transform，DCT）、小波变换（Wavelet Transfom，WT）、帧间预测和运动补偿（Motion Compensation，MC），以及变换后的各种量化方案等。结构冗余、知识冗余和重要性冗余处理起来非常复杂，往往需要计算机视觉和人工智能方面的技术。

8.2.2　数字视频压缩技术

（1）预测编码技术

预测编码主要是减少数据在时间和空间上的相关性，去除空间冗余（空间冗余反映了一帧图像内相邻像素之间的相关性，可采用帧内预测编码）和时间冗余（时间冗余反映了图像帧与帧之间的相关性，可采用帧间预测编码）。

在预测编码时，不直接传送图像样值本身，而是对实际样值与它的一个预测值间的差值进行编码、传送，如果这一差值（预测误差）被量化后再编码，则这种预测编码方式称为差分脉冲编码调制（DPCM）。

从统计上讲，需要传输的预测误差主要集中在零附近的一个小范围内。由于人眼的掩蔽效应，对出现在轮廓与边缘处的较大误差不易察觉，因此，对于预测误差量化所需要的量化层数要比直接传送图像样值本身（8 位 PCM 信号，需 256 个量化层）少很多。DPCM 就是通过去除邻近像素间的相关性和减少对差值的量化层数来实现码率压缩的。

（2）变换编码技术

除预测编码技术外，变换编码技术也是去除图像相关性、减小冗余度的基本编码方法。图像变换通过一种线性运算将空间域的图像信号变换到被称为变换域或频率域的正交矢量空间中去。

空间域中的一个 N 像素×N 像素的图像用正交矩阵进行正交变换后，得到的是 N 像素×N 像素的变换域系数矩阵。一般来说，图像在空间域中存在很强的相关性，能量分布比较均匀，经过变换后，变换域中图像的变换系数间近似是统计独立的，基本去除了相关性，并且能量集中在直流和低频率的变换系数上，高频率变换系数（高频系数）的能量很小，甚至大部分高频系数能量为零。这样，在变换域进行滤波、与视觉特性相匹配的量化及熵编码，就能有效地实现图像压缩编码。

（3）量化技术

图像从一个空间域的矩阵变换到另一个变换域的矩阵，其元素个数并未减少，数据率也不会减少，因此并不能压缩数据。为了压缩码率，还应当根据图像信号在变换域中的统计特性进行量化和编码。

变换编码通常和量化技术相结合，量化通过给变换系数块一个量化步长（Qstep），所有变换系数除以量化步长，并进行四舍五入。因为大多数图像信号的亮度值在一个小区域（如 8 像素×8 像素）内变化很小，变换域中系数的大部分能量集中在直流和低频区域。这样经过量化后大部分高频系数和中频系数分量被量化为零。经过量化后的系数中包含大量连续的零，存在符号统计冗余，这种冗余为后面高效的统计编码（熵编码）提供了可能，游程编码和可变长编码结合可以实现高效熵编码。

一般来说，量化步长越大，变换块中被量化为零的系数越多，经过游程编码和可变长编码后需要的编码位数越少。另外，量化步长越大，造成的量化失真也越大，图像的编码失真越大，图像质量越差。可见，量化器的作用是用降低系数的精度来消除可以忽略的系数，前提是在不影响人眼观看的条件下，即在不降低预定的图像主观评价质量的条件下进行的。

人眼视觉系统对不同频率分量信号的失真感知能力是不一样的，人眼对高频系数（反映图像细节）不敏感，对色度也不敏感。为了得到好的编码效果，应该根据系数块中的不同位置设计量化器，对图像进行 DCT 变换后直接对 DCT 系数进行符合人眼视觉特性的非均匀量化。这一般是通过一个归一化加权量化矩阵来实现的。MPEG 标准中采用了加权量化矩阵实现基于人眼视觉特性的自适应量化控制。

8.3　数字视频格式及其应用领域

8.3.1　数字视频的格式

为了适应存储视频的需要，人们设定了不同的视频文件格式，把视频和音频放在一个文件中，以方便同时回放。目前常见的数字视频格式有以下几种。

（1）AVI 格式

AVI（Audio Video Interleave）是微软公司在 1992 年开发制定的标准，是一种音频、视频交叉记录的数字视频文件格式，扩展名为.avi。所谓音频、视频交叉，就是将音频和视频交织在一起存储，独立于硬件设备，同步播放。这种视频格式的优点是图像质量好，可以跨多个平台使用，缺点是体积过于庞大，而且更加糟糕的是压缩标准不统一。最普遍的现象就是高版本 Windows 媒体播放器无法播放采用早期编码编辑的 AVI 格式视频，而低版本 Windows 媒体播放器又无法播放采用最新编码编辑的 AVI 格式视频，所以我们在进行一些 AVI 格式视频播放时常会出现由于视频编码问题而造成的视频不能播放，或者即使能够播放，但存在不能调节播放进度或播放时只有声音没有图像等一些莫名其妙的问题。如果用户在进行 AVI 格式视频播放时遇到这些问题，则可以通过下载相应的解码器来解决。这种情况给使用和编辑带来了一定的困难。

AVI 格式应用范围广，不过主要应用在多媒体光盘上，用来保存电影、电视和动画等各种影像文件。由于在 AVI 文件中，运动图像和伴音数据以交织的方式存储，这种文件结构不仅解决了音频和视频的同步问题，而且具有通用和开放的特点。它可以在任何 Windows 环境下工作，而且具有扩展环境的功能。用户可以开发自己的 AVI 文件，在 Windows 环境下可随时调用。AVI 格式调用方便、图像质量好。当然，正如前面所说，它也有缺点，即文件体积过于庞大，压缩标准不统一。

AVI 文件的特点如下：① 支持音频和视频交叉存取机制的格式，但音频和视频同步播放；② 压缩标准不统一，因此不具备兼容性，这就造成了不同的 AVI 文件可能采用的压缩算法不同，需要相应的解压算法才能读写，给编程和播放造成一定的困难；③ 提供无硬件视频回放功能；④ 图像质量好；⑤ 可跨平台使用；⑥ 文件体积过于庞大，不利于网络传输。

AVI 文件包括文件头、数据块和索引块三部分。其中，文件头包含标识、格式、压缩算法等信息。数据块为图像和声音序列数据，这是文件的主体，也是决定文件容量的主要部分。索引块包括数据块列表和它们在文件中的位置，以提供文件内数据随机存取能力。

（2）MPEG 格式

MPEG（运动图像专家组）专门致力于运动图像（MPEG 视频）及其伴音编码（MPEG 音频）标准化工作。MPEG 格式的扩展名为.mpeg、.mpg、.dat，包括 MPEG-1、MPEG-2 和 MPEG-4 在内的多种视频格式。

将 MPEG 算法用于压缩全运动视频，就可以生成全屏幕活动视频标准文件：MPG 文件。MPG 文件是采用 MPEG 算法进行压缩的全运动视频文件。MPG 文件在 1024 像素×786 像素的分辨率下可以用每秒 25 帧（或 30 帧）的速率同步播放全运动视频和 CD 音乐伴音，并且其文件大小仅为 AVI 文件的 1/6。

DAT 文件也是基于 MPEG 压缩算法的一种文件，它是 Video CD 和卡拉 OK CD 数据文件的扩展名。

MPEG 文件的特点如下：① 采用有损压缩算法，压缩比大，平均压缩比为 50∶1，最高可达 200∶1，比 AVI 文件小得多；② 解压缩速度非常快；③ 大多数产品将 MPEG 的压缩/解压操作做成硬件式配卡的形式；④ 在微型计算机上有统一的标准，兼容性好，现已被几乎所有的 PC 平台支持；⑤ 图像和声音的质量也非常好；⑥ 特别针对低带宽等条件设计算法，因而 MPEG-4 的压缩比更高，使低码率的视频传输成为可能。在公用电话线上可以连续传输视频，并能保持图像的质量，这是其他技术做不到的。

（3）RM、RMVB 格式

RM（Real Media）格式是 RealNetworks 公司开发的一种新型的能够在低速率的网上实时传输的流式视频文件格式，是目前因特网上跨平台的客户/服务器结构的多媒体应用标准。这种数字视频格式的文件扩展名包括.rm、.ra 和.rmvb。它采用音频/视频流和同步回放技术，能够在因特网上以 28.8kb/s 的传输速率提供立体声和连续视频，是目前因特网上流行的流媒体应用格式。

目前，很多视频数据要求通过因特网进行实时传输，视频文件的体积往往比较大，而现有的网络带宽往往比较"狭窄"，客观因素限制了视频数据的实时传输和实时播放，于是一种新型的流式视频（Streaming Video）格式应运而生。这种流式视频采用一种"边传边播"的方法，即先从服务器上下载一部分视频文件，形成视频流缓冲区后实时播放，同时继续下载，为接下来的播放做好准备。这种"边传边播"的方法避免了用户必须等待整个文件从因特网上全部下载完毕才能观看的缺点。流媒体实际指的是一种新的媒体传送方式，而非一种新的媒体。RM 可以根据网络数据传输速率的不同制定不同的压缩比率，从而实现在低速率的广域网上进行影像数据的实时传送和实时播放。

RM 文件的特点如下：① 用于网络实时播放，压缩比较大；② 流式文件，可以边下载边播放；③ 可以根据不同的网络传输速率制定出不同的压缩比率，从而实现在低速率的网络上进行影像数据实时传送和播放；④ 具有内置字幕和无须外挂插件支持等独特优点。

RMVB 格式是一种由 RM 格式升级延伸出的新视频格式，文件扩展名为.rmvb。VB 即 VBR（Variable Bit Rate，可变比特率）。RMVB 格式打破了原先 RM 格式的平均压缩采样的方式，在保证平均压缩比的基础上合理利用比特率资源，也就是静止和动作场面少的画面场景采用较低的编码速率，这样可以留出更多的带宽空间，而这些带宽会在出现快速运动的画面场景时被利用。这样在保证静止画面质量的前提下，大幅提高了运动图像的画面质量，从而图像质量和文件大小之间就达到微妙的平衡。RMVB 文件体积很小，受到网络下载者的欢迎。

（4）MOV 格式

MOV（Movie Digital Video）格式是苹果公司生产的 Macintosh 机推出的一种音频、视频文件格式，目前已成为数字媒体软件技术领域事实上的工业标准。其相应的视频应用软件为 QuickTime，所以也有人称之为 QuickTime 文件，其扩展名是.mov、.qt。

MOV 格式的视频文件可以采用不压缩或压缩两种方式，Video 格式编码适用于采集和压缩模拟视频，支持 16 位图像深度的帧内压缩和帧间压缩，帧速率可达每秒 10 帧以上，具有较高的压缩比率和较完美的视频清晰度等特点，但其最大的特点还是跨平台性，即不仅能支持 macOS，也能支持 Windows 系列。其因具有跨平台、存储空间要求小等技术特点，故得到业界的广泛认可。

MOV 文件的特点如下：① 流式文件；② MOV 格式具有较高的压缩比和较完美的视频清晰度，采用有损压缩方式，画面效果比 AVI 格式稍好；③ 跨平台性，不仅支持苹果操作系统，也支持 Windows 系统；④ 较小的存储空间；⑤ 系统的高度开放性；⑥ 可以采用不压缩或压缩的方式。

（5）ASF

ASF（Advanced Streaming Format，高级流格式），是微软公司为了和 RM 格式竞争而设计的一种网络流式视频文件格式，文件扩展名为.asf。用户可以直接使用 Windows 自带的 Windows Media Player 对其进行播放。这是一种包含音频、视频、图像以及控制命令脚本的数据格式，以网络数据包的形式传输，实现流式多媒体内容发布，是一个可以在因特网上实现实时播放的标准。其中视频部分采用先进的 MPEG-4 压缩算法，音频部分采用微软发布的比 MP3 还要好的压缩格式 WMA。

ASF 文件的特点如下：① 最大优点就是体积小，因此适合网络传输，使用微软公司的媒体播放器（Windows Media Player）可以直接播放该格式的文件；② 由于 ASF 使用了 MPEG-4 的压缩算法，它的压缩率和图像效果都不错；③ ASF 的视频中可以带有命令代码，用户指定在到达视频或音频的某个时间后触发某个事件或操作；④ 既适合在网络发布，也适合在本地播放；⑤ 多语言支持，环境独立；⑥ 是可扩充、可伸缩的媒体类型；⑦图像质量稍差。

ASF 希望取代 QuickTime 之类的技术标准以及 WAV、AVI 之类的格式。RM 和 ASF 可以说各有千秋，通常，RM 视频的画面更柔和一些，而 ASF 视频的画面则相对清晰一些。

（6）WMV 格式

WMV（Windows Media Video）是微软公司将其名下的 ASF（Advanced Streaming Format）升级而成的一种流媒体格式，希望取代 QuickTime 之类的技术标准以及 WAV、AVI 之类的格式。WMV 格式也是一种独立于编码方式的在因特网上实时传播多媒体的技术标准。

WMV 格式的主要优点包括本地或网络回放、可扩充的媒体类型、可伸缩的媒体类型、多语言支持、环境独立、丰富的流间关系以及扩展性等，其文件扩展名为.wmv。在同等的视频质量下，WMV 格式的体积非常小，很适合在网上播放和传输。

WMV 文件一般同时包含视频和音频部分。视频部分使用 Windows Media Video 编码，音频部分使用 Windows Media Audio 编码。WMA 格式的音乐文件的突出特点是提供比 MP3 音乐文件更大的压缩比，但在音乐文件的还原方面做得却一点儿不差。

AVI、MPG 和 MOV 这 3 种数字视频文件具有不同的文件格式、不同的压缩编码算法和不同的特性。它们必须有相应的播放软件才能播放对应格式的视频文件，播放软件首先能够识别视频文件的格式，通过解压缩回放数据。

随着技术的发展，今后还会有其他格式的视频文件出现。不同格式的视频文件，其开发公司可能不同，采用的压缩算法可能不同，文件格式可能不同等，尽管有很多不同，但只要其流行，通用的视频播放器就会兼容它，对其识别并播放，并且会有人或组织研究不同格式的视频文件之间通过软件或硬件进行转换。

8.3.2 数字视频的应用领域

数字视频的应用领域较广，下面是目前已经开始的几个方面的应用，将来还可能出现我们预想不到的新型应用。

（1）可视通信

将数字视频技术与综合服务数字网（ISDN）相结合，可提供可视通信（视频会议、电视电话、远程监视及在线影院等）功能。可视通信适用于军事、国防、公安、会议及个人或家庭娱乐等多方面。

（2）数字电视

数字电视是指从节目的制作、编辑、存储、传输至接收，全部实现数字化。数字电视可以通过卫星、有线电视电缆、地面无线广播等途径进行传输。数字电视具有图像质量高、声音效果好、节省带宽资源、节目更丰富等优点，是一个市场前景非常广阔的应用。

（3）电子出版

电子出版物具有体积小、容量大、保存方便、检索容易等优点。一张普通的容量为 650MB 的 CD-ROM 可以存储约 3 亿字（按每个汉字 2 字节计算）的书籍，可以存储约 50 分钟、采用 MPEG-1 标准压缩的 CIF 格式的视频及其伴音。随着更大容量的光盘问世及压缩技术的进步，电子出版必将成为出版的主要方式。目前，VCD 和 DVD 已经成为电影、电视的重要出版方式。

（4）多媒体咨询服务

使用多媒体咨询系统，人们可以方便地找到自己需要的信息，如新闻、金融资讯、天气预报、交通、旅游、购物，以及自己感兴趣的电影、电视节目等。

（5）多媒体家用电器

现在 VCD、DVD、数码相机、MP3 播放机、PVR（Personal Video Recorder）等已经走入了人们的生活。

（6）移动可视通信

利用移动通信设备，同样可以传输数字图像和数字视频。现在的移动设备可以看电影、看电视。

总而言之，数字视频应用领域很广泛，涉及各行各业，主要体现在广播电视、通信、计算机等领域。数字视频在广播电视中的应用主要包括地面电视广播、卫星电视广播、数字视频广播、卫星电视直播、互动电视、高清晰电视等；在通信领域中的应用包括视频会议、可视电话、远程教育、远程医疗、视频点播业务、移动视频业务、联合计算机辅助设计、数字网络图书馆、视频监控等；在计算机领域的应用主要包括多媒体计算机、视频数据库、交互式电视、三维图形图像、多媒体通信、动画设计与制作、视频制作、虚拟显示等。另外，数字视频在工业生产、智能交通、体育、卫星遥感、天气预报、军事、电子新闻等方面都有广泛的应用。

8.4　数字视频编辑

1. 数字视频编辑的基础知识

数字视频编辑也称为非线性编辑，它需要依靠非线性编辑系统完成。非线性编辑系统是相对传统的彩带和电影胶片的线性编辑系统而言的。传统的线性编辑是录像机通过机械运动使用磁头将 25 帧/秒的视频信号顺序记录在磁带上，编辑时也必须按顺序寻找所需要的视频画面。在线性编辑中，因为素材的搜索和播放、录制都要按时间顺序进行，所以在录制过程中就必须反复地前进、后退以寻找素材，这一方式不仅会造成磁头、磁带的磨损和模拟信号质量的下降，而且效率低下。

非线性编辑是以任何顺序编辑视频镜头和片段的过程，相对于线性编辑，它不需要顺序查找视频镜头和重新组装节目。非线性编辑系统是将传统的电视节目后期制作系统中的切换机数字特技、录像机、录音机、编辑机、调音台、字幕机、图形创作系统等设备集成在一台计算机内，用计算机来处理、编辑图像和声音，再将编辑好的音频、视频信号输出为最终的数字视频文件，或者通过录像机录制在磁带上。与传统的线性编辑系统相比，非线性编辑系统有如下优点。

（1）制作灵活方便、效率高，可实现自动化编辑。

（2）非线性编辑系统设备小型化，功能集成度高，价格也在不断下降。

（3）虽然非线性编辑也会造成图像质量的损失，但大多不足以引起视觉的注意。

（4）一旦素材被数字化后，对素材的复制将不会有任何损失。

典型的非线性编辑过程：创建一个编辑平台，将数字化的视频素材用拖动的方式放入编辑平台，然后利用编辑软件提供的各种手段，如编辑、重新排序、过渡衔接、添加特效、运动叠加、中/英文字幕等，按软件操作流程进行操作，对素材进行编辑。

2. 数字视频编辑软件

数字视频编辑软件能够编辑数字视频信号，也称为非线性编辑软件。数字视频编辑软件有多种，且功能的差异较大。常用的数字视频编辑软件有 Adobe 公司的 Premiere、Ulead 公司的会声会影、Sony 公司的 Vegas、微软公司的 Windows Movie Maker 等。

数字视频编辑软件的基本功能如下。

（1）导入。支持从数字摄像机捕获视频到计算机上，并通过计算机屏幕对数字摄像机中的视频进行浏览，自动画面检测，可以对拍摄的每一帧画面建立片段。

（2）编辑。基于时间线模式，支持使用拖放方式对视频片段、音轨进行编辑，可对片段或片段的一部分进行剪切、复制、粘贴或删除操作。支持过渡效果和标题效果制作。

（3）音频处理。支持向视频中加入音乐或语音，支持对音频进行淡入、淡出、调节音量等操作。

（4）输出。支持以多种格式保存制作好的视频文件，支持在计算机屏幕上播放制作的视频文件，能将单帧保存为图像文件。

（5）媒质管理。支持使用项目管理器图形化地管理视频片段，能按名称、图标或注释对素材进行排序、查看或搜索，能判别硬盘可用空间大小。

数字视频编辑软件的基本工作过程如下。

（1）确定视频的主题和表现方式。

（2）进行视频素材的准备和搜集，如果搜集到的素材不是数字形式，则还需要通过视频采集或音频采集转换成数字形式。

（3）进行视频编辑处理。调用非线性编辑软件提供的各种功能，对各种素材进行剪辑、重新编排和衔接，添加多通道数字特技、字幕叠加、配音配乐、添加动画等功能。这些过程中各种效果及各种参数可反复调整，大多数视频编辑软件具有所见即所得的功能，可随时看到编辑效果，以达到满意为止。

（4）生成影片。生成影片也就是生成最终的视频文件，这个过程实际上是计算机计算的过程，是一项耗时的工作，尤其是特技画像等复杂的效果需要计算机逐帧处理，并以设定的清晰度和图像品质建立完整帧，更费时。生成的影片既可以保存在硬盘上，也可以录制到录像带或 DV 带上，或者输出到视频服务器上，还可以直接制作成 VCD 或 DVD 光盘。

3. 数字视频编辑的常用软件

（1）Premiere

Premiere 是 Adobe 公司推出的基于非线性编辑设备的音频、视频编辑软件。它是一款相当专业的 DV 编辑软件，能够配合多种硬件进行视频捕获和输出，并提供各种精确的视频编辑工具，专业人员结合专业的、系统的软硬件可以制作出广播级的视频作品。

在多媒体制作领域中，Premiere 起着举足轻重的作用，目前被广泛地应用于电视台、广告制作、电影剪辑等领域。Premiere 的主要功能包括：① 编辑和组接各种视频片段，对视频片段进行各种特技处理；② 在两段视频片段之间增加各种过渡效果；③ 为视频片段叠加字幕、图标和其他视频效果；④ 给视频影像配音，并对音频片段进行编辑，调整音频与视频同步；⑤ 设置音频、视频编码和压缩参数；⑥ 编译生成 VI 或 MOV 格式的数字视频文件。其中，过渡和特技处理、标题和剪辑的叠加以及伴音的编辑和处理这些功能显得尤为重要。除此之外，它可以刻录自定义的 DVD 光盘。

Premiere 软件为家庭视频编辑提供了创造性操作和可靠性的完美结合，但它的缺点是对系统配置要求较高，处理较大文件时编辑速度非常慢，256MB 的内存通常是不够用的。

（2）会声会影

会声会影（VideoStudio）是 Ulead 公司推出的一款适合个人或家庭使用的视频编辑软件，它不仅功能强大，而且操作简单，主要采用"在线操作指南"的步骤引导方式来处理各段视频和图像素材。基本的操作步骤为开始→捕获→故事板→效果→覆叠→标题→音频→完成，并将操作方法与相关的配合注意事项以帮助文件的形式显示出来，称为"会声会影指南"，以使用户快速地学习每一个流程的操作方法。对于希望更多地享受视频编辑乐趣而又不愿意花费太多时间的人们来说是很好的选择。因此，与 Premiere 这款比较专业的软件比起来，会声会影在亲和力方面要胜出很多。

其主要功能包括：① 灵活的项目模板功能，可以提供大量的预定义模板供用户选择；② 强大的视频捕获功能，会声会影支持带有 IEEE 1394 支持的数码视频捕获设备，允许用户直接在计算机上即插即用 DV 或 D8 摄像机，同时也支持使用方便快捷的 USB 视频设备捕获和导入视频；③ 丰富的转场效果，会声会影提供了 128 组酷炫的转场效果，用户可以实现在电视上看到的各种特效；④ 字幕编辑更方便，使用会声会影可以直接在视频上创建、编辑影片的标题和字幕；⑤ 画面特写镜头与对象创意覆叠，可随意制作出新奇百变的创意效果；⑥ 提供了快速与多样化的音乐编曲配乐大师功能，让影片配乐更精准、更立体；⑦ 强大的输出功能，在会声会影中制作和编辑视频之后，用户可以使用内置的互联网发送功能，直接使用电子邮件来发送视频文件，还可以生成带有视频素材的贺卡作为.exe 文件发送给亲友，也可以将其刻录为 DVD 或 VCD 光盘。

4．数字视频编辑技术

数字视频编辑处理的 3 种关键技术如下。

（1）抠像

抠像是指运用键控功能抠掉图像背景的单一颜色，然后合成其他所需的背景。在影视编辑过程中经常会有需要抠像的情况，即需要将某个视频画面中的一部分分离出来再与另一个视频画面合成，通常有两种办法：一种是先用高亮的蓝色或绿色背景拍摄视频，然后利用 Blue Screen Keys 抠像；另一种是使用价格昂贵的专业设备，如 Quantel，这种设备可以对影片中任何复杂的前景对象与背景进行实时抠像。因为有了抠像技术，所以使得动画素材和视频素材有了结合的可能。动画在影片中的分量也是越来越重的。原有的动画特效在表现超现实的场景和事物时，一般采取在棚内搭景或者用模型的方式来完成，如 10 多年前在我国流行的日本科幻电视剧《恐龙特急克塞号》，就大量地运用了这种模型的技术。

（2）动画特效

三维动画技术的成熟，给现代电影带来了不可想象的影响。《侏罗纪公园》系列中的恐龙采用模型结合动画的方式，塑造了几千只栩栩如生的恐龙，让观众信以为真。《星球大战》后几部中，除演员是真实的以外，其他都是虚构的。

（3）其他视频特效

其他一些视频特效包括镜头分割、文字特效、遮罩与蒙版、3D 特效、粒子系统特效、运动与跟踪特效等。

8.5 视频剪辑实战——Premiere

Premiere 的功能面板是使用 Premiere 进行视频编辑的重要工具，主要包括"项目""时间轴""监视器"等面板，本节将介绍其中几种常用面板的主要功能。

启动 Premiere 应用程序，然后选择命令"文件"|"新建"|"项目"，新建一个项目，在工作界面中会自动出现几个面板。Premiere 的工作界面主要由菜单栏和面板组成，如图 8.1 所示。

图 8.1 Premiere 的工作界面

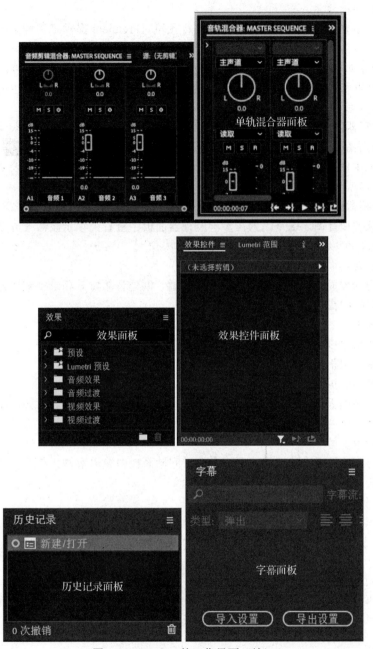

图 8.1 Premiere 的工作界面（续）

（1）项目面板

如果所工作的项目中包含许多视频、音频素材和其他作品元素，那么应该重视 Premiere 的"项目"面板。在"项目"面板中开启"预览区域"后，可以单击"播放/停止切换"按钮▶来预览素材。

（2）时间轴面板

时间轴面板并非仅用于查看，它也是可交互的。使用鼠标把视频和音频素材、图形和字幕从项目面板拖到时间轴中即可创作自己的作品。时间轴面板是视频作品的基础，创建序列后，在时间轴面板中可以组合项目的视频与音频序列、特效、字幕和切换效果。

（3）监视器面板

监视器面板主要用于在创建作品时对它进行预览。Premiere 提供了 3 种不同的监视器面板：源监视器面板、节目监视器面板、参考监视器面板。

① 源监视器面板：用于显示还未放入时间轴的视频序列中的源影片。可以使用源监视器面板设置素材的入点和出点，然后将它们插入或覆盖到自己的作品中。该面板也可以显示音频素材的音频波形。

② 节目监视器面板：用于显示在时间轴的视频序列中组装的素材、图形、特效和切换效果。要在节目监视器面板中播放序列，只需单击窗口中的"播放/停止切换"按钮■或按空格键即可。如果在 Premiere 中创建了多个序列，则可以在节目监视器面板的序列下拉列表中选择其他序列作为当前的节目内容。

③ 参考监视器面板：在许多情况下，该面板是另一个节目监视器。许多 Premiere 编辑操作使用它来调整颜色和音调，这是因为在参考监视器面板中查看视频示波器（可以显示色调和饱和度级别）的同时，可以在该面板中查看实际的影片。

（4）音轨混合器面板

使用音轨混合器面板可以混合不同的音频轨道、创建音频特效和录制叙述材料，也可以查看混合音频轨道并应用音频特效。

（5）效果面板

使用效果面板可以快速应用多种音频效果、视频效果和视频过渡。例如，在视频过渡文件夹中包含 3D 运动、伸缩、擦除等过渡类型。

（6）效果控件面板

使用效果控件面板可以快速创建音频效果、视频效果和视频过渡。例如，在效果面板中选定一种效果，然后将它直接拖到效果控件面板中，就可以对素材添加这种效果了。

（7）工具面板

Premiere 的工具面板中的工具主要用于在时间轴面板中编辑素材。在工具面板中单击某个工具即可将其激活。

（8）历史记录画板

使用 Premiere 的历史记录面板可以无限制地执行撤销操作。进行编辑工作时，历史记录面板会记录作品的制作步骤，要返回到项目的以前状态，只需单击历史记录面板中的历史状态即可。

（9）信息面板

信息面板提供了素材和切换效果，乃至时间轴中空白间隙的重要信息。选择一段素材、切换效果或时间轴中的空白间隙后，可以在信息面板中查看素材或空白间隙的大小、持续时间以及起点和终点。

（10）字幕面板

使用 Premiere 的字幕面板可以为视频项目快速创建字幕，也可以使用该面板创建动画字幕效果。

8.6 综合案例——制作婚礼 MV

1. 案例效果

本节将以婚礼 MV 为例，介绍 Premiere 在影视后期制作中的具体应用，带领学生掌握使用 Premiere 进行影视编辑的具体操作流程和技巧，案例最终效果图如图 8.2 所示。

图 8.2　案例最终效果图

2．案例分析

在制作该影片前，首先要构思该宣传片所要展现的内容和希望达到的效果，然后收集需要的素材，再使用 Premiere 进行视频编辑。

（1）收集或制作所需要的素材，然后导入 Premiere 后进行编辑。

（2）选用合适的背景素材，根据视频所需长度，在 Premiere 中对背景素材的长度进行调整。

（3）根据视频所需长度，调整各个照片素材所需的持续时间。

（4）根据背景素材效果，适当调整各个照片素材在时间轴面板的入点位置。

（5）对背景素材应用键控效果，丰富视频画面。

（6）在字幕设计器中创建需要的字幕，然后根据需要将这些字幕添加到时间轴面板的视频轨道中。

（7）给素材添加视频运动效果和淡入淡出效果，使影片效果更加丰富。

（8）添加合适的音乐素材，并根据视频所需长度，对音乐素材进行编辑。

3．案例制作

根据以上分析，可以将本案例分为 7 个主要部分进行操作：创建项目文件、添加素材、编辑影片素材、创建影片字幕、编辑字幕动画、编辑音频素材和输出影片。

（1）创建项目文件

① 启动 Premiere 应用程序，在欢迎界面中单击"新建项目"按钮，或者在 Premiere 工作窗口中选择命令"文件"|"新建"|"项目"，然后在打开的"新建项目"对话框中设置文件的名称，如图 8.3 所示。

② 在"新建项目"对话框中单击"浏览"按钮，在打开的"请选择新项目的目标路径"对话框中设置项目的保存路径。

③ 选择命令"编辑"|"首选项"|"时间轴"，打开"首选项"对话框，设置"静止图像默认持续时间"为 4.00 秒，如图 8.4 所示。

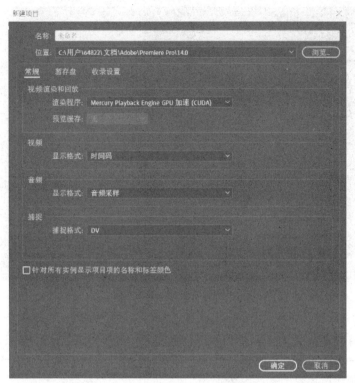

图 8.3 "新建项目"对话框

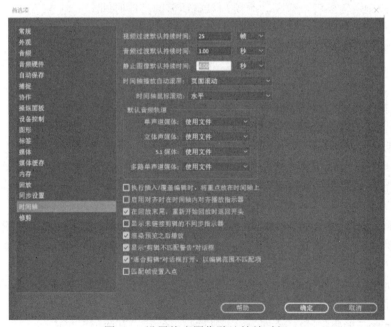

图 8.4 设置静止图像默认持续时间

④ 选择命令"文件"|"新建"|"序列",打开"新建序列"对话框,选择"标准 32kHz"预设类型,如图 8.5 所示。

图 8.5 "新建序列"对话框

⑤ 选择"设置"选项卡，在"编辑模式"下拉列表中选择"DV24p"选项，如图 8.6 所示。

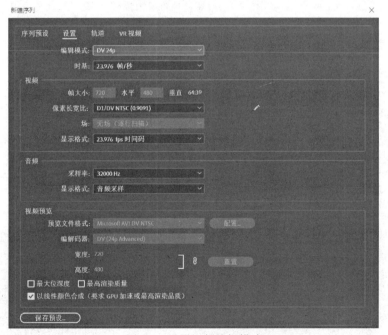

图 8.6 设置视频编辑模式

⑥ 选择"轨道"选项卡，设置视频轨道数量为 4，然后单击"确定"按钮，如图 8.7 所示。

（2）添加素材

① 选择命令"文件"|"导入"，打开"导入"对话框，导入本例中需要的素材。

② 在"项目"面板中单击"新建素材箱"按钮，创建 3 个素材箱，然后分别将 3 个素材箱命名为"照片""视频""音乐"，并将相应的素材拖入对应的文件夹中，对项目中的素材进行分类管理，如图 8.8 所示。

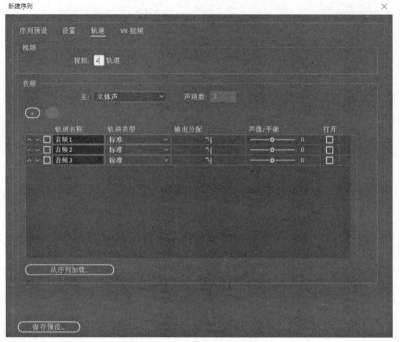

图 8.7　设置视频轨道数量

③ 选中"项目"面板中所有的照片素材，然后选择命令"剪辑速度/持续时间"，打开"剪辑速度/持续时间"对话框，设置照片的持续时间为 7 秒，如图 8.9 所示。

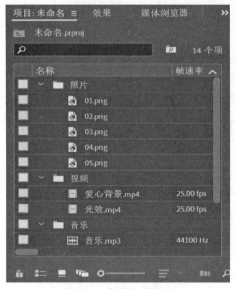

图 8.8　素材分类管理

图 8.9　设置照片持续时间

（3）编辑影片素材

① 将"爱心背景.mp4"和"光效.mp4"素材添加到"时间轴"面板的视频 2 轨道和视频 3 轨道中，各素材的入点位置为第 0 秒。

② 将时间轴指示器移到第 3 秒的位置，在"节目监视器"面板中预览效果，如图 8.10 所示。

③ 选择视频 3 轨道中的"光效.mp4"素材，打开"效果控件"面板，展开"不透明度"选项组，在"混合模式"下拉列表中选择"变亮"选项，如图 8.11 所示。

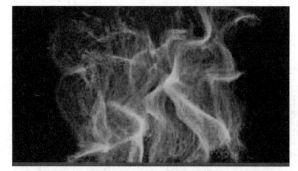

图 8.10　预览效果 1

图 8.11　设置效果控件

④ 在"节目监视器"面板中对影片进行预览，效果如图 8.12 所示。

⑤ 将各个照片素材添加到"时间轴"面板的视频 1 轨道中，各素材的入点位置分别为第 4 秒、第 12 秒、第 21 秒、第 29 秒、第 37 秒。

⑥ 将时间轴指示器移到第 7 秒的位置，在"节目监视器"面板中预览效果，如图 8.13 所示。

图 8.12　预览效果 2

图 8.13　预览效果 3

⑦ 打开"效果"面板，展开"视频效果"|"键控"素材箱，然后选中"颜色键"效果，如图 8.14 所示。

⑧ 将"颜色键"效果添加到视频 2 轨道中的"爱心背景.mp4"素材上，然后切换到"效果控件"面板中，单击"主要颜色"选项右侧的吸管工具，如图 8.15 所示。

图 8.14　选中"颜色键"

图 8.15　单击吸管工具

⑨ 将光标移到"节目监视器"面板中，吸取心形中的绿色作为抠图的颜色。

⑩ 在"效果控件"面板中，设置"颜色容差"为 60、"边缘细化"为 5、"羽化边缘"为 30.0，如图 8.16 所示。

⑪ 在"节目监视器"面板中对"颜色键"效果进行预览，如图 8.17 所示。

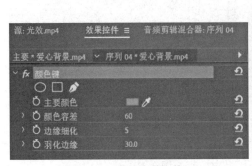

图 8.16 设置效果控件

图 8.17 预览"颜色键"效果

⑫ 选择视频 1 轨道中的"01.png"素材，切换到"效果控件"面板中，在第 4 秒的位置为"缩放"选项添加一个关键帧，设置缩放值为 200.0，如图 8.18 所示。

图 8.18 添加关键帧

⑬ 在第 7 秒的位置为"缩放"选项添加一个关键帧，设置缩放值为 80.0。

⑭ 在"效果控件"面板中框选所创建的缩放关键帧，然后右击，在弹出的快捷菜单中选择"复制"命令，如图 8.19 所示。

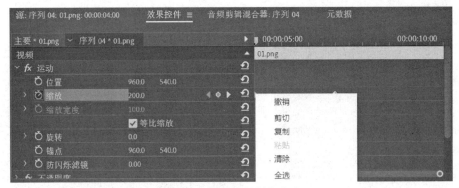

图 8.19 选择"复制"命令

⑮ 在"时间轴"面板中选择视频 1 轨道中的"02.png"素材，将时间指示器移动到第 12 秒的位置，然后在"效果控件"面板中右击，在弹出的快捷菜单中选择"粘贴"命令。

⑯ 在第 21 秒、第 29 秒、第 37 秒的位置分别为"03.png""04.png""05.png"素材粘贴所复制的缩放关键帧。

⑰ 在"节目监视器"面板中预览影片的缩放动画。

（4）创建影片字幕

① 选择命令"文件"|"新建"|"旧版标题"，在打开的"新建字幕"对话框中输入字幕名称并单击"确定"按钮，如图 8.20 所示。

图 8.20 "新建字幕"对话框

② 在字幕设计器中单击工具栏上的"文字工具"按钮，在绘图区单击并输入文字内容，然后适当调整文字的位置、字体、字体大小和行距，效果如图 8.21 所示。

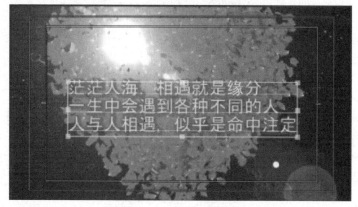

图 8.21 输入文字效果

③ 在"字幕属性"面板中向下拖动滚动条，然后勾选"阴影"复选框，设置阴影的颜色为红色，设置大小为 81.0，如图 8.22 所示。

图 8.22 设置字幕属性

④ 关闭字幕设计器，使用同样的方法创建其他字幕。在"项目"面板中新建一个名为"字幕"的素材箱，将创建的字幕拖入该素材箱中。

（5）编辑字幕动画

① 分别在第 0 秒、第 5 秒、第 10 秒、第 15 秒、第 20 秒、第 25 秒、第 30 秒、第 35 秒和第 40 秒的位置，依次将"字幕01～09"素材添加到视频 4 轨道中。

② 选择视频 4 轨道中的"字幕01"素材，然后打开"效果控件"面板，在第 0 秒的位置为"缩放"选项添加一个关键帧。

③ 在第 2 秒的位置为"缩放"选项添加一个关键帧，设置缩放值为 80.0。

④ 在第 0 秒的位置为"不透明度"选项添加一个关键帧，设置不透明度为 0%。

⑤ 在第 0 秒 15 帧的位置为"不透明度"选项添加一个关键帧，设置不透明度为 100%，制作渐现效果。

⑥ 分别在第 3 秒 15 帧和第 3 秒 24 帧的位置为"不透明度"选项添加一个关键帧，保持第 3 秒 15 帧的参数不变，设置第 3 秒 24 帧的不透明度为 0%，制作渐隐效果。

⑦ 在"效果控件"面板中框选已创建好的所有关键帧，然后右击，在弹出的快捷菜单中选择"复制"命令。

⑧ 分别在第 5 秒、第 10 秒、第 15 秒、第 20 秒、第 25 秒、第 30 秒、第 35 秒和第 40 秒的位置，依次为其他字幕素材粘贴不透明度关键帧。

⑨ 在"节目监视器"面板中单击"播放/停止切换"按钮，预览字幕的变化效果。

（6）编辑音频素材

① 将"项目"面板中的"音乐.mp3"素材添加到"时间轴"面板的音频 1 轨道中，将其放入第 0 秒的位置。

② 将时间轴移到第 44 秒的位置，单击工具面板中的"剃刀工具"按钮 ，然后在此时间位置上单击，将音频素材切割开，如图 8.23 所示。

图 8.23　切割音频素材

③ 选择音频素材后面多余的音频，按 Delete 键将其删除，如图 8.24 所示。

图 8.24　删除多余音频

④ 展开音频 1 轨道，分别在第 0 秒、第 1 秒、第 43 秒和第 44 秒的位置为音乐素材添加关键帧。

⑤ 向下拖动第 0 秒和第 44 秒的关键帧，将其音量调节为最小，制作声音的淡入淡出效果。

（7）输出影片

① 选择命令"文件"|"导出"|"媒体"，打开"导出设置"对话框，在"格式"下拉列表中选择一种影片格式（如 H.264），如图 8.25 所示。

② 在"输出名称"选项中单击输出影片文件的名称。

③ 在打开的"另存为"对话框中设置存储文件的名称和路径，然后单击"保存"按钮。

④ 返回"导出设置"对话框，在"音频"选项卡中设置音频参数，如图 8.26 所示。然后单击"导出"按钮，将项目文件导出为影片文件。

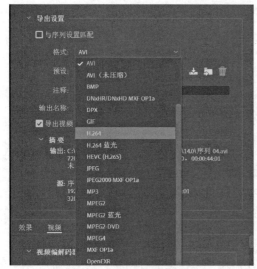

图 8.25 "导出设置"对话框

图 8.26 设置音频参数

⑤ 将项目文件导出为影片文件后，就可以在相应的位置找到这个导出的文件，并且可以使用媒体播放器对该文件进行播放了。至此，完成了本案例的制作。

思考与练习

1. 简述数字视频的概念及其特点。
2. 简述数字视频的来源。
3. 试分析数字视频的发展史。
4. 简述数字视频的压缩技术。
5. 简述数字视频在不同领域的应用实例。
6. 简述数字视频的格式。
7. 列举说明数字视频的常用软件。

交互媒体技术

第3篇 新技术篇

随着信息技术和移动互联的快速发展，数字媒体技术不断迭代，除第2篇所涉及的关键技术外，数字游戏、沉浸式媒体、智能媒体成为数字媒体未来发展的重要方向。

第9章 数字游戏技术

9.1 数字游戏概述

20世纪中叶，数字游戏登上人类历史舞台，并在短短半个世纪的时间里得到空前的发展。数字游戏是指在数字时代，以数字技术为手段进行设计开发，以数字化方式呈现和传播，并以数字设备为平台的各类游戏。数字游戏的概念确定可追溯到2003年数字游戏研究协会（Digital Game Research Association，DiGRA）。游戏学家杰瑟·尤尔（Jesper Juul）在DiGRA大会上指出，数字游戏的概念相对于传统游戏，具有跨媒体特性和历史发展性等优势。而学者Espen Arseth也在《游戏研究》（*Games Studies*）杂志的创刊号上撰文指出，数字游戏的称谓具有兼容性，是许多种不同媒体的集合。

9.1.1 数字游戏的概念

时至今日，数字游戏作为一个专有名词，得到了普遍认可。相较于其他与"游戏"相关的概念，数字游戏的概念更具延展性和本质性。

（1）延展性

"数字游戏"一词具备一定的延展性，即杰瑟·尤尔所称的历史发展性。也就是说，未来无论游戏发展到何种境地，只要继续采用数字化的手段进行制作与传播，就可称之为"数字游戏"，也可以说，数字游戏的概念是不断丰富、发展和完善的，是具有历史发展性的。

与数字游戏相比，"视频游戏"（Video Game）则界定为"通过终端屏幕呈现出文字或图像画面的游戏方式"，将游戏限定于凭借视频画面进行展示的类别。随着技术的发展，数字化的游戏将逐渐超越视频的范畴，朝着更为广阔的现实物理空间和赛博空间发展，所以"视频游戏"的概念有一定的局限性，不能将发展中的游戏概念进一步扩展与延伸。

同样，"计算机游戏"（Computer Game）一词也将概念限定到一个较小的范畴，指在计算机平台上制作和展示的游戏，而其他的如基于手机、PS4、Xbox、PSP、街机等平台的游戏，尽管也有类似的设计特性和技术手段，却被划在这一概念范畴之外。随着媒体平台和技术的不断发展与革新，形式各异的游戏终端设备层出不穷，而计算机游戏已不能完全涵盖新兴游戏类型。

还有一种"电子游戏"（Electronic Game）的称谓，其概念的流传更为普遍。20世纪80年代中期，电子技术方兴未艾，"数字游戏"引进之初，其概念尚未流传，因此，"电子游戏"这一称谓便一直沿用至今。随着数字时代的到来，"电子游戏"的概念发生了微妙的变化，其更倾向于指代基于传统电子技术的老式游戏，而较少用来指代网络游戏、虚拟现实游戏等新兴游戏。

（2）本质性

"数字游戏"一词可以涵盖计算机游戏、网络游戏、电视游戏、街机游戏、手机游戏等各种基于数字技术制作、展示与传播的游戏，从本质层面呈现出了该类游戏的共性。这些游戏虽然形式各异，但是具有最本质的同一特性——在技术层面均采用以数据运算为基础的数字技术。

以电视游戏（Console Game）为例，这一类型的游戏虽然以电视屏幕为终端，但其主机仍然可被看作是一种计算机。如 20 世纪 80 年代任天堂的 FC 游戏机（Family Computer），采用 8 位处理器、52 色的图像控制器（PPU）和兼容 5 声道的声音发生器（PSG）。而 2006 年微软推出的 Xbox 360 则包括 3 个 3.2GHz 的 Xenon 处理器，支持 DirectX9.0 的视频处理芯片（GPU）和 521MB 的内存。二者的计算速度相差 1800 多倍，但其结构都符合冯·诺依曼的计算机模型。

在理论上，基于数字技术的游戏可以从一个平台移植到另一个平台，并维持原作的基本风格和面貌。而且同一款游戏也往往会同时推出适用于各平台的不同版本，例如，2015 年腾讯开发的《王者荣耀》就相继发行了手机版和计算机版，其剧情、画面、音效、关卡都基本一致。这也从另一个侧面说明了不同类别游戏的本质同一性，即数字化特性。

通过对游戏相关概念的辨析，我们进一步明确了数字游戏是在数字化语境下通过数字技术制作、展示和传播的一类数字媒体艺术形态，"数字游戏"一词更能有效地概括基于数字技术的各种新型游戏。数字游戏在当下所呈现出的发展前景大有可为，随着技术与创意的不断提升，数字游戏必将获得更大的发展空间。

9.1.2　数字游戏的特征

数字游戏的特征有很多，主要包括数据化、智能化、拟真化、黑箱化、网络化和窄带性。下面分别对部分特征进行介绍。

（1）数据化

数据化是数字技术的基本属性和特征。数字游戏的数据化意味着游戏内容的丰富化、结构化和多媒体化。数字游戏具有良好的数据处理性能，可以大量容纳文本、图像、视频、声音、动画、3D 内容以及其他形式的数据。同时，数字游戏继承了典型的数据结构，不仅具备一般的软件特征，而且具有百科全书式的丰富内容。

（2）智能化

智能化是源于人工智能（Artificial Intelligence，AI）技术的应用。设计师将随机应变的智能融入游戏机制，发展出各种新的游戏元素，如富有智慧的角色、复杂多变的关卡、自我学习的机制和普通人难以战胜的敌手，使游戏增添了无数趣味和灵动。智能化使游戏的学习更为简单，人工智能可以自动充当游戏的裁判，也可不断提示游戏的玩法。1997 年，当计算机深蓝以 3.5：2.5 的比分战胜世界国际象棋冠军卡斯帕罗夫时，世界为之哗然，认为这是游戏人工智能历史上的里程碑。

（3）拟真化

游戏的拟真化建立在即时交互和具象场景两大基石上。即时交互是使游戏者在直觉层面产生真实错觉的感受，具象场景是在视觉感知层面营造幻觉。数字游戏从诞生到成为艺术经历了一个漫长的过程，随着信息技术的发展，数字游戏的形式更加多样化，在设计制作时采用更多的艺术手段，呈现出更丰富的审美表征。在视觉上，数字游戏通过平面图形或三维立体图形，呈现出绚丽的画面效果。在听觉上，数字游戏加入大量的音乐音效，例如，游戏主题乐、各种飞禽走兽鸣叫的声音、刀枪相撞的声音等，形成了一个生动而庞大的音乐音效系统。甚至一些大型游戏的音乐多为名家所作，由专门的乐队演奏配乐，并邀请著名的歌手演唱，这些音乐不仅吸引了玩家，也提高了游戏的美感。

9.1.3　数字游戏的分类方法及类型

随着数字游戏产业的蓬勃发展，当今数字游戏种类繁多、形态各异，其分类方法及类别划分也不尽相同。数字游戏多按方式、内容、平台、人数等进行划分。而数字游戏的类别更是不胜枚举，如动作游戏、冒险游戏、角色扮演游戏、体育运动游戏、桌面游戏、格斗游戏、即时战略游戏等数十种游戏分类形成了庞大的游戏"类型树"，而这棵大树在数字时代雨露的浇灌下将更加枝繁叶茂。

（1）数字游戏的分类方法

① 按游戏方式

游戏方式，即游戏为了满足某一目的而使用的不同表现方法。游戏方式分类法具有清晰、客观的特点，是当今游戏最主要、最普遍的分类方法。

近几年，游戏方式分类法也伴随着游戏的发展逐渐变化。随着游戏机和个人计算机运算能力的提升、电子游戏画面的增强以及大量新兴 3D 游戏的出现，游戏的种类更加丰富，不同种类游戏之间的玩法和内容都有重叠和交叉。单一玩法的游戏已经逐渐消失，取而代之的是包含多种特点的大型游戏，于是各种玩法的游戏类别趋于合并。

② 按游戏平台

数字游戏可以按照游戏平台分类，不同数字媒体为玩家带来的游戏娱乐体验、表现方式各不相同，从游戏平台角度进行分类有助于不同平台中游戏形态的进一步开发。就目前而言，网络游戏、单机游戏、手机游戏是游戏平台的三大支柱。

1969 年瑞克·布罗米为 PLATO（Programmed Logic for Automatic Teaching Operations）系统编写了一款名为《太空大战》（Space War）的游戏，网络游戏以此为起点，发展至今逐渐壮大。网络游戏开始大规模运营后，经历了多人互动式网络游戏、大型网络游戏等几代发展，简化了游戏体验的途径，拥有庞大的潜在受众，其发展潜力不可小觑。

单机游戏分为电视游戏、街机游戏、掌上游戏等几大类型。电视游戏是以电视屏幕为显示器来操作的家用游戏，如今微软的 Xbox、索尼的 PS4、任天堂的 Wii 三大品牌占据了家用游戏机的主要市场。街机游戏就是在街机上运行的游戏。1971 年，街机游戏在美国诞生，街机是一种放在公共娱乐场所的经营性的专用游戏机，流行于美国的酒吧。常见的街机由两部分组成：框体和机版。掌上游戏机（Handheld Game Console），又名便携式游戏机、手提游戏机或携带型游乐器，简称为掌机，指方便携带的小型专门游戏机，它可以随时随地提供游戏及娱乐，属于便携式游戏。在智能手机的冲击下，掌上游戏机将注定是一个小众市场产物。

③ 按游戏内容

游戏内容分类方法是指按照游戏内部元素来分类。这种分类方法十分直观，可以迅速地框定游戏范围。但由于游戏内容差异较大，导致这种类别的分类选项数量庞大，多以辅助的分类形式出现。

④ 按玩家人数

单机游戏是只具有单机游戏功能的游戏代称，少数带有一机多人的游戏功能。仅早期的游戏如此，现今的游戏大多数带有完备的多人联机功能。

多人游戏是具备多人联机功能的游戏总称。和网络游戏不同，很多多人游戏具有单机对战功能，而且大多数多人游戏不使用免费游戏运营策略。多人游戏还包含网络游戏，通过时间收费，让玩家可以与其他玩家互动，是多人在线游戏。大型多人在线游戏（Massive Multiplayer Online Game）是指在多人游戏的服务器上可以提供大量玩家同时在线的游戏。

（2）数字游戏的类型

数字技术飞速发展，游戏玩家群体规模不断壮大，数字游戏的发展也被赋予了个性化的诉求，针对玩家的不同身份结构和心理需求，不同类型数字游戏的出现，满足了这一庞大群体的个性化多元需求。

① 动作游戏（Action Games，ACT）通常要求玩家所控制的主角根据周遭情况变化做出一定的动作，训练手眼协调及反应力。其特点是具有多样的攻击方法、随机出现的种种机关、丰富的道具应用以及动作操控的多样性。数字技术的进步使动作类游戏开始从卡通画风向 3D 流畅画面过渡。ACT 的代表作品是《魂斗罗》和《超级玛利》，这两款游戏可谓家喻户晓。

② 冒险游戏（Adventure Games，AVG）通常是指玩家控制角色进行虚拟冒险的游戏，其故事情节往往是以完成某个任务或是以解开一个谜题的形式出现的，游戏中玩家通过控制角色而产生交互性的故事。早期的冒险类游戏如《神秘岛》系列，主要是通过平面探险来展开的，直到《生化危机》系列诞生后，这一游戏类型才被重新定义，产生了融合动作游戏要素的冒险游戏。

③ 射击游戏（Shooting Games，STG）是动作游戏的一种，带有很明显的动作游戏特点，为了和一般动作游戏区分，只有强调利用"射击"途径完成目标的游戏才会被称为射击游戏。此类游戏的代表作品有《反恐精英》、*DOOM* 等。最初的射击游戏一般是 2D 的，可以细分为平台射击游戏（Platform Game）和卷轴射击游戏（Side-Scrolling Game）。卷轴射击游戏也被称为弹幕射击游戏，敌人一般在游戏界面的上段或右侧，玩家需要控制游戏人物或飞船等进行攻击。第一人称射击游戏（First Person Shooting，FPS）是以玩家主视角进行的射击游戏，身临其境的体验带来的视觉冲击大大增强了游戏的主动性和真实感。3D 技术的发展，为第一人称射击游戏提供了更加丰富的剧情、精美的画面和生动的音效。同时，第一人称射击游戏也催生了"游戏引擎"的大规模发展，使得游戏引擎成为游戏的核心点。

④ 格斗游戏（Fighting Games，FTG）也是动作游戏的一种，通常是玩家分为两个或多个阵营相互作战，使用格斗技巧击败对手来获取胜利，游戏节奏较快，耐玩度也较高。格斗游戏可以分为 2D 和 3D 两种，2D 格斗游戏有著名的《街头霸王》系列、《侍魂》系列、《拳皇》系列等。3D 格斗游戏如《铁拳》《VR 战士》等。2D 格斗游戏系统是根据固定背景画面下的活动块碰撞计算的，是动作游戏战斗部分的进一步升华。现今的 2D FTG 系统可以说是由日本 Capcom 的《街头霸王》系列定义的，它对战中情形进行判定，制定了摇动摇杆后按相应的按键使出威力强大的"必杀技"的方式。《拳皇》系列成功地定义了"超必杀技"系统，玩家在达到某种相对而言比较苛刻的条件后，就可以使出有可能逆转对战结果的"超必杀技"，增强了对战结果的多元化。

⑤ 竞速游戏（Racing Games，RAC）是在计算机上模拟各类赛车运动的游戏，以体验驾驶乐趣为游戏诉求，给予玩家在现实生活中不易进行的各种"汽车"竞速体验，玩家在游戏中的唯一目的就是"最快"。此类游戏惊险刺激，真实感强，深受车迷喜爱。

2D RAC 就是在系统给定的路线（多为现实中存在的著名赛道）内，根据玩家的速度值控制背景画面的卷动速度，让玩家在躲避各种障碍物的过程中，在限定的时间内，赶到终点。由于 2D 技术的制约，很难对"速度"这一感觉进行模拟，所以成功作品相当有限。在 3D RAC 时代，3D 技术构建的游戏世界终于充分发挥了速度的魅力，最著名的代表作品有 EA 的《极品飞车》系列、SCE 的《GT 赛车》系列等。

⑥ 角色扮演游戏（Role Playing Games，RPG）由玩家在一个写实或虚构的世界中扮演一位角色，在结构化规则下通过一些行动获得所扮演角色的发展和成长。此类游戏的核心是扮演，强调剧情发展和个人体验，游戏过程中注重真实感和沉浸感的表现，因此这也是最能引起玩家共鸣的游戏类型之一。RPG 能把游戏制作者的世界完整地展现给玩家，构建一个或虚幻、或现实的世界，让玩家在里面尽情地冒险、游玩和成长，感受制作者想传达给玩家的观念。RPG 没有固定的游戏系统模式可寻，因为其系统的目的是构建想象中的世界。但是，所有的 RPG 都有一个标志性的特征，就是代表了玩家角色能力成长的升级系统，而程序构建的世界就是各个 RPG 的个性所在。

与其他游戏类型不同，虽然 RPG 的表现是立体、多元的，但其根本都是故事情节的表现。比较著名的代表作品有日本的《口袋妖怪》系列、《最终幻想》系列，国产的《仙剑奇侠传》《剑侠情缘》等，欧美的《创世纪》系列、《暗黑破坏神》系列等。

⑦ 益智类游戏（Puzzle Games，PUZ）是以休闲、益智、放松的游戏诉求出现的，多需要玩家对游戏规则进行思考、判断，提高玩家手、眼的灵敏度和脑的逻辑能力。PUZ 系统的表现相当多样化，代表作品有《俄罗斯方块》《泡泡龙》《愤怒的小鸟》《斗地主》等。

⑧ 音乐游戏（Music Games，MUG）。在音乐游戏中，玩家配合音乐与节奏做出动作进行游戏，这类游戏要求玩家具备对节奏的把握和手眼的反应力，培养玩家的音乐敏感性，增强音乐感知。MUG 的诞生以日本 Konami（科乐美）公司的《复员热舞革命》为标志，诞生之初便受到业界及玩家的广泛好评。这类游戏的主要卖点在于音乐、歌曲的流行程度，较为人们熟知的代表作品有《复员热舞革命》系列、《太鼓达人》系列等。

⑨ 模拟仿真游戏（Simulation Games，SIM）让玩家控制或制造有生命或无生命的物体，模仿现实生活中各种角色的生活状态，各种生物（包括人、植物和动物等）的生活，注重对仿真事物操作的过程和感受，其目标是让玩家能够充分体验游戏中角色的动作及对事物的反应。这类游戏高度模拟现实，能自由构建游戏中人与人之间的关系，并如现实中一样进行虚拟世界的人际交往，还能通过网络与众多玩家一起游戏，如模拟游戏的经典之作——《模拟人生》。

⑩ 体育运动游戏（Sport Games，SPG）是一种让玩家来扮演一名运动员或一组运动员参与专业体育运动项目的游戏，篮球、网球、高尔夫球、足球、美式橄榄球、拳击等大部分体育运动都是体育类游戏制作的蓝本。体育运动游戏花样繁多、模拟度高，广受欢迎，如《FIFA》系列、《NBA Live》系列、《实况足球》系列等。体育运动游戏制作最出色的公司要数美国艺电的 EA Sports，几乎所有可模拟的体育运动都能在 EA Sports 的作品中见到。

⑪ 即时战略游戏（Real-Time Strategy Games，RTS）是战略游戏发展的最终形态，因其在世界上的迅速风靡，使之慢慢发展成为一个单独的游戏类型。玩家在游戏中为了取得战争的胜利，必须不停地进行操作，因为"敌人"也在同时进行着类似的操作。RTS 一般包含采集、建造、发展等战略元素，同时其战斗以及各种战略元素的进行都采用即时制。随着 RTS 的发展，从其上又衍生出"即时战术游戏（RTT）"，即 RTS 的各种战略元素不以或不全以即时制进行，或者少量包含战略元素的一种游戏形态，重点突出战术的作用。RTS 的代表作品有西木工作室（Westwood Studios）的《命令与征服》系列、《红色警戒》系列，暴雪娱乐的《星际争霸》系列、《魔兽争霸》系列，目标软件的《傲世三国》系列等。

⑫ 桌面游戏（Table Games，TAB），顾名思义是从以前的桌上游戏脱胎而来呈现在数字平台上的游戏，如各类强手棋游戏，其中较为经典的一款是《大富翁》系列。棋牌类游戏也归属此类，如《飞行棋》《红心大战》《麻将》等。

9.2 数字游戏产业规模及其发展趋势

9.2.1 全球游戏市场状况

（1）全球游戏市场规模

2021 年全球游戏市场收入如图 9.1 所示，图中，Bn 表示十亿美元，YoY 表示同比增长率。

2021 年，亚太地区凭借 882 亿美元的市场规模成为全球游戏收入占比最高的地区，达全球游戏收入的约 50%。其中，中国市场凭借 456 亿美元的收入成为亚太地区主要的游戏收入贡献者。亚太地区大部分以移动游戏用户为主，因此游戏市场受疫情的冲击较小。相较而言，北美地区大多数为主机游戏用户，游戏市场受疫情的冲击较大。尽管如此，北美地区依然雄踞 2021 年全球游戏市场收入排行榜的第 2 位，贡献高达 426 亿美元（主要来自美国）。预计亚太地区和北美地区 2019—2024 年的复合年增长率均为 8.7%，可以预见，在接下来的几年，依旧会保持稳健的增长势头。

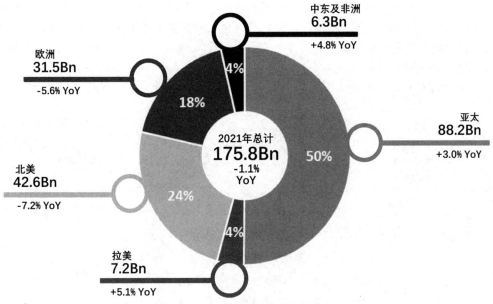

图 9.1　2021 年全球游戏市场收入

　　当然，由于拉美地区、中东及非洲等高增长地区的游戏收入增长率远超平均水平，这也意味着至 2024 年，这些地区的游戏总收入占比将持续增长（同时导致北美和中国的市场份额略有下降）。与北美地区相似，欧洲地区遭受疫情影响也颇为严重，2020—2021 年的收入下跌了 5.6%，但预计在 2021—2024 年期间，欧洲地区的游戏收入会有强劲增长，其在全球游戏收入份额中的占比也将稳步回升。

　　（2）全球游戏玩家

　　2021 年全球游戏玩家分布如图 9.2 所示，图中，M 表示百万人，Bn 表示十亿人，YoY 表示同比增长率。

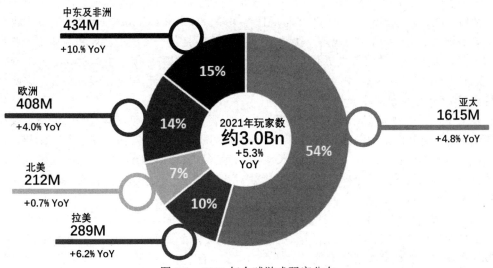

图 9.2　2021 年全球游戏玩家分布

2021 年，全球游戏玩家总数接近 30 亿人。与 2020 年相比，增长了 5.3%，这标志着游戏行业仍在强势增长，并有更大的上升空间。与此前每一年的情况相似，玩家数量增长的几大主要驱动力：互联网用户数量的增加、更为优质的网络基础设施条件以及价格合理的智能手机和移动网络数据套餐。上述主要驱动力在增速明显的各大地区，如中东、非洲和拉美的影响尤为明显，这几大地区也是玩家数量增长最快的地区。尤其是包含中南亚和东南亚等新兴市场的亚太地区，拥有全世界数量最多的活跃游戏玩家，约占全球玩家总数的 54%，远高于其他地区的玩家数。

（3）全球游戏细分市场

2021 年全球游戏细分市场如图 9.3 所示，图中，Bn 表示十亿美元，YoY 表示同比增长率。

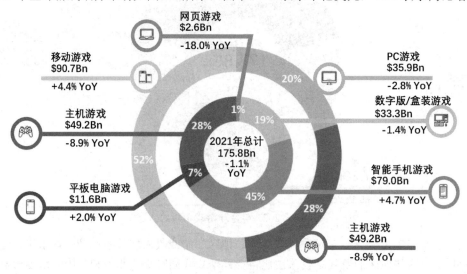

图 9.3　2021 年全球游戏细分市场

新冠肺炎疫情给游戏的开发和发行均造成了极大的影响，是多款游戏发布推迟的主要原因，进而影响到 2021 年的整体市场收入，其中，主机游戏遭受的冲击最大，PC 游戏也受到一定的影响。相较于移动游戏而言，主机和 PC 游戏的开发更依赖于庞大的团队，开发成本也更为高昂，并且需要更多的跨境合作。新一代主机游戏（PlayStation 5 和 Xbox Series X|S）的推迟发布也对两大主机游戏带来了颇为严峻的挑战，尤其对于 PlayStation 而言，因其第一方游戏在正式发布时为全价销售，相比之下，Xbox 则采取了订阅服务策略，以 Xbox Game Pass 会员的方式收费。此外，全球半导体的供应短缺也加剧了问题的严重性，给包括新一代主机游戏和高端 PC 游戏硬件在内的消费者电子产品供应造成负面冲击。基于这些因素，2021 年，主机游戏细分市场收入为 492 亿美元，同比下跌 8.9%。PC 游戏细分市场收入为 359 亿美元，同比下跌 2.8%。这两个细分市场将在 2022 年之后重回增长势态。

相较之下，新冠肺炎疫情对移动游戏的影响要小得多，因为移动游戏（平板电脑游戏和智能手机游戏）收入更多地依赖消费者在热门游戏和其他可供选择的游戏内的支出。2021 年，这一细分市场收入达到 907 亿美元，同比稳健增长 4.4%。尽管硬核移动游戏和跨平台游戏提升了消费者对高端移动设备的需求，但全球半导体供应短缺对移动游戏市场的影响依然有限，因为对于移动端游戏玩家来说，设备的硬件并没有主机和 PC 那么重要。

另外，苹果公司关闭 IDFA（广告标识符）的做法将对移动游戏细分市场造成不小的冲击，这一举措将导致移动游戏公司无法对其广告投放的有效性进行评估与衡量。这也意味着主要依赖广告投放实现收入的移动游戏将遭受更为严重的冲击（注，广告收入未包含在收入统计方法内）。此外，依赖精准用户投放的游戏发行商也将受其影响。尽管如此，来自消费者侧的消费欲望依然强劲，尤其是在中国市场。与全球其他地区相比，关闭 IDFA（广告标识符）这一举措对该地区的影响更小。从全球层面推断，移动游戏市场的多项增长驱动力将会抵消各项负面因素带来的影响，游戏行业也将自发、快速地进行调整以适应苹果公司的最新标准。

（4）TOP 100 上市公司 2020 年概况

TOP 10 上市公司 2020 年榜单如图 9.4 所示。

排名	公司	HQ	Q1($M)	Q2($M)	Q3($M)	Q4($M)	2020($M)	同比增长率
1	腾讯 Tencent	CN	6,683	6,733	7,293	6,733	27,441	34%
2	索尼 Sony	JP	3,373	4,762	4,009	5,353	17,498	27%
3	苹果 Apple	US	2,556	3,180	3,526	3,758	13,020	19%
4	微软 Microsoft	US	2,148	3,125	2,950	3,473	11,695	34%
5	谷歌 Google	US	1,880	2,309	2,525	2,428	9,142	23%
6	网易 NetEase	CN	1,941	1,985	1,990	1,924	7,839	16%
7	任天堂 Nintendo	JP	1,557	1,716	1,704	2,471	7,449	49%
8	动视暴雪 Activision Blizzard	US	1,662	1,759	1,870	2,108	7,399	27%
9	Electronic Arts	US	1,387	1,459	1,151	1,673	5,670	5%
10	Take-Two Interactive	US	761	831	841	861	3,294	15%
	......							
	总计		37,347	41,361	41,698	45,890	166,297	23%

图 9.4　TOP 10 上市公司 2020 年榜单

2020 年，全球 TOP 100 的上市游戏公司共计创造了 1663 亿美元的收入，同比增长达到惊人的 23%，占 2020 年游戏市场收入总额的 94%（不包括广告）。相较于 2019 年，TOP 100 的上市公司收入占据游戏市场收入总额的 93%，这也标志着 2020 年对于大型游戏公司来说是发展势头更为强劲的一年。目前，全球最大的游戏公司是来自中国的科技巨头腾讯。腾讯是拳头游戏（Riot Games）的全资母公司，同时还持有市场上多家头部公司的股份。去年，腾讯获得了累计 274 亿美元的游戏收入，同比增长 34%，比收入排名第 2 位的索尼公司多出近 100 亿美元。

9.2.2　中国游戏产业状况

2021 年，中国游戏市场实际销售收入依然保持增长态势，高质量产品引领产业多领域创新发展。用户规模的容量趋于饱和，挖掘用户细分需求将成为未来市场竞争的重点。

（1）中国游戏市场状况

① 中国游戏市场实际销售收入及增长率如图 9.5 所示。

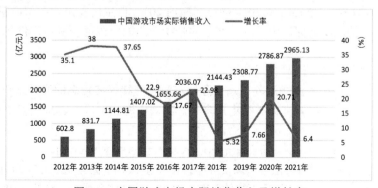

图 9.5　中国游戏市场实际销售收入及增长率

2021 年，中国游戏市场实际销售收入为 2965.13 亿元，比 2020 年增加了 178.26 亿元，同比增长 6.40%。虽然实际收入依然保持增长态势，但是增幅比例较 2020 年同比缩减近 15%。由于 2021 年的疫情，宅经济的刺激效应逐渐减弱，年度爆款数量同比有所减少。游戏研发和运营发现成本持续增加。

② 中国游戏用户规模及增长率如图 9.6 所示。

图 9.6　中国游戏用户规模及增长率

2021 年，中国游戏用户规模保持稳定增长，用户规模达 6.6624 亿人，同比增长 0.22%。前几年，虽然用户增长缓慢，但用户规模每年大多还是以千万级增长的，而 2021 年的增幅与 2020 年相比，用户规模变化不大，游戏人口的红利趋向于饱和。此外，2021 年下半年用户的用户规模比上半年呈现下降态势，其主要原因是防沉迷新规落地，未成年人保护收获实效，用户结构趋向健康合理。

③ 中国自主研发游戏国内市场实际销售收入及增长率如图 9.7 所示。

图 9.7　中国自主研发游戏国内市场实际销售收入及增长率

2021 年，中国自主研发游戏国内市场实际销售收入为 2558.19 亿元，比 2020 年增加了 156.27 亿元，同比增长 6.51%，但增幅较 2020 年同比缩减约 20%。自主研发游戏在国内新产品上线较少，流水主要依靠过去的产品支撑。由于过去产品的带动消费能力在逐步减弱，付费玩家的消费意愿也随之降低。

（2）中国自主研发游戏海外市场状况

2021 年，中国自主研发游戏海外市场实际销售收入继续保持较高的增长态势，海外市场的国家和地区数量明显增多，出海产品类型更加多元。游戏出海已经成为越来越多中小型游戏公司的主要发展策略。

① 中国自主研发游戏海外市场实际销售收入及增长率如图 9.8 所示。

2021 年，中国自主研发游戏海外市场实际销售收入达 180.13 亿美元，比 2020 年增加了 25.63 亿美元，同比增长达 16.59%。增速同比下降约 17%，这主要受疫情全球宅经济的激增效应消退的影响。

图 9.8　中国自主研发游戏海外市场实际销售收入及增长率

从 2017—2021 年的平均增长幅度来看，中国游戏出海份额呈现稳定上升的态势，出海游戏在用户下载数量、使用时长和用户付费 3 个方面均保持较好的增长。

② 中国自主研发移动游戏海外市场收入前 100 类型收入占比如图 9.9 所示，图中其他类别包含了占比较小的 90 种类型。

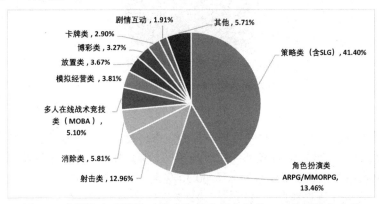

图 9.9　中国自主研发移动游戏海外市场收入前 100 类型收入占比

2021 年，中国自主研发移动游戏海外地区收入分布中，策略类游戏收入占比为 41.40%，角色扮演类游戏收入占比为 13.46%，射击类游戏收入占比为 12.96%。此外，消除类、多人在线战术竞技类游戏也表现突出，这两类游戏收入合计占比达 10.91%，较 2020 年增加 5.50%。

从近 3 年市场收入占比看，策略类、角色扮演类、射击类三类游戏依然是中国自主研发移动游戏出海的主力类型，持续受到海外市场认可，三类游戏合计收入占比稳定在 60%以上。

③ 中国自主研发移动游戏海外重点地区收入占比如图 9.10 所示。

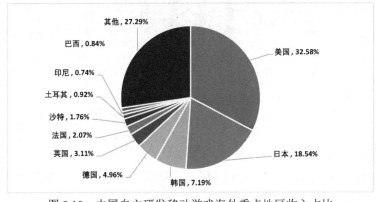

图 9.10　中国自主研发移动游戏海外重点地区收入占比

2021 年，中国自主研发移动游戏在海外重点地区收入分布中，来自美国市场的收入占比为32.58%，蝉联第一。来自日本、韩国市场的收入占比分别为 18.54% 和 7.19%。

值得注意的是，虽然 3 个地区合计贡献了中国自主研发移动游戏出海收入的 58.31%，但从2019—2021 年的数据来看，3 个地区的合计占比正逐年下降，其他地区占比逐年上升，这说明中国游戏产业正在不断地探索新兴市场，拓展海外市场的广度和深度。

（3）中国游戏细分市场状况

2021 年，中国移动游戏和客户端游戏市场实际销售收入均有所上升，网页游戏市场在持续萎缩。

① 中国游戏市场收入占比如图 9.11 所示。

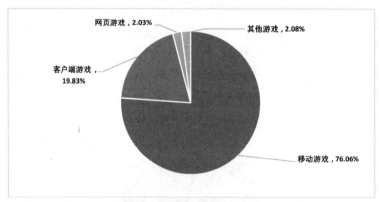

图 9.11　中国游戏市场收入占比

数据表明，当前阶段移动游戏依然占据中国游戏市场收入的主导地位。2021 年，中国移动游戏市场实际销售收入为 2255.38 亿元，占比为 76.06%。客户端游戏市场实际收入为 588 亿元，占比为 19.38%。网页游戏市场实际销售收入为 60.30 亿元，占比为 2.03%。

② 中国移动游戏实际销售收入及用户规模。

中国移动游戏市场实际销售收入及增长率如图 9.12 所示。

图 9.12　中国移动游戏市场实际销售收入及增长率

2021 年，中国移动游戏市场实际销售收入为 2255.38 亿元，比 2020 年增加了 158.62 亿元，同比增长 7.57%。数据显示，移动游戏依然是我国游戏市场的主体，收入占比为 76.06%。增幅较2020 年同比缩减约 25%，具体原因与前述的自主研发游戏市场情况相同。

中国移动游戏用户规模及增长率如图 9.13 所示。

2021 年，中国移动游戏用户规模近 6.56 亿人，同比增长 0.23%，移动游戏用户规模持续上升，但也受到人口结构变化的影响，规模容量趋于饱和。

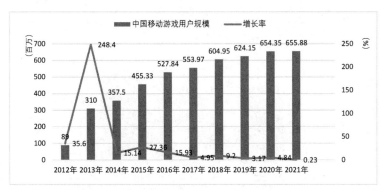

图 9.13　中国移动游戏用户规模及增长率

③ 中国客户端游戏市场实际销售收入及增长率如图 9.14 所示。

图 9.14　中国客户端游戏市场实际销售收入及增长率

2021 年，中国客户端游戏市场实际销售收入为 588 亿元，比 2020 年增加了 28.80 亿元，同比增长 5.15%，自 2018 年首次出现增长趋势。其主要原因有 2021 年新上线的客户端产品表现出色，以移动游戏为核心的全平台发行模式逐步兴起，用户使用习惯回归等。

④ 中国网页游戏市场实际销售收入及增长率如图 9.15 所示。

图 9.15　中国网页游戏市场实际销售收入及增长率

2021 年，中国网页游戏实际销售收入仅为 60.30 亿元，比 2020 年减少了 15.78 亿元，同比下降 20.74%，连续 5 年持续呈现下降的趋势，主要原因是网页游戏的开服数量持续减少。头部游戏企业虽然也在积极研发网页游戏，但是在客户端游戏和移动游戏市场的挤压下，整体市场持续萎缩。

⑤ 中国主机游戏市场实际销售收入及增长率如图 9.16 所示。

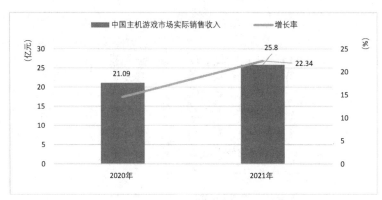

图 9.16 中国主机游戏市场实际销售收入及增长率

2021 年，中国主机游戏市场实际销售收入达 25.80 亿元，同比增长 22.34%。2021 年，新的主机硬件发售，国内自主研发产品陆续登录主机平台，促进了主机市场的收入增长。

2021 年，中国游戏产业在内容开发、产业布局、渠道建设、技术赋能、人才培养、海外认同等方面都做出了积极的努力，并取得了明显成效。随着中国游戏产业的迅速发展，在促进网络文化市场发展、丰富人民群众文化娱乐活动、扩大和引导文化消费、融入数字经济发展等方面发挥了积极作用。但是，游戏产业依然存在对未成年人防沉迷工作认识不到位、部分网络游戏格调不高、企业运营责任不清、变相诱导沉迷和过度消费、用户权益保护不力等问题。

未来在主管部门的监督与指导下，我国游戏产业应始终把未成年人保护和防沉迷工作作为头等大事，在依法依规的前提下做好企业的本职工作，切实把主管部门的工作要求落到实处、取得实效。游戏产业应充分发挥中国游戏产业的技术优势和用户资源优势，增强产业的自主创新能力，深耕文化产业特色，加大精品化产品开发力度，加速产业业态升级。

游戏产业还应积极弘扬中国文化主旋律，积极传播社会主义核心价值观，促进游戏产业的高质量、规范化发展。在维护国家文化安全的前提下，统筹国内和国际两个大局，加大精品游戏的出海力度，提升中华文化传播的广度和深度，坚定民族文化自信，讲好"中国故事"。

9.2.3 游戏产业发展趋势

（1）中国游戏市场潜力状况

① 优势细分项

优势细分项发展潜力较大且持续产出，企业需强化产品品质、巩固布局成果。优势细分项是指具备发展潜力的领域，包括但不限于玩法、题材、画风等维度，以及 SLG（策略类游戏，英文名称为 Simulation Game）、二次元、Roguelike（名称来自该类型始祖游戏 Rogue，属于角色扮演类游戏）、休闲游戏等具体标签。优势细分项往往已通过口碑、获客等方面展露出发展潜力，而随着更多企业及产品的布局，其价值产出也将愈发明显，如"二次元"标签的移动游戏的市场规模已超过 200 亿元。在《三国志·战略版》等产品的带动下，近几年 SLG 头部市场的复合增长率超 25%。中国二次元移动游戏市场实际销售收入及增长率如图 9.17 所示。

同时，在用户诉求、社会发展等因素的共同作用下，优势细分项将不断产生，进而持续为企业提供可供布局的领域。但企业也需要注意，品质依然是产品长期留存用户的核心因素，这要求企业不断打磨产品、强化对领域的理解，推动细分项的优势向自身优势转化。

② IP 领域

IP 领域仍将在长期内保持发展潜力，而产品的质量、数量及 IP 拓展是领域的主要潜力来源。

首先，依托成熟 IP 进行改编是现阶段 IP 市场的主要布局。随着产品在 IP 画面、剧情、玩法等方面不断贴合用户的需求，用户对于 IP 产品"换皮"的印象有所转变。近年来，IP 改编移动游戏市场收入持续增长，也使得这一模式仍然具备发展前景。

图 9.17　中国二次元移动游戏市场实际销售收入及增长率

其次，IP 储备也在持续丰富。近几年，市场中涌现多款表现较佳的原生 IP 产品，其中不乏流水达数十亿元、上百亿元的头部产品，有望在未来成为新的 IP 改编来源。

最后，除直接带动游戏产业收入之外，IP 也有望扩大影响力辐射半径，当前已有产品基于 IP 布局动漫、周边等领域，IP 衍生年收入达数千万元，实现了收入来源及 IP 生命力的双向拓展。

③　人才领域

受竞争压力等因素影响，人才将更加重要，通过如图 9.18 所示的伽马数据针对"找工作中影响决策的优先因素排序情况"可以看出，企业需从多角度强化自身人才吸引力。

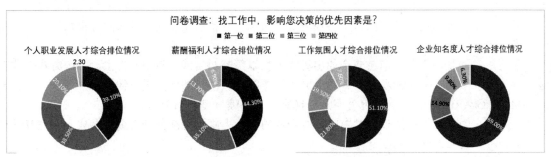

图 9.18　找工作中影响决策的优先因素排序情况

人才对个体企业、整体产业的发展潜力造成重要影响。造成该影响的重要因素如下。

一方面，近年来产品的制作成本及竞争压力均有提升，而优质人才可在整体方向把控、细节打磨、数值调整等方面发挥作用，进而提升产品获得高流水表现的概率。

另一方面，用户的需求更加细分，使得精于细分项的人才也成为企业争夺的热点。由于部分人才本身是细分项的资深受众，因而具备了解用户核心诉求、与社群连接紧密等优势，产品更容易满足用户需求。

伽马数据对人才重视因素的统计结果显示，个人职业发展及薪酬福利是人才最为看重的，已有部分企业通过提供多种福利、完善培养体系等具备上述特征的方式进行布局，进而带动人才数量快速增长。伽马数据统计的潜力企业中已有多家员工规模超千人，这在一定程度上证明了上述方式的可行性。

未来，企业仍需围绕人才要素进一步挖掘，持续强化吸纳及留存人才的举措。

④　云游戏领域

云游戏应用更广泛地塑造短期潜力，与元宇宙等领域相关联塑造长期潜力。云游戏的布局潜力在短期及长期内均有体现。短期内的潜力主要体现在云游戏形式在日常生活中的渗透，以云化云游戏、移植云游戏为主的云游戏形式已有更多应用于宣传推广的实际案例，并带来了买量转换率提高、用户触及范围扩大等实际效果，预计未来几年将有更多产品及企业通过上述方式布局，更为高级的原生云游戏也或将有所产出。

长期潜力主要体现在云游戏与其他游戏领域的关联，如云游戏的算力、边缘计算等关键技术也是构成元宇宙的重要因素，使得企业的云游戏布局优势有望延伸至其他领域，布局性价比较高。

⑤ 主机游戏领域

中国主机游戏品质较高且具备长期发展潜力，所处主机游戏市场发展较快但仍未进入爆发期，具备较大的发展空间。在游戏特征方面，主机游戏较高的品质与游戏产业的长期发展方向相吻合，是其具备发展潜力的主要原因。而在整体特征之外，中国市场具备的差异化特征也强化了主机游戏领域的潜力。

中国企业具备主动布局的意愿，虽然 2021 年中国主机游戏市场增速超过 20%，但受制于整体规模，市场仍未迎来爆发阶段，企业仍有较多布局机会。意愿也在潜力前景方面有所体现，当前北美、欧洲、日本等成熟地区的市场规模已高达数百亿元、数千亿元，中国主机游戏市场有望达到同等水平，或将刺激更多企业布局。

此外，部分海外企业将目光集中于挖掘新兴地区主机游戏市场，有望从用户、产品、环境等方面加速新兴地区市场潜力释放，具体到中国，已有头部海外企业主动提供资金、宣发等资源帮助中国主机产品产出。

⑥ 海外市场

2021 年，中国自主研发游戏海外市场实际销售收入突破 180 亿美元，并且有望继续保持两位数增速。

从海外游戏市场规模和中国自研游戏的海外市场占有率状况来看，目前海外市场仍具备较高的探索空间。

需要注意的是，目前中国游戏企业出海收入仍以策略类游戏（SLG）为主，中国游戏企业在这一领域竞争激烈。未来游戏企业需要将更多的在国内积攒的细分品类延伸到海外地区，尝试布局 MMORPG/ARPG、消除类等海外用户同样具备较高偏好度的品类。

从长期来看，海外市场收入对中国游戏企业的贡献力度将持续提升，更多游戏企业也具备进一步提升海外收入占比的长期计划。

（2）游戏产业发展趋势

① 人才竞争升级，向中小型企业扩散

未来围绕人才的竞争将继续加剧，并将逐步向中小型企业扩散。推动该趋势发展的主要原因：首先，用户需求及市场状况在持续变动，使得"人才"的定义同步改变，因而企业长期存在人才需求；其次，从人才培养到成果产出所需的时间相对较长，企业需要吸纳成熟人才抓住现有机遇；最后，虽然当前的人才竞争更多集中在大型企业，但用户对于产品品质的需求不受企业规模影响，中小型企业同样会受到用户需求的检验。

因此，大型企业吸纳人才带来的产品品质提升，会通过提高用户预期的方式作用于中小型企业，倒逼中小型企业强化人才引入、培养等流程，加剧中小型企业的人才竞争。

② 用户获取渠道丰富化

目前游戏产业在买量成本、自然流量竞争中处于劣势，未来需要丰富用户获取渠道。

付费获取流量一直是中国游戏产品获得全球用户的重要策略，但随着主流流量渠道用户增速的放缓及多类应用对于用户流量的争夺，全球流量单价持续上涨。

Adjust 平台《2021 年应用趋势报告》显示，所有类别应用的单次安装有效成本呈现出上涨趋势。相比于其他应用，游戏应用在用户获取层面存在挑战，首先在于游戏（不包含超休闲）单次安装有效成本在所有类别中位居高位，这也意味着产品需要以更高成本获取用户，但同时游戏的变现能力相比于电子商务、金融科技等并不占优势，同时游戏对买量获取用户依赖性较高，游戏类应用自然流量获取水平较低。

因此，未来丰富全球性用户获取渠道将成为游戏产业的重要发展趋势，如何挖掘更多自然流量也将成为关键。

③ 多品类产品共同发展，优势细分项成必备布局

游戏市场的发展将由多品类产品支持，优势细分项或将从潜力布局转为必备布局。针对优势细分项的布局是现阶段的潜力领域，但在一定程度上也将成为未来的发展趋势。除上文提及的市场价值、用户诉求等驱动企业主动布局的因素外，这一趋势在数据层面已经有所体现。

近 5 年进入移动游戏流水 TOP 100 的玩法类型数量整体呈上升趋势，流水高度集中的玩法类型的市场规模整体扩大，但份额有所下降。未来中国游戏市场的产品构成将逐步从高度集中于少数品类过渡到由多品类产品共同促进发展的阶段，针对优势细分项的布局或将从潜力布局转为必备布局。

④ 游戏市场机会更偏向高品质产品

成熟品类仍然具备市场机会，但机会更偏向于高品质产品。成熟品类具备的高市场规模、高用户量级是吸引较多企业及产品不断尝试的主要因素，但上述特点也意味着品类用户的游戏经验较为丰富，并对产品有着更高的诉求。

据伽马数据统计，2021 年 SLG 品类中流水最高的产品聚集了头部 SLG 产品近半的流水，但2017 年这一占比不足两成，市场利好更加集中于头部高品质产品。因此，成熟品类仍然具备市场机会，但机会更偏向于高品质产品。

需要注意的是，用户诉求分布在画面、玩法、活动等多方面，这要求企业注重对研发、发行、运营等各个环节的打磨，综合提升产品品质，进而作用于满足用户诉求、享受成熟市场的利好。

9.3 数字游戏设计流程及关键技术

信息时代文化、艺术与科技的交融和互动，给人们认识和设计数字游戏产品提供了新的维度。由此可见，数字游戏是文化、艺术与科技交叉与融合的产物。

9.3.1 游戏设计的基本原理

（1）游戏创意

游戏创意是游戏中创新的、创造的主意，很容易和游戏策划混淆。游戏创意是一款好游戏不可缺少的环节，它包括设计理念、游戏风格以及其他内容。一款让人们眼前一亮且回味无穷的游戏往往是因为它们具有与众不同的游戏理念，有独特理念的游戏不会给人们带来浮躁以及紧张感，相反，它可以帮助人们减轻压力。

① 游戏构思

游戏构思需要定义游戏的主题和如何使用设计工具进行设计。游戏的主题构思主要涉及以下问题。

- 这个游戏最让人无法抗拒的是什么？
- 这个游戏要去完成什么？
- 这个游戏能够唤起玩家哪种情绪？
- 玩家能从这个游戏中得到什么？
- 这个游戏是不是很特别？与其他游戏有何不同？

● 玩家在游戏世界中该控制哪种角色？

② 游戏的非线性

非线性因素包括故事介绍、多样的解决方案、顺序、选择等。从一定意义上说，非线性的游戏就是让玩家按他们自己的意愿来编写故事情节。

③ 人工智能

游戏中人工智能的首要目标是为游戏者提供一种合理的挑战。游戏设计者应确保游戏中的人工智能动作尽可能与构思相同，通过操作尽最大可能给游戏者提供挑战，并使游戏者在游戏中积累经验。游戏中的人工智能可以帮助展开游戏故事情节，也有利于创造一个逼真的世界。

④ 关卡的设计

在游戏设计中，一旦建立好了游戏的核心和框架结构，下面的工作就是关卡设计者的任务了。在一个游戏开发项目中，所需关卡设计者的数量大致和游戏中关卡的复杂程度成正比。

（2）游戏设计文档

游戏设计文档包括：概念文档，涉及市场定位和需求说明等；设计文档，包括设计目的、人物及达到的目标等；技术设计文档，包括如何实现和测试游戏等。

概念文档主要对游戏设计的相关方面进行详述，包括市场定位、预算和开发期限、技术应用、艺术风格、游戏开发的辅助成员和游戏的一些概括描述。

设计文档的目的是充分描写和详细记录游戏的操控方法，用来说明游戏各个部分的运行路径。设计文档的实质是游戏机制的逐一说明，即在游戏环境中玩家能做什么、怎样做和如何产生激发其兴趣的游戏体验。设计文档包括游戏故事的主要内容和玩家在游戏中所遇到的不同关卡或环境的逐一说明，同时也列举了游戏环境中对玩家产生影响的不同角色、装备和事物。

技术设计文档并不从技术角度花费时间来描述游戏的技术方面。平台、系统要求、代码结构、人工智能算法和类似的内容都是涵盖在技术设计文档中的典型内容，因此要避免出现在设计文档中。设计文档应该描述游戏将怎样运行，而不是说明功能将怎样实现。

9.3.2 游戏制作流程

游戏制作就是从游戏创意到成为商业产品的全流程，如图 9.19 所示。除前期的市场调研外，整个游戏制作流程大致分为游戏策划、美术制作、程序开发、游戏测试、运营销售几个阶段。

（1）游戏策划阶段

游戏策划就像编剧和导演一样，要规定游戏的世界构成，规定种族、气候，什么地点出现敌人能够让玩家觉得刺激有趣，怎样设计各种各样的武器和装备吸引玩家等。专业地讲，就是要设计游戏的背景故事、世界观、大陆布局、规则玩法、剧情对白、游戏任务以及各种数值等。

（2）美术制作阶段

美术制作阶段策划文档分为技术设计文档、背景艺术文档和商业计划文档。背景艺术文档指导下一阶段的美术资源制作，包括原画设定、模型贴图、角色动画、特效制作和音效制作等。

① 原画设定

原画设定是一个承上启下的重要环节，也是最具创造力的环节，游戏里各种天马行空、具有想象力的人物、怪物、场景设计都是出自原画师之手。原画既要考虑游戏文档里对游戏角色、场景的设定要求，也要确保三维美术设计师的三维制作的顺利进行。

② 模型贴图

针对原画设定的艺术风格和技术风格，运用 3D 制作技术建立具体的游戏世界，需经过模型制作、贴图制作两个流程，包括角色、道具、场景等的制作。根据网游、次世代等不同的游戏类型，模型贴图的制作工艺要求和流程也不同。

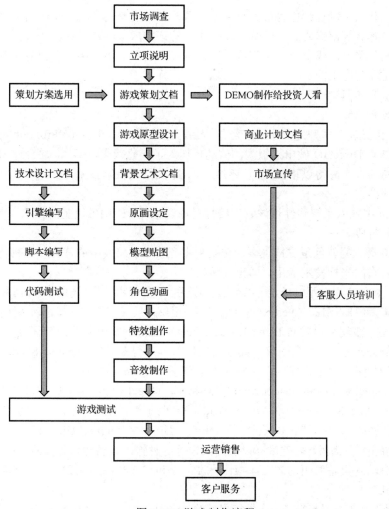

图 9.19　游戏制作流程

③ 角色动画

游戏中大都存在种类繁多的人物、怪物和各种不可思议的动物、植物，以及水流、岩浆、沼泽等各种地形地貌，为了让这一切更加逼真，游戏动画设计师需要通过三维绘图软件赋予其生动的行动体态，合理地让人物生活在游戏世界中。

④ 特效制作

游戏角色在格斗、施放魔法以及使用必杀技时，一般会有非常绚丽的视觉效果，这种视觉效果就是游戏特效师的工作。游戏特效师从分镜设计、切片动画、特效贴图制作、粒子特效制作到后期合成，将自己的设计思想通过特效的方式表达出来。

（3）程序开发阶段

在游戏策划阶段后会产生技术设计文档，这一文档将运用于程序开发。程序开发包括引擎编写、脚本编写和代码测试。一款游戏的诞生离不开各个部门的协同互助。从市场调查到后期的客户服务，正是每个人的辛劳付出与团队的互相配合，才有了一款游戏的华丽绽放。

9.3.3　游戏设计的相关技术

游戏设计与制作涉及的技术是非常广泛的，与游戏设计的整个过程息息相关。与动画最终呈现的方式不同，动画是以视频作为最终结果的。游戏是在引擎的环境下实时渲染呈现，其中的渲染计算、特效、解算等都需要大量的编程及技术支持来完成。游戏设计的相关技术包括游戏编程语言、游戏和服务器、游戏引擎的制作与搭建，这些大的部分下又会细分出各种各样的分支，整体用到的技术是非常庞大的。

（1）游戏编程工具

① DirectX

DirectX 是由微软公司开发的用途广泛的应用程序接口（Application Program Interface，API）。

DirectX 5.0 对 Direct3D 做出了很大的改动，加入了雾化效果、Alpha 混合等 3D 特效，使 3D 游戏中的空间感和真实感得以增强，并且还加入了 S3 的纹理压缩技术。DirectX 发展到 DirectX 5.0 才真正走向了成熟。

DirectX 6.0 中加入了双线性过滤、三线性过滤等优化 3D 图像质量的技术，游戏中的 3D 技术逐渐走入成熟阶段。

DirectX 7.0 最大的特色是支持"坐标转换和光源"。3D 游戏中的任何一个物体都有坐标，当此物体运动时，它的坐标发生变化，即坐标转换。

DirectX 8.0 的推出引发了一场显卡革命。它首次引入了"像素渲染"概念，同时具备像素渲染（Pixel Shader，PS）引擎和顶点渲染（Vertex Shader，VS）引擎，反映在特效上就是动态光影效果。

2002 年年底，微软公司发布 DirectX 9.0。DirectX 9.0 中 PS 单元的渲染精度已达到浮点精度。全新的 VertexShader（顶点着色引擎）编程将比以前复杂得多，新的 VertexShader 标准增加了流程控制和更多的常量，每个程序的着色指令增加到了 1024 条。

与过去的 DirectX 9.0b 和 Shader Model 2.0 相比，DirectX 9.0c 最大的改进是引入了对 Shader Model 3.0（包括 Pixel Shader 3.0 和 Vertex Shader 3.0 两个着色语言规范）的全面支持。

DirectX 主要有以下功能：DirectX Graphics、DirectX Audio、DirectPlay 和 DirectInput。DirectInput 为游戏杆、头盔、多键鼠标以及力回馈等各种输入设备提供最先进的接口。DirectInput 直接建立在所有输入设备的驱动之上，相比标准的 Win32 API 函数具备更高的灵活性。

② OpenGL

OpenGL 是近几年发展起来的一个性能卓越的三维图形标准，它是在 SGI 等多家世界闻名的计算机公司的倡导下，以 SGI 的 GL 三维图形库为基础制定的一个通用共享的开放式三维图形标准。

OpenGL 实际上是一个功能强大、调用方便的底层三维图形软件包。它独立于窗口系统和操作系统，以它为基础开发的应用程序可以十分方便地在各种平台间移植。它具有七大功能：建模、变换、颜色模式设置、光照和材质设置、纹理映射（Texture Mapping）、位图显示和图像增强、双缓存动画（Double Buffering）。

（2）游戏编程语言

① C 语言

优点：有益于编写小而快的程序，很容易与汇编语言结合，具有很高的标准化，因此其他平台上的各版本非常相似。

缺点：不容易支持面向对象技术，语法有时会非常难以理解，并造成滥用。

移植性：C 语言的核心以及 ANSI 函数调用都具有移植性，但仅限于流程控制、内存管理和简单的文件处理。其他方面都和平台有关，如为 Windows 和 Mac 开发可移植的程序，用户界面部分就需要用到与系统相关的函数调用。

② C++语言

优点：组织大型程序时比 C 语言好得多，很好地支持面向对象机制，通用数据结构，如链表和可增长的阵列组成的库减轻了由于处理底层细节的负担。

缺点：程序非常大且复杂。与 C 语言一样存在语法滥用的问题，比 C 语言慢，大多数编译器没有把整个语言正确地实现。

移植性：比 C 语言好得多，但依然不是很乐观。因为它具有与 C 语言相同的缺点，大多数可移植性用户界面库都使用 C++对象实现。

③ 汇编语言

优点：最小、最快的语言。汇编语言能编写出比任何其他语言实现快得多的程序。

缺点：难学、语法晦涩，大量额外代码。

移植性：接近零。因为这门语言是为一种单独的处理器设计的，根本没有移植性可言。如果使用了某个特殊处理器的扩展功能，那么代码甚至无法移植到其他同类型的处理器上，如 AMD 的 3DNow 指令是无法移植到其他奔腾系列的处理器上的。

④ Visual Basic

优点：整洁的编辑环境。易学、即时编译，有大量可用的插件。

缺点：程序很大，而且需要几个巨大的运行时动态链接库。虽然表单型和对话框型的程序很容易完成，但要编写复杂的图形程序比较难。调用 Windows 的 API 程序非常笨拙，因为 Visual Basic 的数据结构没能很好地映射到 C 中。有面向对象功能，但不是完全的面向对象。

移植性：非常差。Visual Basic 是微软公司的产品，因此被局限在微软实现的平台上。

（3）游戏引擎

人们常把游戏的引擎比作赛车的引擎。引擎是赛车的心脏，决定赛车的性能和稳定性，赛车的速度、操纵感这些直接与车手相关的指标都是建立在引擎基础上的。游戏也是如此。引擎是用于控制所有游戏功能的主程序，其主要功能包括从计算碰撞、物理系统和物体的相对位置，到接受玩家的输入，以及按照正确的音量输出声音等。

目前，游戏引擎已经发展为一套由多个子系统共同构成的复杂系统，从建模、动画到光影、粒子特效，从物理系统、碰撞检测到文件管理、网络特性，还有专业的编辑工具和插件，几乎涵盖了开发过程中的所有重要环节。

游戏引擎主要包括以下几种。

① 图形引擎的主要功能是实现游戏中场景（室内或室外）的管理与渲染、角色的动作管理绘制、特效管理与渲染（粒子系统、自然模拟，如水纹、植物等模拟）、光照和材质处理、级别对象细节（Level Object Detail，LOD）管理等。

② 声音引擎的功能是播放音效、语音、背景音乐等。音效是指游戏中及时无延迟地频繁播放且播放时间比较短的声音。

③ 物理引擎的功能是实现在游戏世界中的物体之间、物体和场景之间发生碰撞后的力学模拟，以及发生碰撞后的物体骨骼运动的力学模拟。较著名的物理引擎有黑维克（Havok）公司的游戏动态开发包（Game Dynamics SDK），还有开放源代码（Open Source）的开放动态引擎（Open Dynamics Engine，ODE）。

④ 数据输入/输出处理引擎负责玩家与计算机之间的沟通，处理来自键盘、鼠标、摇杆和其他外围设备的信号。如果游戏支持联网特性，那么网络代码也会被集成在引擎中，用于管理客户端与服务器之间的通信。

9.4 数字游戏案例分析

本节介绍两款数字游戏：《王者荣耀》和《魔兽世界》。

1.《王者荣耀》案例分析

《王者荣耀》是由腾讯游戏天美工作室群开发并运行的一款运营在 Android、iOS、NS 平台上的 MOBA（Multiplayer Online Battle Arena，多人在线战术竞技，又称 Action Real-Time Strategy，动作即时战略）类游戏，于 2015 年 11 月 26 日在 Android、iOS 平台上正式公测，《王者荣耀》的欧美版本于 2018 年在任天堂 Switch 平台发售。

《王者荣耀》中的玩法以竞技对战为主，玩家之间进行 1 对 1、3 对 3、5 对 5 等多种方式的 PVP 对战，还可以参加游戏的冒险模式，进行 PVE 的闯关模式，在满足条件后可以参加游戏的排位赛等，是属于推塔类型的游戏。

（1）游戏背景设计

《王者荣耀》的故事是世界史的架空叙述。故事起源于地球人因为科技发展、资源滥用导致地球被毁灭，最后科学家们制造了"方舟"抵达新的大陆，称之为王者大陆。科学家们利用曾经地球历史上著名人物的 DNA 创造了众多英雄用以征服这片陆地，这些人类与这群被称为"神明"的科学家们逐渐把势力遍布王者大陆。

后续"神明"之间以及创造出来的人类英雄之间都产生了分歧，并爆发了战争，这片大陆也被众多势力分割，最终形成了东西部两大阵营、十大区域势力的格局。

《王者荣耀》通过背景设定把所有的英雄糅合到同一时空下，例如，三国时代的魏蜀吴三国属于三分之地，而秦朝则是在逐鹿之地，长安城在武则天的统治下稳居河洛之地的中央，而勇士之地，亚瑟则是追求西部大陆的复兴。各条线路并行不悖，同时处在这片大陆中。所有角色一开始就要定位他在游戏背景中的位置，从而才会进行下一步的设计。

（2）游戏角色设计

《王者荣耀》在上线之初就借鉴了当时部分主流游戏的英雄角色设定方案，即以传统文化中的人物为基础，打造一个具有中国特色的 MOBA 类游戏。这在当时以欧美风格为主流的 MOBA 游戏市场是一个大胆的尝试，但是《王者荣耀》成功地融合了欧美系的 MOBA 类游戏以及中国传统文化的精髓，打造出了一款十分成功的 MOBA 类游戏。《王者荣耀》是基于历史与神话的架空叙事，所以在英雄角色的使用上利用了历史人物以及神话人物的姓名以及特色，来塑造游戏中的角色形象。截至 2019 年 2 月 24 日，《王者荣耀》中共有英雄 91 个，除去 3 个与日本 SNK 公司合作推出的游戏英雄外，当前共有原创角色 11 个（独立设计、未借鉴历史人物）、化用历史人物角色 8 个（借鉴历史人物原型，修改角色名称等后推出）、神话人物角色 15 个、历史人物角色 54 个。

《王者荣耀》在设计之初就贯彻了历史架空叙述的理念，在该游戏最早推出的 37 个英雄角色中，仅有 2 个原创角色，其他角色均与历史/神话人物相关。MOBA 类游戏的玩法为固定地图的多角色对战，每个英雄角色拥有不同的技能，所以对于英雄的记忆、技能的记忆以及技能效果的记忆成为玩家游戏沉淀的最大难题。而游戏玩家对于英雄的记忆并不是无序的，他们在参与游戏前会通过自己的经验形成期望，从而转化为记忆。《王者荣耀》基于历史/神话人物设定角色的样式与技能，可以帮助玩家通过联想记忆这些难点，更好地帮助新玩家沉淀，成为稳定的游戏支撑者。

（3）游戏机制设计

在游戏中，玩家被分成两组，每人控制一个角色，获胜规则是摧毁敌人的地图建筑和基地。在游戏过程中，系统会根据相应的时间点将经济资源分配到赛场的各个地方，吸引双方争夺资源。对系统地图上的资源获取和杀伤可以转化为经济升级装备，进而摧毁敌方基地建筑，赢得胜利，获得成就感和喜悦感。

游戏的平衡性体现在《王者荣耀》的开发者设置了玩家升级通道，该升级通道分为七个段位：倔强青铜、秩序白银、荣耀黄金、尊贵铂金、永恒钻石、最强王者、荣耀王者，每个段位又分成不同的积分级别。这样设置避免了新手玩家与高段位玩家对垒会让游戏局势呈现出强者恒强的局面，维持了游戏的平衡性和可玩性。

（4）游戏界面设计

① 界面色彩设计

《王者荣耀》在色彩上主要使用深蓝色、金色、银白色，配色在整体统一的蓝色基调下，让人感到华丽而又神秘，设计感十足。在主配色中又选择补色，增强对比，用金黄色作为重点补色，界面具有空间感，主次区域区分明晰，补色数量设计科学合理，应用规范，界面整洁大气不花哨。色彩运用合理，具有很强的视觉美感和艺术性，让玩家在游戏娱乐的同时还能享受视觉美感。

② 游戏界面场景布局设计

《王者荣耀》每一期的场景设计都很漂亮，很有动态感。游戏剧情的设计为玩家构造了一个虚拟的世界，设置了不同的场景、不同的英雄角色，并赋予了他们独特的性格和故事，使他们像人一样富有情感，吸引着不同性格的玩家，牵引着玩家的情感体验，引起玩家共鸣。玩家在场景中可以自由选将，地形多岔路给刺客迂回的空间，对于大乱斗来说是一种很好的体验，激发玩家想象力，增强玩家代入感。

战斗界面不属于单纯的功能性界面，在界面设计时需要考虑玩家的操作习惯、信息整合，不能影响战斗等多种因素。游戏的必要信息有友方头像、敌方头像、死亡数、杀敌数比赛用时、小地图装备等。虚拟按键随玩家心情选择显示或隐藏，左下角的虚拟方向摇杆，右下方的点触技能键，这些是最符合人们使用手机习惯的布局。杀敌数、死亡数、比赛用时装备等信息依然采用列表的展现方式，使用户能更直观明了地获取信息。

③ 中国风元素的融入

《王者荣耀》将中国风和现代感很好地结合，以菱形和圆形为基础，使用了中国传统色彩，加入中国风元素，色彩亮度、饱和度风格统一，界面层次分明、清新明快，很有意境，运用了自然元素山水云的花纹，体现出东方韵味。在塑造形式上符合简练干净的现代审美，整体看起来更偏向扁平的卡片式设计，给玩家耳目一新的感觉，优化了用户体验。在界面设计中增加通透感，特效和选中高亮都来自一种能量的光感和聚集，通过光感来增加东方幻想的神秘感受，增补体验反馈，重视音效反馈，玩家能够在音效中探寻东方特色记忆点。

（5）界面交互设计与操作设计

在交互设计中，设计师必须考虑玩家不同层次的需求，例如，"可用性""易于理解""使用更加愉悦"等，应满足玩家的碎片化需求，想玩就玩。《王者荣耀》的核心玩法是 5 对 5 经典对战模式，相比 PC 端的 MOBA 类游戏，移动端的实时属性打破了只有使用碎片化时间的理论，游戏的用户界面设计还需要考虑玩家进入游戏时对陌生游戏环境的适应度，允许用户进行个性化设置，同时需要权衡玩家的心态和长期功能行为的一些人性化布局。对于新玩家，要对其进行新手教学引导，这时应选择高纯度的色彩来吸引玩家注意力，使用箭头的动态效果来引导操作，加上文字及语音的说明辅助玩家理解。对于《英雄联盟》老玩家来说，采用相似合理的界面布局会使其非常熟悉且具有亲切感。

MOBA 类游戏的胜负往往取决于玩家的操控，这一类型游戏的界面交互设计与操作设计是构建游戏沉浸体验的基础。《王者荣耀》主要通过手机上的虚拟摇杆和虚拟按钮代替传统计算机端游戏的键盘和鼠标，来简化键盘和鼠标的精确操作，使得它的界面交互更易于学习和使用。

（6）游戏音频台词设计

作为音乐和游戏的交叉产品，游戏的音频对玩家的参与感和成就感的影响是非常重要的。《王者荣耀》的游戏音频与台词是游戏开发公司专门创作的，无论是游戏的主题曲还是每一位英雄的出场台词与专属音乐，都会在无形中为玩家营造一种别致的听觉氛围，从之前的山海经系列皮肤到用中国传统乐器演奏游戏中的部分音乐，《王者荣耀》以一种弘扬传统文化的姿态一点点地向中国戏曲艺术致敬。例如，《王者荣耀》所推出的虞姬限定皮肤"霸王别姬"，便融入了中国传统文化尤为经典的京剧元素、国风古韵、京腔芳华，可以说极其精妙地传播了京剧的文化。

综合上述分析可知，《王者荣耀》中的英雄角色背景故事搭建具有以下特点：历史人物的虚拟构建、英雄羁绊的趣味性组合、传统文化的适应性嵌入、故事结局的开放性诠释，由此构建出了一套属于《王者荣耀》的游戏世界观，其核心内容是心灵世界的冲突、理性祛魅后多元价值观的和解、新电子神话的崛起。这种游戏价值观，吸引了大量游戏玩家踏上并沉醉于"英雄之旅"的冒险旅程。

2.《魔兽世界》案例分析

《魔兽世界》是暴雪娱乐制作的一款大型多人在线角色扮演游戏（Massive Multiplayer Online Role Playing Game，MMORPG），自 2003 年 11 月 23 日发行起，在全世界有大量的受众群，2008 年《魔兽世界》在同类游戏市场占有率高达 62%，成为最经典且最受欢迎的 MMORPG 类型游戏之一。在此类游戏中，玩家需要在线扮演一个或多个虚拟角色，该角色存在于以游戏为背景构造的虚拟世界中，且游戏虚拟世界不以玩家的意志为转移，即玩家下线后虚拟世界依然存在并向前推进。

（1）游戏角色设计

《魔兽世界》中的角色种族与职业相当丰富，自游戏推出至今共设计了如暗夜精灵、人类、牛头人、兽人、矮人、亡灵、巨魔、熊猫人等 13 个种族。职业有 11 个之多，如圣骑士、法师、猎人、牧师、武僧等。这些角色在其题材来源上相当广泛多元，例如，来自古希腊神话中的亡灵兽人、牛头人等，来自西方民间传说中的暗夜精灵、矮人等。同时，这些角色在外貌造型上更是大相径庭。

（2）游戏装备造型设计

在《魔兽世界》中，装备设计概念是游戏角色使用和穿戴的道具，主要包括武器、坐骑、铠甲服饰、宠物。游戏世界虽然是一个虚拟的世界，但操作角色的是真实的人，因此同真实世界一样，他们会去装扮自己和打造具有个性的虚拟角色。因此，那些设计独特的装备会被玩家所追捧，游戏制作商也会降低这些装备的掉落率，因而玩家需要反复击杀能掉落这些装备的怪兽。

武器设计建立在现有的刀、枪、棍、棒、斧、钺、钩、叉等基本造型上，进行艺术再加工，装饰性造型设计是最大卖点，同样不用考虑人物使用的合理性等问题，可以充分展现现实生活中的不可能性，各种闪烁的光效伴随着不同金属材料效果，让武器造型设计风格各异，如风剑、猎人职业史诗弓等。

《魔兽世界》的盔甲造型共分为 9 个部分，头、肩、腰、胸、手、护腕、腿、脚、背。造型设计最吸引眼球的部分是头、肩、胸、腿，这跟人们日常穿衣讲究是一样的，然后腰部的皮带和脚上的鞋子造型设计也能引起他人的注意。

宠物设计应该算是这款游戏后期版本设计加入进来的，是吸引休闲玩家的一种手段。通过可爱有趣的宠物造型设计来引起休闲玩家的收集兴趣，其灵感来自其他网游。

（3）游戏地图设计

在地图设计方面，游戏开发者设计了一套完整的游戏地图系统，其中包含了不同级别和尺度的 200 多幅地图，地图采用了丰富的表达方法及生动直观的符号系统。

① 地图用色

色彩也在很大程度上决定了整个地图带给玩家的感受。传统地图对地图用色的要求较为严格，但游戏地图不同。《魔兽世界》地图中的每种颜色都与制图区域的特点紧密一致。在地貌细节不必过多表示的情况下，采用颜色带给玩家直观的感受，也是表现地域特点的有效途径。

② 符号系统

符号是地图语言的重要组成部分，它既能提供对象信息，又能反映其空间结构。传统地图中的符号有着明确定性和定级的要求，符号的形状、尺寸和位置都是地图所传递信息的重要内容。而游戏的符号不仅需要表明地物的位置，还需要在地图平面上形成客观实际的空间形象。《魔兽世界》地图中的符号内容繁多，形成了一个完整的符号体系。

③ 地图整饰

《魔兽世界》地图中的每个区域都有其浓厚的游戏背景，地图整饰正是表现这些游戏背景的重要手段，游戏中的众多元素也都广泛地存在于地图整饰中。为丰富地图内容，设计者在地图的空白处放置了很多具有手绘画风格的插图与符号等标示，使得整个地图幅面协调统一、艺术感强。以游戏地图的边框为例，不同区域的游戏地图带有各自鲜明的特点。

（4）游戏机制设计

《魔兽世界》是一款涉及部落和联盟两大阵营之间战争的游戏。当玩家创建角色时，首先要选择自己的阵营，这个选择非常重要，玩家只能够和本方阵营的玩家交谈和组队，并在多数情况下，视对立阵营为仇敌。游戏中共有 10 个种族和 10 个职业可供选择（新增英雄职业——死亡骑士），每个种族都有自身的种族特长。当玩家第一次玩《魔兽世界》时，将出现在自己种族的出生地，除巨魔和侏儒外，所有的种族都有自己独特的出生地。在《魔兽世界》中，玩家所能探险的区域非常大而且地形各不相同，游戏中有很多不同的游戏场景。

《魔兽世界》与其他角色扮演游戏一样，通过杀怪物、探索新的地区和完成任务获得经验值。当玩家获得一定的经验值之后就能够升级。散布在艾泽拉斯世界各地的 NPC 会给玩家提供数千个各式各样的任务，很多任务还会提供给玩家一定的物质奖励，包括金币、药水、食物、饮料、物品、护甲和武器。

《魔兽世界》中还存在 PVP 和 PVE 两种服务器。在 PVE 服务器中，对立阵营玩家之间的战斗需要经过双方的同意，也就是说，除非玩家愿意，否则无法被别的玩家攻击。另一种是 PVP 服务器，在这个服务器中，玩家很有可能会突然被对立阵营的玩家攻击而不需要事先警告。在 PVP 战斗中，当玩家杀掉对立阵营的守卫和玩家时，可以积累到一定数量的荣誉点数。荣誉点数可以用来购买特别的装备、武器和坐骑。但是，玩家只能通过杀死跟自己等级差不多的玩家来获得荣誉点数，杀死低等级的玩家不会获得任何荣誉。

（5）游戏系统设计

① 任务系统

任务系统是这种大型多人在线角色扮演游戏的必备系统，玩家通过做任务，获得经验、荣誉、声望及装备的物质奖励。《魔兽世界》的任务设计基于庞大的故事背景，玩家通过做任务可以不断深入对于整个游戏故事的了解。同时任务设计的完成方式也有很多种，玩家不仅需要通过杀死怪物、拾取任务物品、跑路送信等比较常见的任务方式来完成任务，同时也需要做一些比较有趣的其他形式的任务，例如，变身成一些其他形态去偷听别人谈话，或者坐在飞行坐骑上轰炸某一区域。

② 副本系统

《魔兽世界》的副本是伴随玩家从 10 级一直到满级的一种地下城系统，这里的怪物相对而言更加难以对付，但是能够提供更多的经验值，同时副本里面的 boss 是高级装备的主要来源。《魔兽世界》中 boss 的最大特点可以用各具特色这个词来概括，每个 boss 都有不同的形态，不同的攻击方式，同时也具有各自不同的弱点。对于这种高难度的挑战，玩家需要对 boss 的情况进行综合分析，然后安排相应的战术进行尝试。在战斗过程中，每个参与的玩家都需要各尽其责，同时需要相互配合，更重要的是能够随着战斗瞬息万变的形式进行适当调整。不断地尝试更高层次的挑战以获得更高的奖励，这是《魔兽世界》推动玩家不断把游戏进行下去的重要动力。

③ 对战系统

《魔兽世界》中支持玩家对玩家的战斗，玩家不仅可以向其他玩家发出决斗邀请，也可以在野外偷袭敌对阵营的玩家。同时，游戏中提供了战场和竞技场等游戏模式。战场中通过占领据点、夺旗或区域保卫等特殊的游戏规则，给玩家提供了更多的玩法，玩家需要遵从这些规则，与队友分工配合，共同打败对方阵营的玩家。

④ 社交系统

《魔兽世界》的社交系统主要分为线上和线下两部分，线上部分主要是通过聊天频道的形式进行的，具体频道包括世界频道、区域频道、战场频道、团队频道、工会频道等，通过不同的频道将玩家社交的范围进行了定义和限制，玩家可以在对应的频道内相互交流、招募队友、达成交易等。除线上部分外，很多公会还进行了一些线下的社交方式，例如，QQ群、YY频道等，玩家可以通过这些途径，在自己未登录游戏时进行交流。

作为世界上迄今为止最成功的网络游戏之一，《魔兽世界》并没有在某个方面具有开创性、划时代的创新，但是它能够把所有的环节做到最佳的组合模式，从而在整体上成为一个具有划时代意义的游戏作品。《魔兽世界》之所以能够风靡全球，是因为它对游戏的灵魂——游戏角色的塑造十分重视，游戏角色传达出来的应该是多元化的文化符号，应该是一种普遍性的世界观、价值观。手机游戏在创造过程中，应该摆脱千篇一律的低龄化内容，从传统文化中的精粹出发，通过多种方式丰富角色形象，形成一个体系，形成对现实具有启示意义的新文化，这样才能成为流传范围广的经典。每款游戏都有其生命周期，不可否认《魔兽世界》这个传奇也在慢慢老去，但是留给我们可以研究的内容却太多了，无论是纯粹游戏品质上的，还是运营方式上的，一句话总结："一个游戏作品的成功是来自多方面的，一个作品的失败仅需要一个方面。"《魔兽世界》正是集前人之大成，把每一方面都合理地发挥到了极致，才取得了今日的成功。

思考与练习

1. 什么是数字游戏？
2. 简要说明数字游戏的特点。
3. 试举例说明包含两种或两种以上类型的游戏。
4. 简述数字游戏的产业状况。
5. 试述游戏的制作流程。
6. 什么是游戏引擎？
7. 简要分析《王者荣耀》这款游戏的特点，以及存在的问题。

第 10 章　沉浸式媒体技术

10.1　沉浸式媒体概述

1. 沉浸式媒体的概念

21 世纪是一个信息爆炸的时代，同时也是一个科技飞速发展的时代。随着互联网技术的快速发展，我们正迎来一场以新媒体为中心的技术革命。而在革命过程中，一种新的注重用户沉浸式体验的媒体，我们称之为沉浸式媒体，即浸媒体。

什么是浸媒体？时至目前，尚没有一个统一而明确的定义。从字面上来理解，"浸"即沉浸的意思，浸新闻就是沉浸式新闻体验，浸媒体时代就是媒体使人沉浸于新闻中的时代。

从用户这一方面来说，浸媒体其实就是一种能够使用户获得沉浸式体验的新型媒体。然而，浸媒体不仅包含这一层意思，它还有另一层意思，即从媒体人的角度来定义，"浸"不只是使用户沉浸其中，还可以使媒体人也沉浸在媒体工作中。也就是说，在浸媒体时代，媒体人深深地沉浸在这种新型媒体中。正如中国传媒大学新闻学院教授沈浩所说，"浸"既可以表现为用户的体验更沉浸，也可以代表媒体人更专注、更投入。

哲学中说到，任何事物的发生、发展都离不开外部条件和内部要素。那么，浸媒体从何而来？这个问题自然也要从其外部条件和内部要素这两方面来探究。

我们正处于互联网时代，互联网技术的发展推动了很多新事物的出现与发展。从 2015 年开始，VR 和 AR 开始渐渐流行，VR 和 AR 成为广为人知的词语。随着 VR、AR 在许多领域的应用，媒体行业也加入了这场技术革命的浪潮中，将 VR、AR 等技术应用在了媒体传播中，由此开创了一个全新的媒体传播环境。

因此，技术发展便是浸媒体产生的外部原因，而内部要素则是媒体内部的竞争与融合。

新媒体的出现给传统媒体带来了极大的危机，许多传统媒体为了保持自身的优势与影响力，开始利用互联网技术这一手段，将内容搬到微博、微信等新媒体上，意图实现媒体融合。

而伴随着网络技术的飞速发展，传统媒体与新媒体之间在内容、体制、机制、运营等方面愈加深入融合，从而渐渐地建立起一套全新的媒体生产与运营体系，由此产生了浸媒体。

2. 沉浸式媒体的特征

说到浸媒体的特征，还是离不开"浸"这个字。浸媒体具有三大明显特征。

（1）强烈的参与感

浸媒体的核心就是"浸"，其所要达到的目的和效果就是让用户沉浸其中，使用户享受身临其境的参与感，因此，强烈的参与感就是浸媒体的核心特征。

曾经，我们读新闻，在报纸的文字间获取新闻信息。然后是广播电视的出现，我们开始看新闻，视频的声图结合让我们对新闻信息有更加强烈而直观的印象。而现在，浸媒体把我们带入一个"感受新闻"的时代，即你不必到达新闻现场，却能身临其境地感受到现场所发生的一切。

浸媒体凭借其越来越先进的 VR 及 AR 技术，将信息通过一种 360° 全场景的亲身体验来传递给信息接收者，带给用户一种强烈的代入感和现场感。

以"浸新闻"为例，2015 年 11 月，《纽约时报》推出一款名为"NYT VR"的 App，该 App 利用 VR 技术将新闻事件现场制作成 VR 视频供受众观看，它将受众与遥远的新闻现场连接起来，使得受众能以 360° 的视角亲临新闻发生现场。

浸媒体的这一核心特征使得信息传播的渠道不再局限于报纸、网络，受众获取信息的方式也从眼睛扩展到全身。

（2）全景视频技术

早在 20 世纪就已经有人提出过"虚拟现实"这个概念。2016 年是 VR 技术爆发的一年，被称为"VR 元年"。短短半年，VR 技术发展迅速，在产品方面的创新速度也非常快，VR 眼镜、全景相机等产品相继出现，给大众带来了种种新奇的体验。这些 VR 产品的诞生代表了 VR 技术的逐渐成熟。

浸媒体在技术上的创新还体现在视频直播这方面，2016 年同样也被称为"直播元年"。视频直播技术的快速发展给媒体行业带来了很大的变化，越来越多的传统媒体开始利用直播来进行新闻事件的报道，直播逐渐与 VR 技术结合在一起，出现了 VR 直播、全景直播等新的视频直播方式。如虎牙直播便是国内第一家正式对外开放 VR 直播功能的直播平台，其在 VR 技术上大力创新，采用第三方的全景 VR 相机进行直播，给用户带来了高质量深度沉浸式的 VR 直播体验。

（3）艺术化的表达

浸媒体作为一种未来媒体，除在技术上有着强有力的创新之外，在艺术化表达上也有着强烈的追求。

浸媒体对艺术化表达的追求更多地体现在内容上，通过新技术带来的视觉语言形式上的变化使得用户更好地体会其中的文化内涵、主题及人性价值等，这便是浸媒体中技术与艺术完美结合的体现。

以当下流行的 3D 电影为例，数字影像技术在电影中的运用越来越普及。如《星球大战》中的外星人与地球人激战的场景，影片运用数字影像技术来模拟种种令人眼花缭乱的场面，体现出一种天马行空的艺术设计。3D 电影通过数字影像技术表达一些奇观化、艺术化的情感，使用户获得更多、更丰富和更沉浸式的视听体验。

10.2 虚拟现实

随着信息处理技术和光电子技术的高速发展，虚拟现实（Virtual Reality，VR）技术已经从小规模、小范围的技术探索和应用进入到更加宽广的领域。随着技术的进一步发展，各国政府的政策支持以及资本投入的聚焦，虚拟现实行业以前所未有的速度快速发展。虚拟现实产业生态、业务形态丰富多样，蕴含着巨大的发展潜力，能够带来显著的社会效益，虚拟经济与实体经济的结合给人们的生产和生活方式带来革命性的变革。从以娱乐、影视、社交为代表的大众应用，到教育、军事、智能制造为代表的行业应用，虚拟现实技术正在加速向各个领域渗透和融合，并且给这些领域带来前所未有的变革和发展。

虚拟现实技术在我国受到了国家层面的高度重视，各级政府积极推动虚拟现实产业发展。虚拟现实技术已经被列入"十三五"国家信息化规划、中国制造 2025、"互联网+"等多项国家重大战略中，工信部、发展改革委、科技部、文化部、商务部等多个部委出台相关政策促进虚拟现实产业发展，各级地方政府也积极建设虚拟现实产业园，以推动当地虚拟现实产业发展。截至 2018 年年底，我国二十余个省市地区开始布局虚拟现实产业，从生产制造、技术研发、人才培养等多方面推动虚拟现实产业的发展。

10.2.1 虚拟现实的概念

虚拟现实的概念是由美国 VPL Research 公司创始人 Jaron Lanier 在 1989 年提出的。Lanier认为，虚拟现实是指由计算机产生的三维交互环境，用户参与到这些环境中，获得角色，从而得到体验。

之后，许多学者对虚拟现实的概念进行了深入探讨，Nicholas Lavroff 在《虚拟现实游戏室》一书中将虚拟现实定义为：使你进入一个真实的人工环境里，并对你的一举一动所做出的反应，与在真实世界中的一模一样。

Ken Pimentel 和 Kevin Teixeira 在《虚拟现实：透过新式眼镜》一书中，将虚拟现实定义为：一种浸入式体验，参与者戴着被跟踪的头盔，看着立体图像，听着三维声音，在三维世界里自由地探索并与之交互。

L. Casey Larijani 在《虚拟现实初阶》一书中提出，虚拟现实潜在地提供了一种新的人机接口方式，通过用户在计算机创造的世界中扮演积极的参与者角色，虚拟现实正在试图消除人机之间的差别。

我国著名科学家钱学森教授认为，虚拟现实是视觉的、听觉的、触觉的以至嗅觉的信息，使接受者感到身临其境，但这种临境感不是真的，只是感受而已，是虚拟的。为了使人们便于理解和接受虚拟现实技术的概念，钱学森教授按照我国传统文化的语义，将其称为"灵境"技术。

我国著名计算机科学家汪成为教授认为，虚拟现实技术是指在计算机软硬件及各种传感器（如高性能计算机、图形图像生产系统、特制服装、特制手套、特制眼镜等）的支持下生成的一个逼真的、三维的，具有一定视、听、触、嗅等感知能力的环境。用户在这些软硬件设备的支持下，以简捷、自然的方法与由计算机所产生的"虚拟"世界中的对象进行交互作用。虚拟现实技术是现代高性能计算机系统、人工智能、计算机图形学、人机接口、立体影像、立体声响、测量控制、模拟仿真等技术综合集成的结果，其目的是建立起一个更为和谐的人工环境。

我国虚拟现实领域的资深学者、工程院院士赵沁平教授认为，虚拟现实技术是以计算机技术为核心，结合相关的科学技术，生成一定范围内与真实环境在视、听、触感等方面高度近似的数字化环境。用户借助必要的装备与数字化环境中的对象进行交互作用、相互影响，可以产生亲临对应真实环境的感受和体验。

总之，目前学术界普遍认为，虚拟现实技术是指采用以计算机技术为核心的现代高新技术，生成逼真的视觉、听觉、触觉一体化的虚拟环境，参与者可以借助必要的装备，以自然的方式与虚拟环境中的物体进行交互，并相互影响，从而获得等同真实环境的感受和体验。

虚拟现实系统中的虚拟环境包括以下几种形式。

（1）模拟真实世界中的环境。这种真实环境可能是已经存在的，也可能是已经设计好但还没有建成的，或者是曾经存在但现在已经发生变化、消失或受到破坏的。例如，地理环境、建筑场馆、文物古迹等。

（2）人类主观构造的环境。此环境完全是虚构的，是用户可以参与，并与之进行交互的非真实世界，例如，影视制作中的科幻场景、电子游戏中的三维虚拟世界等。

（3）模仿真实世界中人类不可见的环境。这种环境是真实环境，客观存在的，但是受到人类视觉、听觉器官的限制，不能感应到，如分子的结构，以及空气的速度、温度、压力的分布等。

10.2.2　虚拟现实的特征

目前，业内普遍认可的虚拟现实具有 3 个特征，即沉浸感、交互性、构想性。英文单词恰好是 3 个"I"："Immersion""Interaction""Imagination"。

从某种程度上讲，这 3 项基本原则或特征，很像科幻作家阿西莫夫提出的"机器人三项原则"，具备超越时代的伦理特征。但也正因为如此，才能更加符合未来虚拟现实带来的社会挑战。

（1）沉浸感（Immersion）

沉浸感是指用户感受到被虚拟世界所包围，好像完全置身于虚拟世界中一样。虚拟现实最主要的技术特征是让用户觉得自己是计算机系统所创建的虚拟世界中的一部分，使用户由观察者变成参与者，沉浸其中并参与虚拟世界的活动。

与人们熟悉的二维空间不同的是，成熟的虚拟现实的视觉空间、视觉形象是三维的，音响效果也是精密仿真的三维效果。虚拟现实是根据部分现实世界的真实存在，由计算机模拟出来的。它在客观上并不存在，但一切都符合客观规律。它的目的是使用户进入到三维世界中，并运用多重感受使用户完全参与到构建的"真实"世界中去。

虚拟现实系统根据人类的视觉、听觉的生理特点和心理特点，通过外部设备及计算机产生逼真的三维立体图像，并利用头盔式显示器或其他设备，把参与者的视觉、听觉和其他感觉封闭起来，提供一个新的、虚拟的、非常逼真的感觉空间。参与者戴上头盔显示器和数据手套等交互设备，便可将自己置身于虚拟环境中，成为虚拟环境中的一员。当参与者移动头部时，虚拟环境中的图像也实时地随着变化，做拿起物体的动作可使物体随着手的移动而运动。这种沉浸感是多方面的，不仅可以看到，而且可以听到、触到及嗅到虚拟世界中所发生的一切，并且给人的感觉相当真实，以至于能使人全方位、身临其境地投入到这个虚幻的世界之中。

虚拟现实系统应该具备人在现实世界中具有的所有感知功能，但鉴于目前技术的局限性，在现在的虚拟现实系统的研究与应用中，较为成熟或相对成熟的主要是视觉沉浸、听觉沉浸和触觉沉浸技术，而有关味觉与嗅觉的感知技术正在研究之中，目前还不成熟。

（2）交互性（Interaction）

交互性是指用户对模拟环境内物体的可操作程度和从环境得到反馈的自然程度。交互性的产生，主要借助于虚拟现实系统中的特殊硬件设备，如数据手套、力反馈装置等，使用户能通过自然的方式，产生与在真实世界中一样的感觉。虚拟现实系统比较强调人与虚拟世界之间进行自然的交互，交互性的另一个主要表现是交互的实时性。

例如，在虚拟模拟驾驶系统中，用户可以控制包括方向、挡位、刹车、座位调整等各种信息，系统也会根据具体变化瞬时传达反馈信息。用户可以用手直接抓取模拟环境中虚拟的物体，这时手有握着东西的感觉，并可以感受到物体的重量，视野中被抓的物体也能立刻随着手的移动而移动。崎岖颠簸的道路，用户会感受到身体的震颤和车的抖动；上下坡路，用户会感受到惯性的作用；漆黑的夜晚，用户会感受到观察路况的不便等。

交互性的好坏是衡量虚拟现实系统的一个重要指标。虚拟现实系统中的人机交互是一种近乎自然的交互，用户不仅可以利用计算机键盘、鼠标进行交互，而且能够通过特殊的头盔、数据手套等传感设备进行交互。用户不是被动地感受，而是可以通过自己的动作改变感受相应的变化。计算机能够根据用户的头、手、眼、语言及身体的运动来调整系统呈现的图像及声音。用户通过自身的感官、语言、身体运动或肢体动作等，就能够对虚拟环境中的对象进行观察或操作。

（3）构想性（Imagination）

构想性是指虚拟的环境是人想象出来的，同时这种想象体现出设计者相应的思想，因而可以用来实现一定的目标。虚拟现实虽然是根据现实进行模拟的，但所模拟的对象却是虚拟存在的，它以现实为基础，却可能创造出超越现实的情景。所以虚拟现实可以充分发挥人的认识和探索能力，从定性和定量等综合集成的思维中得到感性和理性的认识，从而进行理念和形式的创新，以虚拟的形式真实地反映设计者的思想、传达用户的需求。

虚拟现实技术不仅是一个媒体或一个高级用户界面，同时还是为解决工程、医学、军事等方面的问题而由开发者设计出来的应用软件。虚拟现实技术的应用，为人类认识世界提供了一种全新的方法和手段，可以使人类跨越时间与空间，去经历和体验世界上早已发生或尚未发生的事件；也可以使人类突破生理上的限制，进入宏观或微观世界进行研究和探索；还可以模拟因条件限制等原因而难以实现的事情。

例如，在一个现代化的大规模景观规划设计中，需要对地形地貌、建筑结构、设施设置、植被处理、地区文化等进行细致、海量的调查和构思，绘制大量的图纸，并按照计划有步骤地进行施工。很多项目往往在施工完成后却发现不适应当地的季节气候、地域文化或生活习惯，无法进行相应改动而留下永久的遗憾。而虚拟现实能够以最灵活、最快捷、最经济的方式，在不动用一寸土地且成本降到极限的情况下，供用户任意进行设计改动、讨论和呈现不同方案的多种效果，并可以使更多的设计人员、用户参与设计过程，确保方案的最优化。此外，在对未知世界和无法还原的事物进行探索和展示方面，虚拟现实有其无可比拟的优势。它以现实为基础创造出超越现实的情景，大到可以模拟宇宙太空，把人带入浩瀚的宇宙空间，小到可以模拟原子世界里的动态演化，把人带入肉眼不可见的微粒世界。总之，虚拟现实的作用，是为了扩展人类的认知与感知能力，建立一种身不能至也能实际体验的一种高级的信息交流。

虚拟现实既是人与技术完美的结合，也是计算机图形学和人工智能技术发展的高新尖应用。利用虚拟现实技术的手段，使我们对所研究的对象和环境获得身临其境的感受，从而提高人类认知的广度与深度，拓宽人类认识客观世界的能力和维度，能够更快、更好地反映客观世界的实质。

根据虚拟现实的这 3 个特征，就可以把目前虚拟现实的技术发展方向也进行科学的划分。

10.2.3　虚拟现实的发展史

一般来说，虚拟现实的发展史，大体上可以分为 4 个阶段：20 世纪 50 年代至 70 年代，是虚拟现实技术的准备阶段；20 世纪 80 年代初至 80 年代中期，是虚拟现实技术系统化，开始走出实验室进入实际应用的阶段；20 世纪 80 年代末至 90 年代初，是虚拟现实技术迅猛发展的阶段；20 世纪 90 年代末至 21 世纪初，是虚拟现实技术逐步由军用走向民用的阶段。

第一阶段，实现了有声形动态的模拟，这个时期大概是从计算机诞生到 20 世纪 70 年代。1965 年，美国的 Morton Heilig 发明了堪称世界上第一台 3D 虚拟现实体验设备的机器——Sensorama 摩托车仿真器，其不仅具有三维视频及立体声效果，还能产生风吹的感觉和街道气息，实现了视频、音频和交互的初步探索。1968 年，哈佛大学组织开发了第一个计算机图形驱动的头戴式显示器（HMD）及头部跟踪器，成为虚拟现实技术发展史上的一个重要里程碑，为虚拟现实技术的发展奠定了基础。

第二阶段，开始形成虚拟现实技术的基本概念，虚拟现实技术开始由实验进入实用阶段。在这之后，虚拟现实作为一个全新的概念，得到了科学性的探索和理论研讨，其重要标志是，1985 年在 Michael McGreevy 领导下完成的 VIEW 虚拟现实系统。VIEW 虚拟现实系统装备了数据手套和头部跟踪器，提供了手势、语言等交互手段，是名副其实的虚拟现实系统，成为后来开发虚拟现实的体系结构。此外，如 VPL 公司开发了用于生成虚拟现实的 RB2 软件和 DataGlove（数据手套），为虚拟现实提供了开发工具。

第三阶段，虚拟现实全面发展阶段。在高性能计算机步入广泛使用之后，特别是游戏和视频显示技术的迅速进步，虚拟现实的理论得到了进一步完善和广泛应用，虚拟现实技术已经从实验室的试验阶段走向了市场的实用阶段，对虚拟现实技术的研究也从基本理论和系统构成的研究转向应用中所遇到的具体问题的探讨。这一阶段，不仅出现了各种交互设备，还出现了基本的软件支持环境，用户能够方便地构造虚拟环境，并与虚拟环境进行高级交互。

第四阶段，虚拟现实技术在计算机运算能力的支持下，逐步由军用向民用领域过渡。

目前，应该说是处于最革命性的第五阶段，因为虚拟现实所需要的各个基础科技，都差不多到了成熟和突破的重要时刻。为促进虚拟现实"产、学、研、用"等协同发展，我国 2015 年 12 月成立了中国虚拟现实与可视化产业技术创新战略联盟。自 2016 年起，江西南昌、山东青岛、福建福州等地的政府部门，均开始筹备虚拟现实产业基地。虚拟现实研发热潮正在兴起，2016 年更被称为"虚拟现实元年"。

10.2.4 虚拟现实的发展现状

（1）美国关于虚拟现实的发展现状

美国是虚拟现实技术的发源地，拥有许多虚拟现实技术研究机构，其中就有虚拟现实技术的诞生地——NASA 的 Ames 实验室，引领着虚拟现实技术在世界各国发展壮大。美国实验室对空间信息领域的基础研究早在 20 世纪 80 年代就已经开始，在 20 世纪 80 年代中期还创建了虚拟视觉环境研究工程，随后又创建了虚拟界面环境工作机构。

如今，美国的虚拟现实产业仍处于全球领先地位。众多科技公司纷纷推出各种与虚拟现实相关的软硬件产品，如微软公司推出的虚拟现实设备 HoloLens，拥有可透视镜片、立体音效、先进传感器、全息影像处理器，是第一台运行 Windows 10 系统的全息计算机，不受任何限制——没有线缆和听筒，并且不需要连接计算机。HoloLens 能够让用户把一个全息图像"钉"到真实物理环境中，提供了一种看世界的新方式。再如，Valve 公司旗下的 Steam VR，在内容方面最具优势，以近 500 个虚拟现实应用/游戏占据虚拟现实最多的市场资源。

（2）欧洲关于虚拟现实的发展现状

2016 年，在虚拟现实元年的带动下，欧洲越来越多的公司投身于虚拟现实这个新兴产业。在 2017 年，The Venture Reality Fund（一家位于硅谷的风投公司，专注于虚拟现实和增强现实领域的投资）和法国的 LucidWed（拥有一个庞大的欧洲虚拟现实初创公司的数据库）联合发布了一份欧洲虚拟现实行业面貌图，收录了 116 家欧洲虚拟现实技术的相关公司，占据了整个欧洲虚拟现实产业的半壁江山，展示了欧洲虚拟现实产业生态系统的整体风貌，包括应用、内容、工具、平台以及硬件等。在地区分布上，法国的虚拟现实的发展目前在整个欧洲地区处于领先地位。

除此之外，英国对欧洲虚拟现实产业的贡献也不可磨灭。英国的研究公司设计的 DVS 系统试图将一些虚拟现实技术在各领域实际应用中进行标准化，同时该公司还为虚拟现实技术设计了先进的环境编辑语言并投入实际编辑工作中。虽然由于编辑语言不同，导致在实际应用中操作模型不尽相同，但是这些模型都可以与编辑语言一一对应。因此，DVS 系统在进行不一样的操作流程时，虚拟现实技术就会展现出不一样的功能。对虚拟现实技术某些方面的研究工作，英国处在前列，尤其是对于虚拟现实技术的处理以及辅助设备设计研究等方面。

（3）日本关于虚拟现实的发展现状

在亚洲，日本在虚拟现实技术上是居于领先地位的国家之一，其主要致力于建立大规模虚拟现实知识库的研究。另外，日本在虚拟现实游戏方面也做了很多工作，东京技术学院精密和智能实验室开发了一个用于建立三维模型的人性化界面。

NEC 公司开发了一种虚拟现实系统，它能让操作者使用"代用手"去处理三维 CAD 中的形体模型，该系统通过数据手套把对模型的处理与操作者手的运动联系起来。

日本国际电气通信基础技术研究所（ATR）正在开发一套系统，这套系统能用图像处理来识别手势和面部表情，并把它们作为系统输入。东京大学的高级科学研究中心将他们的研究重点放在远程控制方面，最近的研究项目是主从系统。该系统可以使用户远程控制摄像系统和一个模拟人手的随动机械人手臂。东京大学原岛研究室开展了 3 项研究：人类面部表情特征的提取、三维结构的判定和三维形状的表示及动态图像的提取。富士通实验室有限公司正在研究虚拟生物与虚拟现实环境的相互作用。他们还在研究虚拟现实中的手势识别，已经开发了一套神经网络姿势识别系统，该系统可以识别姿势，也可以识别表示词的信号语言。值得一提的是，日本奈良先端科学技术大学院大学教授千原国宏领导的研究小组于 2004 年开发出一种嗅觉模拟器，只要把虚拟空间里的水果放到鼻尖上一闻，装置就会在鼻尖处放出水果的香味，这是虚拟现实技术在嗅觉研究领域的一项突破。

（4）中国关于虚拟现实的发展现状

中国虚拟现实技术研究起步较晚，与欧美地区等发达国家还有一定的差距。随着计算机图形学、计算机系统工程等技术的高速发展，虚拟现实技术已得到国家有关部门和科学家们的高度重视，其研究与应用也引起了社会各界人士的广泛关注，呈现出重点高校实验室和虚拟现实技术相关科技公司共同合作研究的态势。

作为国内最早进行虚拟现实研究、最具权威的单位之一，北京航空航天大学虚拟现实技术与系统国家重点实验室集成了分布式虚拟环境，可以提供实时三维动态数据库、虚拟现实演示环境、用于飞行训练的虚拟现实系统、虚拟现实应用系统的开发平台等多种相关技术。该实验室着重研究虚拟环境中物体物理特性的表示和处理，在视觉接口方面开发出部分硬件，并进行有关算法及实现方法的研究。

除此之外，国内的其他高校也对虚拟现实技术进行了不同方向的探索和研究。清华大学国家光盘工程研究中心所做的"布达拉宫"，采用 QuickTime 技术，实现大全景虚拟现实系统。浙江大学 CAD&CG 国家重点实验室开发了一套桌面型虚拟建筑环境实时漫游系统，并研制出在虚拟环境中一种新的快速漫游算法和一种递进网格的快速生成算法。哈尔滨工业大学计算机系已经成功地合成了人的高级行为中的特定人脸图像，解决了表情合成和唇动合成技术问题，并正在研究人说话时手势和头势的动作、语音和语调的同步等。武汉理工大学智能制造与控制研究所研究使用虚拟现实技术进行机械虚拟制造，包括虚拟布局、虚拟装配和产品原型快速生成等。西安交通大学信息工程研究所进行了虚拟现实中的立体显示技术这一关键技术的研究，在借鉴人类视觉特性的基础上提出了一种基于 JPEG 标准来压缩编码的新方案，获得了较高的压缩比、信噪比以及解压速度，并且已经通过实验结果证明了这种方案的优越性。中国科技开发院威海分院研究虚拟现实中的视觉接口技术，完成了虚拟现实中体视图像的算法回显及软件接口，在硬件的开发上已经完成了 LCD 红外立体眼镜，并且已经实现商品化。另外，北京工业大学 CAD 研究中心、北京邮电大学自动化学院、西北工业大学 CAD/CAM 研究中心、上海交通大学图像处理模式识别研究所、长沙国防科技大学计算机研究所、华东船舶工业学院计算机系、安徽大学电子工程与科学系等单位也进行了一些研究工作和尝试。

除各大高校对虚拟现实技术的研究外，最近几年国内也涌现出许多从事虚拟现实技术研究的科技公司，如 HTC 威爱教育。2016 年 8 月，HTC 威爱教育推出了全球第一套虚拟现实教室。2017年，该公司联合虚拟现实国家重点实验室、北京航空航天大学开办了全球首个虚拟现实硕士专业，旨在打造全球规模最大、品质最高的虚拟现实高级学府。2017 年 11 月，其作为全球十大、中国唯一的虚拟现实教育公司入选权威的基金 2017 年全球虚拟现实百强企业名录（The VR Fund H2 2017 VR Industry LandscapeVR）。

10.2.5　虚拟现实的分类

根据用户参与虚拟现实形式的不同以及沉浸程度的不同，可以把各种类型的虚拟现实系统划分为 4 类：沉浸式虚拟现实系统、增强式虚拟现实系统、桌面式虚拟现实系统、分布式虚拟现实系统。

（1）沉浸式虚拟现实系统

沉浸式虚拟现实系统采用头盔显示，以数据手套和头部跟踪器为交互装置，把参与者或用户的视觉、听觉和其他感觉封闭起来，使参与者暂时与真实环境相隔离，而真正成为虚拟现实系统内部的一个参与者，并可以利用各种交互设备的操作来驾驭虚拟环境，给参与者一种充分投入的感觉。沉浸式虚拟现实系统能让人有身临其境的真实感觉，因此常常用于各种培训演示及高级游戏等领域。但是由于沉浸式虚拟现实系统需要用到头盔、数据手套、跟踪器等高技术设备，因此它的价格比较昂贵，所需要的软件、硬件体系结构也比桌面式虚拟现实系统更加灵活。

沉浸式虚拟现实系统具有如下特点。

① 高度的实时性。用户改变头部位置时，头部跟踪器实时监测，送入计算机处理，快速生成相应的场景。为使场景能平滑地连续显示，系统必须具备较小延迟，包括传感器延迟和计算延迟。

② 强烈的沉浸感。该系统必须使用户和真实世界完全隔离，依赖输入和输出设备，使用户完全沉浸在虚拟环境里。

③ 强大的软硬件支持功能。

④ 优秀的并行处理能力。用户的每一个行为都和多个设备的综合功能有关。如手指指向一个方向，会同时激活3个设备：头部跟踪器、数据手套及语音识别器，产生3个事件。

⑤ 良好的系统整合性。在虚拟环境中，硬件设备互相兼容，与软件协调一致地工作，相互作用，构成一个虚拟现实系统。

（2）增强式虚拟现实系统

增强式虚拟现实系统不仅利用虚拟现实技术来模拟现实世界、仿真现实世界，而且利用它来增强用户对真实环境的感受，也就是增强在现实中无法或不方便获得的感受。增强现实是在虚拟现实与真实世界之间的沟壑上架起的一座桥梁。因此，增强现实的应用潜力是相当巨大的。例如，可以利用叠加在周围环境上的图形信息和文字信息，指导操作者对设备进行操作、维护或修理，而不需要操作者去查阅手册，甚至不需要操作者具有工作经验。既可以利用增强式虚拟现实系统的虚实结合技术进行辅助教学，同时增进学生的理性认识和感性认识，也可以使用增强式虚拟现实系统进行高度专业化的训练等。

增强式虚拟现实系统的主要特点如下。

① 真实世界与虚拟世界融为一体。

② 具有实时人机交互功能。

③ 真实世界和虚拟世界在三维空间中整合。

（3）桌面式虚拟现实系统

桌面式虚拟现实系统是利用个人计算机和低级工作站实现仿真的，计算机的屏幕作为参与者或用户观察虚拟环境的一个窗口，各种外部设备一般用来驾驭该虚拟环境，并且用于操纵在虚拟场景中的各种物体。由于桌面式虚拟现实系统可以通过桌上台式机实现，所以成本较低，功能也比较单一，主要用于计算机辅助设计（CAD）、计算机辅助制造（CAM）、建筑设计、桌面游戏等领域。

桌面式虚拟现实系统虽然缺乏类似头盔显示器那样的沉浸效果，但它已经具备了虚拟现实技术的要求，并兼有成本低、易于实现等特点，因此目前应用较为广泛。

（4）分布式虚拟现实系统

分布式虚拟现实系统是指在网络环境下，充分利用分布于各地的资源，协同开发各种虚拟现实产品。分布式虚拟现实系统是沉浸式虚拟现实系统的发展，它把分布于不同地方的沉浸式虚拟现实系统通过网络连接起来，共同实现某种用途，使不同的用户联结在一起，同时参与一个虚拟空间，共同体验虚拟经历，使用户协同工作达到一个更高的境界。

分布式虚拟现实系统具有以下特征。

① 共享的虚拟工作空间。

② 伪实体的行为真实感。

③ 支持实时交互，共享时钟。

④ 多用户相互通信。

⑤ 资源共享并允许网络上的用户对环境中的对象进行自然操作和观察。

10.2.6 虚拟现实技术

虚拟现实技术主要包括模拟环境、感知、自然技能和传感设备等方面。模拟环境是由计算机生成的、实时动态的三维立体逼真图像。感知是指理想的虚拟现实应该具有一切人所具有的感知，除计算机图形技术所生成的视觉感知外，还有听觉、触觉、力觉、运动等感知，甚至还包括嗅觉和味觉等感知，也称为多感知。自然技能是指人的头部转动、眼睛转动、手势或其他人体行为动作，由计算机来处理与用户的动作相适应的数据，并对用户的输入做出实时响应，并分别反馈到用户的五官。传感设备是指三维交互设备。

虚拟现实的关键技术包括以下几方面。

（1）动态环境建模技术

虚拟环境的建立是虚拟现实技术的核心内容。动态环境建模技术的目的是获取实际环境的三维数据，并根据应用的需要，利用获取的三维数据建立相应的虚拟环境模型。三维数据的获取可以采用 CAD 技术（有规则的环境），而更多的环境则需要采用非接触式视觉建模技术，两者的有机结合可以有效地提高数据的获取效率。建模包括几何建模、物理建模和运动建模。

（2）实时三维图形生成技术

三维图形的生成技术已经较为成熟，其关键是如何实现实时生成。为了达到实时的目的，至少要保证图形的刷新率不低于 15 帧/秒，最好是高于 30 帧/秒。在不降低图形的质量和复杂程度的前提下，如何提高刷新频率将是该技术的研究内容。

（3）立体显示和传感器技术

虚拟现实的交互能力依赖于立体显示和传感器技术的发展。现有的设备还远不能满足系统的需要，例如，头盔过重，数据手套有延迟、分辨率低、作用范围小、使用不便等。另外，力觉和触觉传感器的研究也有待进一步深入，虚拟现实设备的跟踪精度和跟踪范围也有待提高，因此有必要开发新的三维显示技术。

（4）应用系统开发技术

虚拟现实应用的关键是寻找合适的场合和对象，即如何发挥想象力和创造力。选择适当的应用对象可以大幅度地提高生产效率、减轻劳动强度、提高产品开发质量。为了达到这一目的，必须研究虚拟现实的开发工具。例如，虚拟现实系统开发平台、分布式虚拟现实技术等。

（5）系统集成技术

由于虚拟现实中包括大量的感知信息和模型，系统的集成技术起着至关重要的作用。系统集成技术包括信息的同步技术、模型的标定技术、数据转换技术、数据管理模型、识别和合成技术等。

10.2.7 虚拟现实的理性认知

虚拟现实本质上是一种创新性的基于数字信息的视觉化技术，它将从多个层面、领域及应用去改变人类的视觉内容供给和体验方式，最终将人类带入感官体验极致的数字化视觉时代，那或许将是一个所思、所想、所见、所传皆随心所欲，并且无所羁绊的时代。近年来，人们被虚拟现实在各行各业应用所产生的颠覆性效果所震撼，这使得虚拟现实设备和企业数量有了爆发式的增长。在这个阶段，对虚拟现实保持清醒冷静的认知对于虚拟现实技术的快速发展尤为重要。

（1）虚拟现实是虚拟世界和真实世界的辩证统一。虚拟现实是对客观世界的易知、易用化改造，作为一种新型的认识工具，虚拟现实技术的作用在模型方法上得到了集中的体现。无论是虚拟现实、增强现实还是混合现实，它们都没有改变真实的世界，而是通过虚拟世界与现实世界的互相作用改变了人类的认知。虚拟现实对客观世界的易知、易用化改造体现在以下 3 点。

① 通过对信息数据的可视化建模，将抽象的事物具象化，能达成人类一维、二维到三维甚至多维的感知。

② 人类作为虚拟世界的观察者和体验者，可以突破物理尺寸的限制，自主控制视角的变化。

③ 从传统的键盘、鼠标交互发展到手眼协调、自然的人机交互，从而简化了认知，解放了想象力。

（2）虚拟现实的作用对象是人而不是物，是未来互联网虚拟世界的入口和交互环境。

虚拟现实以人的直观感受体验为基本评判依据，是人类认识世界、改造世界的一种新的方式手段。同时，虚拟现实本身并不是生产工具，它通过影响人的认知体验，间接作用于"物"，进而提升效率。在全球互联网入口终端升级浪潮的背景下，现有的智能手机配置已不能完全满足物联网时代连接人与人、人与物和物与物的强关系需求，人机交互平台高智能化升级是大势所趋。虚拟现实目前在用户体验和交互上已显现出超越智能手机的潜力，同时，虚拟现实是一项颠覆性技术，与传统产业的连接可带来无数新的市场空间，就像"互联网+"一样，未来将会出现"虚拟现实+"。因此，虚拟现实是下一代人机交互平台的强力候选，将成为未来互联网所构成的虚拟世界的入口和交互环境。

（3）硬件的成熟降低了虚拟现实的门槛，但行业的核心技术难题依旧存在。

在虚拟现实 40 多年的发展历程中，有过多次高峰和低谷，Facebook 对 Oculus 的收购重新激发了这一轮的热潮，虚拟现实技术从 20 世纪 90 年代的泡沫破灭后的沉寂中恢复过来，重新成为众多资本、媒体和用户热烈追逐的香饽饽。过去硬件发展的不成熟在很大程度上阻碍了虚拟现实产业的崛起，但随着智能手机的快速发展，虚拟现实大规模进入市场所需要的硬件，如低功耗计算、精确的传感器、性能强大的 GPU 等都已发展成熟，极大地降低了虚拟现实系统的生产成本。

虽然硬件的成熟使得虚拟现实入门门槛降低，但虚拟现实行业依然面临着不少问题。

① 用户体验感不强。虚拟现实设备产品同质化严重，山寨模仿层出不穷。例如，屏幕清晰度不够产生的颗粒感、画面延迟导致的眩晕感、实际体验中缺失的沉浸感，都直接影响了用户体验。

② 虚拟现实内容匮乏。内容是虚拟现实的灵魂，虚拟现实内容主要包括虚拟现实游戏、虚拟现实电影、虚拟现实直播几种类型。由于成本较高、制作困难，虚拟现实电影或视频普遍较短，而虚拟现实游戏基本上是演示版。这就造成了虚拟现实内容匮乏，对用户的吸引力不强。

③ 行业标准缺失。由于缺乏统一的标准，各厂商硬件产品五花八门，造成内容生产和硬件不匹配，虚拟现实的开发成本和难度居高不下。

由以上分析可知，虚拟现实现在应该具备的产业基础、内容基础和技术基础都处于逐渐成熟的过程中，虚拟现实产业还处于刚刚起步的探索阶段，虚拟现实整体发展还会受到技术与产业两方面的制约，需要在技术上和产业界更紧密的合作。

10.2.8　虚拟现实技术的发展前景

虚拟现实技术是信息技术领域里程碑式的突破，有望成为继计算机、智能手机之后新的通用计算平台，并将成为电子信息领域最受关注的产业之一。同时，虚拟现实技术的出现不仅在实用角度上展现了技术的内在魅力，而且改变了人类认识世界和改造世界的方式，必然会深刻地影响人类社会的未来。

（1）关键技术不断取得突破

从长远来看，虚拟现实技术主要沿着更大空间的多样化逼真感觉、更短时间的内容与环境交互两个维度发展。例如，逼真的立体视感和沉浸体验需要宽视野、高分辨率的显示技术和设备。

虚拟大型地理数据进行三维浏览和交互处理时需要高容量的存储、通信及大数据技术。未来的虚拟现实还将深度融合传感技术、机电控制、人工智能、量子通信等技术，在建模与绘制方法、交互方式和系统构建方法等方面表现出了一些新的特点和发展趋势。

① 人机交互适人化。构建适人化的和谐虚拟环境是虚拟现实的目标。目前头盔等虚拟现实设备虽然提供较强的沉浸感，但由于晕动症等情况的存在，在实际应用中的效果并不好，并未达到沉浸交互的目的。未来随着技术的发展，虚拟现实技术将越来越多地采用人最为自然的视觉、听觉、触觉、自然语言等交互方式，虚拟现实的交互性将取得更大进展。

② 计算平台移动化。互联网尤其是移动互联网的发展，计算已经无处不在，未来虚拟现实支撑平台将从高端的大型机、桌面 PC，发展到多种类型的手持式计算设备。同时，在虚拟现实系统中加入这类设备并结合无线网络，能较好地满足实际使用中便携和移动的要求。

③ 虚实场景融合化。虚拟现实将现实环境的要素进行抽象，通过逼真绘制方法进行表现，但毕竟无法完全还原真实世界，因此将真实世界与虚拟世界有效融合具有研究和实际意义。未来，虚实融合将成为未来虚拟现实技术的重要发展方向，增强现实、混合现实将逐步实用化，在某些应用领域逐渐显示出比虚拟现实更明显的优势。

④ 环境信息综合化。传统的虚拟现实系统对自然环境的建模往往仅考虑地形几何数据，对大气、电磁等环境信息采用简化方式处理。为了更真实地表现环境效果，需要考虑不同类型的数据，如地理、大气、海洋、空间电磁、生化等，并用不同的表现方式进行表现。

⑤ 传输协议标准化。未来虚拟现实系统必然走向分布式应用，大规模的节点和实体数量，将带来网络传输的实时性问题。在构建分布式虚拟现实系统的过程中，网络协议是研究与应用的一项重要内容。目前已有的对应国际标准均基于专用网络环境，所制定的传输协议也都基于专用网络环境和资源预先分配这两大前提。随着在因特网上虚拟现实应用的开展，基于公网的标准化工作将得到更深入的研究和普及。

⑥ 场景数据规模化。数据的规模化是大型虚拟现实应用的显著特点。场景、模型的精细程度通常与数据量以几何关系增长，因此，需要研究虚拟现实系统数据的智能化分析与处理以及快速建模技术，使之能在减少开发维护工作量的同时满足各类应用的需要。

（2）虚拟现实产业进入爆发时期

2016 年，虚拟现实资本市场持续火热，产品逐步进入大众消费市场，应用领域不断扩张，是公认的虚拟现实元年。展望未来，虚拟现实产业政策将加速出台落地，硬件、软件和内容应用等产业链关键环节将快速发展，投资和变现模式将逐步清晰，产业规模仍将保持快速增长。

① 国家和区域政策将陆续出台。虚拟现实作为科技前沿领域，受到了全球各国以及地方政府的高度重视。美国、韩国等科技发达国家均从政府层面支持虚拟现实产业发展。我国在《"十三五"国家科技创新规划》《"十三五"国家信息化规划》《"互联网+"人工智能三年行动实施方案》《智能硬件产业创新发展专项行动（2016—2018 年）》等国家政策中明确提出鼓励和支持虚拟现实产业发展，同时，福建、贵州、重庆、南昌、长沙等多个省、市纷纷出台推动虚拟现实产业发展的专项政策。随着虚拟现实产业的进一步发展，国家层面的顶层规划以及后发区域的相关政策有望陆续出台，未来国家对虚拟现实产业的投入将会越来越大，为虚拟现实技术创新和产业化提供强大支撑。

② 行业标准将成为市场竞争焦点。目前，虚拟现实领域尚没有形成成熟的行业标准，各个主要企业都在力推自身的设备接口和操作平台，抢占行业事实标准制高点。例如，在系统平台方面，谷歌推出 Daydream 平台，力图延续 Android 的推广策略，打造全新的虚拟现实生态系统。微软则借助 Windows 的市场优势，推出 Windows Holographic 系统平台，欲把其打造成类似 PC 行业中 Windows 一样的地位。在硬件设备方面，三星、索尼、HTC 等均闭环开发自己的硬件终

端及周边适配产品，并通过与内容开发商合作或自己发布仅适配自身硬件产品的内容，逐步完善产品生态，抢占硬件设备接口标准。未来，虚拟现实行业的标准体系将逐步形成并不断完善，行业准入门槛将不断抬高，当前仅仅依靠低劣的模仿虚拟现实来盈利的厂商将会被市场淘汰，在技术领域有着核心竞争力的企业将成为虚拟现实市场的主流军。各大巨头将在各自领域继续发力，通过整合产业资源，围绕自身业务完善虚拟现实生态体系，角逐行业细分领域事实标准。

③ 软硬件技术大幅进步。随着技术逐渐成熟、移动智能设备不断普及和移动互联网的进一步发展，虚拟现实硬件生产将逐渐实现产业化、规模化。目前国内领先厂商在屏幕刷新率、屏幕分辨率、延迟和设备计算能力等关键指标已经达到了国际标准，其他方面的技术如输入设备在姿态矫正、复位功能、精准度、延迟等方面持续改善；传输设备提速和无线化；更小体积硬件下的续航能力和存储容量不断提升；配套系统和中间件开发日趋完善，硬件设备的用户体验将逐步提高。

软件、系统和分发平台的发展是连接底层硬件和上层应用的纽带，是推动虚拟现实产业发展的核心，也是掌握产业发展的制高点、完善产业生态体系的关键环节。目前，Windows、Android系统已经能够较好地支持虚拟现实的软硬件、提供较好的体验，支撑消费级应用，而 Google、Oculus、Razer 都还在开发虚拟现实专用系统。预计未来国内虚拟现实系统、应用都将跃上一个台阶。虚拟现实系统越发成熟，将会有更加适配虚拟现实设备的系统出现，系统兼容性也会逐步提高。未来，随着 360°视频、自由视角视频、计算机图形学、光场等媒体技术的演进，三维引擎、位置定位、动作捕捉等交互技术的发展，虚拟现实软件技术将大幅进步，并将极大地推动虚拟现实产业发展。

④ 虚拟现实内容的数量和质量不断提升。虚拟现实产业链覆盖了硬件、系统、平台、开发工具、应用以及消费内容等多个环节。各个环节相互促进、相互协作、相互制约。仅有硬件和软件的技术进步，没有"杀手级"的内容和应用，也无法引爆消费市场。任何一个环节发展滞后都将严重影响虚拟现实产业的进步，只有各环节协作发展才能有效推动虚拟现实产业的进步。目前，虚拟现实产业硬件终端市场已经率先爆发，而内容和应用发展相对滞后。但是，已经有大量内容公司投入虚拟现实内容的开发制作，未来内容和应用市场将受到较大关注，软硬件和内容应用的适配将更加顺畅，虚拟现实内容的数量和质量将会得到质的变化，虚拟现实应用分发会逐渐成为一个独立产业环节。

（3）虚拟现实将对人类未来产生重大影响

作为一种现实的技术存在，虚拟现实技术把人类的活动从现实世界扩展到虚拟世界，把"想象的现实"变为"现实的想象"，促进了人与技术的完美结合，从认识和实践两方面极大地拓展了人类的能力范围，为人类认识世界、改造世界提供了新的工具。虽然虚拟现实技术目前仍存在尚待解决的理论问题和尚待克服的技术障碍，对人类生活所产生的影响也不过是初显端倪，但已经引起了人们的广泛关注，人们探讨的视角也已经从技术层面延伸到哲学和文化层面，尤其是虚拟现实技术在对人类社会的全面发展方面，各种各样的预测和观点正在被提出和讨论。

10.3　增强现实

增强现实技术是虚拟现实技术进一步科学化发展的产物，由于其自身拥有的现实环境代入感，吸引了人们的普遍关注并成为科研热点，众多移动端也基于增强现实技术进行了相应的改良，使人们的生活变得丰富多彩。现阶段增强现实技术虽然需要多种技术合作交互才能进行一定的运行，但是仍有很大的发展空间。

10.3.1　增强现实的概念

增强现实（Augmented Reality，AR）是一种实时计算摄像机影像位置及角度并加上相应视觉特效的技术。这种技术的目标是把原本在现实世界一定的时间、空间范围内很难体验到的实体信息（视觉信息、声音、味道、触觉等），通过计算机技术模拟后叠加，在屏幕上把虚拟影像套在现实场景中，从而达到超越现实的感官体验。这种技术最早于 1990 年提出，1992 年，路易斯·罗森伯格（Louis Rosenberg）在美国空军的阿姆斯特朗（Armstrong）实验室中开发出了第一套功能全面的增强现实系统。随着随身电子产品运算能力的提升，增强现实的用途越来越广。

目前可以实现增强现实的硬件设备类型有以下几种：手持设备、固定式增强现实系统、头戴式显示器（Helmet Mounted Display，HMD）和智能眼镜等。其中，智能手机和平板电脑是手持设备的代表。这类设备的性能依然在持续进步，显示器分辨率越来越高，处理器越来越强，相机成像质量越来越好，自身带有多种传感器等，这些都是实现增强现实必要的组成元素。

10.3.2　增强现实技术的特征

增强现实技术的特征如下。

1997 年，北卡罗来纳大学的 Ronald Azuma 提出增强现实技术最为显著的三大特征：第一，虚实融合；第二，三维注册；第三，实时互动。

（1）虚实融合（Real-virtual Fusion）

虚实融合是增强现实技术的本质特征，也是增强现实技术想要达到的效果。它是指计算机生成的虚拟信息与真实环境融合在一起，使得用户感觉到虚拟信息仿佛是真的存在于真实的环境中一样，两者已经融为一体。

（2）三维注册（3D Registration）

为了达到好的虚实融合的效果，增强现实技术需要具有三维注册的特点。三维注册是指通过摄像头等设备实时定位、跟踪、注册用户所在的三维空间，将计算机生成的虚拟信息放置在对应的三维空间中。增强现实技术需要实时跟踪三维空间，随着用户的动作、视角等的变化，观察到的增强现实场景也随之发生变化。而虚拟物体总是存在于真实的三维空间中的。

（3）实时互动（Real-time Interaction）

实时互动也是增强现实技术重要的特征。它是指用户可以不再被动地接收信息，而是主动地在虚实融合的增强现实场景中与虚拟信息进行交互，并获得实时的反馈。在增强现实中，用户可以拥有选择的权利，例如，选择观看虚实场景的角度、距离等，还可以通过人机交互技术实现和虚拟信息的"对话"与控制。

10.3.3　增强现实技术的构成

增强现实技术的实现不是单独某一项技术就可以独立完成的，而是需要识别计算等机器技术相互配合最后才能实现增强现实技术的根本目的。

增强现实技术的实现首先需要通过电子摄像机或相关传感设备扫描现实实物，然后将扫描得到的信息翻译成计算机识别的相关信息，最后对信息进行图像处理，在真实环境的基础上形成虚拟环境。

增强现实技术还需要空间定位、模型识别和一系列计算算法的协同实现。也就是说，首先采集系统采集目标对象的信息，然后通过计算将真实世界信息与虚拟世界信息巧妙融合。对于光学头显，主要是通过显示设备将计算机相关信息模拟成像，即对于视频透视，借助摄像机工具拍摄物体，将摄像机捕捉到的信息与计算机的虚拟信息融合，反映在真实场景中。

随着增强现实技术研究开发的不断深入，传统的头戴式显示逐渐被手机、平板电脑等电子设备所取代。在显示尺寸方面，易用性、分辨率等都有了很大的提高，未来的发展前景非常好。以计算机识别语言为基础，用算法系统对其进行处理，最后将其与现实相结合，从而形成虚拟环境。

增强现实技术刚出现时，仅限于在二维平面上实现用户与计算机之间的交流，使用的工具通常是鼠标、键盘等。

目前，增强现实技术中交互技术的实现只要根据屏幕进行控制就可以快速完成，然后与触摸屏交互形成一个有机整体，便利性、人性化等方面都比以前有了很大的提高。从触摸屏交互技术的角度来看，主要分为单屏幕模式和多屏幕模式。在单屏幕模式下，屏幕只能同时响应一个联系人，而在多屏幕模式下，屏幕可以同时对多个联系人进行反馈，但目前多屏幕模式下的交互技术还不太成熟。

增强现实技术如今主要依托跟踪定位注册技术、显示技术、交互技术的共同作用。跟踪定位注册技术能够实现对于目标物的定位以及识别，并通过计算机转换为虚拟信息进行数据处理。而对于所采集信息的显现则需要显示技术介入，通过数据转化形成真实的场景图像，头盔显示器、手机、平板电脑等都是现在比较常见的显示装置。而增强现实的交互功能也由键盘、鼠标等改变为屏幕操控，目前交互技术虽有研究但尚未成熟，且成本较高，所以应用并不广泛。

10.3.4 增强现实技术的呈现方式

增强现实技术的呈现需要专业的显示设备，依照其设备的不同，划分为以下几类。

（1）计算机显示器

计算机显示器是最初的一个呈现方式，虚拟信息通过计算机显示器显示和现实环境的融合，同时除计算机显示器外，还需要独立的摄像头。但是此呈现方式也有一定的弊端，如不便携带、两者间的融合不具备逼真的真实性，沉浸感不强等，正在逐步被后两种呈现方式取代。

（2）头戴式显示器

时代的不断变迁促使头戴式显示器也在不断出新，以呈现更自然的增强现实，同时让用户可以获得更好的沉浸感，逐渐走进大众的视野。但是其显示方式也有自己的缺点，例如，头戴式显示器舒适性较差，还有一个较为现实的问题就是，头戴式显示器制作成本较高，不能普及。

（3）手持式移动显示设备

近几年，手持式移动显示设备的功能不断得到完善。手持式移动显示设备正是我们生活中最常见的智能移动设备，如智能手机、平板电脑。增强现实显示设备需要具备摄像头和显示器，智能手机和平板电脑都具有这两个设备。随着智能手机和平板电脑的普及，这一呈现方式在无形中早已被大众所接受。智能手机和平板电脑也因为其容易携带、成本低、交互方式的多样化等特征逐渐成为主流的显示方式。

10.3.5 增强现实技术的应用

增强现实技术有很多应用，起初用于军事、工业和医疗行业，到 2012 年，其用途被扩展到娱乐和其他商业行业。2016 年，强大的移动设备使得增强现实技术在小学课堂中成为有用的学习助手。

（1）商业领域

商业领域是目前增强现实技术应用最广泛的领域之一。增强现实技术所展示出的特效变化无穷，可以很好地达到吸引眼球和激起用户兴趣的作用，这与广告推销的目的不谋而合。其最直接的应用方式便是以上提到的虚拟试戴（试穿）。虚拟试戴（试穿）已开始应用于珠宝、眼镜、手表、服装、箱包和鞋帽行业，同时在美容、美发和美甲领域也出现了虚拟试妆应用。虚拟试戴（试穿）可以把虚拟产品叠加到客户的动态影像上，人体动作与虚拟产品同步交互，展示出逼真的穿戴或试妆效果。目前，虚拟试戴（试穿）系统主要用于成品和定制品的电商业务，通过互联网，在不易接触实物的情况下使用技术手段模拟最终效果。在商业实体店中，使用虚拟试戴（试穿）技术可以大大提高店面的驻足率、成交率和美誉度。这种应用既为客户提供了良好的体验，也大幅改进了销售和服务模式。

例如，通过增强现实技术实现家具的任意摆放是增强现实的典型应用之一。用户可以使用移动设备把所选的模拟家具放置在自己的居室内，从而更方便地测试家具的尺寸、风格、颜色和位置等。该应用还允许用户根据需要改变家具的尺寸和颜色。

（2）教育领域

在教育领域中，增强现实技术已被用来补充标准课程，将文本、图形、视频和音频叠加到学生的现实环境中。增强现实设备可以通过扫描以多媒体形式给学生提供补充信息。

学生可以在互动体验中轻松学习。例如，天文星座在太阳系中以三维的方式展现，基于纸张的科学书籍插图可以作为识别图存在，当设备识别出识别图后会显示相关的视频信息。

（3）游戏娱乐领域

在游戏行业中，游戏公司使用增强现实技术开发游戏，如空气曲棍球、太空巨人、虚拟敌人的协同作战以及台球游戏等室内环境游戏。

增强现实技术使得游戏玩家在现实世界的环境中也可以体验数字游戏，像 Niantic 和 LyteShot 这样的公司和平台是主要的增强现实游戏创作者。2016 年 7 月 7 日，由口袋妖怪公司负责内容支持——设计游戏故事内容，Niantic 负责技术支持——为游戏提供增强现实技术，任天堂负责游戏开发以及全球发行的里程碑式的游戏《宝可梦 GO》正式上线，该游戏一经上线就创造了 5 个世界纪录。

（4）医疗领域

通过虚拟的 X 光将病人的内脏器官投影到他们的皮肤上，轻易地对需要进行手术的部位进行精确定位。此外，增强现实技术也是新手医生学习手术实操的一大助手，使用该技术进行手术模拟时，医生的视线里还会显示出手术步骤以供参考。

（5）旅游和展览领域

游客在参观展览时，通过增强现实设备可以看到与展览品或者古建筑有关的详细信息说明。参观古迹时，可以通过纪实视频与真实景点的叠加来还原历史的原貌。参观文物时，可以通过增强现实技术对破旧的或者被破坏古物的残缺部分进行虚拟重构。

（6）视频摄录领域

对拍摄的视频流进行人脸识别，为视频流中出现的人脸叠加一些可爱、有趣的虚拟动画，可以提升视频的趣味性。现在已经有很多 App 推出了类似功能，如 FaceU 和 B612 等，深受用户喜爱。

（7）地图导航领域

将增强现实技术与 LBS 相结合，将道路和街道的名字及其他相关信息一起标记到现实地图中。现在也有汽车配件的商家将目的地方向、天气、地形和路况等交通信息投影到汽车的挡风玻璃上来实现增强现实技术的应用。

（8）工业维修领域

通过显示器将多种辅助信息显示给用户，包括虚拟仪表的面板、被维修设备的内部结构和零件图对照等。

10.4 混合现实

10.4.1 混合现实的概念

混合现实（Mixed Reality，MR）比虚拟现实和增强现实更进一步，它将真实与虚拟融为一体，为现实世界和数字世界创造全新的定义，让现实世界和数字世界共存并互动，从而创造新的可视化模式，将"真实"和"虚拟"真正结合，创造全新的"真实"。

在虚拟数字技术研究领域中，最常见的两种数字技术是增强现实技术和虚拟现实技术。增强现技术实以真实环境为主，将虚拟对象融合进真实环境中，通过虚拟场景叠加的方式，可以呈现真实环境中不存在的信息，让用户通过附加的虚拟信息增强对事物的了解。虚拟现实技术是结合计算机技术创造一个完全虚拟的场景，用户置身于场景中可以看到完全虚拟的影像，并且有视觉、听觉、触觉等感官感知，在虚拟的环境中对事物进行探索和认知。

在过去的几十年中，人们不断探索计算机输入与人类输入之间的关系，并形成了一个新的学科——人机交互。例如，键盘、鼠标和 Kinect 等设备，都是人与计算机之间沟通的桥梁。现今，随着各类传感器的出现和处理器性能的提高，计算机处理、人类输入和环境输入三者进一步融合，人机交互的方式越来越符合人类的行为逻辑。同时，计算机和人类之间的相互作用，是建立在对周围真实环境正确认知和理解之上的。

在此基础上，混合现实也随着 2015 年微软混合现实眼镜 Hololens 的发布开始进入研究领域。混合现实是虚拟现实的进一步发展，结合了虚拟现实和增强现实的优势，通过摄像头、传感器和定位器等技术设备，以实时获取物理环境中的相关信息，结合位置跟踪软件和空间地图技术，将真实环境中的物理信息与计算机生成的虚拟信息相融合，而真实世界中的物理定律仍对计算机生成的虚拟世界起作用。混合现实通过真实物理世界、增强世界和虚拟世界的深度融合，同时根据对人类自然行为逻辑和心理范式的理解，生成一个与人类感官相匹配的、虚实融合的、多通道反馈的具身交互空间，是人类、计算机和与环境互动的一个新的发展趋势。

关于虚拟现实、增强现实和混合现实，总结如下。

虚拟现实，即 VR，完全沉浸式的体验，无法知道真实世界发生了什么，或者说你根本看不到真实世界。

增强现实，即 AR，不具有环境感知能力，仅仅将图形叠加于物理世界的视频流上。注意这里的"叠加"一词，说明增强现实无法形成图形与真实环境的混合体验，例如，不能与真实环境产生相互的遮挡关系。

混合现实，即 MR，处于虚拟现实与增强现实中间的状态。

10.4.2 混合现实的特征

通过对混合现实概念的分析和梳理，可以看出混合现实的 3 个重要特征。

（1）实时反馈的交互性

混合现实通过其传感装置和感知技术，使用户在体验过程中，可以通过手的操纵或者身体其他部位的动作，实现高效率的行为交互，并实时获取视觉画面、音频和振动等反馈信息。由于系统融合了多通道的用户界面以及自然的交互形式，这种反馈具备真实性和及时性。相比于完全脱离真实环境的虚拟现实交互方式，混合现实的交互特性更符合人的认知和行为逻辑。

（2）对人类行为和环境的充分理解

混合现实通过环境输入的方式识别并判断用户在现实空间的真实位置，将其在客观世界的运动转换为虚拟世界的运动，因此具备对人类行为的充分认知。同时，通过深入理解现实空间中环境光、环境声音、物理环境的各种物体等内容，以此作为构建虚实融合的三维空间环境的基础。

（3）虚实融合的沉浸感

虚实融合的沉浸感即真实环境和虚拟物体在同一可视空间内显示，且虚拟场景与实景完美融合，让用户体会到虚拟影像就是客观世界的一部分，包括真实和虚拟物体之间符合近大远小的规律，以及正确的遮挡关系、光照一致性和几何一致性等，让用户置身其中能体验身临其境之感。混合现实通过真实物理世界、增强世界和虚拟世界的深度融合，同时根据对人类自然行为逻辑和心理范式的理解，生成一个与人类感官相匹配的、虚实融合的、多通道反馈的具身交互空间，是人类、计算机和与环境互动的一个新的发展趋势。

10.4.3　混合现实关键技术和应用场景

混合现实关键技术包括数据获取技术、高速的数据处理与传输技术、交互技术、3D 渲染技术和显示技术等。

数据获取技术是指对于真实世界中相关物理信息的获取，以及对于用户的位置和姿态动作的感知，通过测量物体在三维空间中的角速度和加速度，用于用户位置的跟踪和人体姿态的获取等。同时，需要使用各类摄像头和传感器捕获真实场景中的物体，并从中提取特征点，之后匹配相邻帧图像的特征点，用于虚实融合的场景构建。

高速的数据处理与传输技术是指对所获取的物理世界信息的高速处理，以此实现信息的数字化分解重构，并将所有环境的数据和用户输入信息通过处理器进行整合、处理与数字化保存。

交互技术具有多通道、多感官感知的特点，包括语音识别、肢体动作、触觉反馈、手势识别和眼动跟踪等交互方式，充分符合人类的心理特征和行为逻辑。

混合现实的图像显示主要依赖于 3D 渲染技术，高度的虚实融合带来更加真实的交互体验。

混合现实在显示技术上一般采用头戴式显示设备（Head-Mounted Displays，HMD）、手持式显示设备和投影式显示设备来实现。

在混合现实应用方面，研究者们已经将混合现实应用于航空航天、医学、教育培训、游戏和博物馆展示等领域。

在医学方面，混合现实可以应用于手术模拟、心理治疗等领域。在智能家居领域，混合现实可应用于装修的预览，例如，宜家的 IKEA Place 应用，通过增强现实获取消费者所在的真实室内环境情况，并将虚拟的家居摆放在空间中，提前获知装修后的视觉效果。

在教育培训方面，混合现实可以应用于模拟实验、教学内容等领域。在设计行业中，设计师可以结合混合现实设计分层量化的视觉效果。混合现实也已经应用在了即时通信行业，即用户在视频通话时，可以直接在对方空间环境中绘制虚拟标注，从而协助指导对方完成相关工作。在娱乐行业中，已经有诸多混合现实游戏相继发布，例如，微软官方发布的 *Fragment* 和 *RoboRaid* 游戏。这两款游戏都结合了用户所在的实际物理环境，识别墙壁、地板、家具的布局，并在此基础上将游戏内容放置在真实世界中，使得用户可以在真实的物理环境中进行各种交互操作。

10.5　沉浸式媒体的应用

1. 医疗应用

医疗与人的生命健康关系最为密切，虚拟现实、增强现实与医疗相结合，其前景应该是最令人期待的了。因为虚拟现实能让人感知到崭新的环境，并且无限接近真实环境下的视觉、听觉、触觉，甚至是嗅觉、味觉等体验。人脑对于这种虚拟现实的吸引力感到极度兴奋，这种兴奋程度远远超出了游戏和电影。所以在治疗病人时，可以引入虚拟现实转移病人的注意力，减少病人的疼痛感，实现"意识上的麻醉"，从而进行心理治疗和生理治疗。

同样，增强现实在医疗领域也有广阔的前景。如可以利用增强现实进行血管照明，帮助医务人员在手术时看到隐藏的血管并实现血管定位。

2. 军事应用

虚拟现实能够减少耗资和危险，它能够创造出一个接近真实的虚拟作战环境，包括作战背景、战地场景、各种武器装备和作战人员等战场环境被一一再现。这种立体战场环境能够增强临场感觉，提高训练的质量。通过虚拟现实构建出来的三维实战环境，能渲染出生动的视觉、听觉、触觉等感官效果，士兵在这样一种场景下操练战术动作，能锻炼临场快速反应能力、战斗生存能力和心理素质。

2013 年，美国陆军开始在德国使用虚拟士兵训练系统，这是第一个步兵全感觉虚拟系统。除模拟实战训练外，虚拟现实还能模拟进行军医训练和征兵活动。目前英国陆军已经应用虚拟现实技术来招募 18～21 岁的士兵。他们让这些年轻人戴上虚拟现实头戴显示设备来进行军事知识的讲解和交流互动，以便吸引这些年轻人加入军队。

3．游戏、娱乐应用

我们或许曾经在电子游戏厅玩过射击僵尸的游戏，但这种简单地拿着玩具枪对着屏幕射击的方式并不能让人产生身临其境的感觉，所以会很快让人失去兴趣。而将虚拟现实引入游戏后，游戏中角色的所有动作都将随着用户在现实中的运动而相应改变——用户可以主动追击敌人，也可以躲避，同时，用户还可以依靠虚拟现实设备痛快射击，一切如同真实存在，这种现场感是普通电子游戏厅无法提供的。使用虚拟现实还可以体验坐过山车的刺激感、在鬼屋里行走的恐惧感等。目前，一些城市中已经开设了虚拟现实体验店。

在奥兰多的迪士尼乐园中，环幕电影和游戏项目相结合，游客坐在类似滑翔机一样的座位上，悬浮在空中看 3D 环幕电影。观看期间，游客们将漂过海洋、穿越森林、飞跃大峡谷，游历美国的不同城市和地区，整个观看电影期间，游客们的心情随着旅程忽高忽低，震撼着并快乐着。

4．教育应用

如今，我们正在迎来一个个性化教育的时代。远程教育已不只限于提供抽象的、体系化的课程，而是可以依据我们的需求来设置课程、确定学习流程。远程教育的观念从"我要开什么课程"转换为"为你开你想要的课程"，这种"按需学习"的过程让学习变得有趣。

增强现实在教育中也得到了广泛应用，例如，将增强现实技术用于图书。增强现实图书的外表看似与普通图书相同，但当摄像头扫过图书时，书中的动画、视频、声音就会"蹦"出来。枯燥的书本"活"起来，相信会让更多的人爱上阅读。

思考与练习

1．简述沉浸式媒体的概念。
2．简述现实技术的主要特征及关键技术。
3．举例说明虚拟现实技术的应用场景。
4．谈谈你对虚拟现实技术现状及未来发展的看法。
5．简述增强现实技术的概念及特征。
6．简述增强现实技术在不同领域的应用情况。
7．简述虚拟现实、增强现实、混合现实之间的区别。

第 11 章　智能媒体新发展

人工智能（Artificial Intelligence，AI），简单理解就是通过计算机系统和模型（算法、数据），模拟人类心智（Mind）的技术体系与实现方法的集合。AI 经过 60 多年的发展，2016 年 3 月，随着谷歌 AlphaGo 以 4∶1 战胜世界著名围棋九段选手李世石，AI 达到的智能水平在全球引起轰动，也标志着 AI 技术发展达到了一个新的高度和热度。全球多家著名的 IT 公司，如谷歌、微软、腾讯、阿里巴巴、百度、科大讯飞等纷纷宣布将 AI 作为下一步发展的战略重心，大力研发 AI 博弈、图像识别、计算机视觉、自然语言处理、商业智能、自动驾驶、智能机器人等最新技术和产品，推动人类科技文明的进步。

卡内基梅隆大学计算机博士、著名 IT 职业经理人、人工智能技术的早期研究者、"创新工场"总裁李开复先生指出："人工智能是人类有史以来最大的机遇！"

11.1　人工智能的基本概念

1．智能的概念

思维理论认为智能的核心是思维，人们的一切智慧或智能都来自大脑的思维活动，人类的一切知识都是人们思维的产物，因而通过对思维规律与方法的研究可以揭示智能的本质。思维理论来源于认知科学，认知科学是研究人们认识客观世界的规律和方法的一门学科。

知识阈值理论认为，智能行为取决于知识的数量和知识的一般化程度，系统的智能来自它运用知识的能力，认为智能就是在巨大的搜索空间中迅速找到一个满意解的能力。知识阈值理论强调知识在智能中的重要意义和作用，推动了专家系统、知识工程等领域的发展。

进化理论认为，人的本质能力是指人在动态环境中的行走能力、对外界事物的感知能力、维持生命和繁衍生息的能力，这些本质能力为智能发展提供了基础，因此智能是某种复杂系统所呈现的性质，是许多部件交互作用的结果。智能仅由系统总的行为以及行为与环境的联系所决定，它既可以在没有明显可操作的内部表达的情况下产生，也可以在没有明显的推理系统出现的情况下产生。进化理论由 MIT 的布鲁克斯（R. A. Brooks）教授提出，他也是人工智能进化主义学派的代表人物。

综合上述各种观点，我们可以认为智能是知识与智力结合的产物。知识是智能行为的基础，智力是获取知识并运用知识求解问题的能力。

2．人工智能的兴起

尽管人工智能的历史背景可以追溯到遥远的过去，但一般认为人工智能这门学科应该诞生于 1956 年的达特茅斯会议。

1946 年，ENIAC 诞生于美国，最初被用于军方弹道表的计算，经过大约 10 年计算机科学技术的发展，人们逐渐意识到除单纯的数字计算外，计算机应该还可以帮助人们完成更多的事情。1956 年夏季，在美国达特茅斯学院，由达特茅斯学院的麦卡锡（McCarthy，后为斯坦福大学教授）、哈佛大学的明斯基（Minsky，后为 MIT 教授）、IBM 公司的罗切斯特（Lochester）和贝尔实验室的香农（信息论的创始人）共同发起并邀请了 IBM 公司的莫尔（More）和塞缪尔（Samuel）、MIT 的塞尔弗里奇（Selfridge）和索罗门夫（Solomonff）以及卡内基梅隆大学的纽厄尔（Newell）和西蒙（Simon）等人参加了一个持续两个月的夏季学术讨论会，会议的主题涉及自动计算机、如何为计算机编程使其能够使用语言、神经网络、计算规模理论、自我改造、抽象、随机性与创造性等几个方面，在会上他们第一次正式使用了人工智能（Artificial Intelligence，AI）这一术语，开创了人工智能的研究方向，标志着人工智能作为一门新兴学科正式诞生。

3．人工智能的基础

人工智能不是建立在沙滩之上的学科，也不是从零开始的学科，人工智能是在诸多相关学科雄厚的理论和技术基础上建立起来的。据相关文献列举，人工智能的基础学科有哲学、数学（包括逻辑学、计算理论和概率论）、经济学（包括博弈论、决策论和运筹学）、神经科学、认知心理学、计算机科学、控制理论和控制论以及语言学。

4．人工智能的定义

人工智能的定义最早可以追溯到 1956 年夏天，由人工智能早期研究者麦卡锡等人提出：人工智能就是要让机器的行为看起来像是人所表现出的智能行为一样。但迄今尚难以给出人工智能的确切定义，以下为部分学者从不同角度、不同层面对人工智能概念的描述。

人工智能是那些与人的思维相关的活动，如决策、问题求解和学习等的自动化——贝尔曼（Bellman），1978 年。人工智能是一种使计算机能够思维，使机器具有智力的激动人心的新尝试——豪格兰（Haugeland），1985 年。人工智能是用计算模型研究智力行为——麦克德莫特（McDermott）和查尔尼可（Charniak），1985 年。人工智能是一种能够执行需要人类智能的创造性机器的技术——库兹韦尔（Kurzwell），1990 年。人工智能是一门通过计算过程力图理解和模仿智能行为的学科——沙尔科夫（Schalkoff），1990 年。人工智能研究如何让计算机现阶段只有人才能做得好的事情——里奇（Rich）和奈特（Knight），1991 年。人工智能研究那些使理解、推理和行为成为可能的计算——温斯顿（Winston），1992 年。人工智能是计算机科学中与智能行为的自动化有关的一个分支——斯塔布菲尔德（Stubblefield）和卢格尔（Luger），1993 年。人工智能是关于人造物的智能行为，而智能行为包括知觉、推理、学习、交流和复杂环境中的行为——尼尔森（Nilsson），1998 年。人工智能的定义可以分为 4 类：像人一样思考的系统、像人一样行动的系统、理性地思考的系统和理性地行动的系统，这里的"行动"应广义地理解为采取行动或制定行动的决策，而不是肢体动作——罗素（Russell）和诺维格（Norvig），2003 年。

从不同学者对人工智能的定义中，可以归纳出人工智能需要具备判断、推理、证明、识别、理解、感知、学习和问题求解等诸多能力。随着人工智能的不断发展和对人工智能理解的不断深入，将来还会出现对人工智能新的定义和理解。

另外，有专家和学者提出强人工智能和弱人工智能的概念。所谓强人工智能是指有可能制造出真正能推理和解决问题的智能机器，并且这样的机器是有知觉的，有自我意识的。强人工智能主要分为两类：类人的人工智能，即机器的思考和推理就像人的思维一样；非类人的人工智能，即机器产生了和人完全不一样的知觉和意识，使用和人完全不一样的推理方式。所谓弱人工智能是指不可能制造出能真正地推理和解决问题的智能机器，这些机器只不过看起来像是智能的，但并不真正拥有智能，也不会有自主意识。

11.2 人工智能的发展及其对数字媒体传播的影响

11.2.1 人工智能发展史

从 1956 年达特茅斯会议上"人工智能"作为一门新兴学科提出至今，人工智能走过了一条坎坷曲折的发展道路，也取得了惊人的成就并迅速得到发展。其发展历史可以总结为孕育阶段、形成阶段和发展阶段 3 个主要阶段。

（1）孕育阶段（1956 年之前）

尽管现代人工智能的兴起一般被认为开始于 1956 年达特茅斯会议，但实际自古以来，人类就在一直尝试用各种机器来代替人的部分劳动，以提高征服自然的能力。例如，中国道家的重要典籍《列子》中有"偃师造人"一节，描述了能工巧匠偃师研制歌舞机器人的传说。春秋后期，据《墨经》记载，鲁班曾造过一只木鸟，能在空中飞行"三日不下"。古希腊也有制造机器人帮助人们从事劳动的神话传说。当然，除文学作品中关于人工智能的记载外，还有很多科学家都为人工智能这个学科的最终诞生付出了艰辛的劳动和不懈的努力。

古希腊著名的哲学家亚里士多德（Aristotle）曾在他的著作《工具论》中提出了形式逻辑的一些主要定律，其中的三段论至今仍然是演绎推理的基本依据，亚里士多德本人也被称为形式逻辑的奠基人。

1642 年，法国数学家帕斯卡（Pascal）发明了第一台机械计算器——加法器，开创了计算机械时代。此后，德国数学家莱布尼茨（Leibniz）在其基础上发展并制成可进行四则运算的计算器。他提出了"通用符号"和"推理计算"的概念，使形式逻辑符号化。这一思想为数理逻辑以及现代机器思维设计奠定了基础。

英国逻辑学家布尔（Boole）在《思维法则》一书中首次用符号语言描述思维活动的基本推理原则，这种新的逻辑代数系统被后世称为布尔代数。

1936 年，英国数学家图灵（Turing）提出一种理想计算机的数学模型，即图灵机模型。这为电子计算机的问世奠定了理论基础。

1943 年，心理学家麦克洛奇（McCulloch）和数理逻辑学家皮兹（Pitts）提出第一个神经网络模型——M-P 神经网络模型。该模型总结了神经元的一些基本生理特性，提出了神经元形式化的数学描述和网络的结构方法，为开创神经计算时代奠定了坚实的基础。

1945 年，冯·诺依曼提出了存储程序的概念。1946 年，第一台电子计算机 ENIAC 被研制成功，为人工智能的诞生奠定了物质基础。

1948 年，香农发表《通信的数学理论》，标志着信息论的诞生。

1948 年，维纳（Wiener）创立了控制论。这是一门研究和模拟自动控制的人工和生物系统的学科，标志着根据动物心理和行为学科进行计算机模拟研究的基础已经形成。

1950 年，图灵发表论文 Computing Machinery and Intelligence，提出了著名的图灵测试，该测试内容大致如下：询问者与两个匿名的交流对象（一个是计算机，另一个是人）进行一系列问答，如果在相当长时间内，他无法根据这些问题判断这两个交流对象哪个是人，哪个是计算机，那么就可以认为该计算机具有与人相当的智力，即这台计算机具有智能。

在 20 世纪 50 年代，计算机应用仅局限于数值计算，如弹道计算。但 1950 年，香农完成了人类历史上第一个下棋程序，开创了非数值计算的先河。此外，麦卡锡、纽厄尔、西蒙、明斯基等人提出以符号为基础的计算。这些成就使得人工智能作为一门独立的学科成为一种不可阻挡的历史趋势。

（2）形成阶段（1956—1969 年）

人工智能的形成阶段为 1956—1969 年。1956 年，在美国的达特茅斯学院召开的研讨会上提出了"人工智能"的术语。另外，这一时期的成就还包括定理机器证明、问题求解、LISP 语言以及模式识别等。该阶段的主要研究成果如下。

1956 年，塞缪尔研制了具有自学能力的西洋跳棋程序。该程序具备从棋谱中学习、在实践中总结经验提高棋艺的能力。值得称道的是，它在 1959 年战胜了设计者本人，并且在 1962 年打败了美国的一个州跳棋冠军。这是模拟人类学习的一次成功的探索，同时也是人工智能领域的一个重大突破。

1957 年，纽厄尔和西蒙等人编制出了一个数学定理证明程序，该程序证明了罗素（Russell）和怀特海（Whitehead）编写的《数学原理》一书中的第 2 章的 38 个定理。1963 年修订的程序证明了 52 个定理。1958 年，美籍华人王浩在 IBM740 机器上用了 3～5 分钟证明了《数学原理》中命题演算的全部定理，共有 220 个。这些都为定理的机器证明做出了突破性贡献。

1958 年，麦卡锡（McCarthy）研制出的表处理语言 LISP，不仅可以处理数据，而且可以方便地处理符号，成为人工智能程序设计语言的重要里程碑。

1960 年，纽厄尔、肖（Shaw）和西蒙等人编制了能解 10 种不同类型课题的通用问题求解程序（General Problem Solving，GPS）。其中所揭示的人在解题时的思维过程大致为 3 个阶段：首先想出大概的解题计划；然后根据记忆中的公理、定理和推理规则组织解题过程；最后进行方法和目的分析，修正解题计划。

1965 年，费根鲍姆（Feigenbaum）开展了专家系统 DENDRAL 的研究，该专家系统于 1968年投入使用。它能根据质谱仪的试验，通过分析推理决定化合物的分析结构，其分析能力接近甚至超过有关化学专家的水平，不仅为人们提供了一个实用的智能系统，而且对知识表示、存储、获取、推理及利用等技术是一次非常有益的探索，对人工智能的发展产生了深远的影响。

上述这些早期的成果表明了人工智能作为一门新兴学科有了蓬勃发展的基础。

（3）发展阶段（1970 年之后）

从 20 世纪 70 年代开始，人工智能的研究进入高速发展时期。在此期间，世界各国都纷纷展开对人工智能领域的研究工作。到了 20 世纪 70 年代末期，人工智能的研究遭到了重大挫折，在问题求解、人工神经网络等方面遇到了许多问题，这些问题使人们对人工智能研究产生了质疑，这些质疑使得人工智能研究者们开始反思。终于，1977 年召开的第五届国际人工智能联合会议提出了知识工程的概念。此后，知识工程的兴起产生了大量的专家系统，这些专家系统在各个领域中获得了成功的应用。随着时间的推移，专家系统的问题逐渐暴露出来，知识工程发展遭遇困境，这动摇了传统人工智能物理符号系统对于智能行为是必要充分的基本假设，从而促进了连接主义和行为主义智能观的兴起。随后，大量神经网络和智能主体方面的研究取得了极大的进展。

11.2.2　人工智能对数字媒体传播的影响

（1）传播机制网络化、结构化

在人工智能时代背景下，传媒行业越来越朝着智媒化的方向发展。现如今，越来越多的智能技术，如新闻写作机器、语音识别与图像识别都被运用于信息生产领域，例如，采集新闻内容并进行编辑工作。当前，网络与结构化已经成为媒体生产的重要趋势，机器分发与新闻写作都需要借助于信息源中记录的各种结构化信息。在人工智能时代背景下，新闻生产与传播的发展使传媒业的格局得到重塑。

（2）传播内容多元化、深度化

当前，在新媒体传播过程中，各种新兴技术如语义技术、数据挖掘技术都得到了有效应用，内容传播更加关注热点话题，基本实现了对用户生活的覆盖。对于用户的浏览行为，可使用大数据技术进行分析，对相关信息进行加工后充分挖掘其内在价值，并选择热门话题报道。与此同时，新闻资讯与人们的学习、工作、生活联系紧密，加上新技术集群的发展，使得媒体内容生产有了更为广阔的想象空间。因此，加强机器创作力的升级，不仅能够扩张自动写作边界，也能提高新闻报道的及时性与深度。

（3）传播趋势分众化、精细化

要想实现对用户个人偏好的合理分析，就要应用大数据与物联网技术，并根据用户需求与喜好推送相关新闻内容。利用人工智能能够对用户管理进行优化，然后根据年龄与性别等属性合理归类用户的个人喜好进而结合各类群体偏好进行相关推荐与交互，使用户体验得以改善。

综上所述，人工智能技术的发展日新月异，技术的有效赋能为媒体信息传播的各个环节注入了更加鲜活的生命力。未来的传媒业将在智能化技术的深度应用中重构传播流程、变革传播生态，虽然会有更多因素在不同程度上影响媒体传播的公共性、专业性，但是人工智能赋能媒体传播的核心诉求始终是为了促进传媒业向好的方向发展。在这个过程中，媒体传播也在技术应用层次的深化中，不断突破原有的传播格局，逐渐发生智能传播时代的全新转向，等待人们用更积极的眼光和更审慎的思维去观察、把握。

11.3 人工智能在新闻出版领域的应用

人工智能在新闻出版领域的应用如下。

11.3.1 人工智能在新闻领域的应用

（1）新闻采集智能化

新闻生产的一个环节，便是新闻采集。新闻采集，也就是新闻采访过程中的信息搜集活动，是新闻报道过程中极为重要的一个环节，是写好新闻报道的基础和前提。俗话说"巧妇难为无米之炊"，在新闻业界有着"七分采访、三分写作"的说法。要想写出具有高质量的新闻报道，记者需要首先采集到具有新闻价值的相关事件的信息。

在传统采编领域中，记者通常依靠对他人的亲身采访进行新闻素材的采集。这样的采集方式虽然有其不可替代的优越性，但是毕竟有其适用范围。对于超出其适用范围的一些采访任务，则有可能难以完成，进而致使一些本应报道出来的有价值的新闻因信息采集受到限制而被雪藏。

然而，随着语音识别、视觉识别等人工智能技术在新闻领域中的应用，新闻采集突破了传统的人工采集方式，走向了智能化采集阶段。

其一是通过使用无人机采集信息。当记者无法近距离接近新闻现场或无法完整跟拍、记录整个新闻事件时，无人机则可以代替记者进入事件发生地，对现场环境进行实时监控捕获实时影像。通过搭载的 AI 技术将图像结构化，无人机拍摄到的图片视频素材不仅看得清，还能让人看得懂，很好地完成了新闻采集的工作，而且航拍全景图片更能展示事件全貌。2015 年的"8·12 天津滨海新区爆炸事故"中，无人机便大展身手，及时捕获最新图片资讯。

其二是使用智能传感器来生成或采集数据。智能传感器意味着人的感官的延伸，它有助于让我们调查无法看到、听到或触摸的事物。例如，"2410" 便是新华社"媒体大脑"的智能媒体生产平台，负责打造一条自动化的内容生产流水线，而处在流水线首端的智能传感器便发挥着"媒体之眼"的作用，24 小时源源不断地提供全景式新闻线索和素材。封面新闻打造的"智慧内容平台"同样也是通过传感器设备，从全网中进行线索抓取、内容筛选的，每天新闻信息的采集可以达到上千条。MGC 新闻也是通过摄像头、传感器等设备智能收集数据和信息的。新闻信息的采集变得愈发智能化，新闻工作者也开始从新闻采集的前线退居到幕后，完成更具创造性的新闻工作。

（2）新闻写作智能化

当获得大量的新闻线索后，记者需要对它们进行整理、筛选，然后进入新闻写作环节。传统的新闻记者从采集到新闻的撰写，全过程需要亲力亲为，十分耗神。以社会类新闻记者为例，有时一天要跑多条线，每天至少发稿一篇，一篇见报稿的字数在 1000 字左右，移动端稿件字数为500～3000 字不等，遇到重大事件发生，稿件数量甚至会增加好几倍。由此可见，不仅记者工作压力较大，而且光凭人力生产出来的新闻，其数量也已难以满足当下读者对新闻信息的需求。

随着人工智能技术的发展并逐渐应用到新闻出版领域后，新闻写作逐渐智能化，"机器人写稿"开始大显身手并在很大程度上解决了新闻稿件数量低的问题。

机器人写稿最早可以追溯到 2006 年，美国的汤姆森金融公司第一次尝试使用机器人记者，之后成功诞生了世界上第一篇机器人新闻。随后，越来越多的机器人被投入到新闻生产实践中，如美联社推出的机器人 NewsWhip 可以代替人类编写财报和体育报道，纽约时报使用机器人

Blossom 帮助编辑挑选出具有潜在新闻价值的热门文章，华盛顿邮报使用机器人 Truth Teller 来检测新闻的可信度。

而国内媒体对使用写稿机器人的实践相对较晚。2015 年 9 月，腾讯财经率先推出了国内首篇"机器人新闻"——《8 月 CPI 同比上涨 2%创 12 个月新高》，2015 年 11 月，新华社推出写稿机器人"快笔小新"，使其专门为体育赛事及财经消息进行撰稿。2016 年，今日头条推出的机器人记者 Xiaomingbo 已在 2016 年里约奥运会期间每天写 30 多篇赛事简讯和赛场报道，随后《封面新闻》《南方都市报》《广州日报》等主流媒体相继推出"机器人新闻"。

写稿机器人是信息时代的产物，它的出现，既代表了人工智能技术进一步优化发展的成果，也印证了当下传媒业发展的现实需求。机器人写稿的核心是自然语言处理，同时涉及数据挖掘、机器学习、搜索技术、知识图谱等多项人工智能技术。当算法或计算机程序对信息进行自动化采集后，便会将输入或搜集到的数据内容进行自动化加工，最后编写成新闻文本发布出来。相比于传统的人工写作，机器人写稿所带来的震撼是惊人的，这源于它在实际应用过程中得天独厚的优势。首先，机器人写稿速度极快，对于灾害、体育、财报等规格化的新闻资讯，机器人写作可以做到 30 秒以内精确、快速地生成和发布。

美国曾在 2015 年 5 月做过一项实验，美国国家公共电台（NPR）的记者 Scott Horsley 和机器人 WordSmith 两"人"就一家餐饮公司的财务报告同时撰写了一篇短报道，比较谁的速度更快。结果是，机器人 WordSmith 用 2 分钟就完成了报道，而 Scott Horsley 则花了 7 分钟，在速度上，WordSmith 完胜人类。

"机器人新闻"也具备"新闻敏感"的特质，它可以在浩如烟海的数据洪流中找到有价值的内容，重新编写新闻报道，并且产量往往远高于人工写稿。美联社在引入机器人 WordSmith 参与新闻生产之后，新闻报道数量由原来的 300 多篇猛增至 4000 多篇。另外，机器人写稿的差错率远低于人工写作。新闻的真实性是第一性，在数据海量且复杂的今天，如果仅由人力来完成一篇报道，稍有不慎输错数字就会导致报道出错，进而引发严重后果。而机器人写稿则是用云计算等技术处理原始数据，再经过算法程序进行设定的自动成稿，这大大提高了稿件的精准度。

当然，机器人写稿也有它的缺陷。机器人目前并不具备像人一样的独立思考能力，只能依据事先被填入的数据库以及既定的算法程序来完成写稿任务，因此只适合应用于体育、财经等领域进行简单的资讯类新闻写作，适用面窄。机器人没有情感，难以在写作的深度和个性化上取得突破，这些缺陷导致目前的机器人写作还处于初级阶段。

（3）新闻播报智能化

2000 年 4 月，由英国报业联合会新媒体公司推出的虚拟主持人"安娜诺娃"的问世，标志着人工智能开始进军播音主持领域。其后一些国家相继推出了一系列虚拟主持人，如中国的 Go girl、言东方、伊妹儿和江灵儿，美国的 Vivian，韩国的 Lily 等。

2018 年 11 月，在第五届世界互联网大会上，由搜狗和新华社联合推出的以新华社主播邱浩为原型的 AI 合成主播"新小浩"闪亮登场，成为全球首个 AI 合成主播。大会上，"新小浩"用中英文向世界播报新闻，成功将"AI 合成主播"一词印入人们的脑海，全球媒体和业界开始投以广泛的关注，人工智能技术在播音主持领域实现更进一步的突破，新闻播报逐渐智能化。

继"新小浩"之后，各大主流媒体陆续开始研发 AI 合成主播，例如，以白岩松为原型的 AI 记者"小白"不仅可以模仿主持人的声音，还可以与人进行交流对话、解答提问者的问题。百度打造的人工智能主持人"小灵"亮相央视晚会，在舞台上不仅没有显示出任何的"拘谨"和"不自然"，还会主动与现场观众互动。2020 年 5 月召开的全国两会期间，3D 版 AI 合成主播"新小微"的亮相不仅在 AI 合成领域上实现了技术创新和突破，更是把智能采编和播报的优势发挥得淋漓尽致。

目前，AI 合成主播应用于新闻内容的播报时，与传统的播音员/主持人相比，具有无可比拟的优势。一方面 AI 合成主播拥有着超强的"复刻能力"，它无论面对什么题材的新闻，都可以无时无地、毫无怨言地进行新闻播报，并且不带任何"情绪"；另一方面，AI 合成主播可以在很大程度上保障新闻的时效性，因为 AI 合成主播不需要休息，它能够一天 24 小时不间断地工作，能用"无数个分身"同时在多个现场提供新闻报道，不仅大大减轻播音员和主持人的工作量，还让新闻真正做到了"即到即播"，有效提升了新闻生产效率。目前，AI 合成主播还没有"自我意识"，不具备与人类感同身受的能力，其播报新闻也只是实现了文本与资料库视音频的简单对应呈现，无法理解并表达出文本字面意思下所隐藏的对新闻事件的感受、态度及引发的相应情绪变化，并且相较于传统播音员和主持人，AI 合成主播的专业度还有所欠缺，缺乏灵活的应变能力，还会出现表意不明的机械化停顿等问题。

但是，国内对 AI 合成主播项目的应用研究才短短几年，随着人工智能技术的发展，未来 AI 合成主播还将会有更进一步的上升空间。

11.3.2　人工智能在出版领域的应用

人工智能迎来了第三次发展浪潮，许多领域正从"互联网+"向"人工智能+"转型，人工智能成为实现传统产业深度变革的核心技术。当前人工智能等重大技术进步将对出版业产生革命性的影响，以人工智能为代表的高新技术正在快速融合、渗透和应用在出版业中，出版业要敞开胸怀迎接新技术的挑战，迎接智能出版时代的到来。

（1）人工智能与学术期刊的融合出版

在学术期刊出版流程的诸多环节中，利用人工智能技术可以推动学术期刊数字出版工作的进程，以促进学术信息快速且多维扩散。

① 选题策划：从经验依赖到技术支持。人工智能时代下学术信息资源以数据化状态呈现，基于群体信息精炼化形成的知识体系可以为选题策划过程提供大力的技术支持，通过多源数据的合理配置提高选题策划的准确性和稳定性。编辑把策划思路通过指令输入到智能化选题系统，系统将依据传播热度、热点词汇和阅读趋势分析，自动对学者学术履历、用户行为信息、学术评价等数据进行清洗、梳理与预测，提出多个维度的初步选题策划方案供编辑权衡选择。依托数据挖掘和深度学习技术的选题策划从出版源头就赋予了学术论文更前沿和精准的发展空间，通过大数据分析对选题进行科学化布局，成为学术期刊智能化融合出版的关键环节。

② 评审评议：从主观传统到客观理性。在学术论文评审评议阶段步骤标准化的前提下，利用人工智能技术进行智能化评审具有可行性。智能化审稿系统通过大数据和人工智能等技术对投稿的关键信息进行自动检测和审核，淘汰与期刊定位不一致的稿件，利用区块链技术完善身份认证机制，根据逻辑化排序对同行评议专家的行为信息进行数据挖掘、特征识别和精准匹配，实时、开放地记录论文从投稿到发布的全过程生态链。

③ 编辑校对：从重复烦琐到快速高效。在传统学术期刊出版中，校对是整个出版流程中重复性强、创造性弱，但又必不可少的一个环节。其中参考文献著录格式和引文内容的核对是学术期刊编辑必须面对的一项非常烦琐耗时的工作。基于海量词汇、机器学习和大数据挖掘技术构建的智能化编校系统，可以借助人工智能技术强大的学习能力，以信息源为节点，通过知识标引协助编辑识别论文中存在的不规范问题，按照学术期刊编辑部制定的论文模板统一格式，自动进行参考文献核实、敏感词排查等基础性工作。除此之外，文本挖掘技术、智能搜索技术、图文模式识别技术等人工智能技术还能实现论文编辑校对的自动化，并向编辑部提供编校勘误信息处理结果、疑问信息提示报告等。

2019 年 8 月 14 日，由我国自主研发的首个智能图书编校排系统"中知编校"正式发布，该系统将编辑修改内容在原稿界面同步留痕，无须人工誊录，省去"校异同"环节，利用智能算法对敏感词、错别字给出修改建议，对标点符号、参考文献使用不规范问题给出定位提示，极大减轻了编辑和校对人员的工作量，该系统的智能化编校功能同样适用于学术期刊。此外，由方正电子研发的"智能辅助编校系统"也可以帮助编校人员对出版内容进行更加快速且准确的编辑校对。

④ 信息推送：从单向静态到算法匹配。基于人工智能技术的信息推送，利用算法和深度学习挖掘与分析用户的搜索记录和阅读痕迹数据，对用户群体进行分组归类，通过智能标签识别用户对学术信息内容的个性化需求，打破了传统学术期刊以信息发布者为主导的单向化和静态化传播形式。例如，超星集团提出的"域出版"学术平台，通过用户行为数据形成个性化信息流模型，借助智能算法分析用户偏好和态度趋向，按照阅读曲线进行内容与用户数据的智能化匹配，实现了学术信息的精准推送和碎片式传播。

信息分发由传统媒体转移到算法平台，可以实现点对点的精准知识传递服务，形成信息内容与用户行为数据的智能化匹配，提高了学术期刊用户服务的针对性和专业性，达到学术信息传播与用户需求的精确匹配以及用户与传播主体之间的互动连接，营造了全新的学术期刊智能化信息传播机制。

⑤ 数字出版：从简单融合到全媒体化。新媒体平台采用人工智能等技术进行文本呈现和用户互动，"人机共生"和"自我进化"的特征逐渐显现。学术期刊可以利用监督式机器学习方法分析用户在新媒体平台上发布的内容，基于深度学习方法预测新媒体用户的阅读情感轨迹，通过自然语言理解、深度神经网络等技术实现信息记忆和语义消歧，利用语音交互技术实现用户的便捷评价，并借助图像识别技术调研不同媒体平台的视频数据。此外，通过人工智能和大数据对海量内容进行标签定义，将不同形态的新媒体属性进行关联分析，可以选择适合的新媒体渠道进行学术信息的有效传播。

人工智能环境下，学术出版与媒体融合发展的本质仍然是优质学术成果的高效传播与交流，学术期刊全媒体发展的关键是要通过人工智能等技术瞄准学术研究的前沿领域，利用最适宜的媒体平台向用户提供个性化、多样化的学术信息，构建立体化的学术期刊全媒体融合出版机制。

⑥ 媒体形态：从平面传播到交互多元。学术期刊的智能化出版平台应承载多样化的信息符号，突破学术信息单一平面传播的固有形态。人工智能等技术引领了出版业场景革命，使媒体形态全面升级，基于代码的多元形态的媒体产品不断发展和创新，利用数据挖掘算法感知用户端场景，实现信息推送与用户特定场景的精准适配，为用户带来可视化和高度交互性的最直观呈现形式，可以满足用户的信息智能化体验、沉浸式体验和人机互动体验等多样化需求。学术期刊可以融合多媒体技术、全息投影、语音阅读、动态图技术，并利用虚拟现实（VR）、增强现实（AR）等更具沉浸感的新兴技术进行出版内容再创作，催生出新的内容形式和传播模式，不断提升用户的阅读体验。

随着媒体分工的进一步细化，满足用户多感官需求的信息产品成为学术期刊发展的重要方向。虚拟与现实、线上和线下的多维度交互将全面融入用户的感知体验系统中，信息传播的形态和方式得到进一步的变革。人工智能等技术将走向学术出版内容生产的最前沿，嵌入传统产业链的诸多环节中，促进多元媒体形态产品的快速发展。

（2）人工智能与教育期刊的融合出版

随着后疫情时代的到来，传统教育期刊出版单位面临着疫情后教育信息化快速发展的压力。尤其是人工智能技术对于师生在阅读方式、教育教学方式方面产生的深刻改变和影响，未来人工智能技术将成为主导数字出版产业发展的核心技术力量。从产品类型到经营模式，人工智能将为教育期刊未来转型注入新的活力，重塑发展机遇。

① 赋能出版流程：数据把关算法推荐，实现流程再造。教育期刊编辑部应逐步建立人工智

能稿件处理平台，稿件文字复制比、数据是否准确、提法是否科学、观点是否新颖、引用文献资料是否合理等都可以依托技术识别，通过技术显著减轻编辑的日常工作量。在期刊审稿环节，不仅可以由技术平台根据稿件主题、关键词、摘要等进行自动鉴定、审核、筛选，还能协助编辑进行加工校对，自动选择匹配的专家审稿。

在内容生产的重要环节——选题策划过程中，数据分析将是未来选题策划的重要基础，根据互联网热搜、热点词汇、传播热度等，对选题进行智能分析，依托技术聚焦热点、难点问题。根据阅读平台、论坛、阅读数据、评论内容及数据，以及传播数据等，帮助编者掌握真实信息，由编辑把关转变为数据把关，并与算法推荐相结合，为教育期刊科学策划和评判提供支撑。

② 赋能资源处理：激发资源活力，推动数字出版生态系统生成。疫情期间，受众在接收教学资源时，除硬件条件不足造成障碍外，优质的内容资源紧缺是主要难题。随着人工智能技术在教育出版领域的应用不断深入，出版单位从自身资源优势出发，积极寻求专业、精良、特色的创新发展路径，融合发展模式日趋多元化。在线教育、知识付费正在席卷各行各业，内容是持续生产与服务的核心，精品、专业的教育出版内容生产，正是传统教育期刊的优势，也是后疫情时代人工智能赋能的着力点。

无论是面向教育管理、教育研究的专业期刊，还是面向师生的学科辅导类期刊，在长期办刊过程中，教育期刊都积累了丰富的内容资源、专家资源、作者资源、渠道资源，技术的创新和智能化为教育期刊未来发展提供了新动能。教育期刊单位应着力建立完善专业的内容数据库，围绕用户需求对资源进行全面整合与开发，通过数据切片和智能标签，变单纯的信息积累传播为有效知识关联传播，为读者提供个性化的学习资源和服务，提升用户体验，激发资源活力，形成充满生机的教育数字出版生态系统。

③ 赋能出版形态：全景体验、专业服务与个性需求智能匹配。在移动传播的大环境下，人工智能与数字出版融合应用，将以场景植入为核心，以"人"为中心，基于场景的创设满足用户不断丰富的阅读体验和感知需求，为用户提供场景下的个性化服务方案。例如，面向青少年的科普教育类刊物，多媒体内容呈现形式丰富，文字内容融合了图片、声音、视频等元素，为受众阅读增添更多乐趣。5G 时代人工智能技术不仅能使用户对实时场景进行感知，还可以使用户在产品使用和体验过程中，进行沉浸式交互体验。

教育期刊的出版形态发展，经历了传统纸质、数字化，正在走向智能化时代，人工智能时代的教育期刊出版，将是围绕用户这个核心，创设不同的时空和场景，注重对于用户服务的实时捕捉和推送，实现服务与需求的智能匹配。让用户在立体、真实而又多维的场景中，实现全景感知，阅读对于用户不再只是一种视觉上的收获，更是全景式的享受。

④ 赋能传播发行：智能分发人机交互，让智慧教育落地。人工智能与教育期刊深度融合，基于大数据的智能分发和算法推荐，使出版智能化和服务个性化成为可能，重塑内容分发机制，实现个性化阅读、精准服务。例如，北大方正正在建设的"超融合媒体解决方案"，充分利用移动互联网、云计算、大数据、人工智能等新技术，助力媒体与出版实现全面融合，赋能智慧媒体新时代，构建媒体新生态。北大方正已与多家传媒单位合作，在选题策划、内容分发、营销等方面提供精准服务，"让媒体人实现更贴近用户的选题、更便捷的内容创作、更准确的考核管理、更全面的影响力评估、更科学的分析决策"。

随着虚拟现实、增强现实、人工智能等技术在教育期刊出版中的深入运用，智能化、交互式的教育数字出版产品将成为传统期刊融合转型的重点。人工智能技术中的识别技术、语言理解与语义分析技术、虚拟现实技术以及对学习状态的捕捉和分析，在减轻学生无效课业负担，有效提升教辅类期刊服务学生学习效率方面将发挥重要作用。在人工智能技术的支持下，教育期刊出版机构利用数据与算法技术对学生进行全过程考查，提供个性化学习方案，既保持了传统出版优质资源提供商的优势，又实现了优质精品内容资源生产、服务与新产业价值链的构建。

思考与练习

1. 简述人工智能的基本概念。
2. 概述人工智能的发展史。
3. 举例说明人工智能对数字媒体传播的影响。
4. 谈谈人工智能在新闻出版领域的应用。
5. 简述人工智能对人类社会的影响。
6. 谈谈你对人工智能的看法。

第4篇　数字媒体管理技术篇

要想让数字媒体技术更好地为人们的生产生活服务，数字媒体管理技术至关重要，主要包括数字媒体存储技术、数字媒体传输技术以及数字版权管理技术。

第 12 章　数字媒体存储技术

数字媒体信息具有数据量大、对带宽要求高等特点，因为这些信息的存储需要大容量的存储技术支持。媒体信息的存储技术分为两部分：① 存储设备，包括磁带、光盘与硬盘；② 网络存储技术，包括 DAS、NAS 和 SAN 几类传统网络存储技术，也包括近几年发展迅速的 IPSAN 技术。

12.1　数字媒体存储技术概述

数字媒体存储的概念来源于数据存储。数据存储技术（Data Storage Technology）就是根据不同的应用环境，通过采取合理、安全、有效的方式将数据保存到合适的存储设备上，并能保证有效的访问。数据存储包含两个层面的内容：一是在物理层面上，提供数据临时或长期驻留的物理媒体，该媒体必须保证数据存放的安全可靠性，以及数据访问接口的有效性；二是在系统层面上，为保证数据能够完整、有效、安全地被访问所使用的方法或行为。数据存储技术就是把这两个层面结合起来，为用户提供数据存放的解决方案。

数字媒体存储技术要解决两个方面的问题：一是大容量数据的存储——大容量数据存储设备和安全高效的数据接口；二是基于高带宽网络的数据共享——网络存储技术。

数字媒体存储的对象是数字媒体信息。数字媒体信息包括数字化的文本、图形、图像、音频、视频、动画等多媒体信息。但无论什么媒体信息，最终存储的都是数据，所以从存储层面上说，数字媒体存储技术本质上就是数据存储技术。而媒体信息的数据与一般数据在存储上又有其特别之处，主要体现在两个方面：一是数据量大；二是要满足实时传输的需求。

关于媒体信息的大小，可以有以下对比。

① 一条短信可发汉字（包括标点符号）70 个，最大长度为 160B。

② 一幅 800 像素×600 像素的图片经 JPEG 压缩之后大约为 100KB。

③ 一段一分钟的语音，按 8kHz 采样，4 倍的压缩率，大约为 240KB。

④ 一段一分钟的标清视频，按 H.264 编码，大约为 4MB。

以上只是民用级的多媒体数据的大小，如果是广播级的编辑用音视频码流，按 2～4 倍的压缩率计算，则一般需要 25～100Mb/s 左右的带宽，其数据容量也有更大的需求。

由此可见，媒体信息的字节数远大于一般文字信息的容量。因此，在企业级应用中，当我们面对数以百万计的图片、成千上万小时的音视频素材时，需要大容量的存储设备及有关技术的支持。

在容量方面，单个存储设备容量再大，其数量也是有限的。通常的做法是将多个存储设备连接在一起，并加以适当管理，可以将容量扩充到足够的海量级别，如 PB 级。同时又因为每个存储设备都有输出接口，连接后增加了输出带宽，即提高了输出速度。到目前为止，常用的大容量的存储设备主要有 3 种：磁带、磁盘和光盘，将同一类存储设备连接起来，就有了磁带库、磁盘阵列和光盘塔及相应的管理技术。

对于专业的视频编辑来说，他们一般是在局域网环境下进行工作的。局域网可以提供理想的网络带宽，能最大限度地提高编辑效率，以保证编辑的质量。但随着广域网技术的发展，在广域网条件下进行视频编辑的条件也在不断成熟，这也给存储技术带来了新的课题。

在网络条件下的存储设备，最初依附于服务器，后来发展成为网络上的独立设备，再后来发展了专门的存储网络。随着云计算技术的发展，专门针对存储而设计的云存储技术也随之发展起来。如今，云存储已发展成为一种易扩充、更友好的存储服务。

在电视传媒领域，高清和超高清视频技术正在发展中，而在互联网领域，基于大数据的各种应用也在不断涌现。这些都需要更大容量的存储技术的支持。

12.2 数字媒体存储技术设备及原理

数据存储离不开存储设备。存储设备是指存储数据的载体。存储设备有很多种，可分为3类：一是基于半导体器件的存储器，如 USB 盘、闪存等；二是基于磁性材料的存储器，如磁盘、磁带等；三是基于光学材料的存储器，如光盘等。

按照使用的方式分类，可分为可移动存储设备和非移动存储设备。另一种分类方法是分为内嵌存储设备和外挂存储设备。个人用户一般使用硬盘（或磁盘）和固态硬盘（非移动的内嵌设备）、USB 盘和光盘（可移动的外挂设备）等。企业用户（尤其是规模较大的数字媒体数据的存储用户）中绝大多数的存储设备，由于数据量巨大，并且不需要移动，所以都是非移动存储设备。对于大容量的存储媒体而言，其存储设备主要有硬盘、光盘和磁带三大类。

一般的数据存储结构由3部分组成：主机 I/O 连接、连接数据线和存储设备接口。网络存储技术是对数据存储方式进行基于网络的扩展。最初的网络存储是将存储设备附加在服务器上，通过服务器进行数据共享。后来，存储设备作为网络上的独立设备与网络上的其他设备进行数据交换。

在存储设备接口方面，除了常见的3种硬盘接口（ATA、SATA、SCSI）外，新的一些接口类型层出不穷，如 FC（光纤通道）、SAS（串行 SCSI）、ESCON（企业级系统连接）等。

主要存储接口介绍如下。

① SCSI：在硬盘的接口方面，除了常规的 SATA 硬盘外，另一类专业级的硬盘是 SCSI（Small Computer System Interface，小型计算机系统接口）硬盘。SCSI 硬盘性能好，但价格高，因此在专业的网络存储中普遍采用此类硬盘产品，但在普通 PC 上不常使用。

② FC：FC（Fibre Channel，光纤通道）之所以称为通道，是因为它是一个底层的传输接口，有点到点、环形和交换3种拓扑结构，数据传输效率比较高，上层可以支持 IP 协议或 SCSI 协议。

在网络存储的体系架构中还涉及很多接口标准主流的网络协议，如 TCP/IP、Ethernet（以太网）、InfiniBand（无限带宽）等。

12.3 数据库技术

12.3.1 数据库存储技术

（1）数据库概述

数据库（Database，DB）是指长期（以可持久化存储的设备如磁盘或 SSD 为主）或暂时（以内存为主）存储在计算机内的、有系统组织的、可共享的、可提供良好的事务处理和分析处理机制的，以及可为用户提供查询、更新、删除和报表等服务的数据的集合。数据库中的数据按一定的数学模型或结构组织描述和存储，一般具有较小的数据冗余、较高的数据可靠性，以及较高的数据独立性、完整性和易扩展性，并可为各种用户共享和使用。

20 世纪 50 年代，美国计算机科学家埃德加·科德（Edgar F. Codd）在 1970 年正式发表关系数据库的经典论文《大型共享数据资料库的一种关系模型》，标志着关系数据库技术的正式诞生。随着信息技术和市场的发展，特别是 20 世纪 90 年代以后，数据管理不再仅仅是存储和管理数据，而是转变成用户所需要的各种数据管理的方式。数据库有很多种类型，从最简单的各种数据表格的存储到能够进行海量数据存储的大型数据库系统都在各个方面得到了广泛的应用。尤其是随着云计算、大数据、社交化网络、移动互联和物联网在 21 世纪初的飞速发展，数据库技术在大数据实时分析和海量用户（上百万、上千万甚至上亿用户）的高并发应用场景下得到广泛应用并经历深刻的变革和创新。

在高度信息化的社会中，如何充分有效地管理和利用各类信息资源是进行科学研究和决策管理的前提条件。数据库技术是电子商务交易、大数据分析、管理信息系统、办公自动化系统、决策支持系统等各类信息系统的核心部分，是进行电子商务交易、大数据实时分析、科学研究和决策管理的重要技术手段。

（2）数据库技术演进

自 20 世纪 60 年代后期到 2000 年左右，数据库技术主要经历了网状数据库（Grid Database）、层次数据库（Hierarchical Database）和关系数据库（Rational Database）3 个阶段。其中，网状数据库是处理以记录类型为节点的网状数据模型的数据库，处理方法是将网状结构分解成若干棵二级树结构。层次模型是出现较早的一种公认的数据库管理系统数据模型，层次数据库就是将数据组织成有向有序的树结构，并用"一对多"的关系联结不同层次的数据库。

① 关系数据库

关系数据库是建立在关系模型基础上的数据库，借助于集合代数等数学概念和方法来处理数据库中的数据。现实世界中的各种实体以及实体之间的各种联系均用关系模型来表示。关系模型是由 Edgar F. Codd 于 1970 年首先提出的，并配合"Edgar F. Codd 十二定律"。现如今随着非关系数据库（如 NoSQL 数据库）的崛起，虽然部分专家对此关系模型有一些不同意见，但它还是数据存储的传统标准。标准数据查询语言 SQL 就是一种基于关系数据库的语言，这种语言执行对关系数据库中数据的检索和操作。关系模型由关系数据结构、关系操作集合、关系完整性约束 3 部分组成。关系模型就是指二维表格模型，因而一个关系数据库就是由二维表及其之间的联系组成的一个数据组织。当前主流的关系数据库有 Oracle、DB2、SQL Server、Access、MySQL 等。

自 2000 年以后，由于互联网交互应用、移动互联、物联网以及社交化应用等的广泛普及，导致人类每年产生的数据量实现快速爆炸式增长，进而导致数据管理正式进入大数据时代。在体量（Volume）庞大、形态（Variety）多样、价值（Value）密度低和处理速度（Velocity）快的大数据冲击下，传统的关系数据库已经无法满足实际应用的需求，因此数据管理技术出现了分化发展，其核心思想是引入分布式技术。

② NoSQL 数据库

NoSQL（NotOnly SQL）数据库作为一种易于横向扩展（Scaleout）、非关系、分布式数据库应运而生。NoSQL 数据库本身分为 KV 数据库、面向文档数据库（Document Oriented）、图形数据库（Graph DB）等几个主要类型，它们的共性是不需要固定的关系模式（Schema）。NoSQL 数据库易于满足极高读写性能需求、易于满足海量文档存储和访问、易于满足高扩展性和高可用性、适用于面向分布式计算的业务处理。对于 NoSQL 数据库而言，数据不再局限于计算机原始的数据类型，如整数、浮点数、字符串等，而可能是整个文件。从某种意义上讲，NoSQL 数据库可作为 Web 应用服务器、内容管理器、结构化的事件日志、移动应用程序的服务器端和文件存储的后备存储。

由于新兴 NoSQL 数据库在传统数据库事物处理（ACID 特性）等方面的不足，一类 NewSQL 数据库应运而生。NewSQL 数据库是对各种新的可扩展/高性能数据库的简称，这类数据库不仅具有 NoSQL 数据库对海量数据的存储管理能力，还保持了传统数据库支持 ACID 和 SQL 等特性。NewSQL 数据库是指这样一类新式的关系数据库管理系统，针对 OLTP（OnLine Transaction Processing）工作负载，追求提供和 NoSQL 系统相同的扩展性能，且仍然保持 ACID 和 SQL 等特性。

③ 内存数据库

由于计算机内存成本的不断降低以及大数据实时分析（Real-time Data Analytics）需求的不断增长，诞生了内存数据库（In-memory Database）。内存数据库，顾名思义就是将数据放在内存中直接操作的数据库系统。相对于磁盘（HDD），内存的数据读写速度要高出几个数量级，将数据保存在内存中比从磁盘上访问数据能够极大地提高应用的性能。内存数据库抛弃了磁盘数据管理的传统方式，基于全部数据在内存中重新设计了体系结构，并且在数据缓存、快速算法、并行操作方面也进行了相应的改进，所以数据处理速度比传统数据库的数据处理速度快很多，一般在 10 倍甚至 100 倍以上。内存数据库的最大特点是其"主拷贝"或"工作版本"常驻内存，即活动事务（Transactional Processing）只与实时内存数据库的"内存拷贝"打交道。

总之，一般内存数据库具有以下特点：采用复杂的数据模型表示数据结构，数据冗余小，易扩充，实现数据共享；具有较高的数据和程序独立性，其独立性包括物理独立性和逻辑独立性；能够为用户提供方便的接口；可以提供 4 个方面的数据控制功能，分别是并发控制、恢复、完整性和安全性，各个应用程序所使用的数据由数据库统一规定，按照一定的数据模型组织和建立，由系统统一管理和集中控制；增加了系统的灵活性。

目前除互联网企业外，数据处理领域还是传统的关系数据库（RDBMS）的天下。传统 RDBMS 的核心设计思想基本上是 30 年前形成的。在过去的 30 年里，脱颖而出的无疑是甲骨文（Oracle）公司。全世界数据库市场基本上被 Oracle、IBM 的 DB2、Microsoft 的 SQL Server 所垄断，其他公司市场份额都比较小。自从 SAP 收购了 Sybase 后，也想成为数据库厂商。有分量的独立数据库厂商现在就剩下甲骨文公司和天睿公司了。开源数据库主要是 MySQL、PostgreSQL，除了互联网领域外，其他行业用得很少。

计算机领域中其他新兴技术的发展也对数据库技术产生了重大影响。面对传统数据库技术的不足和缺陷，人们自然而然地想到借鉴其他新兴的计算机技术，从中吸取新的思想、原理和方法，将其与传统的数据库技术相结合，形成数据库领域的新技术，从而解决传统数据库存在的问题。数据库领域的新技术主要表现为分布式数据库、数据仓库与数据挖掘技术、多媒体数据库和大数据技术四类。下面主要介绍分布式数据库。

12.3.2　分布式数据库

（1）分布式数据库的定义

分布式数据库是一组结构化的数据集合，它们在逻辑上属于同一系统，而在物理上分布在计算机网络的不同节点上。网络中的各个节点（也称为"场地"）一般都是集中式数据库系统，由计算机、数据库和若干终端组成。数据库中的数据不是存储在同一场地的，这就是分布式数据库的"分布性"特点，也是与集中式数据库的最大区别。

从表面上看，分布式数据库的数据分散在各个场地，但这些数据在逻辑上却是一个整体，如同一个集中式数据库，这就是分布式数据库的"逻辑整体性"特点，也是其与分散式数据库的区别。因此，在分布式数据库中有了全局数据库和局部数据库两个概念。所谓全局数据库就是从系统的角度出发，逻辑上的一组结构化的数据集合或逻辑项集。而局部数据库是从各个场地的角度出发，物理节点上的各个数据库，即子集或物理项集。

（2）分布式数据库的特点

分布式数据库可以建立在以局域网连接的一组工作站上，也可以建立在广域网（或称远程网）

的环境中。但分布式数据库系统并不是简单地把集中式数据库安装在不同的场地，而是具有自己的性质和特点。

① 自治与共享。分布式数据库有集中式数据库的共享性与集成性，但它更强调自治及可控制的共享。这里的自治是指局部数据库可以是专用资源，也可以是共享资源。这种共享资源体现了物理上的分散性，是由一定的约束条件划分而形成的，因此，要由一定的协调机制来控制以实现共享。

② 冗余的控制。在研究集中式数据库技术时强调减少冗余，但在研究分布式数据库时允许冗余——物理上的重复。这种冗余（多副本）增加了自治性，即数据可以重复地驻留在常用的节点上以减少通信代价，提供自治基础上的共享。冗余不仅可以改善系统性能，而且增加了系统的可用性，即不会由于某个节点的故障而引起全系统的瘫痪。但这无疑增加了存储代价，也增加了副本更新时的一致性代价，特别是当有故障时，节点重新恢复后保持多个副本一致性的代价。

③ 分布事务执行的复杂性。逻辑数据项集实际上是由分布在各个节点上的多个关系片段（子集）组成的。一个项可以在物理上被划分为不相交（或相交）的片段，也可以有多个相同的副本且存储在不同的节点上。因此，分布式数据库存取的事务是一种全局性事务，它是由许多在不同节点上执行对各局部数据库存取的局部子事务组成的。如果仍保持事务执行的原子性，则必须保证全局事务的原子性。

④ 数据的独立性。数据库技术的一个目标是使数据与应用程序间尽量独立，相互之间影响最小，也就是数据的逻辑和物理存储对用户是透明的。在分布式数据库中，数据的独立性有更丰富的内容。使用分布式数据库时，应该像使用集中式数据库一样，系统要提供一种完全透明的性能，具体包括以下内容。

- 逻辑数据透明性。某些用户的逻辑数据文件改变时，或者增加新的应用使全局逻辑结构改变时，对其他用户的应用程序没有或有尽量少的影响。
- 物理数据透明性。数据在节点上的存储格式或组织方式改变时，数据的全局结构与应用程序无须改变。
- 数据分布透明性。用户不必知道全局数据如何划分。
- 数据冗余的透明性。用户无须知道数据重复，即数据子集在不同节点上冗余存储的情况。

（3）分布式数据库的相关技术

① 分布式查询

分布式查询是用户与分布式数据库系统的接口，也是分布式数据库系统中研究的主要问题之一。

在集中式数据库系统中，查询代价主要是由 CPU 代价和 I/O 代价来衡量的。在分布式数据库系统中，由于数据分布在多个不同的场地上，使得查询处理中还要考虑站点间传输数据的通信代价。

一般来说，分布式查询优化主要考虑以下策略。

- 操作执行的顺序。
- 操作执行的算法（主要是连接操作和并操作）。
- 不同场地间数据流动的顺序。

在分布式数据库的查询中，导致数据传输量大的主要原因是数据间的连接操作和并操作，因此有必要对连接操作进行优化。目前，广泛使用的优化策略有两种：基于半连接的优化策略和基于连接的优化策略。

② 分布式事务管理

分布式事务管理主要包括恢复控制和并发控制。由于在分布式数据库系统中，一个全局事务的完成需要多个场地共同参与，因而为了保持事务的原子性，参与事务执行的所有场地需全部提交，或者全部撤销，实现这一点比集中式数据库较为复杂。

分布式数据库系统的恢复控制采用的策略最典型的是基于两阶段的提交协议，该协议将场地的事务管理器分为协调者和参与者。该协议通过协调者在第一阶段询问所有参与者事务是否可以提交，参与者做出应答，在第二阶段协调者根据参与者的回答决定事务是否提交。协调者与参与者都在稳定的存储器中维护日志信息，当系统发生故障时，各场地利用各自有关的日志信息便可以执行恢复操作。两阶段提交协议的主要缺点是在协调者发生故障时可能导致阻塞。针对这个缺点，提出了三阶段提交协议。三阶段提交协议在某种前提条件下可以避免阻塞问题，但是由于其开销较大而没有被广泛使用。

对于并发控制而言，在大多数分布式系统中，并发控制主要是基于封锁协议的。集中式数据库系统中的各种封锁协议都可以用于分布式系统，需要改变的是锁管理器处理复制数据的方式。

（4）分布式数据库系统的组成和功能

分布式数据库系统的主要目的在于实现各个场地自治和数据的全局透明共享，不要求利用网络中的各个节点来提高系统的整体性能。

分布式数据库系统由数据库（DB）、数据库管理系统（DBMS）、数据库管理员（DBA）、分布式数据库管理系统（DDBMS）、网络数据字典（NDD）和网络存取进程（NAP）6 部分组成。其中，网络数据字典为分布式数据库管理系统提供数据单元位置信息。网络存取进程为分布式数据库管理系统提供进程和通信子系统之间的接口。

分布式数据库系统的主要功能：接收用户的请求，并判定把它送到哪里，或者要访问哪些计算机才能满足该请求；访问网络数据字典；如果数据存放在系统的多台计算机中，则需进行并行处理；通信接口，充当用户、局部 DBMS 和其他计算机的 DBMS 之间的接口；如果系统为异构型的，则还需要提供数据和进程移植的支持。

（5）分布式数据库的应用及展望

一个完全分布式数据库系统在实现共享时，其利用率高、有站点自治性、能随意扩充、可靠性和可用性好，有效且灵活，就像使用本地的集中式数据库一样。分布式数据库已广泛应用于企业人事、财务和库存等管理系统，百货公司、销售店的经营信息系统，电子银行、民航订票、铁路订票等在线处理系统，国家政府部门的经济信息系统，大规模数据资源等信息系统。

此外，随着数据库技术深入各应用领域，除商业性、事务性应用外，在以计算机作为辅助工具的各个信息领域，如计算机辅助设计（Computer Aided Design，CAD）、计算机辅助制造（Computer Aided Manufacturing，CAM）、计算机辅助软件工程（Computer Aided Software Engineering，CASE）、办公自动化（Office Automation，OA）、人工智能（Artificial Intelligence，AI）以及军事科学等，同样适用分布式数据库，而且对数据库的集成共享、安全可靠等特性有更多的要求。为了适应新的应用，研究人员一方面要研究克服关系数据模型的局限性，增加更多面向对象的语义模型，研究基于分布式数据库的知识处理技术；另一方面可以研究如何弱化完全分布、完全透明的概念，组成松散的联邦型分布式数据库系统。这种系统不一定保持全局逻辑的一致性，而仅提供一种协商谈判机制，使各个数据库维持其独立性，但能支持部分有控制的数据共享，这对 OA 等信息处理领域很有吸引力。

总之，分布式数据库有广阔的应用前景。随着计算机软件、硬件技术的不断发展和计算机网络技术的发展，分布式数据库也将不断地向前发展。

12.4　数字媒体存储技术的应用与发展

12.4.1　虚拟存储

虚拟存储（Storage Virtualization）就是把多个存储设备模块（如硬盘、RAID）通过一定的手段集中管理，所有的存储模块在一个存储池中得到统一管理。这种可以将多种、多级、多个存储设备统一管理并能为使用者提供大容量、高速数据传输性能的存储系统，就称为虚拟存储。

基于网络的虚拟化是近年来存储行业的一个发展方向。与基于主机和存储子系统的虚拟化不同，基于网络的虚拟化功能是在网络内部完成的。这个网络一般指的是存储区域网（SAN）。具体的虚拟功能的实现可以在交换机、路由器、存储服务器进行，同时也支持带内（In-band）虚拟或带外（Out-of-band）虚拟。

（1）带内虚拟，也称对称虚拟，是在应用服务器和存储的数据通路内部得以实现的。在标准的设置中，在存储服务器上运行的虚拟软件允许元数据（如名称、属性、内容描述等）和媒体数据在相同的数据通路内传递。存储服务器接收来自主机的数据请求，随后存储服务器会在其后台的存储设备中搜索数据（被请求的数据可能分布于多个存储设备中），当数据被找到后，存储数据传送给主机，完成一次完整的请求响应。在用户看来，带内虚拟存储服务器好像是直接附属在主机上的一个存储设备（或子系统）。

（2）带外虚拟，又称不对称虚拟，是在数据通路外的存储服务器上实现的虚拟功能。元数据和媒体数据在不同的数据通路上传输。一般情况下，元数据存放在使用单独通路连接到应用服务器的存储服务器上，而媒体数据在另外的通路中传递（或者直接通过存储网络在服务器和存储设备间传递）。带外虚拟减少了网络中的数据流量，一般需要在主机端安装客户软件。

根据应用环境的不同，按照存储虚拟的实现方案来分类，主要有以下3种。

① 基于存储设备的虚拟。一般是存储厂商实施的，如同真实的设备一样，对用户和管理员透明。

② 基于主机的虚拟。存储依赖于代理或管理软件，它们安装在一个或多个主机上，实现存储虚拟化的控制和管理。

③ 基于网络的虚拟的实施。介于服务端和设备端之间，其特点为充分利用网络资源，在实现过程中，使用户感觉不到虚拟化的存在，而且在操作上屏蔽各种细节，具有很高的扩展性、灵活性，是存储技术的发展趋势。

12.4.2　媒资管理

媒资管理是媒体资产管理（Media Asset Management，MAM）的简称，结合计算机存储、网络、数据库、多媒体等多项技术，主要解决多媒体数据资料的存储、编目检索管理、资料查询发布等问题。媒体资产（音视频、动画、图形、文本等）是有关企业所拥有的有价值的媒体信息资料。它完全满足媒体资产拥有者收集、保存、发布各种媒体信息的功能要求和工作流程管理，为媒体资产的消费者提供了对媒体内容在线检索、提取的方法，能够安全、完整地保存媒体资产和高效、低成本地利用媒体资产。

对于媒体企业来说，媒资管理系统是媒体数字化以后媒体的生产线和保管箱，它可以监督管理媒体从素材到加工成产品的整个流程，也可以将媒体资产有效地保存起来，并提供方便的检索手段，使媒体信息成为媒体企业的有交换价值的资产。而存储子系统在整个媒资管理系统中扮演着基础的角色。但这个角色并不好扮演，因为存储方案的选择一方面关系到整个系统的数据承载及其输入/输出的能力，另一方面也是整个系统硬件造价的主要部分。特别是对于大型的媒资管理系统来说，如何经济有效地搭建整个存储系统，是媒资管理系统设计的重要一环。

尽管分级存储中的各级存储设备并不相同，但可以通过分级存储管理软件将其虚拟成一个统一存储体。媒体数据在各级存储设备间的迁移，都由分级式存储管理系统负责，不需要手动操作，完全自动化。

此外，由于广播级音视频数据码率较高，为保证系统存储性能，音视频数据分级存储交换必须建立在 SAN（Storage Area Network）的结构上。在 SAN 上实现数据存储调度不仅要考虑硬件层面的支持，还要综合考虑系统平台、文件系统、SAN 文件共享软件、分级存储管理软件等多方面的因素。

（1）在线存储：存放高优先级的媒体数据，要求访问的效率特别高（称为热数据），要有足够的读写速度和网络带宽，以保证用户的即时访问。在电视台应用中，在线的要求是能够实时地显示音视频素材。因此，在线存储一般采用 FC 磁盘阵列以保证访问的效率。

在线存储根据应用系统对数据流的不同需求采用不同的网络架构，具体可采用 SAN、iSCSI、NAS 等存储方式。

（2）近线存储：存放的媒体数据无实时访问要求，访问的频率相对较低，所以对速度和带宽的要求相对较低（称为温数据）。对于电视台来说，这类数据一般是已播出不久，近期可能有再利用价值的媒体数据，其数据量远比正被访问的热数据多得多。

由于数量庞大，又没有实时性要求，所以这部分数据存储主要考虑低成本的保存方式。同时需要考虑与在线系统的数据交换性能、可靠性、运行成本、系统的可扩展性（容量与性能）等因素。

近线存储系统一般由存储软件、存储服务器和自动化数据流磁带库组成，存储设备为数据流磁带。存储性能主要取决于磁带库性能、分级存储服务器的数据交换性能及与在线系统间的网络传输性能。

（3）离线存储：所存放的数据确定在相当一段时间内不会再使用的数据，但这些数据又具有一定的保存价值（称为冷数据）。例如，某些历史记录或者数据备份等。这些数据由于暂时不会被访问，所以不必挂在线上，将其存放在低成本的磁带库或制成光盘。如果是数据备份，则要求其物理位置应远离在线系统，以保证数据安全。

超出磁带库容量的数据流磁带及其他存储设备如 DVD 可做离线保存、管理，系统将记录其存储排架位置，通过人工将磁带放入系统进行数据输出。采用这种方式，可以大大节约存储成本，整个管理由软件完成。离线存储概念的引入使得媒体资产管理系统的存储可以无限扩展。

12.4.3　云技术

云技术是将各种计算资源和商业应用程序以互联网为基础，利用分布式处理、并行计算、网格计算技术，提供给用户的计算服务，这些服务将数据的处理过程从个人计算机或服务器转移到互联网的数据中心，将 IT 技术外包给云服务提供商来减少硬件、软件和专业的投资。云技术有 3 种重要的服务模式。

（1）软件即服务（Software-as-a-Service，SaaS）：以服务的方式将应用程序提供给互联网用户。用户不需要在自己的计算机上安装这些软件，而是以租赁方式使用网络上的软件。

（2）平台即服务（Platform-as-a-Service，PaaS）：以服务的方式提供应用程序开发和部署平台。用户不需要直接购买这样的平台，可以在网络上租赁这些平台进行自有程序的开发与部署。

（3）基础设施即服务（Infrastructure-as-a-Service，IaaS）：以服务的方式提供服务器、存储和网络硬件以及相关软件。用户不需要直接购买这些硬件，可以通过网络租赁这些硬件设施。

可以看出，所谓云技术，就是将原来需要用户自己购买的软件、平台和基础设施，以租赁方式通过互联网提供给用户。因此，云技术就是一种基于互联网的计算技术租赁服务模式。

在云技术的发展之初，各种云技术模式统称为云计算。随着云技术的成熟，大家普遍认同将云技术分为 3 个组成部分：云服务、云计算、云存储。云系统利用节点的计算能力来计算用户提交的数据（云计算），将满足用户要求的数据返回给用户（云服务），同时用户根据需要将数据存放在云存储部件之上（云存储）。云存储是云计算的基石，云计算所需的数据需要从云存储上获取，同时云计算的计算结果也需要存储在云存储之上。另外，云存储还需要为云服务提供数据存储服务，同时云服务中的很大部分需要依靠云计算的计算能力。根据这个定义，SaaS 和 PaaS 属于云服务范畴，IaaS 提供海量数据的存储设备或高性能计算设备，分别属于云存储或云计算领域。

云存储专注于向用户提供以互联网为基础的在线存储服务。用户无须考虑存储容量、存储设备类型、数据存储位置以及数据的可用性、可靠性、安全性等烦琐的底层技术细节，只要根据需要付费，就可以从云存储服务提供商那里获得自己所需要的存储空间和企业级的服务质量。目前典型的云存储系统由一整套资源管理与访问控制技术支持，可以将位于互联网上的大量存储资源整合为可供用户透明访问的资源池。

为保证高可用、高可靠和经济性，云存储采用分布式存储的方式来存储数据，采用冗余存储的方式来保证存储数据的可靠性。另外，云计算系统需要同时满足大量用户的需求，并行地为大量用户提供服务。因此，云存储的数据存储技术必须具有高吞吐率和高传输率的特点。为实现这个目的，云存储以集群应用、网格技术、分布式文件系统等功能为技术基础，通过存储虚拟化技术将网络中大量各种不同类型的存储设备通过应用软件集合起来协同工作，共同对外提供数据存储和业务访问功能。

云存储不是存储，而是服务。它的核心是应用软件与存储设备相结合，通过应用软件来实现存储设备向存储服务的转变。

云存储的优势如下。

① 云存储能够更加高效、简单、节约地存储传统媒体的资源，并且能减少数据存储的冗余和数据维护的资源。

② 云存储系统采用开放式架构，能够方便快捷地进行资源的上传、管理和共享。

③ 云存储系统具有良好的可扩展性，以及和多种协议的兼容性。

④ 在三网融合趋势下，云存储系统的建设有利于对互联网和电视网上分散的海量资源进行良好的整合和调度。

12.4.4 存储技术的发展趋势

随着数字媒体技术的不断发展，大容量的存储技术以及网络存储技术也在不断进步。一方面数字媒体存储技术在网络的存储功能上会不断增强，另一方面系统的应用效率也会不断提升。对于存储技术的发展，可以在以下几个方面加以关注。

（1）在以光纤为基础的存储技术方面，信息数据的传输效率更高，在未来的发展中会有很大的潜力。

（2）未来的网络存储技术会逐渐走向融合，存储的效率也会不断提升。随着新一代以太网的推出，基于宽带以太网的 iSCSI 技术也越来越受到业内追捧，并促进 SAN 与 NAS 的融合发展。

（3）网络存储技术的发展正在向着智能化及虚拟化的方向迈进。虚拟化的网络存储技术能够把不同接口协议的物理存储设备进行整合，然后再结合主机加以创建本地逻辑设备虚拟存储卷，这样能实现存储的动态化管理，存储的效率就得到了进一步提升。

（4）近几年，云计算技术的快速发展推动了高性能存储技术的飞跃发展，也使得存储技术面临新的需求、新的挑战，如谷歌公司、Apache 公司、亚马逊公司等主流公司已经推出了一些云存储技术，准备在云平台上投入商用。

总而言之，存储技术是数字媒体技术的基石之一，存储技术的发展促进了数字媒体技术的发展，而存储技术与 IT 技术的进步息息相关，所以，随着 IT 技术的发展，存储技术也在不断推陈出新，以满足不断发展的数字媒体的新需求。

思考与练习

1. 简要说明数字媒体存储技术的概念。
2. 数字媒体存储技术设备有哪些?
3. 简述数据库存储技术的基本概念。
4. 谈谈分布式数据库的特点。
5. 简述分布式数据库的相关技术。
6. 谈谈你对数字媒体存储技术发展的看法。

第 13 章 数字媒体传输技术

13.1 数字媒体传输技术概述

数字媒体传输技术为数字媒体的传输与信息交流提供了高速、高效的网络平台，这也是数字媒体所具备的最显著的特征。数字媒体传输技术综合了现代通信技术和计算机网络技术，"无所不在"的网络环境是其最终目标。人们不会意识到网络的存在，却又能随时随地通过任何终端设备上网，并享受到各项数字媒体内容服务。

数字媒体传输技术主要包括两个方面：一是数字传输技术，主要是各类调制技术、差错控制技术、数字复用技术、多址技术等；二是网络技术，主要是公共通信网技术、计算机网络技术以及接入网技术等。目前具有代表性的通信网包括公众电话交换网、分组交换网、以太网、综合业务数字网、宽带综合业务数字网、无线和移动通信网等。另外，两大网络是广播电视网和计算机网络。众多的信息传输方式和网络在数字媒体传播网络内将合为一体。

现在流行的"三网融合"，就是指电信网、有线电视网和计算机通信网的相互渗透、相互兼容，并逐步整合成为统一的信息通信网络。"三网融合"是为了实现网络资源的共享，避免低水平的重复建设，形成适应性广、易维护、低费用的高速宽带的多媒体基础平台。其表现为技术上趋向一致，在网络层上可以实现互联互通，形成无缝覆盖，在业务层上互相渗透和交叉，在应用层上趋向使用统一的 IP 协议。另外，"三网融合"在经营上表现为互相竞争、互相合作，以期未来为用户提供多样化、多媒体化、个性化的综合服务。同时，在行业管制和政策方面，"三网融合"也趋向统一。

1. 计算机网络

网络技术的发展与数字媒体传输技术的发展与变革密切相关。目前，学术界对于计算机网络的精确定义尚未统一，本文从 3 个角度进行解析。

从专业角度看，其定义为：计算机网络是利用通信设备和通信介质，将地理位置不同、具有独立工作能力的多个计算机系统相互连接，并按照一定通信协议进行数据通信，以实现资源共享和信息交换为目的的系统。简而言之，计算机网络是指两台或两台以上计算机通过某种方式连在一起，以便交换信息。

从系统功能的角度看，计算机网络由通信子网和资源子网组成。通信子网负责数据链路建立、信号传输、数据转发。资源子网是高层应用的统称。

从系统构成的角度看，计算机网络由硬件和软件两大部分组成。网络硬件包括主机、终端、传输介质、通信设备等。网络软件包括网络操作系统、网络通信协议、数据库系统、网络管理软件、网络工具软件、应用软件等。

① 传输介质。它是网络中信息传输的物理通道，常用的传输介质分为有线传输介质和无线传输介质两种。有线传输介质主要有双绞线、同轴电缆、光纤。无线传输介质主要有红外线、微波、激光、无线电、卫星等。现实生活中常见的双绞线、光纤是有线传输介质，Wi-Fi 是无线传输介质。

② 通信设备。它主要有数据传输设备和数据终端设备两种。数据传输设备处于网络"中间"，负责数据的中间处理与转发，常用的有中继器、集线器、网桥、交换机、路由器等。数据终端设备处于网络的"终端"，负责发送和接收数据，包括用户计算机、网卡、调制解调器等。

③ 网络操作系统。它是网络的心脏和灵魂，能够控制和管理网络资源。与一般计算机操作

系统不同的是，网络操作系统在计算机操作系统下工作，为其增加了网络操作所需要的能力。

④ 网络通信协议。网络上通过通信线路和设备互连起来的各种大小不同、厂家不同、结构不同、系统软件不同的计算机系统要能协同工作实现信息交换，必须具有共同的语言，即遵守事先约定好的规则，即交流什么、怎样交流及何时交流。这些为计算机网络中进行数据交换而建立的关于信息格式、内容及传输顺序等方面的规则、标准或约定的集合统称为网络通信协议。通信双方只有遵循相同的物理和逻辑标准，才能实现互通互访。网络通信协议由语法、语义、语序三要素组成，网络通信协议成千上万，常用的有 NETBEUI、IPX/SPX、TCP/IP 等，而目前使用最广泛的因特网（互联网）是基于 TCP/IP 协议的网络。计算机系统中安装了 TCP/IP 协议后才能使用因特网。

2. 数字媒体传播模式

数字媒体通过计算机和网络进行信息传播，将改变传统大众传播中传播者和受众的关系以及信息的组成、结构、传播过程、方式和效果。数字信息传播模式主要包括大众传播模式、数字媒体传播模式和超媒体传播模式等。信息技术的革命和发展不断改变人们的学习方式、工作方式和娱乐方式。

大众传播模式是一对多的传播过程，由一个媒体出发触达大量受众。数字媒体的大众传播，使得无论何种媒体信息，如文本、图像、图形、声音或视频，都要通过编码后转换成比特。

1949 年，信息论创始人、贝尔实验室的数学家香农与韦弗一起提出了香农-韦弗传播的数学模式，如图 13.1 所示。一个完整的信息传播过程应包括信息来源（Source）、编码器（Encoder）、信息（Message）、通道（Channel）、解码器（Decoder）和接收器（Receiver）。

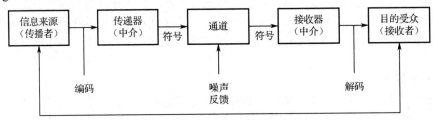

图 13.1　香农-韦弗传播的数学模式

数字媒体系统完全遵循信息论的通信模式。从通信技术上看，它主要由计算机和网络构成，在传播应用方面比传统的大众传播更有独特的优势。在数字媒体传播模式中，信源和信宿都是计算机，因此，信源与信宿的位置是可以随时互换的。这与传统的大众传播如报纸、广播电视等相比，发生了深刻的变化。数字媒体传播模式如图 13.2 所示。

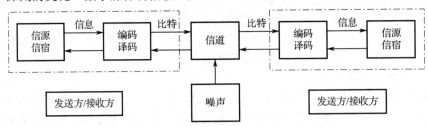

图 13.2　数字媒体传播模式

数字媒体传播的理想信道是具有足够带宽、可以传输比特流的高速网络信道，网络可能由电话线、光缆或卫星通信构成，数字媒体可以在网络上进行多点之间的传播。它具有传播者多样化、传播内容海量化、传播渠道交互化、受传者个性化、传播效果智能化的特点。网络上的传播模式如图 13.3 所示。

霍夫曼（Hoffman）与纳瓦克（Novak）提出了超媒体的概念。霍夫曼认为以计算机为媒体的超媒体传播模式延伸成多人的互动沟通模式。传播者 F（Firm）与消费者 C（Consumer）之间的信息传递是双向互动、非线性、多途径的过程，如图 13.4 所示。超媒体整合全球互联网环境平台的电子媒体，包括存取该网络所需的各项软硬件。此媒体可实现个人或企业二者彼此以互动方式存取媒体内容，并通过媒体进行沟通。超媒体传播理论是学者们第一次从传播学的角度研究互联网等新型媒体，得到了国际网络传播学研究者的重视。

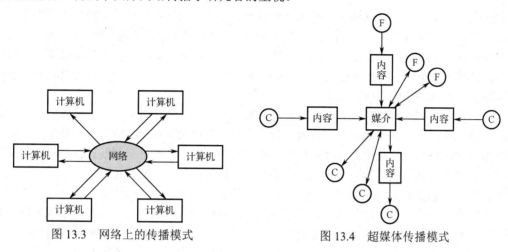

图 13.3　网络上的传播模式　　　　　图 13.4　超媒体传播模式

13.2　流媒体技术

流媒体技术也称流式媒体技术。所谓流媒体技术就是把连续的影像和声音信息经过压缩处理后放到网站服务器中，让用户一边下载一边观看收听，而不要等整个压缩文件下载到自己的计算机上才可以观看的网络传输技术。该技术先在使用者端的计算机上创建一个缓冲区，在播放前预先下载一段数据作为缓冲，在网络实际连线速度小于播放所耗的速度时，播放程序就会取用一小段缓冲区内的数据，这样可以避免播放的中断，也使得播放品质得以保证。

13.2.1　流媒体的原理与基本组成

流媒体是指在网络上按时间先后次序传输和播放的连续音视频数据流。以前人们在网络上观看电影或收听音乐时，必须先将整个影音文件下载并存储在本地计算机上，然后才可以播放。与传统的播放方式不同，流媒体在播放前并不下载整个文件，只将部分内容缓存，使流媒体数据流边传送边播放，这样就节省了下载等待时间和存储空间。

流媒体数据流具有连续性、实时性、时序性 3 个特点，即其数据流具有严格的前后时序关系。流式传输的实现需要缓存，因为网络以包传输为基础进行断续的异步传输，对一个实时 A/V 源或存储的 A/V 文件，在传输中要被分解为许多包，由于网络是动态变化的，各个包选择的路由可能不尽相同，故到达客户端的时间延迟也就不等，甚至先发的数据包还有可能后到。为此，流媒体技术可以使用缓存系统来弥补延迟和抖动的影响，并保证数据包的顺序正确，从而使媒体数据能连续输出，而不会因为网络暂时拥塞，使播放出现停顿。通常，高速缓存所需容量并不大，因为高速缓存使用环形链表结构来存储数据。通过丢弃已经播放的内容，流媒体可以重新利用空出的高速缓存空间来缓存后续尚未播放的内容。

通常，组成一个完整的流媒体系统包括以下 5 个部分：① 一种用于创建、捕捉和编辑多媒体数据，形成流媒体格式的编码工具；② 流媒体数据；③ 一个存放和控制流媒体数据的服务器；

④ 适合多媒体传输协议甚至是实时传输协议的网络；⑤ 供客户端浏览流媒体文件的播放器。

当前，流媒体技术已经极为成熟，不同公司会根据自身的需求去寻找最优的解决方案，也衍生出了一些不同的流媒体标准，但这些标准大多数是由流媒体基本理论与系统组成发展而来的。

13.2.2　流式传输与播送方式

（1）流式传输

流式传输主要是指通过网络传送媒体（如视频、音频）的技术总称。其特定含义为通过网络将影视节目传送到计算机中。实现流式传输的方法有两种：顺序流式传输（Progressive Streaming）和实时流式传输（Realtime Streaming）。一般来说，如果视频为实时广播，或使用流式传输媒体服务器，或应用如 RTSP 的实时协议，则为实时流式传输；如果使用 HTTP 服务器，即文件通过顺序流发送，则为顺序流式传输。

① 顺序流式传输。顺序流式传输是顺序下载，在下载文件的同时用户可观看在线媒体，但是在给定时间内，用户只能观看已下载的部分，不能跳到还未下载的部分，不能像实时流式传输一样在传输期间根据用户连接的速度做调整。由于标准的 HTTP 服务器可发送这种形式的文件，并且不需要其他特殊协议，所以顺序流式传输经常被称为 HTTP 流式传输。

顺序流式传输比较适合高质量的短片段，如片头、片尾和广告，因为该文件在播放前观看的部分是无损下载的，这种方法可以保证电影播放的最终质量，但这也意味着用户在观看前，必须经历延迟，对较慢的连接尤其如此。也就是说，顺序流式传输不适合长片段和有随机访问要求的视频，如讲座、演说与演示。它也不支持现场广播，严格地说，它是一种点播技术。不过，通过调制解调器发布短片段时，顺序流式传输就显得很实用，因为它允许用比调制解调器更高的数据速率创建视频片段，尽管有延迟，但可发布较高质量的视频片段。

此外，顺序流式文件放在标准 HTTP 或 FTP 服务器上，易于管理，基本上与防火墙无关。

② 实时流式传输。实时流式传输是指保证媒体信号带宽与网络连接匹配，使媒体可被实时观看到。实时流式传输与顺序流式传输不同，它需要专用的流媒体服务器与传输协议。实时流式传输总是实时传送的，特别适合现场事件，也支持随机访问，用户可快进或后退以观看前面或后面的内容。理论上，实时流一经播放就可以不停止，但实际上，也有可能发生周期暂停。

实时流式传输必须匹配连接带宽，这意味着在以调制解调器速度连接时图像质量较差。而且，由于出错丢失的信息被忽略，在网络拥挤或出现问题时，视频质量很差，如欲保证视频质量，顺序流式传输也许更好。实时流式传输需要特定服务器，如 Quick Time Streaming Server、Real Server 与 Windows Media Server。这些服务器允许对媒体发送进行更多级别的控制，因而系统设置、管理比标准 HTTP 服务器更复杂。实时流式传输还需要特殊网络协议，如 RTSP（Realtime Streaming Protocol）或 MMS（Microsoft Media Server）。这些协议在有防火墙时可能会出现问题，导致用户不能看到实时内容。

（2）播送方式

流媒体服务器可以提供多种播送方式，它可以根据用户的要求，为每个用户独立地传送流数据，实现 VOD（Video On Demand）的功能，也可以为多个用户同时传送流数据，实现在线电视或现场直播的功能。

① 单播。源主机发送的每个信息包都具有唯一的 IP 目标地址。在单播方式中，每个客户端都与流媒体服务器建立了一个单独的数据通道，从服务器发送的每个数据包都只能传给一台客户机。对于用户来说，单播方式可以满足自己的个性化要求，可以根据需要随时使用停止、暂停、快进等控制功能。但对于服务器来说，单播方式无疑会带来沉重的负担，因为它必须为每个用户提供单独的查询，向每个用户复制并发送所申请的数据包。当用户数很多时，单播对网络速度、

服务器性能的要求也很高，如果这些性能不能满足要求，就会造成播放停顿，甚至停止播放。

② 广播。源主机发送的每个信息包都能被网段上的所有 IP 主机接收。在广播方式中，承载流数据的网络报文还可以使用广播方式发送给子网上所有的用户。此时，所有的用户同时接收一样的流数据，因此，服务器只需要发送一份数据就可以为子网上所有的用户服务，大大减轻了服务器的负担。但是，客户机只能被动地接收流数据，而不能控制流，也就是说，用户不能暂停、快进或后退所播放的内容，而且，用户也不能对节目进行选择。

③ 组播。单播方式虽然为用户提供了最大的灵活性，但网络和服务器的负担很重。广播方式虽然可以减轻服务器的负担，但用户不能选择播放内容，只能被动地接收流数据。组播方式吸取了上述两种传输方式的长处，可以将数据包复制发送给需要的多个用户，而不是像单播方式那样复制数据包的多个文件到网络上，也不是像广播方式那样将数据包发送给那些不需要的用户，保证数据包占用最小的网络带宽。

组播方式是发送方有选择地向一群接收方传送数据，能够使网络利用效率大大提高，成本大大降低。当然，组播方式需要在具有组播能力的网络上使用。组播方式介于单播方式与广播方式之间，源主机发送的每个信息包都可以被若干主机接收。但是，这些主机必须是同一个组播组的成员。

对等网络（Peer to Peer Network，P2P）技术也可以应用到流媒体的播送中。P2P 是一种分布式网络，网络的参与者共享其拥有的一部分资源（处理能力、存储能力、网络连接能力、打印机等），这些共享资源能被其他对等节点直接访问而无须经过中间实体。此网络中的参与者既是资源（服务和内容）提供者，又是资源（服务和内容）获取者。P2P 打破了传统的 C/S 模式，在网络中的每个节点的地位都是对等的。每个节点既充当服务器，为其他节点提供服务，同时也享用其他节点提供的服务。这种技术一般较适合播送集中的热门事件。

13.2.3 流媒体的相关协议

多媒体业务流由于其数据量大、实时等特点，对网络传输也提出了相应的要求，主要表现在高带宽、低传输延迟、同步和高可靠性几方面。为了保证好的 QoS 控制，必须考虑传输模式、协议栈和应用体系控制等问题。在流式传输网络协议领域，已经颁布的传输协议主要有实时传输协议（RTP）、实时传输控制协议（RTCP）、实时流协议（RTSP）及资源预约协议（RSVP）等。一般情况下，为了实现流媒体在 IP 上的实时传输播放，设计流媒体服务器时需要在传输层（TCP/UDP）和应用层之间增加一个通信控制层，采用相应的实时传输协议，主要有数据流部分的 RTP 和用于控制部分的 RTCP。流式传输一般采用 HTTP/TCP 来传输控制信息，而用 RTP/UDP 来传输实时数据。

13.2.4 常见的流媒体文件压缩格式

数据压缩技术也是流媒体技术的一项重要内容。庞大容量的视频数据，如果不经过压缩或压缩得不够，不仅会增加服务器的负担，更重要的是还会占用大量的网络带宽，影响播放效果。因此，如何在保证不影响观看效果或对观看效果影响很小的前提下，最大限度地对流数据进行压缩，是流媒体技术研究的一项重要内容。下面介绍几种主流的音视频数据压缩格式。

（1）AVI 格式

音频视频交错（Audio Video Interleave，AVI）是符合 RIFF 文件规范的数字音频与视频文件格式，由微软公司开发，目前得到了广泛的支持。AVI 格式支持 256 色和 RLE 压缩，并允许音频和视频交错在一起同步播放。但 AVI 格式文件并未限定压缩算法，只是提供了作为控制界面的标准，用不同压缩算法生成的 AVI 格式文件，必须使用相同的解压缩算法才能解压播放。此外，AVI 格式文件主要应用在多媒体光盘上，用来保存电影、电视等各种影像信息。

（2）MPEG 格式

动态图像专家组（Moving Picture Experts Group，MPEG）是运动图像压缩算法的国际标准，已被几乎所有的计算机平台共同支持，它采用有损压缩算法减少运动图像中的冗余信息，同时保证每秒 30 帧的图像刷新率。MPEG 标准包括视频压缩、音频压缩和音视频同步 3 个部分，MPEG 音频最典型的应用就是 MP3 音频文件，广泛使用的消费类视频产品如 VCD、DVD，其压缩算法采用的也是 MPEG 标准。

MPEG 压缩算法是针对运动图像而设计的，其基本思路是把视频图像按时间分段，然后采集并保存每一段的第一帧数据，其余各帧只存储相对第一帧发生变化的部分，从而达到了数据压缩的目的。MPEG 采用了两个基本的压缩技术：运动补偿（预测编码和插补码）技术实现了时间上的压缩，变换域（离散余弦变换 DCT）技术实现了空间上的压缩。MPEG 在保证图像和声音质量的前提下，压缩效率非常高，平均压缩比为 50∶1，最高可达 200∶1。

（3）RealVideo 格式

RealVideo 是由 Real Networks 公司开发的一种流式视频文件格式，包含在 RealMedia 音频与视频压缩规范中，其设计目标是在低速率的广域网上实时传输视频影像。RealVideo 可以根据网络的传输速度来决定视频数据的压缩比率，从而提高适应能力，充分利用带宽。

RealVideo 格式文件的扩展名有 3 种，RA 是音频文件、RM 和 RMVB 是视频文件。RMVB 格式文件具有可变比特率的特性，它在处理较复杂的动态影像时使用较高的采样率，而在处理一般静止画面时则灵活地转换至较低的采样率，从而在不增加文件大小的前提下提高了图像质量。

（4）QuickTime 格式

QuickTime 是由苹果公司开发的一种音视频数据压缩格式，得到了 macOS、Windows 等主流操作系统平台的支持。QuickTime 格式文件提供了 150 多种视频效果，支持 25 位彩色，支持 RLE、JPEG 等领先的集成压缩技术。此外，QuickTime 还强化了对互联网应用的支持，并采用一种虚拟现实技术，使用户可以通过鼠标或键盘的交互式控制，观察某一地点周围 360° 的景象，或者从空间的任何角度观察某一物体。QuickTime 以其领先的多媒体技术和跨平台特性、较小的存储空间要求、技术细节的独立性以及系统的高度开放性，得到业界的广泛认可。QuickTime 格式文件的扩展名是 MOV 或 QT。

（5）ASF 和 WMV 格式

高级流格式（Advanced Streaming Format，ASF）和 WMV 是由微软公司推出的一种在互联网上实时传播多媒体数据的技术标准，其提供了本地或网络回放、可扩充的媒体类型部件下载以及可扩展性等功能。ASF 的应用平台是 Net Show 服务器和 Net Show 播放器。

WMV 也是微软公司推出的一种流媒体格式，它是以 ASF 为基础，升级扩展后得到的。在同等视频质量下，WMV 格式文件的体积非常小，因此很适合在网上播放和传输。WMV 格式文件一般同时包含视频和音频部分，视频部分使用 Windows Media Video 编码，而音频部分使用 Windows Media Audio 编码。音频文件可以独立存在，其扩展名是 WMA。

13.3 P2P 技术

近年来，计算机行业迅猛发展，网络的边界（如个人计算机）性能不断提高而成本不断下降，网络基础设施也日趋完善，用户的网络接入带宽不断增加。网络平台性能的提高与普及促进了新的网络应用的出现，也促进了新的互联网应用架构的出现，P2P 技术就是在这种条件下诞生的。

13.3.1 P2P 技术概述

近几年，P2P（Peer-to-Peer）网络迅速成为计算机界关注的热门话题之一，《财富》杂志将

P2P 列为影响互联网未来的四项科技之一。"Peer"在英语里有"对等者"和"伙伴"的意义，因此，从字面上，P2P 网络可以理解为对等互联网。国内的媒体一般将 P2P 翻译成"点对点"或者"端对端"，学术界则称为对等。P2P 的原意是一种通信模式，在这种通信模式中，每一个部分都具有相同的能力，任意一个部分都能开始一次通信。

从计算模式上来说，P2P 打破了传统的 Client/Server（C/S，客户/服务器）模式，在网络中的每个节点的地位都是对等的。P2P 网络由若干互联协作的计算机构成，网络的参与者共享其所拥有的一部分资源（处理能力、存储能力、网络连接能力、打印机等），这些共享资源通过网络提供内容和服务，能被其他对等节点（Peer）直接访问而无须经过中间实体，在此网络中的参与者既是资源（内容和服务）提供者（Server），又是资源获取者（Client）。

客观地说，P2P 这种计算模式并不是什么新技术，自从 20 世纪 60 年代网络产生以来就存在了，只不过当时的网络带宽和传播速度限制了这种计算模式的发展。20 世纪 90 年代末，随着高速互联网的普及、个人计算机计算和存储能力的提升，P2P 技术重新登上历史舞台并带来了一场技术上的革命，许多基于 P2P 技术的"杀手级"应用应运而生，给人们的生活带来了极大的便利。

P2P 技术使网络成为一种更趋向"分布式"的大众媒体，人际传播的影响力进一步加强。它的发展对于网络的传播形态、传播模式、信息流向、信息内容结构及传播控制等都会产生重要的影响。目前在加强网络交流、文件交换、即时通信、多媒体应用、分布计算和任务协作等领域，P2P 技术都有良好的发展前景。

13.3.2　P2P 技术的特征

P2P 技术是互联网的一种应用模式，其意思是指网络上的任何设备（包括大型机、PC、PDA、手机、机顶盒等）都可以平等地直接连接并进行协作，其特征如图 13.5 所示。与当前互联网上主流的应用模式 Client/Server 或者 Client/Service（客户/服务）相比，P2P 技术具有自己鲜明的特点和优势，具体如下。

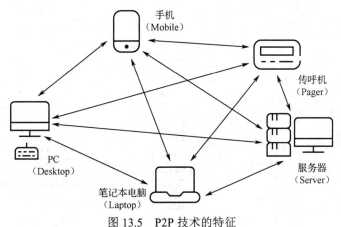

图 13.5　P2P 技术的特征

（1）每一个对等点具有相同的地位。既可以请求服务也可以提供服务，同时扮演着 CIS 模式中的服务器和客户端两个角色，还可以具有路由器和高速缓冲存储器的功能，从而弱化了服务器的功能，甚至取消了服务器。

（2）P2P 技术可以使得非互联网用户很容易地加入系统中。在 P2P 技术的计算环境中，任何设备从大型机到移动电话均可以在任何地点方便地加入进来。P2P 技术不仅可以应用于目前有线的互联网，同时该技术还可以应用于无线网。

（3）在 P2P 网络中，每一个对等体可以充分利用网络上其他对等体的信息资源，即处理器周期、高速缓存和磁盘空间。

（4）P2P 技术是基于内容的寻址方式。这里的内容不仅包括信息的内容，还包括空闲机、存储空间等。在 P2P 网络中，用户直接输入要索取的信息的内容，而不是信息的地址。P2P 技术软件将会把用户的请求翻译成包含这些信息节点的实际地址，而这个地址对于用户来说是透明的。

（5）P2P 技术中的每一个对等体不一定要有固定的 IP 地址，并且可以随时加入或者从网络上离开。

（6）信息的存储及发布具有随意性，缺乏集中管理。

13.3.3　P2P 技术的实现原理

实现 P2P 技术的关键是在网络环境不断变化的情况下，如何快速定位节点位置，确定合适路径，并建立连接。在 P2P 搜索系统中，以资源搜索的集中程度为标准，目前常见的 P2P 网络结构有 3 种：集中索引模式、纯 P2P 模式、混合 P2P 模式。在这 3 种模式中，各个对等点在搜索时承担的任务是不同的。

（1）集中索引模式

在集中索引模式中，一台或多台中央目录服务器连接若干个对等点，为其提供目录服务。对等点向目录服务器注册自身的信息，通过对目录服务资源索引结果器的访问，进行节点信息的查询，从而定位其他对等点，如图 13.6 所示。当各个对等点的资源出现变化时（如资源的增加、删除等），索引服务器将收到更新消息，并根据此消息修改本地缓存，但对等点查询不在边缘节点间传递。

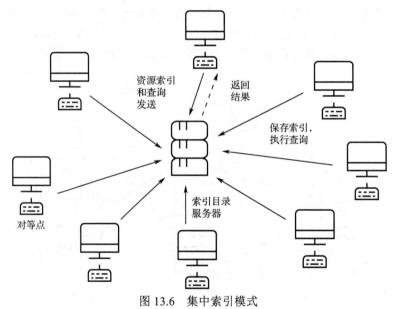

图 13.6　集中索引模式

这种模式的优点如下。

① 查询效率高。索引服务器使用本地保存的资源信息，并且仅在本地执行全部查询。

② 边缘对等点负载低。用于查询、结果返回和资源更新的处理量都很小。边缘对等点可以将其更多的资源用于实际的资源共享。

这种模式的缺点如下。

① 对索引服务器的处理能力和网络带宽要求很高。

② 索引服务器的单点失效，会导致整个 P2P 网络的失效。

（2）纯 P2P 模式

在纯 P2P 模式中不再使用集中目录索引服务器，网络中只存在对等的节点，每个节点自行接入网络，与自己相邻的节点建立连接，每一个对等点在内容的共享和搜索两个方面都具有完全相同的作用和责任。所有的对等点都既是搜索查询的发出者，同时也是搜索处理的执行者。对等点之间的信息查询和文件共享在相邻节点间通过广播的方式进行接力传递，即一个对等点发起的查询可在整个 P2P 网络中传播。每一个收到查询的对等点，在本地找到符合查询要求的结果后，都要向查询发出者返回结果，同时也要向自己的所有相邻对等点转发查询，查询的范围通常以消息的 TTL（Time to Live，存活时间）来控制，如图 13.7 所示。

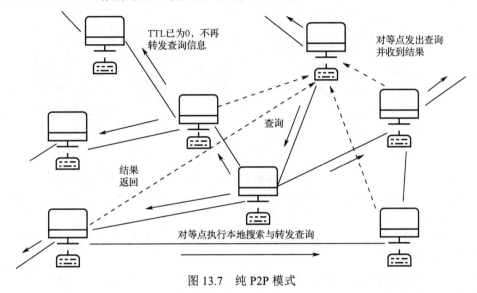

图 13.7　纯 P2P 模式

这种模式的优点如下。

① 最大的容错性。单一对等点的失败，仅使自身的资源不被别的对等点利用，而不会造成其他影响。

② 能潜在地获得最多的查询结果。从一个对等点发起的查询可在整个 P2P 网络中传播，满足查询条件的对等点必须给予回应。

这种模式的缺点主要体现在扩展性的不足，具体内容如下。

① 查询数量的激增。随着对等点的增加，每一个对等点接收、处理和转发的查询数量急剧增加，表现在来自某一对等点的同一个查询可能经过多个对等点的转发，多次传到同一个对等点。

② 能力有限的对等点造成系统瓶颈。一些计算能力、网络带宽很低的对等点，使 P2P 网络的总体响应时间和资源利用率恶化。

（3）混合 P2P 模式

混合 P2P 模式综合了前两种模式的优点，用分布的超级节点（RVP）取代集中索引目录服务器。节点按能力不同（计算能力、连接带宽、网络滞留时间等）分为普通节点和 RVP 两个层次。其中 RVP 与其临近的若干普通节点之间构成一个自治的簇，簇内采用集中索引模式，而簇与簇之间再通过纯 P2P 模式将 RVP 连接起来。

对于资源的查询，每一个普通节点在某一时刻仅与一个 RVP 连接，普通节点向其发送自己的资源索引，也向其发出查询。RVP 在收到查询后既要根据本地缓存处理，也会在 RVP 间传播查询。发起查询传播的 RVP 在收到其他 RVP 的回应后，会把这些回应连同本地查询结果返回给普通节点，如图 13.8 所示。目前 P2P 技术的应用大多数为这种模式，较为典型的如 KaZaa。

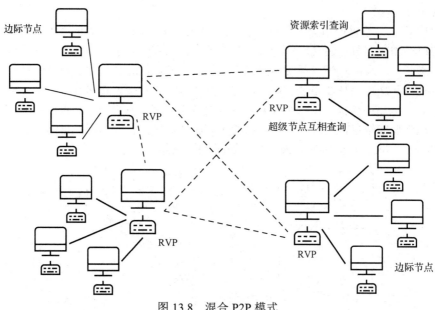

图 13.8　混合 P2P 模式

这种模式的优点主要体现在对 P2P 网络扩展性的良好支持，具体内容如下。

① 根据对等点的能力合理分担负载。只有计算能力强、网络带宽高的对等点才能成为 RVP，并承担查询任务。

② 与纯 P2P 模式相比，可大量减少查询消息传播的数量。查询消息仅在 RVP 间传播，因此传播涉及的节点数目较少。

③ 与集中索引模式相比，降低了单点失效对整个 P2P 网络的影响。一个 RVP 失效后，与其直接连接的普通节点能够再次发现并同其他 RVP 建立连接。

13.3.4　P2P 流媒体

P2P 流媒体的基本原理：系统中存在大量用户和一个或多个存储有视频的服务器，服务器将视频切成许多小片段，然后分别发送这些片段给某些用户，再让用户之间互相交换数据，最终所有用户都接收到视频流的所有片段。

构建和维持一个高效的 P2P 覆盖网络，需要考虑 3 个主要问题：一是覆盖网络的拓扑结构；二是如何管理覆盖网络内的参与节点，尤其是当用户出现不一样的能力和行为时，即异构性；三是覆盖网络在不可预测互联网环境下路由和调度媒体数据的适应能力。与此相对应，P2P 媒体传输系统有 3 个重要的组成部分，即内容路由和索引策略、拓扑搭建策略、数据调度策略。

内容路由和索引策略是 P2P 覆盖网络构建的基础。它主要用于检索互联网上具有相同感兴趣数据的节点位置，从而与这些节点形成覆盖网络。内容路由和索引策略主要包括 3 种模式：集中式、分布式（Gossip）、混合式。

拓扑搭建策略是构建 P2P 覆盖网络拓扑的机制，是数据传输的路线图。根据不同的 QoS 目标和管理方式，可以构建不同的拓扑结构。P2P 覆盖网络主要包括两种拓扑结构：树状结构和网状结构。

数据调度策略是在构建好的覆盖网络上去解决如何减少数据传输延迟、最大化解码视频质量、减少数据拥塞影响等问题。目前数据调度策略主要有两种：稀少优先策略和基于率失真的优先级调度。

以上各种策略的研究，主要是按照 P2P 流媒体的 QoS 问题进行分类的。不同的文献会有不同的分类方法和名称，但总体目标都是一致的，即如何提高 P2P 流媒体的服务质量 QoS。

自 2000 年初期国内出现第一款 P2P 流媒体系统以来，网络上已经有许多该类软件或系统，同时 P2P 流媒体的用户数量也急剧增加。如 P2Cast 系统（基于树状结构构建应用层组播来提供视频点播服务）、ZigZag 系统（采用层次化结构构造自适应组播树来提供直播流媒体服务）、SplitStream 系统（采用构建多组播树的方式进行流媒体直播服务）、CoolStreaming 系统（采用网状拓扑结构的流媒体内容分发系统）等。下面对几种典型的 P2P 流媒体系统和软件进行介绍。

（1）P2Cast 系统

P2Cast 系统基于树状结构构建应用层组播来提供视频点播服务。在 P2Cast 系统中，用户按照到达时间进行分组，然后构成不同的会话。在一定时间阈值内到达的用户构成一个组播树（会话）。对于每个会话，服务器均从节目的开始部分对流媒体数据进行分发。对于同一会话中较晚加入的节点，需要寻找一个较早加入的节点以获取其加入时间点之前的数据，即所谓补丁（Patching）。在 P2Cast 系统中的每个节点要同时提供两种转发服务，一个是内容分发由服务器提供、包含完整媒体内容的基本流，另一个是为后来的用户提供补丁流。由于采用单棵树组播，P2Cast 系统在抗扰动性和带宽利用方面存在弊端。

（2）ZigZag 系统

ZigZag 系统采用层次化结构构造自适应组播树来提供直播流媒体服务。它通过把节点分配到不同的层次来创建层次型拓扑结构，从底层开始顺序编号，每个层次的节点都被分成多个节点集簇，通常物理位置较近的节点位于同个集簇中。每个集簇都有一个簇首节点。依据集簇的拓扑结构选择中心的节点作为簇首节点。该节点到其他节点的距离之和在这个集簇的所有节点中最小。节点层次化的规则：所有节点都属于底层。将底层的节点分成多个集簇，并选择出每个集簇的簇首节点，这些簇首节点便构成其上一层的成员节点，依次类推。通过定义每个集簇下属节点和外部下属节点，组播树中每个节点只向其外部下属节点转发数据。集簇的维护成本低且独立于节点总数，同时，将由节点离开或失效而造成的组播树的修复工作限制在局部区域，不会给数据源节点带来任何负担。其控制协议开销低，新节点可快速加入组播树中。

（3）SplitStream 系统

SplitStream 系统采用构建多组播树的方式进行流媒体直播服务，提高了系统的容错性。在服务器端利用多描述编码（Multiple Description Coding，MDC）对视频节目数据进行编码。一个单棵组播树对应传输一个 MDC 子码流。通过 MDC 可以降低节点动态性对系统中其他节点播放质量的影响。另外，该系统通过 Pastry 结构化内容路由方式进行索引，并使用 SCRIBE 建立组播树。相对基于单组播树的内容分发方案，基于多组播树的内容分发可以充分利用系统中每个节点的带宽资源，但同时其系统维护开销要大于单棵树组播方案，并且在系统实现上多组播树的方案具有更高的实现难度。

（4）CoolStreaming 系统

X.Zhang 等人发表在 INFOCOM05 会议上的 CoolStreaming 系统，也称 DONet，是采用网状拓扑结构的流媒体内容分发系统，在 P2P 流媒体系统的发展历程上具有重要意义。在 2004 年 5 月欧洲杯期间，CoolStreaming 原型系统就已在 Planet-Lab 平台上试用获得成功，在 3 台服务器上并发用户迅速积累到 25 万人，奠定了 P2P 直播技术进入工业界的基础。

CoolStreaming 系统中节点的通用系统结构主要包含 3 个模块：① 负责维护系统中部分在线节点的成员节点管理（Membership Manager）模块；② 负责与其他节点建立协作关系的邻居节点管理（Partnership Manager）模块；③ 负责和邻居节点进行数据交换的数据调度（Scheduler）模块。其中，数据调度模块根据当前节点的缓冲区图（Buffer Map，BM）的情况选择当前节点没有的数据块进行调度。每个节点利用 Gossip 协议和其邻居节点周期性地交换数据可用性信息。然后通过分析数据可用性信息有选择地以"拉"（Pull）的方式向邻居节点请求并获得数据。在 CoolStreaming 系统之前，基于 Gossip 协议的 P2P 流媒体系统理论和设计已经相当完善，但始终缺乏现实的说服力，而 CoolStreaming 系统则通过其实践证实了这种说服力。CoolStreaming 系统所采用的模式具有健壮、高效、可扩展性好且易于实现等特征，在学术界和工业界均得到了广泛推广。类似的系统还有 PRIME、Bullet、GridMedia 等。

13.4 数字媒体传输技术的应用与发展

数字媒体传输技术打破了现实生活的实物界限，缩短了信息传输的距离，使数字媒体信息得以有效利用。同时，数字媒体传输技术还可以帮助建立可视化的信息平台，提供即时声像信息，为人们提供更广泛、更便捷、更具针对性的信息及服务。

13.4.1 数字媒体传输技术在网络教学领域中的应用

随着时代的发展和知识传输方式的更新，网上教育顺应时代发展走进了人们的生活。网上教育为不同的学习者提供了碎片化的学习机会，彻底打破了传统教育中"面授"式教学的限制，从而为大众提供了资源更为丰富、时间更为灵活、交流更为密切的新的学习方式。几年来，远程教育系统得到了飞速的发展，它以现代传媒技术为基础，通过多媒体和网络通信技术将与课程相关的授课视频、音频以及电子教案传输给学生，并以同样的方式将学生的表现反馈给教师，以此来模拟学校的授课方式。目前，远程教育系统已经实现了教学课件点播、网络课堂教授以及教学直播等功能。

（1）同步教学

这里的同步教学指的是实时教学中学生可以自主选择教师。一些名师课堂学生增多，就算是最大的教室，容纳学生的数目也毕竟有限，而同步教学就可以解决这一问题。具体的实现过程为在教学开始之后，利用摄像头和扩音器，将教师讲述的课程录制成视频和音频，经过 Encoder 输入，然后通过编码成为高级流格式（Advanced Streaming Format，ASF）流，发送到服务器，通过服务器启动 Station Service 服务模块，再通过多播技术发布 ASF 流，学生就可以在终端接收并学习了。为提升这种教学效果，可以在其他教室中也安装摄像机，听课的学生通过视频提问，经过编码后传送到服务器上，教室授课教师也安装一台摄像机用来播放学生的提问，这样教师和学生就可以实现异地实时交流。

同步教学过程中使用的流媒体课件虽然会在一些结构上有所差异，但是整体上都包含视频区、标题区、讲义区以及字幕区等几个组成部分。这样学生通过上网来听课，同时，可以看到教师讲授的重点内容，还可以和教师进行互动交流，学生之间也可以互相协作学习，随时随地自主学习，提升网络教学的发展空间。

（2）交互式教学

交互式教学指的是教师在教学过程中，通过一些远程教学的设备，如摄像头、传声器、声卡、手写板等进行线上的互动式教学。除此之外，教师还可以将教学视频通过采集卡进行采集，上传至服务器，使学生可以学习交流，对学生的学习进行在线指导，提高教学效率，稳固学习效果。

（3）点播教学

点播教学是一种常见的网络教学方式。这种教学方式就是将教师制作的 PPT 通过网络上传，使之成为学生学习的资源。学生可以在任何时间、任何地点学习 PPT 中的教学内容，不必局限于某一时间和某一空间，并且在观看 PPT 时可以自由地进行开始、暂停等操作。因此，点播教学方式内容更加丰富，形式更为灵活。学生的学习计划可以自由安排，既可以学习自己感兴趣的内容，也可以根据自身的情况加快或延后学习进度。

13.4.2　数字媒体传输技术在数字图书馆建设中的应用

　　数字图书馆是一种建立在计算机群和软件基础上的高级信息管理系统，通过互联网的方式进行连接，以此来对大量的结构化信息进行保存的数字化资源信息库。数字图书馆工程的目的是方便公众在随意的时间和地点都能通过任何连接到互联网内的数字设备来对所需知识进行搜集和学习。数字图书馆系统集多媒体网络和信息管理系统于一体，其所能存储的信息量已经远远超过了传统图书馆的信息储备，且在技术上也优于传统图书馆。数字图书馆的存储对象涉及各个领域的各个方面，且被保存信息的形式也多种多样，如图书、影像、美术、雕塑、电影、旅游、电子出版物、卫星数据、地理数据、互联网数据以及政府文件等，数字图书馆的存储对象广泛，需要大量的高新技术来进行技术支持，而流媒体技术就是其中的一种。流媒体技术在数字图书馆中的应用能使信息的检索和传输过程更加人性化、智能化和自动化，大大提高了数字图书馆的整体效率，从而使其发挥出真正的潜力。

　　（1）视频点播服务系统

　　数字媒体传输技术在数字图书馆建设中的应用：为数字图书馆创建视频点播服务系统。这一技术的应用有效降低了视频点播服务系统的成本费用，并且提高了数字图书馆的实用性。其有效地解决了图书馆在开馆前、闭馆后对视频信息的限制。这一系统的创建使得数字图书馆只要拥有良好的网络环境，用户就能够在互联网中获得自己所查找的视频信息资料。除此之外，该技术的运用帮助众多用户获得同时观看同一部视频信息。数字媒体传输技术充分运用了网络优点以及视频点播技术的优点，全面改变了以往浏览视频信息的被动情况，真正实现了用户可以根据自己的需要随时观看视频资料，选择所需的视频内容，集合影像资料、图片、音频、文本等信息于一体，给用户提供即时性、交互性根据需求点播服务的系统。

　　（2）数字化信息资源创建

　　最近几年，伴随着数字图书馆信息资源的不断增多，信息资源的内容已经不仅局限于普通的文本信息、图片等传统的媒体种类，音频、视频等多媒体信息资源也被列入到数字化信息资源创建中。但是，在数字化信息资源创建过程中，AVI、WAV等最初媒体格式被直接应用，对资源进行归纳处理，导致数字化信息资源占据的存储空间增加，并且在通过网络进行传播的过程中会占用大量的宽带速率，严重时会造成网络拥堵，没有办法进行实时播放。

　　而流媒体技术在确保音频、视频高质量播放的条件下，占用的宽带速率十分少，能够节省更多的存储空间，因此流媒体技术成为了数字图书馆信息资源建设的核心技术。运用流媒体技术对多媒体信息资源进行加工处理，转换成多媒体流文件流，为创建大量数字化信息资源奠定了坚实的基础。

　　（3）开展远程教育

　　采用数字媒体传输技术将数字图书馆信息数据库检索等功能做成可见课程存储在系统的服务器中，能够帮助校园用户用远程教育的方式进行教学。可以将教师授课的全过程使用摄像机进行拍摄，用采集卡将其收入到计算机中，使用 SMIL 语言将教师教课的录像、教材的文本内容以及动画演示与其他元素集合在一起，制作出具有极大表现力的多媒体课件。然后对多媒体课件进行编码做成流媒体格式的多媒体信息，将课件存储在流媒体服务系统中，集成到数字图书馆的网站中，这样真正突破了时间以及空间的束缚。

13.4.3　数字媒体传输技术在影视领域中的应用

　　在影视领域的发展中，数字媒体传输技术具有功不可没的作用。数字媒体传输技术在影视的创作、制作、传播等多个环节中都有广泛的应用，不仅让人们感受到数字媒体传输技术所具有的视听享受、娱乐趣味性及便利性，还有效地推动了影视的制作、发行和上映等环节的发展。第一，利用数字媒体传输技术进行影视制作，大大降低了影视制作成本，提升了其制作效率。同时，还可以利用数字媒体传输技术实现较难拍摄的仿真模拟，增强了影视作品的真实效果。第二，利用数字媒体传输技术进行影视发行，降低了其发行成本，提升了整体经济效益，并获得了良好声誉。此外，数字媒体传输技术还能实现影视作品的永久存储，利于文化的长期传播。第三，利用数字媒体传输技术进行影视的上映，使影视画面高清、立体，便于播放。

国际电联联盟 IPTV 焦点组（ITU-TFGIPTV）于 2006 年 10 月 16 日至 20 日在韩国釜山召开第二次会议，确定了 IPTV 的定义：IPTV 是在 IP 网络上传送包含电视、视频、文本、图形和数据等，提供 QoS/QoE（服务质量/用户体验质量）、安全、交互性和可靠性的可管理的多媒体业务。更通俗易懂的说法是，IP 电视即互联网协议电视，是指利用宽带网络的基础设施，以家用电视机或计算机作为主要终端设备，集互联网、多媒体通信等多种技术于一体，通过互联网络协议（IP）向家庭用户提供包括数字电视在内的多种交互式数字媒体服务。

IPTV 的系统结构主要包括流媒体服务、节目采编、存储及认证计费等子系统，主要存储及传送的内容是以 MPEG-4、H.264 或其他编码方案为编码核心的流媒体文件，基于 IP 网络传输，通常要在边缘设置内容分配服务节点，配置流媒体服务及存储设备，用户终端可以是 IP 机顶盒+电视机，也可以是 PC。

在运营模式上，IPTV 有以电信为主导的运营模式和以广电为主导的运营模式。在第一种模式中，电信运营商主要把持运营和管理，而广电运营商主要提供内容和牌照。在第二种模式中，由广电运营商把持运营，电信运营商只提供宽带网络的支撑和运维。

在网络建设模式上，有互联网 IPTV 建网模式和专网 IPTV 建设模式。互联网 IPTV 建网模式在原城域网基础上扩容改建，将其建设成为一张多业务承载网。从承载网技术层面上看，现有城域网的网络架构与网络部署都是基于普通上网业务的，作为 IPTV 业务整体考虑，构建高效的 CDN 网络，辅之以高 QoS 的组播通道是互联网 IPTV 承载网技术的关键。互联网 IPTV 网络改造涉及从骨干到接入的设备更替，几乎相当于建设一张新网，建设成本高昂，除少数发达城市外，地市级运营商一般无力独立承担。而且，多业务承载技术非常复杂，对网络运营维护人员的要求更高，必然导致运营商增加培训费用、人力成本、运维成本。专网 IPTV 建设模式则利用原城域网承载原有宽带业务，对接入网扩容，BRAS 改造，接入网同时承载 IPTV 和 PC 上网业务，在汇聚层分离，进入不同的核心网。由于专网 IPTV 提供的业务相对封闭，对路由与控制策略相对不高，相应地对于高端设备的需求大大减少。由于只涉及原城域网的接入层改造，专网 IPTV 扩展更加方便，即使未来城域网向城域以太网方向演化，专网 IPTV 对其的影响也要小于互联网 IPTV 对其的影响，这是因为目前的互联网 IPTV 改造采用的是基于 IP 广域网的方法。同时，专网 IPTV 也更好地保护了原供应商的投资。由于相对封闭，业务容易控制，还可以根据企业需求，通过控制接入带宽等方式，提供集团用户的 VPN 业务等，并且不会影响 IPTV 组播业务。所以选择合适的技术建设专网，能使专网方案相对于原城域网改造大大节约建设成本与维护成本。

13.4.4　数字媒体传输技术的发展

经过多年的发展，数字媒体由文字、图片传输到音视频的传输，流量不断加大，对信息网络的带宽要求也不断增加。数字媒体快速发展在很大程度上促进了信息网络的发展。

目前，移动通信的主要需求来自移动互联网的发展，特别是智能终端的发展，激发了移动通信数据业务量的猛增。移动通信和移动互联网的快速发展，正在给人们的生产和生活方式带来深刻变化。随着调制解调技术、光纤接入技术的发展，有线传输技术将向更高传输速率、更远传输距离和更稳定传输效果的方向发展。无线传输技术则因为其方便、快捷、灵活等优势，广泛应用于语言通信，但对于机对机、人对机之间的联系，有线传输技术则更为适用。因此，数字媒体传输技术中的无线传输技术也不可能完全替代有线传输技术，而是走向有线传输技术与无线传输技术逐步结合。

在过去的 20 年里，我国移动通信技术和产业取得了举世瞩目的成就。2000 年，我国主导的 TD-SCDMA 成为 3 个国际主流 3G 标准之一，2012 年我国主导的 TD-LTE-Advanced 技术成为国际上两个 4G 主流标准之一，实现了移动通信技术从追赶到引领的跨越发展。如今，在移动通信领域我国已经成为世界上具有重要话语权的国家之一，以华为、中兴等为代表的我国移动通信企业，已经形成了较为完备的移动通信设备和系统的产业链，产品在全球的市场份额已位居世界前列。

随着移动通信技术经过第一代（1G）、第二代（2G）、第三代（3G）、第四代（4G）的快速发展与应用，目前，第五代移动通信技术（5G）已经向人们走来。

第三代无线通信系统（3G）最基本的特征是智能信号处理技术，支持语音和多媒体数据通信，它可以提供前两代产品不能提供的各种宽带信息业务，如高速数据、慢速图像与电视图像等。3G 的通信标准有 WCDMA、CDMA2000 和 TD SCDMA 三大分支，如 WCDMA 的传输速率在用户静止时最大为 2Mb/s，在用户高速移动时最大支持 144kb/s。但是，3G 存在频谱利用率还比较低、支持的速率还不够高以及存在通信标准相互不兼容等问题。这些问题远远不能适应未来移动通信发展的需要，因此人们继续寻求一种既能解决现有问题，又能适应未来移动通信需求的新技术。

第四代移动通信系统（4G）是第四代移动通信及其技术的简称，是集 3G 与宽带网络于一体并能够传输高质量图像（图像传输质量与高清晰度电视不相上下）的技术产品。4G 能够以 100Mb/s 的速度下载，比拨号上网快 2000 倍，上传的速度也能达到 20Mb/s，并能够满足几乎所有用户对于无线服务的需求。4G 主要解决了视频技术等问题，其网络延迟也大大减少。

第五代移动通信系统（5G）与其他无线移动通信技术密切结合，构成新一代无所不在的移动信息网络，满足未来 10 年移动互联网流量增加 1000 倍的发展需求。5G 因其超高的频谱利用率和超低的功耗等特点，已经成为全球移动通信领域新一轮技术的竞争焦点。欧盟于 2012 年启动了面向 5G 的 METIS 研究计划，日本、韩国、英国也相继立项支持 5G 的研究与开发工作。

随着移动互联网的快速发展，宽带移动通信技术已经渗透到人们生活的方方面面，也代表了数字媒体传输技术发展的美好未来。在未来的移动传输中，用户将可以在任何地点、任何时间以任何方式接入网络。移动终端的类型不再局限于手机，且用户可以自由地选择业务、应用和网络。数字媒体传输技术使得人类的信息传播更为迅速和广泛，为人类的发展提供了无限的发展空间。

思考与练习

1. 什么是数字媒体传输技术？
2. 什么是流媒体？流媒体与传统媒体相比有何特点？
3. 简述流媒体的传输过程和基本工作原理。
4. 主流的流媒体格式及协议是什么？
5. 什么是 P2P 技术？P2P 技术有何特点？
6. 典型的 P2P 应用系统有哪些？举例说明。
7. 举例说明数字媒体传输技术的应用与发展。

第 14 章　数字版权管理技术

14.1　数字版权保护概述

随着数字媒体艺术的诞生与高速传播，数字媒体内容逐渐呈现出多元化、网络化、复制化等特征，也暴露出著作权保护、产业链发展、信息安全等诸多难题。因此，如何对数字作品的版权进行有效的保护，已经成为保障整个数字媒体行业健康发展所必需的关键问题之一。

数字版权管理（Digital Rights Management，DRM）的目标是对数字内容实现全生命周期、从系统端到应用端完整的信息安全保护，并保证数字内容被合法用户在其所获取的合法权限内使用，从而保证内容产业链中各方（内容提供者、内容运营者以及终端用户等）的共同利益，促进内容产业的健康发展。

数字版权管理所保护的数字内容包括数字视频、数字音乐、数字图像、电子图书、软件程序等各类数字产品。所涉及的主要技术包括对称/非对称加密技术、消息认证技术、身份认证技术、数字水印技术、数字权限描述语言、数字权限管理、数字内容格式等。数字版权管理适用于当前所广泛采用的各种数字内容传输体系及应用（如数字电视广播系统、IPTV 系统、互联网信息服务等）。

14.1.1　知识产权保护的发展状况

人类对知识产权的重视与保护可以追溯到 1883 年缔结的巴黎公约，其名称是《保护工业产权巴黎公约》，该公约首次提出将商标等商业标志作为无形财产加以保护。近代关于知识产权的全面保护始于 20 世纪 70 年代。1967 年 7 月 14 日，"国际保护工业产权联盟"（巴黎联盟）和"国际保护文学艺术作品联盟"（伯尔尼联盟）的 51 个成员在瑞典首都斯德哥尔摩共同建立了世界知识产权组织（World Intellectual Property Organization，WIPO），以便进一步促进全世界对知识产权的保护，加强各国和各知识产权组织间的合作。知识产权的提法也自此得到国际社会的普遍认可。

知识产权（Intellectual Property Rights，IPR）指权利人对其创造性的智力成果依法享有的专有权利。根据 1967 年在斯德哥尔摩签订的《建立世界知识产权组织公约》的规定，知识产权包括对下列各项知识财产的权利：文学、艺术和科学作品；表演艺术家的表演及唱片和广播节目；人类一切活动领域的发明；科学发现；工业品外观设计；商标、服务标记以及商业名称和标志；制止不正当竞争以及在工业、科学、文学或艺术领域内由于智力活动而产生的一切其他权利。总之，知识产权涉及人类智力创造的一切成果。

当今世界各国制定了不少有关保护知识产权的法规和国际性、地区性的协定或公约。一般将知识产权分为著作权（又称版权）和工业产权两大类。

以上关于知识产权的定义及特点毋庸置疑地涵盖了数字媒体的版权。准确地说，数字媒体版权是指权利人对其计算机软件、电子数据库计算机游戏、数字文学作品、数字声音作品、数字图片、数字动画、数字电影以及其他数字作品等具有依法享有的专有权利。

数字版权由传统版权演变发展而来，继承了传统版权的界定范围和特性。然而，由于数字媒体的特点，数字版权又具有一定的特殊性。首先，数字版权的保护范围并不完全等同于传统的版权保护。数字版权既包含了受到著作权保护的数字作品，又包含了计算机技术发展所催生的软件、电子数据库等。为适应新的环境变化，数字版权的保护客体、保护程度是不断变化的。其次，数字媒体易于分发传输、可以无限复制使用且几乎没有复制成本的特性使得传统知识产权的部分特点（如地域性）变得模糊不清，这是数字版权与传统版权的重要区别之一。这也造成了数字版权保护的复杂性和技术的复杂度。

如今，数字版权产品已经深入人们社会生活的方方面面，正在改变着人们的工作方式、阅读习惯、娱乐休闲等环节。近年来，数字媒体技术的迅猛发展为数字媒体内容的存取和交换提供了极大的便利。但同时数字化技术精确、廉价、大规模的复制功能和互联网的全球传播能力为版权保护带来了很大冲击，数字作品侵权更加容易，篡改更加方便。日益严重的盗版使软件开发商、唱片公司、电影发行商蒙受了巨大的经济损失。数字媒体的盗版与滥用不仅挫伤了媒体著作人的创作热情，侵害了出版发行人的合法利益，也妨碍了用户享有更丰富的视听体验。保护知识产权、反对盗版已经成为国际社会的普遍共识。对于提倡"内容为王"的数字媒体产业，数字媒体版权保护既是产业自身发展的实际需要，也是用户享受数字新媒体新体验的基本保证。

从 20 世纪 90 年代末数字版权管理（Digital Rights Management，DRM）技术的提出开始，DRM 走过了一条曲折却快速增长的发展之路。DRM 技术应用日渐广泛，市场规模不断攀升，产生了诸如 Content Guard、Digimare 等专门从事内容版权保护的服务商。目前，已有很多关于 DRM 的研究项目在多媒体、电子书籍、P2P、移动终端以及数字电视等不同领域内展开。一些著名的国外公司也已分别推出了一些商业 DRM 系统解决方案，如苹果公司的 FairPlay、微软公司的 Windows Media DRM（WMDRM）、IBM 的 Electronic Media Management System（EMMS）、RealNetworks 的 RealSystems Media Commerce Suite（RMCS）、Adobe 公司用于 PDF 格式的 Adobe Content Server（ACS）电子书籍版权保护方案、开放移动联盟（Open Mobile Alliance）推出的面向手机等领域的 OMADRM 标准等。国内也有公司推出了包含 DRM 技术的产品，如方正技术研究院的 Apabi 数字版权保护技术、书生公司的 SureDRM 版权保护系统等。

然而，由于缺乏统一标准、法律法规的滞后和不成熟、过于强调权利人的利益保护而忽略用户权益以及实施过程中的一些策略失当，DRM 技术的发展仍旧面临一些问题。以音乐作品的 DRM 保护为例，起初唱片公司是抵制非 DRM 音乐的，在这些公司看来，DRM 是唯一能使其获得控制力的元素，不能轻易放弃版权保护。然而使用者却不愿接受 DRM 音乐。因此，2007 年 2 月 7 日，苹果公司 CEO 史蒂夫·乔布斯公开倡议，希望各大唱片公司取消数字音乐中的 DRM，称这种做法并不能有效遏制盗版行为。之后，环球、索尼、百代和华纳全球四大唱片巨头相继放弃 DRM。然而，在线数字音乐全面放弃 DRM 不是因为 DRM 本身技术的问题，也不是在线数字音乐不需要 DRM 的保护，而是现阶段 DRM 对大众市场发展带来的限制。

就技术、商业模式与竞争层面而言，DRM 正影响着目前众多数字媒体市场领域，如数字音乐、宽带视频、移动电视，网络电视和家庭网络等，其市场前景十分广阔。DRM 正越来越受到社会各方面的重视，包括企业公司，以及政府在内的许多组织和团体都在努力推广版权保护与管理的概念、意识和技术。在打击盗版维护版权所有者的合法权益的同时，还应进一步注重和加强数字媒体用户权益的保护。

14.1.2 数字版权管理的基本概念

DRM 不是一个简单的保护内容的技术，而是用以保护数字内容整个生命周期中所有参与者的权利。DRM 能够创造一些新的商业模式，例如，DRM 可以使得服务提供商和网络提供商剥离，能够支持多种灵活的商业模式，能够解决 UGC（User Generated Content）网络视频和 P2P 网络电视版权问题，同时 DRM 也能支持设备在不同网络中的漫游访问。内容提供商可以通过 DRM 对节目的整个生命周期进行保护，保护节目的版权，从而增强开发新节目的积极性。网络和内容运营商通过提供多种灵活的数字内容增值服务，可以提高 ARPU（Average Revenue Per-User，每个用户平均收入）值来获益。终端用户能够无缝、无障碍地消费高质量的数字内容。因此，通过 DRM 可以实现和谐的媒体产业环境，同时通过建立新媒体产业环境实现 DRM 的价值。

从广义上说，DRM 可以理解为用于定义、管理、跟踪媒体使用等一切手段在内的全部技术，它涵盖有形资产和无形资产之上的各种权利使用，包括内容描述、标识、交易、保护、监控、跟踪等，也包括版权持有人之间的关系管理。

因此，可以将 DRM 定义为：DRM 是采取信息安全技术手段在内的系统解决方案，在保证合法的、具有权限的用户对数字信息正常使用的同时，保护数字信息创作者和拥有者的版权，根据版权信息使其获得合法收益，在版权受到侵害时能够鉴别数字信息的版权归属及版权信息的真伪，并确定盗版数字作品的来源。

MPEG 从 1997 年开始征集有关 DRM 方面的技术提案。MPEG 规范中给予 DRM 的术语是"知识产权管理与保护"（Intellectual Property Management and Protection，IPMP）。MPEG 关于 DRM 的研究工作涵盖了目前的 MPEG-2、MPEG-4、MPEG-7、MPEG-21。目前，版权持有者的机构在推动 DRM 的研究工作中扮演着重要的角色，并且已经提出了很好的解决方案。这些方案的目标是实现互操作（Interoperability），包括两个方面：从厂商的角度来看，要确保来自不同厂商的模块可以通过清晰的接口协议集成到一个产品中；从消费者的角度来看，就是要保证不同来源的内容在不同制造商的播放器上都能播放。

DRM 基本信息模型主要包括 3 个核心实体：用户（Users）、内容（Contents）、权利（Rights），如图 14.1 所示。用户实体可以是权利拥有者（Rights Holder），也可以是最终消费者（End-Consumer）。内容实体可以是任何类型和聚合层次的，而权利实体则是用户和内容之间的许可（Permission）、限制（Restriction）、义务（Obligation）关系的表示方式。

图 14.1　DRM 的基本信息模型

图 14.1 中的箭头表示用户创建了内容并对其拥有权利，内容再提供给其他用户，由其按照所拥有的权利来使用。此模型灵活且可扩展，基本上描述了 DRM 系统所具备的要素。有了这 3 个核心实体，就可以在此基础上构建更多、更复杂的实体了。在开放无线联盟（Open Mobile Alliance，OMA）里把内容称为资产（Asset），包括物理和数字内容，把用户称为参与者（Parties），可以是人、组织及定义的角色。而在 MPEG-21 里把内容称为资源（Resource），可以是数字作品、服务，或者一段主角拥有的信息，把用户称为主体（Principal），用以标识被授予权利的人、组织或设备等实体。

DRM 系统的执行流程可简单描述为图 14.2 所示的过程。

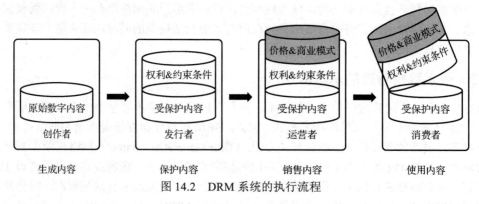

图 14.2　DRM 系统的执行流程

图 14.2 表示，创作者创建了原始数字内容之后，由发行者进行打包和内容保护，通常要对数

字内容进行加密和/或嵌入数字水印，并制定受保护内容的权利和约束条件。之后数字内容（受保护内容）被分发给运营者，以便为受保护内容定义适宜的价格和商业模式。最终消费者可以根据该价格和商业模式，购买受保护内容以及相应的权利和约束条件（通常以许可证形式发放），如果数字内容是经过加密的，购买者还需要购买解密密钥（通常内含许可证），最后才能按照权利和约束条件来使用该数字内容。

14.1.3 数字版权保护系统框架

DRM 是一个系统概念，涉及商业模式、社会文化习惯、法律制度和技术体系等多方面内容。DRM 的总体框架如图 14.3 所示。

DRM 系统根据不同的标准可以划分成不同的类别。如依据保护对象的不同可以分为针对软件的 DRM 和针对电子书、流媒体等一般数字内容的 DRM。依据有无使用特殊硬件可以分为基于硬件的 DRM 和纯软件的 DRM。依据采用的安全技术可以

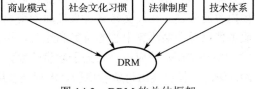

图 14.3 DRM 的总体框架

分为基于密码技术的 DRM、基于数字水印技术的 DRM、密码技术和数字水印技术相结合的 DRM。虽然不同的 DRM 系统在所侧重的保护对象、支持的商业模式和采用的技术方面不尽相同，但是它们的核心思想是相同的，即通过使用数字许可证来保护数字内容的版权，用户得到数字内容后，必须获得相应的许可证才可以使用该内容。DRM 的典型系统架构如图 14.4 所示。

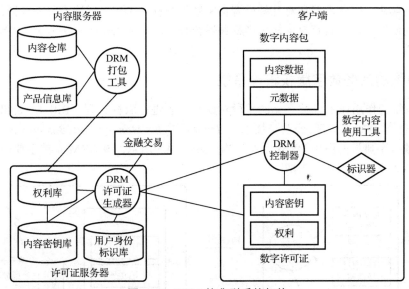

图 14.4 DRM 的典型系统架构

DRM 的典型系统主要包括 3 个模块：内容服务器（Content Server）、许可证服务器（License Server）和客户端（Client）。

内容服务器通常包括存储数字内容的内容仓库、存储产品信息的产品信息库和对数字内容进行安全处理的 DRM 打包工具。该模块主要实现对数字内容的加密、插入数字水印等功能，并将处理结果和内容标识元数据等信息一起打包成可以分发销售的数字内容。它还有一个重要的功能就是创建数字内容的使用权利，数字内容密钥和使用权利信息发送给许可证服务器。

许可证服务器包含权利库、内容密钥库、用户身份标识库和 DRM 许可证生成器，经常由一个可信的第三方负责。该模块主要用来生成并分发数字许可证，还可以实现用户身份认证、触发

支付等金融交易事务。数字许可证是一个包含数字内容使用权利（包括使用权利、使用次数、使用期限和使用条件等）、许可证颁发者及其拥有者信息的计算机文件，用来描述数字内容授权信息，由权利描述语言描述，在大多数 DRM 系统中，数字内容本身经过加密处理。因此，数字许可证通常还包含数字内容解密密钥等信息。

客户端主要包含 DRM 控制器和数字内容使用工具。DRM 控制器负责收集用户身份标识等信息，控制数字内容的使用。如果没有许可证，DRM 控制器还负责向许可证服务器申请许可证。数字内容使用工具主要用来辅助用户使用数字内容。

当前大部分 DRM 系统都是基于该参考结构的，通常情况下，DRM 系统还包括数字媒体内容分发服务器和在线交易平台。数字媒体内容分发服务器存放打包后的数字媒体内容，负责数字媒体内容的分发。在线交易平台直接面向用户，通常作为用户和数字媒体内容分发服务器、许可证服务器以及金融清算中心的桥梁和纽带，用户本身只与在线交易平台交互。

现在 DRM 的应用仍然处于起步阶段，目前采用 DRM 比较多的是销售电子书籍、音乐的网站。国内大量出现的付费看电影、电视连续剧的网站，很多是个人建设的。这些网站具备了 DRM 系统的一些特点，如内容管理、安全性、付费系统等。但这些不是真正的 DRM 系统，相反，这些网站提供大量盗版、低级的内容服务。DRM 系统尽早进入 IPTV 市场已是迫在眉睫的事情。

国外的一些组织先后提出 OMA、ISMA、DMP 等解决方案，但其中都隐藏着高昂的知识产权权益。目前，国内也有一些组织提出了自己的解决方案，包括 ChinaDRM 以及已经广泛采用的 CA 体制的数字保护技术。然而这些解决方案都还不能支持大规模灵活的业务发展，并还有很多其他问题需要解决，因此需要在对几种已有自主知识产权的 DRM 解决方案充分评价的基础上进行深入细致的研究，提出具有自主知识产权并适合我国国情的 DRM 解决方案，并通过示范工程予以验证和推广。

14.1.4　典型的商务数字版权管理系统

DRM 系统的作用在于以数字化的手段对媒体内容进行版权管理。Bill Rosenblatt 等人在其 2001 年出版的《数字版权管理：商业与技术》（*Digital Rights Management：Business and Technology*）一书中给出的一个典型的商用 DRM 系统架构，如图 14.5 所示，该 DRM 系统主要由内容服务器、许可证服务器、用户端三部分组成。

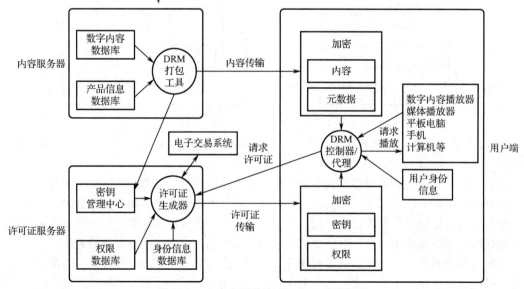

图 14.5　一个典型的商务 DRM 系统架构

（1）内容服务器。内容服务器包括数字内容数据库、产品信息数据库和 DRM 打包工具，主要是实现对数字内容的加密、插入数字水印、压缩等处理，并将处理结果和相关信息一起打包成可以分发销售的数字内容。一般主要的加密信息会以头文件的形式保存在加密后的文件中，同时加密的相关信息也会写入产品信息数据库。保护后的数字内容未经授权无法使用。

（2）许可证服务器。许可证服务器包括密钥管理中心、权限数据库、身份信息数据库和许可证生成器 4 个模块。许可证服务器和数据库紧密联系，密钥信息、权限信息和用户的身份信息是数据库的基本组成部分。该部分主要对用户发起的申请请求做出反应，实现身份认证并根据用户申请的权限和用户的信息发放相应的许可证，同时还要和电子交易系统通信，完成付费等操作。

（3）用户端。用户端包括 DRM 控制器/代理和数字内容播放器。DRM 控制器/代理主要负责对用户身份信息的采集，控制数字内容的使用。如果没有播放许可证，则 DRM 控制器/代理负责向许可证服务器发送请求申请许可证。授权用户得到的许可证中包括了使用权限和内容密钥等信息，它可以存储在硬盘或其他移动存储设备中。

上述典型的 DRM 系统的大致工作流程如下。

（1）用户获得媒体内容，通过文件传输协议、流媒体技术、P2P 文件共享、电子邮件或者是物理介质的直接交换等方式获得媒体文件。

（2）用户以某种方式企图使用、访问该文件，DRM 客户端根据与媒体内容绑定的使用规则或打包格式解析需要的授权。

（3）DRM 客户端发出权利请求，如果用户机器上无法获得必要的授权信息或授权信息过期，则向许可证服务器发出用户的使用请求。

（4）许可证服务器验证用户提交的身份认证信息。

（5）许可证服务器查找媒体内容的权利规定。

（6）按照使用规则的要求开始交易支付。

（7）形成许可证，包括权利规定、权利撤销、解密密钥、用户识别及属性等与内容或内容使用的相关信息。

（8）将许可证及认证信息安全发放到用户。

（9）DRM 代理使用许可证以规定的方式打开内容。

（10）用户应用程序按照需要的方式播放、显示媒体内容。

14.2 数字版权保护技术

数字信息技术的发展大大提高了资源的生产和传播效率，但是便捷的复制和传播方式同时也加大了版权侵权的隐患。数字版权保护技术应用于数字化作品生产、传播、销售和利用的全过程，是针对权利保护的数字化管理技术工具，其核心作用是通过安全和加密技术控制数字内容的传播，从而在技术上防止数字内容的非法复制和使用。数字版权保护技术一方面是从内容提供者的角度提供有效的技术手段来保护作者和出版者的版权，使得作者和出版者的利益能够得到保证；另一方面则是要确保内容消费者接收的数字作品信息内容的完整性、真实性和安全性。

14.2.1 数字版权保护技术概述

数字版权保护技术不是一种单一的技术，而是由数字证书、数据加密、数字水印、验证、权限描述等多种技术共同构成的综合技术体系，其中，数字水印（Digital Watermarking）是目前在图书馆范围内应用最为广泛的一种技术措施。数字水印技术将标识信息直接嵌入到数字载体当中，或者是通过修改特定区域结构来间接表示标识信息，并且将嵌入信息隐蔽，在不影响原载体的使用价值、不易被探知和再次修改的情况下，起到标识的作用。数字图书馆中的数字载体可能是图像、音视频、文本等，标识信息即水印信息，可以是序列号、图像、文本等形式，用来识别数字内容的来源、版本、作者身份、合法使用人等重要信息。数字水印技术主要具有以下特点。

（1）安全性

数字水印是以隐蔽手段嵌入的信息，难以篡改或伪造。当原来的数字内容发生变化时，数字水印一般随之发生变化，对重复添加信息，也具有很强的抵抗性，从而可以用来检测原始数据的变更情况。

（2）隐蔽性

数字水印不易直接被感知，只能通过数据压缩、过滤等方法才能检测嵌入的信息，同时，数字水印不影响被保护数据的正常使用，不会因为添加数字水印而降低原数据的质量。

（3）鲁棒性

鲁棒性就是系统的健壮性，是指数据在经历数据剪切、重采样、滤波、信道噪声、有损压缩编码等多种信号处理过程后，数字水印仍能保持部分完整性而被检测出来，如果擅自去除嵌入的标识信息，就会影响数字内容的质量。

（4）嵌入容量大

嵌入容量是指载体在不发生形变的前提下嵌入的水印信息，嵌入的水印信息必须是足以表示数据内容的创建者或所有者的标识信息。数字水印包括序列号、图像、文本等各种形式。在版权标识方面，之前图书馆常见的做法是在图像、文本、视频等数字载体上直接添加标识信息，使读者能够直接感知的这种方式，不但影响视觉效果，且易于被去除或篡改，使数据的安全性受到影响。数字水印技术是利用数据隐藏原理使版权标识不可见或不可听，既不损害数字内容，又能达到版权保护的目的。目前，用于版权保护的数据水印技术已经进入了初步实用化阶段，IBM 公司、Adobe 公司等就在其产品中提供了数字水印功能，可供图书馆作为技术实践参考。

14.2.2　加密认证技术

在了解加密认证技术之前，首先需要区分加密和身份认证这两个基本概念。

加密是将数据资料加密，使得非法用户即使取得加密过的资料，也无法获取正确的资料内容。所以数据加密可以保护数据，防止监听攻击，其重点在于数据的安全性。身份认证是用来判断某个身份的真实性。两者的侧重点是不同的。

（1）加密

所谓加密，是指可读明文（Plaintext 或 Cleartext）经过一定的算法变换之前，无法以阅读或其他方式进行使用的过程，即加密是一种对信息进行数学域上的变换，使得信息对于潜在的偷窥者来说只是一段无意义的符号。对数字化作品进行加密，是实施版权保护的基础和起点。数据加密与解密的过程如图 14.6 所示。

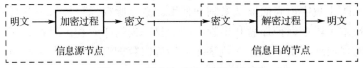

图 14.6　数据加密与解密的过程

常用的密码算法主要分为对称（Symmetric）密码算法（也称为单钥密码算法、秘钥密码算法）和非对称（Asymmetric）密码算法（也称为公开密钥密码算法、双钥密码算法），除此之外，密码学中还较多使用哈希（Hash，也称散列）函数作为辅助的加密算法。对称加密中加密密钥和解密密钥相同，如图 14.7 所示。非对称加密中加密密钥和解密密钥不一样，需要一对密钥，即公钥和私钥，其加密过程如图 14.8 所示。对称加密算法的缺点在于，双方必须事先商量好密码，而密码通常不能通过网络即时进行传输，否则容易被中间攻击者截获，从而失去密码的作用。通常，对一个网络团体，互相之间进行保密通信所需的密钥数量呈幂级增长，n 个站点的保密网络需要 $n(n-1)$ 个密钥，密钥管理十分不便。

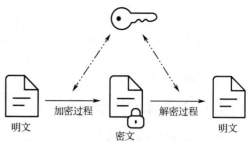

图 14.7　对称加密过程

DRM 的内容保护主要是通过媒体内容进行加密实现的，加密的内容只有持有密钥的用户才可以解密，而密钥可以通过颁发内容许可证的方式来分发。

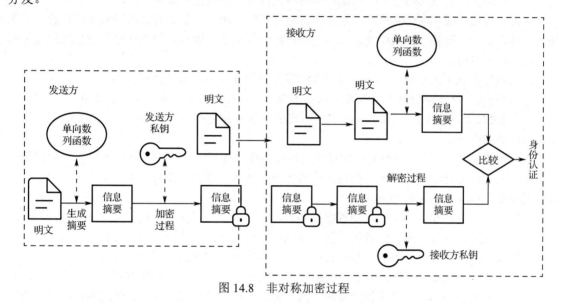

图 14.8　非对称加密过程

（2）身份认证

身份认证是计算机系统中对用户、设备或其他实体进行确认、核实身份的过程，是通过身份的某种简易格式指示器进行匹配来完成的，例如，在登记和注册用户时事先商量好的共享秘密信息，这样做的目的是在计算和通信的各方之间建立一种信任关系。认证包括机器间认证（Machine Authentication）和机器对人的认证，后者也称为用户认证（User Authentication）。

在目前的网络安全解决方案中，多采用两种认证形式：第三方认证和直接认证。基于公开密钥框架结构的交换认证和认证的管理，是将网络用于电子政务、电子业务和电子商务的基本安全保障。它通过对受信用户颁发数字证书并且联网相互验证的方式，实现对用户身份真实性的确认。

除用户数字证书方案外，网络上的用户身份认证还有针对用户账户名+静态密码在使用过程中的脆弱性推出的动态密码认证系统，以及近年来正在迅速发展的各种利用人体生理特征研制的生物电子认证方法。另外，为了解决网络通信中信息的完整性和不可否认性，人们还使用了数字签名技术。

综上所述，身份认证可以通过 3 种基本途径之一或它们的组合实现。

所知（Knowledge）：个人所掌握的密码、口令。

所有（Possesses）：个人身份证、护照、信用卡、钥匙。

个人特征（Characteristics）：人的指纹、声纹、笔迹、手形、脸形、血型、视网膜、虹膜、DNA，以及个人动作方面的特征。

新的、广义的生物统计学是利用个人所特有的生理特征来设计的。

目前人们研究的个人特征主要包括容貌、肤色、发质、身材、姿势、手印、指纹、脚印、唇印、颅相、口音、脚步声、体味、视网膜、血型、遗传因子、笔迹、习惯性签字、打字韵律以及在外界刺激下的反应等。

14.2.3　数字水印技术

（1）数字水印的定义

数字水印（Digital Watermarking）是用信号处理的方法在被保护的数字对象中嵌入一段有意义的隐蔽的信息（这些信息通常是不可见的，只有通过专用的检测器或阅读器才能提取），如序列号、公司标志、有意义的文本等，这些信息将始终存在于数据中很难去除，可以用来证明版权归属或跟踪侵权。数字水印并没有对数字内容进行加密，用户不需要解密内容就可以查看。不像加密那样，数据经过解密成为明文之后将无法再提供保护了。因此，数字水印是信息隐藏技术的一个重要研究方向。

嵌入数字作品中的信息必须具有以下 3 种基本特性才能称为数字水印。

① 隐蔽性：在数字作品中嵌入数字水印不会引起明显的降质，并且不易被察觉。

② 隐藏位置的安全性：数字水印信息隐藏于数据而非文件头中，文件格式的变换不应导致数字水印数据的丢失。

③ 鲁棒性：指在经历多种无意或有意的信号处理过程后，数字水印仍能保持完整性或仍能被准确地鉴别。可能的信号处理过程包括信道噪声、滤波、数模与模数转换、重采样、剪切、位移、尺度变化以及有损压缩编码等。

在数字水印技术中，数字水印的数据量和鲁棒性构成了一对基本矛盾。从主观上讲，理想的数字水印算法应该既能隐藏大量数据，又可以抗各种信道噪声和信号变形。然而在实际中，这两个指标往往不能同时实现，不过这并不会影响数字水印技术的应用，因为实际应用一般只偏重其中的一个方面。如果是为了隐蔽通信，数据量显然是最重要的，由于通信方式极为隐蔽，遭遇篡改攻击的可能性很小，因而对鲁棒性要求不高。但对于保证数据安全来说，情况相反，各种保密的数据随时面临着被盗取和篡改的危险，所以鲁棒性是十分重要的，此时，隐藏数据量的要求居于次要地位。

（2）数字水印的分类

数字水印可以从以下几种角度进行划分。

① 按特性划分

按数字水印的特性可以将其分为鲁棒数字水印和脆弱数字水印两类。鲁棒数字水印主要用于在数字作品中标识著作权信息，如作者、作品序号等，它要求嵌入的水印能够经受各种常用的编辑处理。脆弱数字水印主要用于完整性保护，与鲁棒数字水印的要求相反，脆弱数字水印必须对信号的改动很敏感，人们根据脆弱数字水印的状态就可以判断数据是否被篡改过。

② 按数字水印所附载的媒体划分

按数字水印所附载的媒体，可以划分为图像水印、音频水印、视频水印、文本水印以及用于三维网格模型的网格水印等。随着数字技术的发展，会有更多种类的数字媒体出现，同时也会产生相应的水印技术。

③ 按检测过程划分

按数字水印的检测过程可以将其划分为明文水印和盲水印。明文水印在检测过程中需要原始数据，而盲水印的检测只需要密钥，不需要原始数据。一般来说，明文水印的鲁棒性比较强，但其应用受到存储成本的限制。目前学术界研究的数字水印大多数是盲水印。

④ 按内容划分

按数字水印的内容可以将其划分为有意义水印和无意义水印。有意义水印是指水印本身也是某个数字图像（如商标图像）或数字音频片段的编码。无意义水印则只对应于一个序列号。有意义水印的优势在于，如果由于受到攻击或其他原因致使解码后的水印破损，人们仍然可以通过视觉观察确认是否有水印。但对于无意义水印来说，如果解码后的水印序列有若干码元错误，则只能通过统计决策来确定信号中是否含有水印。

⑤ 按用途划分

不同的应用需求造就了不同的数字水印。按用途划分，数字水印分为票据防伪水印、版权标识水印、篡改提示水印和隐蔽标识水印。

票据防伪水印是一类比较特殊的水印，主要用于打印票据和电子票据的防伪。一般来说，伪币的制造者不可能对票据图像进行过多修改，所以如尺度变换等信号编辑操作是不用考虑的。但另一方面，人们必须考虑票据破损、图案模糊等情形，而且考虑到快速检测的要求，用于票据防伪的数字水印算法不能太复杂。

版权标识水印是目前研究最多的一类数字水印。数字作品既是商品又是知识作品，这种双重性决定了版权标识水印主要强调隐蔽性和鲁棒性，而对数据量的要求相对较小。

篡改提示水印是一种脆弱数字水印，其目的是标识宿主信号的完整性和真实性。

隐蔽标识水印的目的是将保密数据的重要标注隐藏起来，限制非法用户对保密数据的使用。

⑥ 按数字水印隐藏的位置划分

按数字水印的隐藏位置，可以将其划分为时/空域数字水印、频域数字水印、时域/频域数字水印和时间/尺度域数字水印。

时/空域数字水印是直接在信号空间上叠加水印信息，而频域数字水印、时域/频域数字水印和时间/尺度域数字水印则分别是在 DCT 变换域、时/频变换域和小波变换域上隐藏数字水印。随着数字水印技术的发展，各种数字水印算法层出不穷，数字水印的隐藏位置也不再局限于上述几种。应该说，只要构成一种信号变换，就有可能在其变换空间上隐藏数字水印。

（3）数字水印的应用前景

① 数字作品的知识产权保护

数字作品（如计算机美术作品、扫描图像、数字音乐、视频、三维动画）的版权保护是当前的热点问题。由于数字作品的复制、修改非常容易，而且可以做到与原作完全相同，所以原创者不得不采用一些严重损害作品质量的办法来加上版权标志，而这种明显可见的标志很容易被篡改。数字水印利用数据隐藏原理使版权标志不可见或不可听，既不损害原作品，又达到了版权保护的目的。目前，用于版权保护的数字水印技术已经进入了初步实用化阶段，IBM 公司在其"数字图书馆"软件中就提供了数字水印功能，Adobe 公司也在其著名的 Photoshop 软件中集成了Digimare 公司的数字水印插件。不过目前市场上的数字水印产品在技术上仍不成熟，很容易被破坏或破解，距离真正的实用还有很长的路要走。

② 商务交易中的票据防伪

随着高质量图像输入输出设备的发展，特别是精度超过 1200dpi 的彩色喷墨、激光打印机和高精度彩色复印机的出现，使得货币、支票以及其他票据的伪造变得更加容易。

据美国官方报道，仅在 1997 年截获的价值 4000 万美元的假钞中，用高精度彩色打印机制造的小面额假钞就占 19%，这个数字是 1995 年的 9.05 倍。目前，美国、日本以及荷兰都已开始研究用于票据防伪的数字水印技术。其中 MIT 媒体实验室受美国财政部委托，已经开始研究在彩色打印机、复印机输出的每幅图像中加入唯一的不可见的数字水印，在需要时可以实时地从扫描票据中判断数字水印的有无，快速辨识真伪。

另外，在从传统商务向电子商务转化的过程中，会出现大量过渡性质的电子文件，如各种纸质票据的扫描图像等。即使在网络安全技术成熟以后，各种电子票据也还需要一些非密码的认证方式。数字水印技术可以为各种票据提供不可见的认证标志，从而大大增加了伪造的难度。

③ 声像数据的隐藏标识和篡改提示

数据的标识信息往往比数据本身更具有保密价值，如遥感图像的拍摄日期、经度/纬度等。没有标识信息的数据有时甚至无法使用，但直接将这些重要信息标记在原始文件上又很危险。数字水印技术提供了一种隐藏标识的方法，标识信息在原始文件上是看不到的，只有通过特殊的阅读程序才可以读取。这种方法已经被国外一些公开的遥感图像数据库所采用。

此外，数据的篡改提示也是一项很重要的工作。现有的信号拼接和镶嵌技术可以做到"移花接木"而不为人知，因此，如何防范对图像、录音、录像数据的篡改攻击也是重要的研究课题。基于数字水印的篡改提示是解决这一问题的理想技术途径，即通过隐藏数字水印的状态可以判断声像信号是否被篡改。

④ 隐蔽通信及其对抗

数字水印所依赖的信息隐藏技术不仅提供了非密码的安全途径，更引发了信息战尤其是网络情报战的革命，产生了一系列新颖的作战方式，引起了许多国家的重视。

网络情报战是信息战的重要组成部分，其核心内容是利用公用网络进行保密数据传送。迄今为止，学术界在这方面的研究思路一直未能突破"文件加密"的思维模式，然而，经过加密的文件往往是混乱无序的，容易引起攻击者的注意。网络多媒体技术的广泛应用使得利用公用网络进行保密通信有了新的思路，利用数字化声像信号相对于人的视觉、听觉冗余，可以进行各种时/空域和变换域的信息隐藏，从而实现隐蔽通信。

14.2.4　基于区块链的版权保护技术

根据 2016 年工业和信息化部发布的白皮书，从狭义上来说，区块链是一种按照时间顺序将数据区块以顺序相连的方式组合成的一种链式数据结构，并且以密码学方式保证的不可篡改和不可伪造的分布式账本。由此，链是一系列有顺序的交易，需要对这些链上的交易进行验证，每条链构成组完成验证，每一组交易称为一个块，因此块通过链的方式链接在一起。从广义上来说，区块链技术是利用块链式数据结构来验证与存储数据、利用分布式节点共识算法来生成和更新数据、利用密码学的方式保证数据传输和访问的安全、利用由自动化脚本代码组成的智能合约来编程和操作数据的一种全新的分布式基础架构与计算方式。

区块链技术是支持信息互联网向价值互联网（Internet of Value）转变的重要基石，以密码学为基础，通过基于数学的"共识"机制，可以完整、不可篡改地记录交易（也就是价值转移）的全过程。区块链涉及的底层技术包括密码学、共识算法、点对点（Peer to Peer，P2P）网络等，是多种已有技术的融合创新。

（1）区块链技术的特点

区块链技术基于自身不可篡改、公开、透明等特点，为交易者提供了一套可信、可靠的技术架构。区块链技术通过加密算法为用户提供了一套可信、可靠的技术架构，以加密算法、点对点网络、共识算法为技术基础，构建去中介化、公开透明、不可篡改等特性。交易双方在区块链网络上可以直接交易，大大减少了企业间商务的费用和复杂度，并为更广大领域的商业应用提供支持。具体来说，区块链技术具有以下 4 个特点。

① 去中心化。区块链数据的验证、记账、存储、维护和传输等过程均是基于分布式系统结构，采用纯数学方法而不是中心机构来建立分布式节点间的信任关系的，从而形成去中心化的可信任的分布式系统，交易双方可以自证并直接交易，不需要依赖第三方机构的信任背书。

② 不可篡改。数据一旦写入区块链则不可改动，从而避免了中心化节点任意修改记录的可能。

③ 分布式共享。交易流水写入区块链之后，会通过点对点网络同步到所有节点，实现数据的分布式存储。

④ 智能合约。交易的规则和流程从一开始就制定好，在程序上保证合约执行，提高效率。

（2）区块链数字版权保护原理

数字版权保护的核心是作品的存证、确权、维权和版权交易管理。区块链特有的链式数据结构、加密算法、智能合约等技术，使其在数字版权保护方面具有天然优势。利用区块链技术可以在分布式数据网络上建立一套不可篡改的数字版权认证体系，通过智能化的数字版权运维机制，保护原创者的权益。

① 利用链式数据结构和加密算法进行版权注册存证。版权注册存证是数字版权保护的基础，能够为作者取得作品著作权提供初始依据。一旦出现纠纷，存证内容就成了处理版权归属的重要证据。区块链本质上是一套安全性极高的数据系统，它采用链式数据结构和加密算法来记录作品数据信息，在版权注册存证方面具有天然优势。

一方面，区块链系统采用的是多方参与维护的技术机制，每个网络节点都按照块链式结构存储完整的区块数据，相邻区块还要通过随机生成的认证标记形成互证链接，从而确保版权信息登记在时间上的不可逆转性。另一方面，区块链采用安全度极高的密码学哈希算法对版权信息进行加密，形成独一无二的作品版权数字 DNA，并存入区块链中。一旦某个区块数据被篡改，将无法得到与篡改前相同的哈希值，并能够迅速被其他网络节点所识别，从而保证了版权数据的唯一性、完整性和防篡改性。因此，区块链可以非常方便地把作者信息、原创内容和由权威机构颁发的时间戳等元数据一起打包加密存储到区块链系统上，打破了目前在网上单点进入版权数据中心进行注册登记的模式，实现多节点、多终端、多渠道接入。

② 利用智能合约进行确权、维权和版权交易管理。版权注册存证不等于确权。注册存证是对用户上传作品的行为进行存储性的证明，确权是确定作者和作品之间的权属关系，需要对作品内容进行鉴定取证，以证明版权的有效性。传统环境下作品确权需要经过烦琐的检验程序，耗时较长。而区块链在理论上能够实现对数字作品版权的快速甚至实时确权，能够对作品版权实现智能化监测和交易管理，其关键在于区块链所采用的智能合约技术。

智能合约（Smart Contract）是部署在区块链系统上的计算机程序代码，一旦在数字作品文件中嵌入具有版权管理功能的智能合约程序，作品就变成了一种可编程的数字化商品，在和大数据、人工智能、物联网等技术结合后，能够自动完成作品版权的确权、授权，实时地对全网版权侵权行为进行监控反馈和自处理，自动完成各类版权交易活动。所有处理过程都是在智能合约内置程序被触发时自动完成的，无须中间商介入，这在解决版权内容访问、分发和获利环节问题的同时，能大大减少版权交易成本，实现网络版权管理的自动化、智能化和透明化，帮助原创者获取最大利益。从这个角度看，智能合约是区块链应用的核心技术，是区块链版权程序开发的关键。

（3）基于区块链的数字版权保护特征

① 自我监管，极大地降低了版权保护的管理成本。从理论上讲，区块链技术可以让版权保护系统不再需要来自第三方的监管。在所有出版发行的领域，版权局制定统一的规则，并且进行管理。而区块链提供一个称之为"工作量证明"的机制，让系统中的每个节点参与审批每一笔交易。该系统内置检查和平衡机制，以确保系统中的任何节点都无法欺骗系统。所有的这些审查和监督完全由算法自动完成。虽然现在已有可以替代"工作量证明"机制的其他共识模型（如 POS机制），但都保留了每个客户端或者节点能够点对点管理系统的这个核心理念。更加重要的是，区块链让系统中的每个元素都完全透明，从而利用"来源大众的监管"实现去中心化的监管，有效地降低了欺诈行为。所以说，区块链技术为数字版权保护提供了新的方法，并且可以极大地节

省成本和提高效率。

② 便于追踪，具有可操作性。数字作品所有者能够把版权信息和版权交易信息记录在区块链上。任何交易双方之间的交易都可以被追踪和查询，并被充分证明。这是因为所有的交易都需要一组公钥/私钥来加解密，一旦加入区块链，就永久不可改变。任何记录，一旦写入区块链都是无法篡改的。任何在区块链上持有的版权或者数字货币的人都会在区块链上有他们自己的公钥。当发生交易时，需要由控制这些版权的前一个持有者使用私钥进行签名。区块链还允许多种机制来发生交易，例如，可以设定为需要两个人联合签名才能进行一笔版权交易。所以，基于区块链技术的版权保护机制可以提供比现行版权保护方式更强的可操作性。

③ 去中心化，安全性高。区块链是一个完全的、去中心化的点对点网络，有许多分布式节点和计算机服务器来支撑，有着很高的可靠性，系统中每一个参与的节点上都保存了一份完整账本的副本。这使得整个系统具有很高的容错性，如果任何一部分的几个节点出现问题，都不会影响网络其他部分继续运作。这使得基于区块链技术的版权保护机制能够像灾难恢复中心或数据库冗余中心一样获得 7 天×24 小时全天候运营安全保障，从而实现低成本、高安全性的版权保护系统。

④ 可扩展性强。区块链技术可以根据不同的使用环境和版权交易需求，来分叉出全新的版本。新的版本同样需要符合区块链的整体理念，所有的这些改变必须获得系统中所有成员的认可，并且每个人能够获得相同的利益。此外，这些改变不会影响已经发生并且在区块链上进行确认过的交易。所以，基于区块链技术的数字版权保护系统具有足够强的鲁棒性和灵活性。

（4）区块链技术应用于版权保护的问题

任何技术都不是万能的，都有其局限性，区块链也不例外，尤其是区块链技术发展还处于初期阶段，必然会面临各种制约其发展的问题和障碍。同时，该技术在数字版权领域的应用，使得除其自身技术问题成为未来考量外，技术与版权结合所带来的版权理论及市场监管等问题也需要谨慎评估和分析，这样才能实现热技术下的冷思考，从而理性看待区块链技术在版权领域的应用与发展态势。

① 区块链技术本身的难题。虽然区块链技术被炒得火热，但现阶段其缺点也甚是明显，主要可归类为以下问题。

第一，安全问题。非对称加密机制是区块链保障安全的重要技术支撑，但随着密码学、数学和计算机这些竞争性或反制性技术的飞速发展，使其机制的安全性在一定时间跨度内受到严峻挑战，尤其是量子计算机的发展，未来可能增加非对称加密机制被破解的概率。同时系统内的隐私保护也存在着安全隐患，因为区块链系统内的各节点也并非如风过无痕式的完全匿名，例如，公钥地址的存在，很可能成为反匿名技术破解的突破口。此外，其他如 51%攻击等技术威胁也是区块链尚需解决的安全问题。

第二，效率问题。区块链的效率会受制于区块链数据膨胀的问题，因为区块链需要在每个节点存储一份数据进行备份，但随着日益扩增的海量数据，对其存储空间技术的要求也会日益增高。从目前比特币区块链的金融交易可知，区块链每秒仅能处理 7 笔交易的现实能力显然不能满足未来大规模的版权交易需求。

第三，资源问题。区块链以信息透明和公开性为其显著特征，但区块链消息的广播也易引起广播风暴，从而消耗大量底层网络宽带，甚至导致网络性能集体下降甚至瘫痪，同时其网络算力所消耗的电力资源问题也让其成为科技领域的高耗能产业。除以上基本问题外，区块链技术也面临着如下的技术难题：平衡"不可能三角"的选择优化问题、不同应用场景下的区块链的各自"技术设置"问题以及"节点交互过程中如何提高系统内非理性行为成本，以抑制安全性攻击和威胁的竞争与合作博弈"问题等，这些均有待于区块链技术的纵深发展和未来应用效果的测试。

② 区块链技术的专利、行业标准问题。在全球范围内，各个领域尤其是金融领域对区块链

技术的发展表现出高度的热忱，但因现实中该技术的应用前景仍有待明朗化，因此所谓"兵马未动，粮草先行"的策略已开始筹划。

自 2015 年以来，高盛、花旗和美国银行等均向美国专利商标局提交了与区块链技术相关的各类专利申请，其数量也在不断刷新和上升。区块链金融业内人士认为，美国银行囤积和"潜水"与区块链技术相关的专利的目的是在相关领域抢得先机。同时，因为此前区块链的投资主要集中在欧美等发达国家，所以这些国家在区块链领域的相关专利的申请和保护远远领先我国。而在中国专利文献检索平台中，以"区块链技术"为关键词进行检索后可以发现，截至 2017 年 3 月 26 日，在我国已公开的专利申请中，共涉及相关专利申请 43 件。进一步分析专利申请的内容可以发现，相比于国外的技术研发已将区块链应用在具体场景中，我国国内申请人的研究重点则还是处于底层设计阶段。因此有专家担忧，目前国外企业不断囤积相关专利，但国内区块链技术还处于萌芽阶段，不仅尚未形成统一的技术标准，各种应用方案也还在初始的探索试验中。也有业内人士针对目前我国区块链技术面临的问题表示，一方面，区块链既是一项新的技术，也是商业形态等多方面的组合，因此制定、统一各项标准是其首要任务和目标；另一方面，区块链技术的发展不能脱离现行专利法的保护机制，同时其作为互联网技术的延伸，也展现出商业模式的创新，所以如何结合知识产权的布局进行保护，也成为区块链技术深入发展和投入应用的关键。因此，今后在区块链行业发展过程中，为改变"核心技术、必要标准受制于人""知识产权国际战略不明确"的旧发展模式，国内企业还需进一步参与到技术标准制定当中，有针对性地加强落地专利的申请和积累，从而推动区块链技术的产业化发展。

③ 技术措施的双刃效应。技术措施是一把双刃剑，即它在有效阻遏网络版权侵权及保护版权人利益的同时，也会对社会公众的诸多利益造成一定损害。

第一，其限制了网络社会公众表达自由的权利，该权利在现实生活中并非仅是一项权利行使的结果，而是表达主体行使一系列权利的过程。表达主体需要参与对信息知情、接触、收集、思想加工与表达等众多环节，因此，表达自由的实现前提便是社会公众对社会知识信息的充分接触与获得。区块链技术作为一种控制技术措施，其对作品的零知识证明及密钥保护等方式，可能会助力"一个思想在未能以表达形式完整呈现时即被确权，从而进入与投资者或购买者的交易环节"，那么也就是说，该技术措施不仅保护了思想，实现了思想的提前变现，还在事实上控制了思想的传播。即便是对作品的确权问题，因系统的保密性也会使得其阻止社会公众对于涉及公有领域作品以及背后隐含的思想知识的正常接触，进一步垄断公有信息，阻碍社会公众交流与传播，最终限制社会公众的表达自由。

第二，严重挤压了合理使用的实际适用空间，无论是欧洲的版权指令，还是美国的DMCA，均把个人用户的利益作为规避技术措施的合法性考量因素，而在区块链技术的版权应用推广中，开发者认为版权的市场力量会因此转到版权者手中，因为版权者通过区块链系统，不仅对外界接触作品具有控制能力，还可通过编辑脚本对于如何利用作品进行限制，而合理使用相比于作者的绝对权利限制将无施展之地，这会再次因力量对比的失衡而激活版权法的利益平衡机制，开辟合理使用与网络传播保护标准边界博弈的新战场。

④ 难以根治作品认定与侵权顽疾。经过如上分析，区块链技术确实在存储所有权声明（版权登记）上是一种理想工具，但仍然面临作品认定的技术难关。例如，因为版权通常要比一些具体的二进制数的排列范围更广，所以作品本身与其哈希值难以完全对应。甚至，他人在对原作品进行轻微修改后，如果不符合形成新作品的条件，则仍然受到原始作品版权的控制，而不应进行版权登记，但其在哈希值上的反映是完全不同的。同时，作品认定要素难以完全通过数值差别计算，也将是未来的技术挑战。

值得注意的是，所有权的认定与它能否遏制盗版泛滥、解决版权侵权也并非一回事。诚然，其通过在系统内追踪相关信息和版权举证问题上能为版权人提供技术支撑，从而帮助其在版权侵权诉讼中掌握主动权，但数字作品易被复制、易于传播的特点决定了其盗版根基，因此有技术人员认为区块链解决伪证的功用难以解决盗版，仍有赖于法律、技术和社会的综合治理。但从盗版音乐来看，相比于区块链在证券市场较小的应用阻力，其在音乐版权保护的应用，也只有音乐家会有动力去推动，因此现行的实践中该技术在版权应用的收入方面并不尽如人意，有资料显示，区块链技术在版权领域的应用仍然受到较大阻力。而众多创业团队为此提出的解决方案，几乎都是通过技术或奖励手段在区块链平台内部实现防范盗版问题，从理论上看，其既难以被用户所接受，又难以根治盗版，因此应用效果仍有待进一步审视。

14.3 数字版权保护面临的困难和未来发展

自互联网诞生以来，数字化内容以网络为载体迅速发展，网络技术革命显著推动了版权制度的变革，使得版权法在作品客体认定、侵权认定规则等方面发生了重要变化，几近颠覆性地冲击着传统版权产业。其中，零成本的复制、秒速的传播和盗版技术的快速跟进使得现代数字版权保护机制遭遇多重挑战。

14.3.1 数字时代版权的特征和侵权的现状

版权侵权是指未经版权人同意，擅自以发行、复制、出租、展览、广播、表演等形式利用或传播版权人的作品，或者使用作品而不支付版权费等，其主要是指侵犯版权人的财产权利的行为。信息和网络技术的发展为人们的生活带来了极大的便利，促成了新作品形式的产生，丰富了作品创作和传播方式，也方便了信息的利用传播，从而使人们进入了全新的数字化时代。但伴随着复制传播技术的产生，版权保护也产生了新的挑战，版权侵权也随即出现并呈现出以下新特点。

（1）网络侵权更加具有普遍性

版权作品的传播方式随着网络技术的出现发生了翻天覆地的变化。随着互联网产业的全面发展，网民人数在不断增加，网络侵权高额利润的诱惑，使得越来越多的不法分子铤而走险。可以说，网络版权侵权已经或在以后相当一段时期内都是版权侵权的重灾区。

（2）版权侵权更加具有技术性

比起传统版权侵权行为，数字时代新型版权侵权更具有技术含量，也更依赖于技术。以网络侵权为例，其侵权的技术性特点与对技术的高度依赖性都是由网络的特性决定的。互联网是利用信息通信技术和计算机技术，并结合多媒体和数字化技术形成的开放性网络通信系统，因此，高度依赖技术就成了网络版权侵权的突出特点。换一个角度说，也就是虚拟、无区域、交互、易于传播等网络技术的特点，成为网络版权侵权技术性的具体表现。以计算机通信技术为代表的网络传播技术使得作品的复制更加简单且富有效率，应用技术上的便利可以随意对信息进行编辑利用，这就使得著作权人对其作品的控制力大为降低。

（3）版权侵权更加具有隐蔽性

网络版权侵权行为的另一个突出的特征是隐蔽性，这也是由网络传播的特性决定的。在网络传播中，版权作品数字化、无纸化以及作品传播的网络化、信息化，使得侵权行为变得虚拟与隐蔽。

（4）版权侵权主体越来越广泛

在网络版权侵权中，其侵权主体主要分为三类：网络服务提供者、网络内容提供者和网络使用者。在网络侵权主体中，网络使用者这类侵权主体最广泛，这主要是现阶段受"网络是免费的午餐"等观念的影响，广大网络使用者甚至在不知情的情况下就实施了侵权行为。我国网络用户数每年持续上升，而网络版权保护意识整体较差，随着网络用户数的增加不可避免地出现网络侵权行为，这些都意味着版权主体呈现出了广泛性的特点。

从上诉侵权特征中我们可以看出，目前我国在著作权保护方面存在的问题其实和我国著作权制度仍不够完善、社会公众著作权保护意识仍比较薄弱有关系，这才导致侵犯知识产权行为时有发生。面对这些问题，司法界、理论界以及法律实践基础的工作者们也没有回避，而是长期不懈地努力想办法解决。

14.3.2　数字版权保护的发展路径

近年来，我国数字版权保护在行政、司法领域取得不错成绩的同时，还存在发展理念落后、立法缺失和著作权集体管理制度不完善等诸多困境，结合我国数字版权自身困境，借鉴国外发展经验，为我国数字版权保护的发展提供明确数字版权独特保护理念、完善相关立法和改进集体管理制度的建议，是促进我国数字版权保护发展的重要途径。

（1）确立数字版权的核心理念

由于数字版权存在区别于传统版权的独特性，所以传统版权以"复制权"为核心的基本理念无法完美适应数字版权保护领域。数字技术使得公众获取作品的成本大大降低，大量的复制侵权行为由少量的盗版商转移到社会公众身上，这种转变使得著作权人的维权成本激增。同时，著作权人也尝试突破控制作品的复制权进行赢利的模式，转向加强与网络服务提供商建立合作的新型赢利模式，通过广告收益、影视化开发等产业获取利益。

大量的作品复制实际上体现了作品传播的重要性，"传播"作为作品创作的根本目的之一，在数字版权领域更适宜作为核心理念进行保护。相较于复制行为，控制作品的"非法传播行为"对于数字版权保护具有成本低、数量少、可操控性强等优势，将版权保护专注于非法传播行为能够从源头上减少巨量的侵权行为。

通过新的立法和加强著作权管理机构的版权库建设，可以将侵权行为遏制在传播环节，从而大大降低数字版权的保护难度。所以，确立新的以"传播"为核心的数字版权基本理念是促进我国数字版权保护的核心关键，也更加方便在司法实践中加强对非法传播行为的打击，通过控制非法传播行为从根源上减少数字版权遭到的侵害。

（2）完善数字版权保护立法

① 尝试建立版权补偿金制度。对于难以遏制的大量私人复制行为，除在基本理念上的转变外，借鉴德国《著作权法》的版权补偿金体系，尝试建立符合我国国情的版权补偿金制度是具有现实意义的制度建设。

第一，应当明确版权补偿金制度的独特价值和合理性。设置版权补偿金既可以使著作权人在大量私人复制行为下获取等额的补偿利益，又可以维护既定的合理使用制度，确保不因著作权人利益受损可能导致的限制传播，有助于促进著作权人与社会公众间的利益平衡，版权补偿金在理念和制度设计层面存在可行性。第二，版权补偿金也具有实施可行性的组织架构。我国目前著作权管理组织积极发展，已建成的著作权集体管理组织可以作为连接著作权人与社会公众的中间人，通过著作权集体管理组织收取版权补偿金可以减少著作权人的救济成本，也可以促进著作权集体管理组织自身的发展。

制度的初步构想如下。

● 补偿金收取组织：可赋予著作权集体管理组织收取版权补偿金的职能，制度建设过程中可以尝试建立专门的版权补偿金管理机构与著作权集体管理组织并行或作为其下设机构。
● 支付义务人：将提供具有大量私人复制功能的设备制造商纳入监管，直接对其进行费用收取，设备制造商付出的补偿金成本由下级经销商至个人用户按比例承担，用提高产品售价的方式向下转移成本。

● 收取额度的确定：每一年度按上一年度的设备制造商统计的经销额和私人复制的数量确定收取额度的比例，尝试第三方监管机构对侵权行为进行统计，协商制定合理的比例和额度。

● 利益分配：版权补偿金由收取机构与著作权人按比例分配。

② 建立数字版权间接侵权责任制度。美国关于数字版权的立法先后主要有《知识产权与国家信息基础设施》《在线版权责任限制法》《澄清数字化版权与技术教育法》《千禧年数字版权法》《数字消费者知情权法》等，最终形成了较为系统完善的法律体系。并且，美国对于数字版权的立法具有细致性强、可操作性强、修订频率高等显著特点，其中的间接侵权责任制度是值得我国数字版权立法借鉴的内容。

1984 年，美国最高法院在"索尼案"中认定索尼公司不构成"帮助侵权"，不承担间接侵权的侵权责任，确立了"帮助侵权"原则。加上后来确立的"代位侵权"原则，对于向直接侵权方提供协助或存在其他法律关系的侵权方，建立了针对性较强的"间接侵权责任制度"，在司法实践中解决了共同侵权难以界定的"间接侵权行为"。

目前，我国规定了网络服务提供商、侵权软件持有者、故意规避技术保护措施的技术服务人员等几类特殊主体构成共同侵权并承担相应责任的情形，可以认为这是我国版权法律制度对版权侵权间接责任规则的简单尝试。但从实际操作中看，仅以对侵权主体列举法的方式并不能涵盖所有的侵权行为，将非直接侵权行为以"共同侵权"加以保护的立法模式只能作为"间接侵权责任制度"确立前的一个过渡环节。

在确立数字版权"间接侵权责任制度"的具体措施中，应当将"非直接侵权行为"以"过错责任原则"的归责原则加以保护，改变只有对网络服务提供商适用过错责任归责原则和将所有"非直接侵权行为"都以"共同侵权"加以界定的现状。首先，应当明确"间接侵权责任制度"的适用主体，建立起双重侵权责任制度。其次，需要完善我国《信息网络传播权保护条例》中有关网络服务提供商的"避风港"原则，将网络服务提供商这一重要的"间接侵权"责任主体的免责情形予以明确规定，即改变"明知""应知"标准在实践中难以明确界定和界定标准不统一的现象。再次，应当修改"直接获得经济利益"的条款，将网络服务提供商借由他人直接侵权行为获得的广告、流量等间接利益纳入间接侵权保护范畴。最后，在免责条款上，应当改变"立即删除"等不具有明确时间限制的删除条款，设立一个明确的删除免责时间。

③ 完善技术保护措施立法。我国对于技术保护措施缺少系统的立法保护，缺少对技术措施定义、保护范围和例外情形等方面的规制措施，同时缺少对"接触控制措施"的区分和规定。而美国在 1998 年的《千禧年数字版权法》中就确立了同时保护"版权保护措施"和"接触控制措施"的条款，并对"接触控制措施"的设置做出了严格的规定，为我国数字版权保护中的技术保护措施立法提供了借鉴。

在具体立法中，首先，在定义和保护范围方面应当将"技术保护措施"的定义在著作权法和相关的保护条例中予以统一，将"接触控制措施"明确为"技术保护措施"的一种类型，予以明确保护。同时将"技术保护措施"的保护范围扩大，使其不再局限于"信息网络传播权"的保护方式。

其次，为了著作权人权益与文化传播的利益平衡，应当在新的"技术保护措施"规制中引入合理使用规则，明确在不侵犯著作权人其他合法权益的特定情况下，可以采用避开技术保护措施的例外情形。

再次，对于不构成间接侵权的规避技术保护措施手段，应当予以明确定性避免现有条文中对于不构成侵权的规避手段定性为侵权行为的现象继续出现。

最后，"技术保护措施"规避手段、侵权行为监管难度大、专业性高等因素也提醒我国可以尝试建立专门化的监管机构，将"技术保护措施"的保护地位提高，建立起系统的审查评估制度和专门化的技术保护措施标准，通过完善技术保护措施立法解决司法实践中存在的问题。

（3）逐步建立延伸性集体管理制度

著作权延伸性集体管理制度是一种在法定条件下将特定集体管理组织的作品许可规则扩大适用于非会员权利人，以此扩大使用者获取作品的范围和降低分散许可交易成本的制度。

延伸性集体管理制度的基本构架是以具有行业代表性的集体管理组织与作品使用者基于自由平等协商订立使用协议，作品使用者可以自由合法使用协议范围内的所有作品，著作权人有权基于作品使用者的使用行为获得报酬，而协议本身对于未被代表的著作权人也具有约束力，这种约束力即延伸性的定义。延伸性的协议约束力对于著作权人具有降低侵权行为的救济难度、获得稳定报酬、避免与作品使用者直接沟通从而降低作品传播成本等优势。对于作品使用者，延伸性的约束力又具有能够保证避免在使用作品时出现无法确定作品合法性以及减少与著作权人的沟通成本等优势。延伸性的许可协议相当于在著作权人和作品使用者间建立起交流平台，在权益保障、侵权救济和文化传播等方面都具有独特的优势。

2012年，我国著作权法修订草案中首次规定了著作权集体管理组织具有设置延伸性约束力协议的权利，同时提及了著作权集体管理组织的非会员著作权人在权利受到侵害时，可以依照会员著作权人与作品使用者之间支付报酬的行为，向作品使用者提出停止使用和损害赔偿要求的规定。在修订草案颁布后，对于延伸性集体管理制度的尝试建立，我国许多著作权人表示强烈反对。在修订草案第二稿中，国家版权局又对著作权集体管理组织延伸性集体管理进行了适用范围的限制，将适用范围限定在广播电台、电视台播放作品和自助点歌经营者通过自助点歌系统向公众传播作品两种行为中，还规定了著作权人不受延伸性约束的例外情形。但是，我国建立著作权延伸性集体管理制度的初步尝试收效甚微，涉及法条也尚未被正式采用，对此仍需努力明确制度优势，结合实情、分步建立起我国的延伸性集体管理制度。

思考与练习

1. 说明目前知识产权的发展状况。
2. 说明数字版权管理的概念和系统框架。
3. 说明目前主要数字版权保护技术，并解释其技术的基本原理。
4. 简述数字版权保护的技术体系结构。
5. 什么是区块链？它有什么特点？
6. 应用区块链技术保护版权还存在哪些问题？
7. 简述数字版权保护存在的问题以及发展路径。

参 考 文 献

[1] 张文俊. 数字媒体技术基础[M]. 上海大学出版社， 2007.

[2] 丁刚毅，王崇文，罗霄，等. 数字媒体技术[M]. 北京：北京理工大学出版社，2015.

[3] 司占军，贾兆阳. 数字媒体技术[M]，北京：中国轻工业出版社，2020.

[4] 杨磊. 数字媒体技术概论[M]. 北京：中国铁道出版社，2017.

[5] 宗绪峰，韩殿元. 数字媒体技术基础[M]，北京：清华大学出版社，2018.

[6] 许志强，邱学军. 数字媒体技术导论[M]. 北京：中国铁道出版社，2015.

[7] 李朝林，张俊，赵学泰. 基于数字媒体技术的发展及应用[J]. 卫星电视与宽带多媒体，2020，(13):1-2.

[8] 姜岩，王秀玲. 计算机基础[M]. 2 版. 北京：清华大学出版社，2016:1.

[9] 肖川，田华，袁慧颖，等. 计算机基础[M]. 北京：电子工业出版社，2016.

[10] 刘炎，朱苗苗，贲黎明. 计算机基础[M]. 苏州：苏州大学出版社，2015.

[11] 余上，邓永生. 计算机应用技术基础[M]. 重庆：重庆大学出版社，2016.

[12] 周苏，王硕苹. 大数据时代管理信息系统[M]. 北京：中国铁道出版社，2017.

[13] 刘小丽，王肃. 计算机基础实用教程[M]. 郑州：河南大学出版社，2016.

[14] 张文俊. 数字新媒体概论[M]. 上海：复旦大学出版社，2009.

[15] 谭笑. 跨媒体营销策划与设计[M]. 北京：中国传媒大学出版社，2016.

[16] 张波. 新媒体通论[M]. 济南：山东人民出版社，2015.

[17] 宋书利. 重构美学 数字媒体艺术研究[M]. 北京：中国国际广播出版社，2018.

[18] 王庚年. 全媒体技术发展研究[M]. 北京：中国国际广播出版社，2013.

[19] 李玮. 跨媒体•全媒体•融媒体——媒体融合相关概念变迁与实践演进[J]. 新闻与写作，2017，(06):38-40.

[20] 刘歆. 数字媒体技术基础[M]. 北京：人民邮电出版社，2021.

[21] 岳亚伟. 数字图像处理与 Python 实现[M]. 北京：人民邮电出版社，2020.

[22] 陈天华. 数字图像处理及应用：使用 MATLAB 分析与实现[M]. 北京：清华大学出版社，2019.

[23] 张铮，倪红霞，苑春苗，等. 精通 Matlab 数字图像处理与识别[M]. 北京：人民邮电出版社，2013.

[24] 章毓晋. 图像处理和分析教程[M]. 2 版. 北京：人民邮电出版社，2016.

[25] 张德丰. 数字图像处理（MATLAB 版）[M]. 2 版. 北京：人民邮电出版社，2015.

[26] 李剑波，黄进. 数字图像处理：原理与实现[M]. 北京：清华大学出版社，2020.

[27] 徐立萍，孙红，刘洋. 计算机平面辅助设计（PS、AI）——数字艺术设计软件快速入门实战指导[M]. 上海：立信会计出版社，2016.

[28] 段延娥，杨焱，刘莹莹，等. 新编计算机图形学[M]. 北京：电子工业出版社，2013.

[29] 陈洪，李娜，王新蕊，等. 数字媒体技术概论[M]. 北京：北京邮电大学出版社，2015.

[30] 李晓武，樊百琳，曹彤. 计算机图形学原理、算法及实践[M]. 北京：清华大学出版社，2018.

[31] 任洪海. 计算机图形学理论与算法基础[M]. 沈阳：辽宁科学技术出版社，2012.

[32] 王飞. 计算机图形学[M]. 北京：北京邮电大学出版社，2011.

[33] 聂烜. 计算机图形学[M]. 西安：西北工业大学出版社，2013.

[34] 黄丹红，许志强. 数字动画基础[M]. 北京：中国铁道出版社，2016.

[35] 吴中浩，陆菁，张晓婷. 数字媒体概论[M]. 北京：人民邮电出版社，2018.

[36] 徐立萍. 数字出版技术与应用[M]. 桂林：广西师范大学出版社，2022.

[37] 刘歆，刘玲慧，朱红军. 数字媒体技术基础[M]. 北京：人民邮电出版社，2021.

[38] 卢官明，宗昉. 数字音频原理及应用[M]. 3 版. 北京：机械工业出版社，2017.

[39] 陈永强，张聪. 多媒体技术应用教程[M]. 北京：电子工业出版社，2011.

[40] 王蔚. 多媒体应用技术[M]. 北京：电子工业出版社，2009.

[41] 殷海兵，夏哲雷，方向忠. 数字媒体处理技术与应用[M]. 北京：电子工业出版社，2011.

[42] 张振花，田宏团，王西. 多媒体技术与应用[M]. 北京：人民邮电出版社，2018.

[43] 王蔚. 多媒体应用技术[M]. 北京：电子工业出版社，2009.

[44] 李小英. 多媒体技术及应用[M]. 北京：人民邮电出版社，2016.

[45] 邓逸钰，王垚. 数字媒体艺术导论[M]. 北京：中国纺织出版社. 2019.

[46] 2021 全球游戏市场报告[R].

[47] 2021 年中国游戏产业研究报告[R].

[48] 2021 年游戏产业发展趋势报告[R].

[49] 许志强，李海东，梁劲松. 数字媒体技术导论[M]. 北京：中国铁道出版社，2020.

[50] 何承潜. MOBA 游戏角色设计及传播策略研究[D]. 北京：北京体育大学. 2019.

[51] 柴秋霞，刘毅刚. 从设计策略的角度解构多人在线竞技游戏的沉浸体验[J]. 艺术设计研究，2021, (01):56-60.

[52] 杜桂丹. 浅析手机游戏《王者荣耀》UI 界面设计[J]. 新闻研究导刊. 2019, (20):39-40.

[53] 赵倩倩. 中国传统文化与网络游戏的融合发展研究——以《王者荣耀》为例[J]. 今传媒，2018, (12):79-82.

[54] 朱丹红，林旭东. 《王者荣耀》英雄角色的背景故事搭建——"英雄之旅"理论视角的分析[J]. 华侨大学学报(哲学社会科学版)，2021, (4):140-149.

[55] 周智娴. 《魔兽世界》游戏角色造型的民族化风格[J]. 装饰，2013, (12):133-134.

[56] 徐伟. 论装备造型设计提升网游耐玩性研究——以游戏《魔兽世界》为例[J]. 中国水运（下半月），2017, 17(11):77-78,94.

[57] 彭勃，徐惠宁，杨洋. 游戏地图特点分析及对传统地图设计的启发[J]. 地理空间信息，2015, (4).

[58] 卢曦雨. 网络游戏中的角色塑造——以《魔兽世界》为例[J]. 赤峰学院学报（自然科学版），2017, 33(15):64-65.

[59] 枝秀. 从游戏品质谈魔兽世界的成功[J]. 商，2015, (21):200.

[60] 黄洪珍. 互联网与未来媒体[M]. 宁波：宁波出版社，2018.

[61] 孙伟，吕云，王海泉. 虚拟现实：理论、技术、开发与应用[M]. 北京：清华大学出版社，2019.

[62] 李建，王芳. 虚拟现实技术基础与应用[M]. 北京：机械工业出版社，2018.

[63] 陈根. 虚拟现实：科技新浪潮[M]. 北京：化学工业出版社，2017.

[64] 庞国峰，沈旭昆，马明琮，等. 虚拟现实的10堂课[M]. 北京：电子工业出版社，2017.

[65] 向春宇. VR、AR 与 MR 项目开发实战[M]. 北京：清华大学出版社，2018.

[66] 李欣. 基于增强现实技术的交互叙事研究[D]. 北京：北京邮电大学，2019.

[67] 朱格瑾. 增强现实的哲学审视[D]. 哈尔滨：黑龙江大学，2021.

[68] 王博朝杨. 增强现实技术在绘本中的应用[D]. 沈阳：鲁迅美术学院，2021.

[69] 深圳中科呼图信息技术有限公司. 计算机视觉增强现实应用程序开发[M]. 北京：机械工业出版社，2017.

[70] 姚陆吉. 建筑遗产保护中混合现实技术应用策略研究[D]. 无锡：江南大学，2020.

[71] 李征宇，付杨，吕双十. 人工智能导论[M]. 哈尔滨：哈尔滨工程大学出版社，2016.

[72] 杨皓云. 人工智能时代新媒体传播趋势探析[J]. 视听，2019, (12):176-177.

[73] 杨灿. 人工智能赋能新闻生产现状及发展研究[D]. 重庆：重庆交通大学，2021.

[74] 查伟. 数据存储技术与实践[M]. 北京：清华大学出版社，2016.

[75] 何玉洁. 数据库系统教程[M]. 2 版. 北京：人民邮电出版社，2015.

[76] 刘瑞新. 数据库系统原理及应用教程[M]. 4 版. 北京：机械工业出版社，2019.

[77] 陈志泊. 数据库原理及应用教程（微课版）[M]. 4 版. 北京：人民邮电出版社，2017.

[78] 罗刘敏. 计算机网络基础[M]. 北京：北京理工大学出版社，2018.

[79] 李志敏. 基于 P2P 的自主协作学习系统研究[M]. 北京：北京理工大学出版社，2015.

[80] 崔志超. 流媒体技术在数字化信息传输中的运用[J]. 新媒体研究，2017, 3(10):35-36.

[81] 万梅芬. 流媒体技术在高校校园网中的教学应用及其重要性研究[J]. 无线互联科技，2019, 16(10):128-129.

[82] 秦勤. 浅谈流媒体技术在数字图书馆建设中的运用[J]. 卷宗，2016, (9):223-224.

[83] 李海龙. 数字媒体技术的应用及发展趋势[J]. 电脑迷，2017, (28):153.

[84] 刘清堂. 数字媒体技术导论[M]. 2 版. 北京：清华大学出版社，2016.

[85] 李海峰. 数字媒体与应用艺术[M]. 上海：上海交通大学出版社，2010.

[86] 詹青龙，董雪峰. 数字媒体技术导论[M]. 北京：清华大学出版社，2014.

[87] 隋爱娜，曹刚，王永滨. 数字内容安全技术[M]. 北京：中国传媒大学出版社，2016.

[88] 张文俊，倪受春，许春明. 数字新媒体版权管理[M]. 上海：复旦大学出版社，2014.

[89] 王印成，包华，孟文辉. 高校图书馆信息管理与资源建设[M]. 北京：经济日报出版社，2018.

[90] 黄龙. 区块链数字版权保护：原理、机制与影响[J]. 出版广角，2018, (23):41-43.

[91] 吴健，高力，朱静宁. 基于区块链技术的数字版权保护[J]. 广播电视信息，2016, (07):60-62.

[92] 赵丰，周围. 基于区块链技术保护数字版权问题探析[J]. 科技与法律，2017, (01):59-70.

[93] 俞锋，沈姮，吴华军. 数字时代版权保护一本通[M]. 成都：电子科技大学出版社，2013.

[94] 葛春双. 突破我国数字版权保护困境的建议[J]. 青年记者，2020, (21):92-93.